新型平板彩电维修宝典系列

LED 液晶彩电
电源+背光灯二合一板
维修精讲

孙德印　主编

机械工业出版社

本书是一本专门介绍 LED 液晶彩电电源+背光灯二合一板原理与维修的科技图书，以电源+背光灯二合一板实物图解、电路组成框图、原理精讲、维修精讲、维修实例为主题，详细介绍了长虹、康佳、TCL、海信、创维、海尔 20 多种电源+背光灯二合一板的工作原理、维修技巧和维修实例，不但深入浅出地介绍了 LED 液晶彩电电源+背光灯二合一板的特点与维修方法，还给出了电源+背光灯二合一板常用集成电路的引脚功能、维修数据和内部电路框图。

　　本书语言通俗，图文结合，内容明了，具有较强的针对性和实用性，既可作为学习 LED 液晶彩电维修的教科书，也可作为维修资料收藏，供日常维修 LED 液晶彩电电源+背光灯二合一板时参考和查阅。

　　本书适合彩电维修人员、无线电爱好者阅读，也可作为中等职业学校、中等技术学校及培训班的教材使用。

图书在版编目（CIP）数据

LED 液晶彩电电源+背光灯二合一板维修精讲/孙德印主编. —2 版.
—北京：机械工业出版社，2015.12（2025.2 重印）
（新型平板彩电维修宝典系列）
ISBN 978-7-111-52093-1

Ⅰ.①L… Ⅱ.①孙… Ⅲ.①液晶彩电-电源-维修 Ⅳ.①TN949.192

中国版本图书馆 CIP 数据核字（2015）第 266683 号

机械工业出版社（北京市百万庄大街 22 号　邮政编码 100037）
策划编辑：刘星宁　责任编辑：刘星宁
责任校对：张　征　封面设计：陈　沛
责任印制：单爱军
北京虎彩文化传播有限公司印刷
2025 年 2 月第 2 版第 7 次印刷
184mm×260mm・22.25 印张・3 插页・582 千字
标准书号：ISBN 978-7-111-52093-1
定价：59.80 元

　　随着电视产业的发展，液晶彩电不断采用新技术、开发新性能，已经从原来的普通液晶彩电发展到现在的 3D 电视、网络电视、智能电视、云电视等，液晶彩电的背光灯由先期普遍采用的 CCFL（冷阴极荧光灯），到目前普遍采用的 LED（发光二极管）背光灯；为液晶彩电供电的电源板和背光灯板也在不断改进和融合，电源板由先期的无 PFC（功率因数校正）电路的普通开关电源，发展到带 PFC 电路的开关电源；背光灯板由先期独立的高压逆变器板，发展到逆变器板与电源板合并在一起的电源＋背光灯二合一板，直到近几年为 LED 液晶彩电配套的电源＋ LED 背光灯驱动电路的二合一板。

　　为了满足彩电维修人员维修 LED 液晶彩电的需求，编者编写本书。本书共分为 7 章：第 1 章介绍了液晶彩电电源＋背光灯二合一板的种类、特点、维修技巧，第 2 ~ 7 章以电源＋背光灯二合一板实物图解、电路组成框图、原理精讲、维修精讲、维修实例为主题，详细介绍了长虹、康佳、TCL、海信、创维、海尔 20 多种电源＋背光灯二合一板的电路组成结构、工作原理、维修技巧，结合维修实践，提供了大量的维修实例，为读者维修 LED 液晶彩电提供技术支持和重要资料。

　　书中针对所介绍的 LED 液晶彩电电源＋背光灯二合一板集成电路组合方案，给出该电源＋背光灯二合一板实用集成电路的引脚功能、维修数据和内部电路框图；附录中还提供了"液晶彩电电源＋背光灯二合一板代换参考表"，为维修、代换液晶彩电电源＋背光灯二合一板提供重要的维修资料。

　　本书由孙德印主编。其他参与编写的人员有张锐锋、韩沅汛、孙铁瑞、孙玉莲、孙铁刚、孙铁强、孙德福、孔刘合、于秀娟、刘玉珍、孙铁骑、孙玉净、孙玉华、王萍、陈飞英、许洪广、张伟、郭天璞、孙世英等。本书在编写过程中，浏览了大量家电维修网站有关 LED 液晶彩电电源＋背光灯二合一板的内容，参考了家电维修期刊、家电维修软件和彩电维修书籍中与 LED 液晶彩电电源＋背光灯二合一板有关的内容，由于参考的网站和期刊书籍较多，在此不一一列举，一并向有关作者和提供热情帮助的同仁表示衷心的感谢！由于编者的水平有限，错误和遗漏之处难免，希望广大读者提出宝贵意见。

目 录

第 1 章

液晶彩电电源 + 背光灯二合一板特点与维修技巧

随着电视产业的发展，液晶彩电不断采用新技术、开发新性能，已经从原来的普通液晶彩电发展到现在的 3D 电视、网络电视、智能电视、云电视等。液晶彩电的背光灯由先期普遍采用的 CCFL（冷阴极荧光灯），到目前普遍采用的 LED（发光二极管）背光灯；为液晶彩电供电的电源板和背光灯板也在不断改进和融合，电源板由先期的无 PFC（功率因数校正）电路的普通开关电源，发展到带 PFC 电路的开关电源；背光灯板由先期独立的高压逆变器板，发展到逆变器板与电源板合并在一起的电源 + 背光灯二合一板，直到近几年为 LED 液晶彩电配套的电源 + LED 背光灯电路的二合一板。本书就 LED 液晶彩电普遍采用的电源 + 背光灯二合一板的种类、特点、维修技巧，结合笔者的维修实践做简要介绍，供读者维修时参考。

先期液晶显示屏采用 CCFL，其工作原理与荧光灯一样，需要 600～1500V 的交流高压才能将 CCFL 灯管内部气体电离，将背光灯点亮，由于市电电压和电源板的直流电压，无法直接满足 CCFL 灯管的供电需求，因此设计一个升压电路，将电源板提供的 12V 或 24V 直流电压变换为 600～2000V 的交流高压，俗称逆变器板。逆变器板与电源板合并后俗称 IP 板，I 为 Inverter（逆变器）的缩写，P 为 Power（电源）的缩写，所以称为 IP 板。

后期液晶显示屏采用节能型 LED 灯，每个 LED 灯的供电仅为 2.8～3.5V 直流电压，应用时将几十个 LED 灯串联成灯串使用，供电电压因灯串的 LED 灯数量不同而不同，点亮电压低则几十伏，高则 200V 以上，所需供电电压不是很高，而且是直流电压，往往采用电源板直接输出电压进行供电。为了确保 LED 灯串的供电和电流的稳定，大屏幕 LED 液晶彩电也设有升压、稳压和电流调整电路，称为 LED 驱动板。LED 驱动板与电源板融合后称为电源 LED 板。本书将驱动 CCFL 的 IP 板和驱动 LED 的电源板简称为二合一板。

纵观二合一板的发展过程，有三个阶段：一是早期配合小屏幕液晶彩电和液晶显示器的无 PFC 电路的小功率开关电源 + 背光灯二合一板；二是中期配合大屏幕液晶彩电带 PFC 电路的大功率开关电源 + 背光灯二合一板；三是近几年配合新型 LED 液晶彩电推出的开关电源 + LED 背光灯电路组成的二合一板。三种二合一板电路组成各有特点，工作原理各不相同，维修方法和注意事项各有侧重。

1.1 小屏幕液晶彩电二合一板的原理与维修

早期的二合一板电路组成框图如图 1-1 所示，就是将小功率电源板和背光灯板简单的融合在一起。小屏幕液晶彩电二合一板往往采用单电源设计，只有一个主电源，没有副电源和

PFC 电路。主要应用在小屏幕液晶彩电和液晶显示器中，由于液晶屏幕小，仅有 1～2 根 CCFL，且灯管长度短，电流小，电源板和背光灯输出电流和输出功率相对较小。特点是：二合一板的体积小，电路简单，技术含量低，减少了电源板与背光灯板之间的连线，也避免了因两者之间连接线和插头插座接触不良引发的故障。

　　本节以海信 TLM19V68 液晶彩电采用的型号为 1585 二合一板为例，介绍小屏幕液晶彩电二合一板的特点与维修技巧。

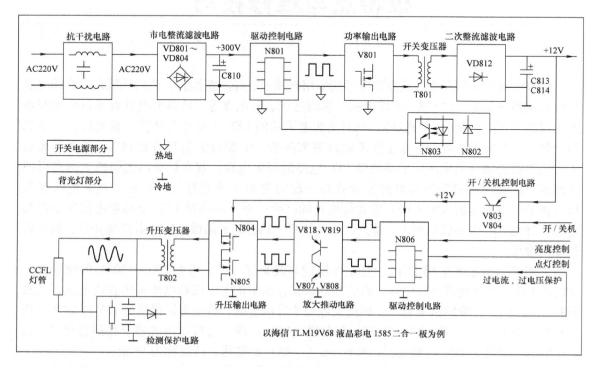

图 1-1　小屏幕液晶彩电二合一板电路组成框图

　　海信 TLM19V68 液晶彩电采用 MST7 机心，其 RSAG. 820. 1585（简称 1585）二合一板实物如图 1-2 所示；电源板工作原理如图 1-3（见全文后插页）所示，由以集成电路 SG6859ADZ（N801）为核心的开关电源和以驱动电路 KA7500C 为核心的背光灯电路两部分组成。开机后开关电源首先工作，产生 12V/1.6A 电压，向主板供电，由主板根据整机设定情况，发出 ON/OFF 开机指令，再向背光灯电路供电，背光灯点亮，显示图像。

1.1.1　12V 电源部分工作原理

　　12V 开关电源如图 1-3 的上部所示，由驱动控制电路 N801（SG6859ADZ）、激励电路 V813、V814、大功率 MOSFET（开关管）V801、开关变压器 T801、光耦合器 N803、取样误差放大电路 N802 等组成，采用反激式（flyback）架构。

　　AC220V 市电经全桥 VD801～VD804 桥式整流、C810 滤波，获得 300V 左右的直流电压。该电压分为两路：一路经开关变压器 T801 的一次 1-3 绕组加到 V801 的 D 极；另一路经电阻 R808～R810 向电容 C808 充电，给 N801 的 2 脚提供 VDD 电压。当 VDD 电压达到芯片启动电压时，N801 开始工作，产生脉冲驱动电压，从 1 脚输出，通过 V813、V814 激励

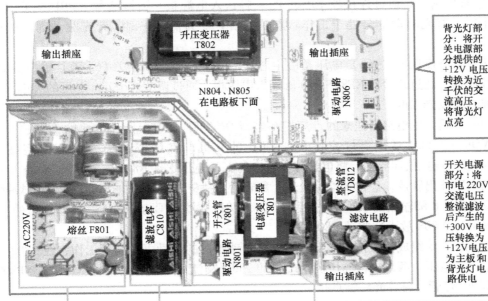

输出升压电路：在激励脉冲的驱动下 MOS 开关管 N804、N805 轮流导通产生的脉冲电流在升压变压器 T802 中产生近千伏的交流电压，经输出插座将背光灯点亮

振荡驱动电路：在主板的控制下驱动控制电路 N806 启动工作，从 9、10 脚输出两路激励脉冲电压，推动 MOS 开关管 N804 N805 工作于开关状态，并对背光灯亮度进行调整，发生过电压、过电流故障时保护停机

背光灯部分：将开关电源部分提供的 +12V 电压转换为近千伏的交流高压，将背光灯点亮

开关电源部分：将市电 220V 交流电压整流滤波后产生的 +300V 电压转换为 +12V 电压，为主板和背光灯电路供电

抗干扰电路：一是滤除市电干扰脉冲；二是防止开关电源产生的干扰信号窜入电网

整流滤波电路：将 AC 220V 整流滤波后的 +300V 直流电压，为开关电源供电

开关电源：获得 +300V 供电后启动工作，驱动电路 N801 产生激励脉冲，推动开关管 V801 工作于开关状态，其脉冲电流在变压器 T801 中产生感应电压，经整流滤波后产生 +12V 电压，为主板和背光灯板供电

图 1-2　海信 TLM19V68 液晶彩电二合一板实物图

放大后，驱动 V801 工作于开关状态，在 T801 的各个绕组产生感应电压。其中热地端 5-6 绕组产生的感应电压经 R807 限流、VD807 整流、C808 滤波，送到 N801 的 2 脚，替换下启动电路，为启动后的 N801 供电。

　　T801 的 8/9-10/11 脚输出的脉冲电压经 VD812 整流，C813、C814、L803、C815 组成的滤波电路滤波得到 12V 电压。该 12V 电压分两路：一路经连接器 XP805 的 5、6 脚送到主电路板；另一路经待机控制电路控制后，向背光灯电路供电。

　　稳压控制电路由误差放大电路 N802、光耦合器 N803 及 N801 的 7 脚内部电路构成。对开关电源输出的 12V 电压进行监测来实现稳压控制的目的。

　　N801 的 4 脚为电流检测端，当开关电源负载电路或整流滤波电路发生短路、漏电故障，造成 V801 电流过大，在 R822 上的电压达到门槛电压时，N801 停止驱动输出，二次短路保护和输出功率过大保护。

　　待机时，除主芯片 U6（MST721DU）及其外围部分电路保持工作状态外，其他部分电路的电源均需切断，以降低功耗。U6 开/关机控制端口输出高电平，将电源通道关断，来实现待机功能。

1.1.2　背光灯部分工作原理

　　背光灯部分如图 1-3 的下部所示，由驱动控制电路 N806（KA7500C）、复合 MOSFET（开关管）N804（AO4616）、N805（AO4616）、升压变压器 T802 等组成，采用互补全桥架构，输出两路 750V 交流高压，驱动两根 CCFL 灯管。

本机背光驱动部分开关是由主电路板上的主芯片 U6（MST721DU）的点灯控制端口（101 脚）来控制的，通过连接器 XP805 的 4 脚送入电源板。当该信号（PBIAS ON/OFF）为高电平时，背光驱动部分处于工作状态；当信号变为低电平时，背光驱动部分将停止工作。

本机背光亮度调节（dim）电压是由主芯片 U6 的亮度控制端口（65 脚）输出的 PWM 信号来控制的，通过连接器 XP805 的 3 脚送入电源板。通过调节这个 dim 电压的大小，可以改变背光灯的发光强度。

遥控开机后，主电路板送来的点灯控制电压 ON/OFF 经连接器 XP805 的 4 脚送入电源板，经 VD813、R831 送到点灯控制电路 V803 的 b 极，使 Q803 导通，将 PNP 型晶体管 V804 的 b 极电压拉低而导通，将电源部分输出的 12V 电压送到 N806 的 12 脚，N806 启动工作，振荡电路输出脉冲，经内部电路处理、翻转后，从 9 脚和 10 脚输出两路 PWM 脉冲信号送到激励电路。8 脚输出的 PWM 脉冲经 V818、V819 放大后驱动 N804，10 脚输出的 PWM 脉冲经 V807、V808 放大后驱动 N805。

N804 和 N805 组成桥式推挽输出电路，在驱动脉冲的激励下，交替工作，在 T802 各个绕组产生感应电压，两个二次高压绕组产生的 750V 交流高压，经连接器 XP803、XP807 驱动两根 CCFL 灯管，将背光灯管点亮。

KA7500C 的 1 脚外接亮度调整电路，5 脚外接定时电容，决定芯片工作频率。5 脚不但外接固定电容 C830，还设有 C831、V805 等组成的频率自动调整电路。

连接器 XP803、XP807 的 2 脚为 CCFL 灯管电流回路。XP803 的 2 脚产生的电压经 VD829、VD830 整流，XP807 的 2 脚产生的电压经 VD827、VD828 整流，两路整流后的检测电压送到 KA7500C 的 1 脚和 5 脚外部的 V805 的 b 极，对内部激励脉冲的占空比进行调整，达到自动调整亮度的目的。

KA7500C 的 16 脚为误差放大器 2 的正输入端，外接以 V820 为核心的保护检测电路。XP803 的 2 脚产生的电压经 VD825 整流，XP807 的 2 脚产生的电压经 VD821 整流，两路整流后的检测电压送到 V820 的 b 极。当连接器 XP803、XP807 的 CCFL 灯管发生故障，造成电流异常时，上述检测电路的输出电压发生变化，致使 V820 输出电压产生变化，当 16 脚的电压高于 15 脚时，芯片无驱动输出，达到保护的目的。

1.1.3 二合一板故障维修

小屏幕液晶彩电二合一板就是将小功率电源板和背光灯板简单的融合在一起，两者的关联电路就是电源供电，省去了两者自检的连接线，其维修方法与单独维修电源板和单独维修背光灯板没什么区别。维修的顺序是先排除电源板故障，确保电源板供电正常，再维修背光灯板故障。二合一板的好处是维修背光灯板时，如果电源板工作正常，不用另行配置供电电源板。

1. 电源部分故障维修技巧

电源部分引起的故障是指示灯不亮，电源板无 12V 电压输出。维修时的测试要点如下：

1）先查熔丝是否熔断。如果熔丝 F801 和限流防浪涌电阻 RT801 之一烧断，说明电源部分有严重短路故障。一是检查市电输入抗干扰电路的 C801、C803、C804 是否击穿短路；二是检查整流滤波电路 VD801 ~ VD804、C810 是否击穿短路；三是检查开关电源的 MOSFET

（开关管）V801 是否击穿。还须排除电源短路漏电故障。

2）再查整流滤波大电容两端的 300V 直流电压。整流滤波后 C810 两端无 300V 电压，则是市电输入电路或整流滤波电路发生开路故障。

3）测量开关电源一次电路。测量 N801 的 2 脚 VCC 电压，如果为变动的 DC 9～15V，再测量 N801 的驱动脚输出，假如其值也是变动的 DC 0～3V，说明 N801 工作正常。假如无此电压，则应更换 N801。

4）检查二次整流滤波电路。如果二次整流滤波电路发生短路漏电故障，会造成主电源过电流保护停止工作。滤波电容容量减小，会造成开关电源输出电压降低，纹波加大，电视机故障不稳定或供电不足而不能开机。

在实际维修过程中，主电源 N801 的 2 脚外部启动电路 R808～R810 易发生开路故障，导致开关电源振荡电路无法得到工作电压，而出现不开机故障；若屡损开关管 V801，应对其 D 极外部的 VD806、C806、R804 组成的尖峰脉冲吸收电路和 S 极电阻 R822 进行检查。

2. 背光灯部分故障维修技巧

背光灯部分主要引起有伴音、无光栅或背光灯亮后即灭故障。维修方法和技巧如下：

测量电源板与主电路板之间的连接器 XP805 的 4 脚 ON/OFF 点灯控制电压和 3 脚的 dim 亮度调整电压是否正常。如果不正常，可采用模拟点灯控制的方法进行维修。断开电源板与主电路板的连接器 XP805，进行如下连接：用 12kΩ 和 3.9kΩ 两个电阻串联后，跨接于 XP805 的 5、6 脚与 1、2 脚之间，中点分压后得到约 3.5V 电压与 XP805 的 3、4 脚相连接，为 4 脚提供 ON/OFF 点灯控制电压，模拟开机点灯控制，使背光灯板进入工作状态，为 XP805 的 3 脚提供亮度调整电压。然后进行开机实验，观察背光灯是否被点亮，若背光灯能正常点亮，则判定二合一板正常，故障在主电路板的背光灯控制电路；如背光灯不能点亮或点亮后马上熄灭，可判定二合一板背光电路或 CCFL 背光灯管有故障。

1）首先测量背光灯控制电路 N806 的 8、10 脚是否有激励脉冲输出，无脉冲输出，故障在 N806 部分，重点检查 N806 及其外部电路，判断故障所在，如外围元器件正常，则更换 N806；如果有脉冲输出，重点检查激励电路 V807、V808、V818、V819 和易发生故障的高压形成电路 N804、N805、T802。如果 N804、N805 损坏，务必用万用表检测晶体管 V807、V808、V818、V819 是否损坏。

2）如果背光灯亮一下，然后熄灭，则是背光灯板保护电路启动引起。如果测量 N806 的 16 脚电压大于 3V，查以 V820 为核心的保护电路是否启动、二极管 VD814 是否短路等；如果 N806 的 4 脚电压大于 3V，查电阻 R835、R836 是否焊接不良。引起保护电路启动的原因：一是灯管开路、高压插座不良或输出高压线没有插好；二是开关变压器 T802 二次绕组发生短路、接触不良故障。

1.2　大屏幕液晶彩电二合一板的原理与维修

大屏幕液晶彩电二合一板电路组成框图如图 1-4 所示。大屏幕液晶彩电二合一板往往采用双电源设计，设有一个副电源和一个或两个主电源，多数还设有 PFC 电路。与小屏幕液晶彩电二合一板相比，由于屏幕尺寸大，需要的灯管数量多，灯管长度增加，功率增大，为其供电的二合一板输出功率和输出电流相对增加，为了确保供电稳定可靠，大屏幕液晶彩电二合一板在提高功率的基础上，采用了一些新技术。

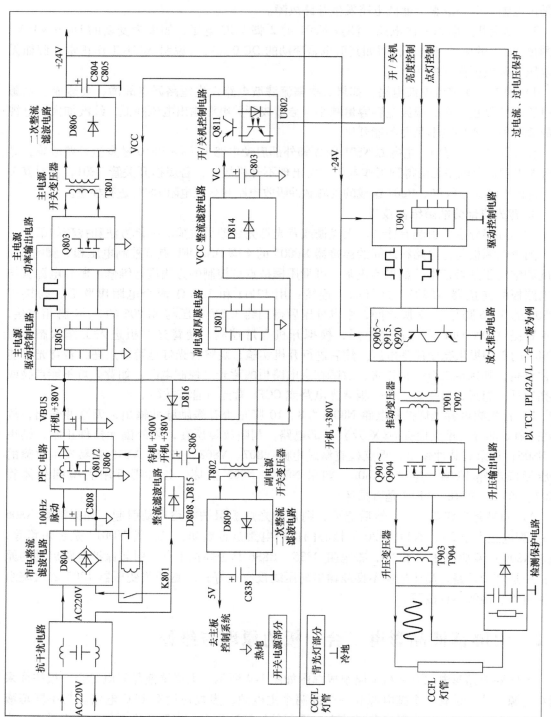

图 1-4 大屏幕液晶彩电二合一板电路组成框图

　　一是增加了 PFC 电路，将供电电压和电流的相位校正为同相位，提高功率因数，减少谐波污染，并将市电整流后的电压提升到 400V 左右。

　　二是将背光灯板升压电路供电由原来的 12V 或 24V 供电，改为 PFC 电路校正后的 370～400V 供电，提高了工作效率，减小供电电流；减轻了主电源 24V 负载，减小了主电源输出电流，使电源板更加稳定可靠。与背光灯板采用 12V 或 24V 供电的电源板相比，电源板的变压器和开关管的体积明显减小。

　　三是设有完善的过电流、过电压、电流均衡保护电路，当发生过电流、过电压、打火或因灯管开路、老化差异造成各路灯管电路电流不一致时，保护电路启动，背光灯板停止工作，避免故障扩大。

　　下面以 TCL L32E19、L32E76/MS18、L32E77B/MS18、L32X9、L42E77H、L42E9F、L42F19BD、L42P10FBE、L42S9FE、L42X9D、L42X9F 液晶彩电采用的 IPL42A/L 二合一板为例，介绍大屏幕液晶彩电二合一板的工作原理与维修技巧。

　　TCL 液晶彩电用 IPL42A/L 二合一板实物如图 1-5 所示；开关电源电路如图 1-6 所示，背光灯电路如图 1-7 所示。开关电源部分集成电路采用 FSQ510 + L6562A + FA5571N 组合方案；背光灯部分振荡与驱动控制电路采用 OZ9926A。其中 IPL42A 型配 AUO 42in[⊖] 屏，

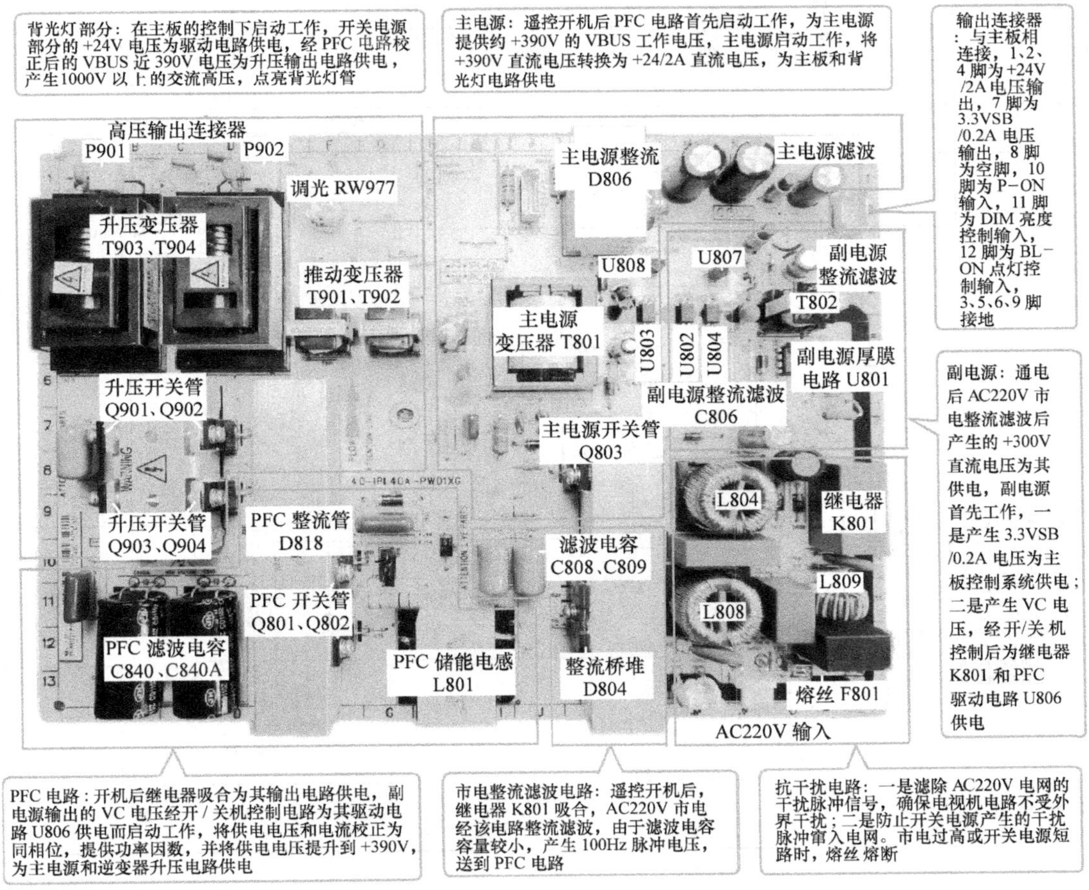

图 1-5　TCL IPL42A/L 二合一板实物上面元器件分布图解

⊖　1in = 2.54cm，后同。

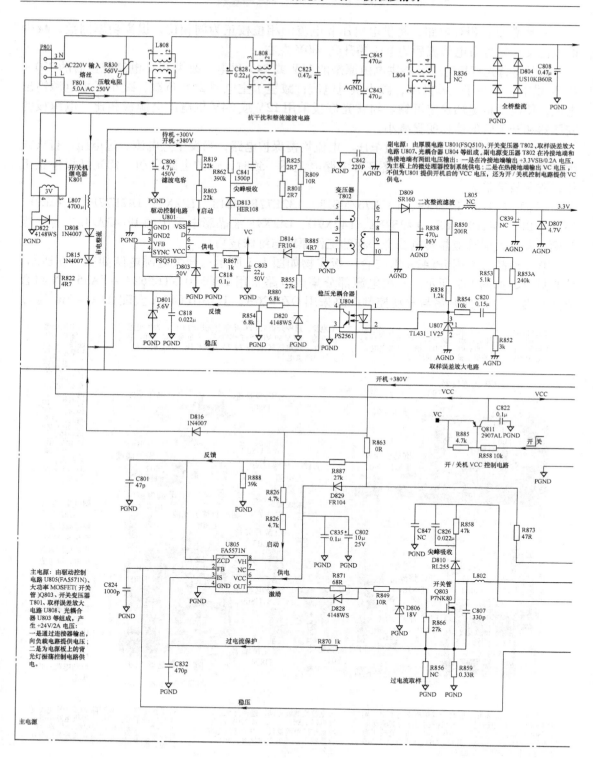

图 1-6　TCL IPL42A/L

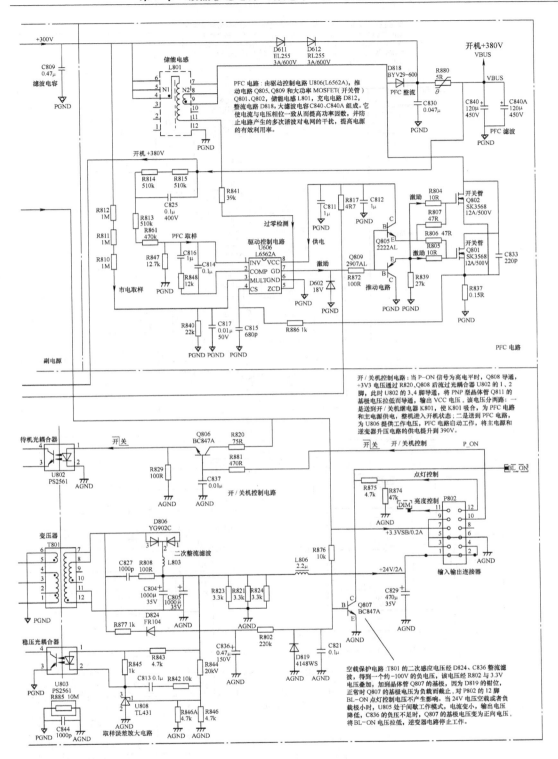

二合一板开关电源电路

推动电路：QZ9926A 输出的高端 HDR1、低端 LDR1 第一组激励脉冲，送到推动电路 Q913、Q914，放大后驱动对管 Q905/Q909 和 Q906/Q912，推挽放大后送到推动变压器 T902；QZ9926A 输出的高端 HDR2、低端 LDR2 第二组激励脉冲，送到推动电路 Q920、Q915，放大后驱动对管 Q906/Q911 和 Q907/Q910，推挽放大后送到推动变压器 T901。

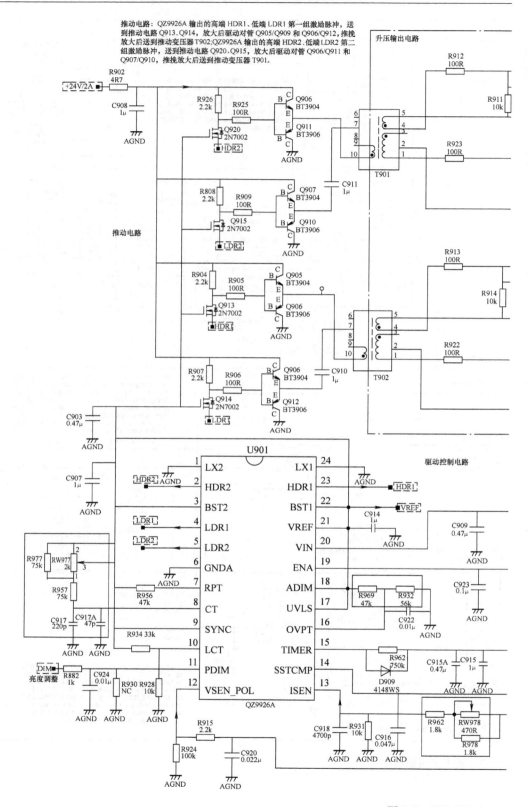

图 1-7　TCL IPL42A／L

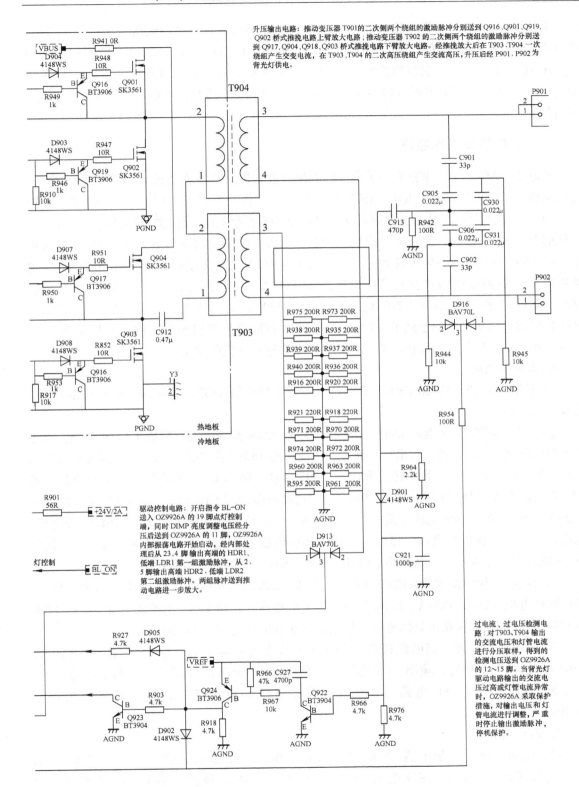

升压输出电路：推动变压器 T901 的二次侧两个绕组的激励脉冲分别送到 Q916、Q901、Q919、Q902 桥式推挽电路上臂放大电路；推动变压器 T902 的二次侧两个绕组的激励脉冲分别送到 Q917、Q904、Q918、Q903 桥式推挽电路下臂放大电路。经推挽放大后在 T903、T904 一次绕组产生交变电流，在 T903、T904 的二次高压绕组产生交流高压，升压后经 P901、P902 为背光灯供电。

驱动控制电路：开启指令 BL-ON 送入 OZ9926A 的 19 脚点灯控制端，同时 DIMP 亮度调整电压经分压后送到 OZ9926A 的 11 脚，OZ9926A 内部振荡电路开始启动，经内部处理后从 23、4 脚输出高端的 HDR1、低端 LDR1 第一组激励脉冲，从 2、5 脚输出高端 HDR2、低端 LDR2 第二组激励脉冲。两组脉冲送到推动电路进一步放大。

过电流、过电压检测电路：对 T903、T904 输出的交流电压和灯管电流进行分压取样，得到的检测电压送到 OZ9926A 的 12～15 脚。当背光灯驱动电路输出的交流电压过高或灯管电流异常时，OZ9926A 采取保护措施，对输出电压和灯管电流进行调整，严重时停止输出激励脉冲，停机保护。

二合一板背光灯电路

该屏采用 18 只 EEFL 灯管并联，屏典型工作电流为 135mA，屏单端电压为 950V，工作频率为 45kHz；点灯电压为 1225V（0℃），点灯时间为 1～2s。IPL42L 型配 LG 42in 屏，该屏采用 16 只 CCFL 灯管通过均流电容（15pF）后并联，屏典型工作电流为 135mA，屏单端电压为 1500V，工作频率为 58kHz；点灯电压为 1300V（0℃）（非最终数参数），点灯时间为 1～2s。

1.2.1 电源部分工作原理

通电后，AC220V 市电首先送到副电源整流滤波电路，经整流滤波后形成 +300V 电压，为副电源厚膜电路 FSQ510 供电，副电源首先启动工作，为主板控制系统提供 +3.3VSB/0.2A 电压，控制系统工作后为电源板送入开机 P-ON 控制电压，开/关机控制电路动作，一是使继电器 K801 吸合，为主电源提供 AC220V 电压，经整流滤波形成 300V 的稳定直流电压，以 U805 为核心的主电源启动工作，输出 +24V/2A 电压为主板等负载电路和背光灯电路供电；二是将副电源产生的 VC 电压送到 PFC 振荡驱动电路 L6562A 提供工作电压，L6562A 启动工作，将 300V VBUS 电压提升到约 390V，为主电源和背光灯升压电路供电。开机后控制系统送到电源板的 BL-ON 点灯控制和 DIM 亮度调整电压控制背光灯电路 U901 启动工作，背光灯板输出高压将背光灯点亮，整机进入开机收看状态。

1. 副电源电路

副电源电路由厚膜电路 U801（FSQ510）、开关变压器 T802、取样误差放大电路 U807、光耦合器 U804 等组成。

通电后，AC220V 市电经 L807、D808、D815、C806 整流滤波后形成 +300V 电压，首先为 U801（FSQ510）供电。该电压一路经开关变压器 T802 的一次绕组加到厚膜电路 U801 的 7 脚内部开关管的 D 极，另一路经 R819、R803 启动电路为 U801 的 8 脚提供启动电压，通过内部电路向 5 脚外部 C819 充电，U801 得到启动电压进入工作状态，其内部开关管的脉冲电流在 T802 中产生感应电压。其中二次绕组感应电压经整流、滤波得到 3.3VSB/0.2A 待机电压，为主板控制系统供电。辅助 1-2 绕组感应电压经整流、滤波产生 VC 电压，一是给开/关机控制电路供电；二是替换下启动电路给 U801 的 5 脚内部电路供电。

稳压电路由取样误差放大电路 TL431_1V25（U807）、光耦合器 PS2561（U804）构成，通过取样电阻 R853、R853A、R852 分压对输出电压取样，经 U807 比较放大后，通过 U804 对 U801 的 3 脚内部振荡电路脉宽进行控制，从而输出稳定的 3.3V 电压。

开/关机控制过程：当电源板收到的 P-ON 信号为高电平时，Q808 导通，光耦合器 U802 导通，Q811 导通，输出 VCC 电压，一是使 K801 吸合，为 PFC 电路和主电源供电；二是为 U806 供电，PFC 电路启动工作，将主电源和背光灯板升压电路的供电提升到 390V。

2. PFC 电路

PFC 电路由驱动控制电路 U806（L6562A），推动电路 Q805、Q809，大功率 MOSFET（开关管）Q801、Q802，储能电感 L801，充电电路 D812，整流电路 D818，大滤波电容 C840、C840A 组成。

开机后，继电器 K801 吸合后，AC220V 市电由全桥 D804 整流和 C808、C809 滤波后所得的 VAG 脉动 300V 电压，一路经过储能电感 L801 加到 MOSFET（开关管）Q801、Q802 的 D 极，另一路经分压后送到驱动控制电路 U806 的 3 脚，遥控开机后，开/关机控制电路送来的 VCC 电压进入 U806 的 8 脚后，U806 开始工作，从 7 脚输出脉冲信号，经 Q805、Q809 推动放大后，驱动 Q801、Q802 截止和导通。当 PFC 电路的驱动信号是高电平时，Q805 导通，Q809 截止，Q802 和 Q801 的栅极为高电平，Q802 和 Q801 导通，整流后的市电对 L801 进行充电，电能转化成磁能储存在 L801 中；当 PFC 电路的驱动信号是低电平时，Q805 截止，Q809 导通，Q802、Q801 的栅极被下拉为低电平，Q802 和 Q801 截止，L801 存储的磁能释放，经 D818 整流后输出 VBUS 电压，经电容 C840、C840A 滤波，提升到 390V 左右，为 PWM 主电源和背光灯升压电路供电。

PFC 电路启动工作后，U806 通过 1 脚对 PFC 电路输出的 VBUS 电压进行检测，如果 VBUS 电压低于额定值，U806 输出一定宽度频率可调的矩形波，使 Q801、Q802 的导通时间越长，流过 L801 的电流峰值越大；当 Q801、Q802 突然截止时，L801 感应的右正左负的电压越高，此时 D818 导通，VBUS 端电压提升越高，直到额定值为止。

过电流保护电路：由 U806 的 4 脚内外电路组成，通过 R866 对 Q801、Q802 的 S 极电阻 R837 两端的电压降进行检测。当 R837 两端的电压降增大，使 U806 的 4 脚电压大于 1.7V 时，U806 会立即关闭 PFC 脉冲输出，以达到保护的目的。

3. 主电源电路

主电源电路由驱动控制电路 U805（FA5571N）、大功率 MOSFET（开关管）Q803、开关变压器 T801、取样误差放大电路 U808、光耦合器 U803 等组成，产生 +24V/2A 电压，一是通过连接器输出，向负载电路提供电压；二是为电源板上的背光灯振荡控制电路供电。

遥控开机后，继电器 K801 吸合，AC220V 通过整流滤波和 PFC 电路为主电源提供约 390V 的 VBUS 电压，该电压一是经开关变压器 T801 的一次 1-2-3 绕组加到大功率开关管 Q803 的 D 极；二是通过 R827、R826 和 FA5571N（U805）的 6 脚（VCC）对电容 C802 进行充电，当 C802 的电压达到 9V 时，U805 进入工作状态，从 FA5571N 的 5 脚输出脉冲信号，去控制 Q803 的导通和截止，Q803 的脉冲电流在开关变压器 T801 的各个绕组产生感应电压。二次绕组感应电压经整流、滤波后，输出 +24V/2A 电压，一是通过连接器输出，为液晶彩电的主电路板供电；二是为电源板上的背光灯振荡驱动控制电路供电。T801 一次侧的 5-6 辅助绕组产生的感应一是经 D829、C802 整流滤波后，为 FA5571N 的 6 脚提供启动后的 VCC 工作电压；二是经 R887、R888 分压送到 U805 的 1 脚，作为零点电流检测，对输出脉动相位进行调整。

稳压电路由取样误差放大电路 U808（TL431）、光耦合器 U803（PS2561）组成，对 FA5571N 的 2 脚内部振荡电路进行控制，从而稳定地输出 24V 电压。

过电流保护电路：由 FA5571N 的 3 脚内外电路组成，通过 R870 对末级大功率 MOSFET（开关管）Q803 的 S 极电阻 R859 两端的电压降进行检测。当 R859 两端的电压降增大，使 FA5571N 的 3 脚电压大于保护设置值时，FA5571N 立即关闭 5 脚脉冲输出，以达到保护的目的。

空载保护电路：T801 的二次感应电压，还经 D824、C836 整流滤波，得到一个约 −100V 的负电压，该电压经 R802 与 3.3V 电压叠加，加到晶体管 Q807 的 b 极，因为 D819 的钳位，正常时 Q807 的 b 极电压为负压而截止，对 P802 的 12 脚 BL-ON 点灯控制电压不产生影响。当 24V 电压空载或者负载极小时，U805 处于间歇工作模式，电流变小，输出电压降低，

C836 的负压不足时，Q807 的 b 极电压变为正向电压而导通，将 BL-ON 电压拉低，背光灯电路停止工作。

1.2.2 背光灯部分工作原理

背光灯部分主要由振荡驱动控制电路、推动电路、升压电路三大部分组成。电源部分输出的 +24V/2A 电压为背光灯振荡驱动控制电路和推动电路供电，电源部分输出的 VBUS（390V）电压为背光灯升压电路供电。

1. 背光灯工作过程

遥控开机后，主板微处理器输出的背光灯高电平开启指令 BL-ON 从连接器 P802 的 12 脚送入 OZ9926A 逆变电路的 19 脚（点灯控制端），同时微处理器输出的 DIMP 亮度调整电压从连接器 P802 的 11 脚输入逆变电路，经分压后送到 OZ9926A 的 11 脚，OZ9926A 内部振荡电路开始启动，经内部处理后从 23、4 脚输出高端 HDR1、低端 LDR1 第一组激励脉冲，送到推动电路 Q913、Q914，放大后驱动对管 Q905/Q909 和 Q906/Q912，推挽放大后送到推动变压器 T902；OZ9926A 从 2、5 脚输出高端 HDR2、低端 LDR2 第二组激励脉冲，送到推动电路 Q920、Q915，放大后驱动对管 Q908/Q911 和 Q907/Q910，推挽放大后送到推动变压器 T901。

推动变压器 T901 的二次侧两个绕组的激励脉冲分别送到 Q916、Q901、Q919、Q902 组成的桥式推挽电路上臂放大电路；推动变压器 T902 的二次侧两个绕组的激励脉冲分别送到 Q917、Q904、Q918、Q903 组成的桥式推挽电路下臂放大电路。经推挽放大后在 T903、T904 一次绕组产生交变电流，在 T903、T904 的二次高压绕组产生交流高压，升压后经 P901、P902 为背光灯供电。其中 Q916 ~ Q919 的作用是缩短 Q901 ~ Q904 的电压上升沿时间，降低损耗。

2. 背光灯保护电路

该二合一板背光灯电路在高压输出端，设有完善的过电流、过电压保护电路，如图 1-7 右侧所示。

1）灯管电流的检测流程：变压器 T903、T904 的二次电流（灯管电流）通过回路中串联的等电流取样电阻 R959、R961 产生电压降，经 D913 整流后转换为电流检测电压，通过分压、滤波后送到 U901 的 13 脚，通过 IC 内部的检测，调整两个驱动管的相位差，改变一次绕组占空比达到二次电流恒定。当 13 脚电压小于 2V 时，定时器动作，其 15 脚外接电容开始充电，达到 2.9V 之后，保护电路启动。

2）过电压检测信号流程：变压器 T903、T904 二次侧输出的高压，经 C901、C906、C902、C905 等电容分压后，输出检测电压。通过 D916 整流输出的检测电压，经 R915、R924 分压送到 U901 的 12 脚；正常时如果该脚电压大于 16 脚电压，定时器的 15 脚外接电容开始充电，达到 2.9V 之后，保护电路启动。

3）灯管拉弧检测电路：通过 C913 取样的拉弧电压达到 Q922 的导通电压，则 Q922 进入导通状态，同时会使 Q924 也导通，将 VREF（5.5V）分为三路：

第一路通过 D902 送到 OZ9926A 的 12 脚，使过电压保护电路动作。

第二路通过 D905 再经过 R927 给 OZ9926A 的 15 脚外接的延时电容 C915 充电，延时时间缩短；当电压充到 2.9V 后就保护，关闭输出。

第三路使 Q923 导通，将 OZ9926A 的 14 脚电压拉低，降低驱动的占空比。

拉弧检测电路的三个支路全部动作，达到拉弧快速保护的目的。

4）灯管开路保护（高压插座松脱保护）原理：一是当灯管全部开路后，启动时以最大占空比工作，变压器二次电流还不够，OZ9926A 的 13 脚检测到电压偏低而保护；二是当其中一个高压插座松脱时，启动后变压器二次电流偏小，因此占空比变大，插座松脱的变压器二次负载极小，电压升高，OZ9926A 的 12 脚检测到异常高压，则过电压保护电路启动保护。

1.2.3　二合一板故障维修

大屏幕液晶彩电二合一板由于输出电压高、输出电流大，加上采用 PFC 电路和背光灯升压电路，电路组成更加复杂，对升压电路的 MOSFET、升压变压器的耐压参数要求更高，故障率相对较高。

维修时应注意，测量电压、波形和对地电阻时，注意选择正确的接地点，检测开关电源的一次电路和背光灯升压电路的接地点为热地；而检测开关电源二次电路和背光灯的振荡驱动电路、推动电路的接地点为冷地，在路测量接电视机内部铁板即可。如果接地弄错，不但会造成测量数据出错，引起误判，还有可能损坏测量仪器，特别是示波器。

维修的顺序是先排除电源部分故障，确保电源部分供电正常，再维修背光灯部分故障。维修顺序和技巧如下：

1. 电源部分故障维修技巧

副电源发生故障时，会引起指示灯不亮，整机不工作；PFC 电路发生故障时，主电源和背光灯升压电路供电降低；主电源发生故障时，引起指示灯亮、无伴音、无光栅故障。

指示灯不亮，整机不工作故障维修步骤和方法如下：

1）测量熔丝 F801 是否熔断，如果熔断，说明开关电源存在严重短路故障，一是检测主电源交流抗干扰电路旁路电容和整流滤波电路 D804、C808、C809 是否击穿漏电；二是检查 PFC 电路开关管 Q801、Q802 是否击穿；三是检查 PFC 滤波电容 C840、C840A 和主电源开关管 Q803 是否击穿；四是检查副电源抗干扰电路和厚膜电路 U801 的 7 脚与 1~2 脚之间的内部 MOSFET（开关管）是否击穿。如果上述开关管击穿，继续检查相应的尖峰吸收电路元器件和稳压控制电路元器件是否损坏，避免再次击穿开关管。

2）如果测量熔丝 F801 未断，指示灯不亮，主要是副电源电路未工作引起。首先测量 U801 的 7 脚有无 300V 电压，如果无 300V 电压，检查市电输入电路和整流桥 L807、D808、D815 是否发生开路故障；如果有 300V 电压，测量 U806 的 7 脚 300V 电压及 U801 的 8 脚启动电压和 5 脚 VCC 供电电压，无启动电压，检查启动电阻 R819、R803 是否开路或阻值变大，VCC 电压不正常，查 5 脚外部的 VCC 整流滤波电路 R865、D814、C803；有启动电压，查 U801 的 3、4 脚电压和对地电阻，并判断 U801 是否损坏，必要时，代换 U801 试试。

副电源二次滤波电容 C838、C839 易变质失效，造成 +3.3V 电压低，D809 和 D807 击穿，会引起副电源停止振荡，无电压输出。

指示灯亮，无伴音、无光栅故障检修方法和步骤如下：

指示灯亮，说明副电源正常。遥控开机测电源板与主电路板连接器 P802 的 10 脚为高电平，则是主电源电路故障。测主电源开关变压器 T801 的二次侧有无 +24V 直流电压输出。如果测量主电源始终无电压输出，说明主电源未工作。

1）检查开/关机控制和 PFC 电路。首先检查开/关机继电器 K801 是否吸合为主电源供电，如果未吸合，故障在开/关机控制电路，检查 Q808、U802、Q811；继电器吸合，则测量 PFC 大滤波电容 C840、C840A 两端有无 390V 电压，如果为 ＋300V，则是主电源或 PFC 电路未工作。对于 PFC 电路，先查驱动电路 U806 的 8 脚 VCC 供电和 7 脚激励脉冲，再查 Q801、Q802 和整流滤波电路 D818、C840。

2）检查主电源电路。先查主电源驱动电路 U805 的 8 脚启动电压和 6 脚 VCC 供电，无启动电压，多为启动电路 R827、R826 开路；无 VCC 电压，则是 VCC 整流滤波电路 R873、D829、C802 发生开路故障。如果 8 脚有启动电压，测量 U805 的 5 脚有无激励脉冲输出，无脉冲输出，则 U805 及其外部电路故障；有脉冲输出，检查开关管 Q803、T801 及其二次整流滤波电路。

3）检查二次整流滤波电路。主电源二次滤波电容 C804、C805、C829 易变质失效，造成 ＋24V 电压降低，D806 和 D824 击穿，会引起主电源过电流保护，停止振荡，无电压输出。

2. 背光灯部分故障维修技巧

1）如果发生背光灯始终不亮故障，首先检查背光灯板工作条件。测背光灯 U901 的 20 脚的 ＋24V 供电、19 脚点灯控制电压、11 脚亮度调整电压是否正常。背光灯板工作条件正常，检查 U901 的 23、2、4、5 脚有无激励脉冲输出，无激励脉冲输出，则故障在 U901 及其外部电路；否则故障在推动电路和桥式推挽升压输出电路。

2）如果开机的瞬间，有伴音，显示屏亮一下就灭，则是背光灯保护电路启动所致。如果背光灯灯管亮后马上就灭，则是过电流保护电路启动所致；如果灯管亮 1s 后才灭，则是过电压保护电路启动所致。

背光灯部分过电压、过电流保护电路主要对 OZ9926A 的 12、13 脚电压进行控制，检修时，可在开机后保护前的瞬间通过测量 OZ9926A 的 12 脚和 13 脚电压判断保护电路是否启动。如果 12 脚电压异常，则可判断是过电压保护电路引起的保护；如果 13 脚电压异常，则可判断是过电流保护电路引起的保护。

1.3　LED 液晶彩电二合一板的原理与维修

LED 光源与 CCFL 光源相比，具有耗电量更少、使用寿命更长、色域覆盖更广、点亮速度更快等性能优势，而且使用的材料也更加环保，LED 最终取代 CCFL 成为液晶彩电背光源是大势所趋。

LED 液晶彩电根据 LED 背光源安装方式的不同，可分为直下式（点阵式）和侧下式（边缘式）两种：直下式是将很多单个 LED 灯按一定的密度，整齐地排列在整个液晶屏的背板上，再通过扩展板，把背光源均匀地射出。其优点是亮度更高，整个屏幕亮度均匀，而且 LED 的工作电流也较小；缺点是成本高，液晶面板厚度无法做得更薄。侧下式是将 LED 灯安装在液晶面板的四周，再通过导光板和扩散板，向屏幕提供亮度均匀的光源。其优点是成本较低，产品可以实现极薄的设计；缺点是屏幕亮度均匀性稍差，LED 的工作电流较大。

高端 LED 液晶彩电产品中，为了使图像的对比度更加出色，LED 背光源往往采用背光源分区控制技术，将背光划分为几十或数百个区域，各区域的亮度可以独立调节，根据图像的内容来选择点亮或熄灭屏幕相应区域的 LED 背光灯，从而提升图像显示效果。

图 1-8 是 LED 液晶彩电二合一板电路组成示意图。LED 液晶彩电的背光源由传统的 CCFL 改为了 LED，两者背光源对应的电源板电路也不相同。CCFL 需要近 1000V 的交流工作电压，触发电压则更高，所以需要单独的背光灯板进行供电。而单只 LED 灯的点亮只需

要 3V 左右的直流电压，在 LED 背光源中一般采用将多只 LED 灯串联的方式进行点亮，串联的 LED 灯少则十几只，多则五六十只，所以点亮电压低则几十伏，高则 200V 以上。所需供电电压不是很高，而且是直流电压，往往采用电源板直接输出所需的电压进行供电，为此电源输出端往往设计一组满足背光灯电路供电需求的电压。驱动的 LED 灯串中的 LED 灯个数不同，输出电压也不相同，一般在 24V 到 100 多伏之间。

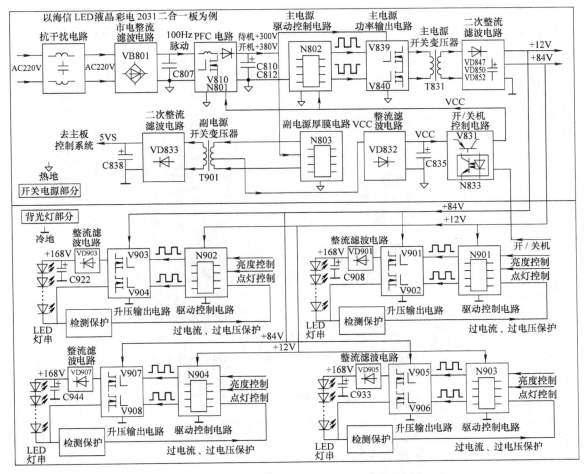

图 1-8   LED 液晶彩电二合一板电路组成示意图

为了确保 LED 灯串的供电和电流的稳定，使 LED 背光灯的供电不受开关电源输出电压波动的影响，LED 液晶彩电不是简单地用开关电源输出的直流电压直接驱动 LED 灯串，而是设有类似于 PFC 电路的升压、稳压和电流调整电路，称为 LED 驱动电路。根据需要驱动灯串的多少，往往设有 2 个以上相同的驱动电路。因为 LED 背光灯供电低、电流小、功耗小，所以为 LED 液晶彩电供电的二合一板显得较为小巧。

本节以海信 LED32T28KV、LED32T29P、LED37T28KV 液晶彩电采用的 2031 二合一板为例，介绍 LED 液晶彩电二合一板的原理与维修技巧。

海信 LED 液晶彩电 2031 二合一板实物如图 1-9 所示，是专为小屏幕侧下式 LED 背光源液晶彩电设计的。其开关电源电路如图 1-10（见全文后插页）所示；LED 背光灯电路如图 1-11（见全文后插页）所示。

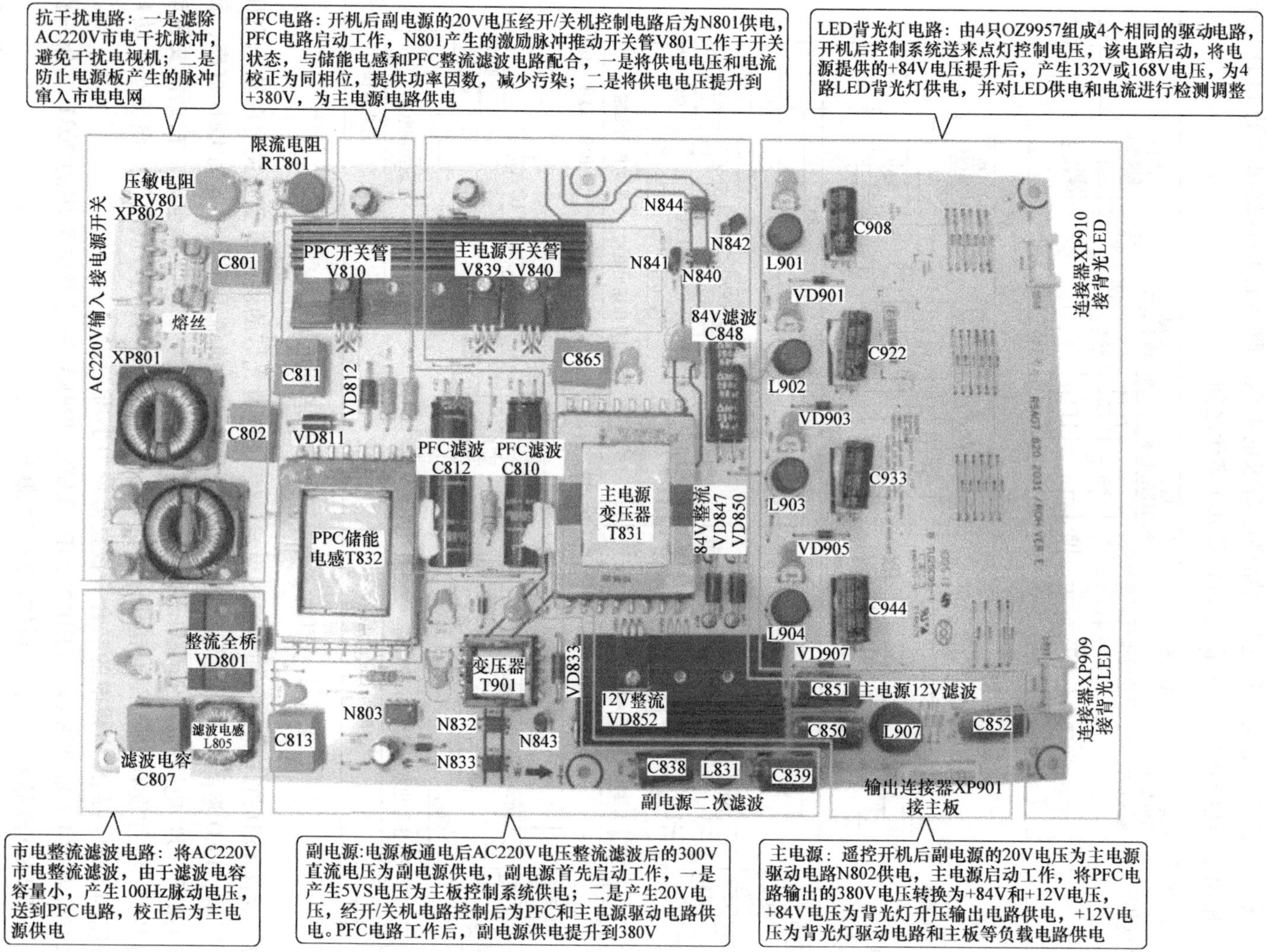

LED背光灯电路：由4只OZ9957组成4个相同的驱动电路，开机后控制电路送来点灯控制电压，该电路工作启动，产生132V或168V电压，为4路提供供电；将84V电压提升后，产生132V或168V电压，为4路LED供电，并对LED供电和电流进行检测调整

PFC电路：开机后副电源20V电压经开/关机控制电路后为N801供电，PFC电路启动工作，N801产生的激励脉冲推动开关管V801工作于开关状态，与储能电感和PFC整流滤波配合，一是将供电电压和电流校正为同相位，提高功率因数，减少污染；二是将供电电压提升到+380V，为主电源电路供电

抗干扰电路：一是滤除AC220V市电干扰脉冲，避免干扰电视机，二是防止电源板产生的脉冲窜入市电电网

市电整流滤波电路：将AC220V市电整流滤波，由于滤波电容容量小，产生100Hz脉动电压，送到PFC电路，校正后为主电源供电

副电源：电源板通电后副电源供电，副电源首先启动工作，副电源输出的300V直流电压为副电源供电，产生5V电压为主板控制系统供电，经开/关机电路控制后为PFC和主电源驱动电路供电。PFC和主电源工作后，副电源供电提升到380V电，副电源供电为主板等负载电路供电

主电源：遥控开机后副电源驱动电路N802供电，主电源启动工作，将PFC电路输出的380V电压转换为+84V和+12V电压，+84V电压为背光灯升压驱动电路供电，+12V电压为背光灯驱动电路和主板等负载电路供电

电源：遥控开机后副电源的20V电压为主电源PFC电路驱动电路工作，将PFC电路启动，将PFC电压转换为+84V和+12V电压，输出为+84V和+12V电压为主板供电，+12V电压为背光灯驱动电路和主板等负载电路供电

板上标注：

连接器XP910 接背光LED
连接器XP909 接背光LED
RSAG7.820.2031/ROH VER E

C852
C908 C922 C933 C944
L901 L902 L903 L904
VD901 VD903 VD905 VD907
C851 主电源12V滤波
L907
输出连接器XP901 接主板
C850
C839
C838 L831
副电源二次滤波
VD852 12V整流
VD833

N842 N840 N841 N844
84V滤波 C848
84V整流 VD847 VD850
主电源变压器 T831
变压器 T901
N832 N833 N843 N803
C865
主电源开关管 V839、V840
PFC滤波 C810
PFC滤波 C812
PFC开关管 V810
C811 VD811 VD812
PFC储能电感 T832
C813

限流电阻 RT801
压敏电阻 RV801 XP802
C801
熔丝
C802
AC220V输入接电源开关
整流全桥 VD801
滤波电感 L805
滤波电容 C807

图1-9 海信2031二合一板实物上面元器件分布图解

1.3.1　电源部分工作原理

开关电源电路可分为 300V 形成电路、副电源电路、PFC 电路和主电源电路四个部分。300V 形成电路将 220V 交流市电整流得到的 300V 电压，送到副电源电路及 PFC 电路。副电源电路采用 STR-A6059H，输出 5VS 副电压，供主板 CPU 电路使用；同时输出 20V 左右的 VCC 电压，经开/关机电路控制后，开机时给 PFC 电路及主电源电路提供工作电压。PFC 电路采用 MC33262，输出 380V 的 PFC 电压，送到主电源电路。主电源电路采用 NCP1396A，输出 84V、12V 两路电压，分别供 LED 驱动电路及主板小信号电路使用。LED 驱动电路使用了 4 片 OZ9957，输出点亮 LED 灯条所需的电压。

1. 副电源电路

海信 2031 二合一板的副电源电路包括 5VS 开关电源电路和待机控制电路两部分。它以小型厚膜电路 STR-A6059H（N803）和开关变压器 T901、稳压控制电路 N834、N832 为核心组成，一是产生 5VS 电压，为主板控制系统供电；二是产生 +20V 电压，经开/关机电路控制后，为 PFC 电路和主电源振荡驱动电路提供 VCC1 和 VCC2 工作电压。

副电源的工作电压来自 PFC 电路输出端 C812、C810 两端的 PFC 电压，由于待机时 PFC 电路不工作，加到 PFC 电路的脉动直流电压直接经过 VD812 整流，C810、C812 滤波后，送到 PFC 电压输出端，此时 PFC 电压输出为直流 300V。该电压进入副电源开关变压器 T901 的一次 1-2-3 绕组加到 N803 的 7、8 脚，一是加到内部开关管的 D 极；二是经内部电路向 5 脚外部 C835 充电，当 C835 上的电压达到芯片要求的启动电平时，N803 开始工作，其内部的 MOSFET（开关管）脉冲电流在开关变压器 T901 中产生感应电压，T901 二次侧 10 脚感应脉冲电压，经外围电路整流、滤波后，在 C839 上生成 5VS 电压，给 CPU 待机电路使用。T901 的 4 脚感应电压，经 VD832 整流、C835 滤波后，向 N803 的 5 脚提供启动后的工作电压。

稳压控制电路：副电源的稳压控制是由电压比较控制器 N843、光耦合器 N832 及 N803 的 4 脚内部电路来完成的。5VS 电压通过分压电阻加到 N843 的参考控制极 R，在 N843 内部进行基准比较，当电压异常时，调整 N843 的 C-A 极电流的大小。再通过 N832 反馈给 N803，控制内部 MOSFET 的 PWM 开关控制信号的导通宽度，从而实现稳压控制。

保护电路：N803 的 2 脚为 300V 电压检测保护端，如果 300V 电压过高，经分压电路分压后，送到该脚电压也升高，控制芯片停止工作。1 脚外接内部开关管 S 极过电流保护取样电阻 R831，当 MOSFET 电流过大或 R831 阻值变大，1 脚电压达到保护设定值时，内部保护电路启动，副电源停止工作。为防止 MOSFET 在关断时，T901 产生的自感脉冲将 MOSFET 击穿，在 MOSFET 的 D 极设置了由 VD831、C833、R834 组成的尖峰脉冲吸收电路。

开/关机控制电路：开/关机控制电路由 V832、N833、V831 等组成，从 T901 的 4 脚整流输出的 20V 电压，除了供 N803 使用外，还有一路送到待机控制电路中 V831 的 c 极。当 CPU 接到开机指令后，送来高电平的 PS-ON 信号，加到 V832 的 b 极。V832 进入饱和导通状态，再通过光耦合器 N833 控制 V831 也进入导通状态，从 e 极输出 20V 左右的 VCC1 电压，给 PFC 振荡驱动电路 N801 的 8 脚供电，VCC1 电压经 R804 后变为 VCC2 电压，为主电源振荡驱动电路 N802 的 12 脚供电。

2. PFC 电路

海信 2031 二合一板的 PFC 电路由振荡驱动控制芯片 N801（MC33262）、MOSFET（开关管）V810、储能电感 T832、整流管 VD812、滤波电容 C810、C812 等组成。

开机后开/关机电路送来的 VCC1 电压加到 N801 供电端 8 脚后，N801 开始工作。从 7 脚输出 PFC 激励信号，经过 R821 和二极管 VD815，驱动 V810 工作于导通、截止状态。当 V810 导通时，300V 的脉动电压流过 T832、V810 形成电流，并以磁能的形式将能量存储在 T832 内部。当 V810 截止时，T832 内部的磁能转换为峰值 70V 左右的自感电动势，其方向与 300V 电压是相同的，300V 电压叠加上自感电压，再经 VD812 整流、C810、C812 滤波后，输出 380V 左右电压，即 PFC 电压。

如果维修时测量 PFC 输出电压只有 300V 左右，说明 PFC 电源没有工作，T832 没有产生自感电压，只有"馒头波"的峰值经过整流滤波后输出。

N801 的 2 脚外接低通滤波器电路，起软启动作用，改变此电路的时间常数，可以改变稳压控制的反应速度及平均度。

储能电感 T832 上的 2-5 绕组是 N801 的过零检测取样绕组，过零取样信号加到 N801 的 5 脚，控制开关管 V801 工作在临界（断续导通）模式，从而减少开关电路的开关损耗，提高了电路的可靠性。

N801 的 3 脚是 300V 馒头波形取样输入端。由于临界模式的 PFC 电路，其控制芯片需要一个输入电压的基准波形来调整其工作频率。如果 3 脚没有波形输入，PFC 电路就无法工作。

VD811 为开机浪涌电流保护二极管。在 PFC 电路开始工作的瞬间，供电电流可以首先通过 VD811 对 C810 进行充电，从而使流过 T832 的电流大大减小，产生的自感电动势也就小了很多，消除了开机瞬间可能出现的大电流，对滤波电容和开关管进行了有效的保护。电路正常工作后，由于 VD811 正极电压为 300V，而负极电压为 380V，VD811 呈反偏截止状态，对电路工作没有影响。

稳压控制电路：PFC 电压的稳压控制是通过 N801 的 1 脚来完成。PFC 电压经电阻分压后，在 R829 上形成 2.5V 左右的反馈取样电压，从 1 脚送入芯片。在内部与基准电压进行比较，如果有误差，则调整开关激励信号的导通时间，从而控制电源输出稳定的 PFC 电压；而如果误差过大，则直接控制 N801 停止工作。

保护电路：N801 的 4 脚是过电流保护检测输入端，当出现负载电流过大时，引脚外接的取样电阻 R825、R833 上的电压降上升。该电压送入 N801，在芯片内部和阈值电压进行比较，如果高于阈值，N801 就会停止工作，7 脚 PFC 激励信号不再输出。

3. 主电源电路

海信 2031 二合一板的主电源电路由振荡驱动电路 N802（NCP1396A）、半桥式推挽电路 V839、V840、开关变压器 T831 和稳压控制电路 N842、N840 组成。主电源的输出电路采用的是半桥谐振单电感加单电容的拓扑结构，常称为 LLC 谐振型电源电路。这种拓扑结构能够提升能效、降低电磁干扰（EMI）信号，并且能提供更好的磁利用。该电源电路在正常工作后，当其谐振电路的谐振频率等于激励振荡电路的振荡频率时，就可以使开关电源有最大的功率输出。

在本电源中，开关变压器 T831 的一次绕组和电容 C865 组成一个串联谐振电路，连接于功率输出管 V839、V840 的输出端。而振荡部分 N802 和功率输出部分看成一个他激型振荡器。电路设计时将 T831 和 C865 的谐振频率设计为约等于 N802 内部振荡器的工作频率，更好地保证了电源电路的输出功率。

开机后，开/关机控制电路的 VCC2 电压送到 NS02 的 12 脚，NCP1396A 启动工作，从 15、11 脚输出频率相同、相位相反的开关激励信号，分别送到上桥开关管 V839 和下桥开关管 V840 的栅极。在 PFC 供电及 VD839、C864 组成的自举升压电路的共同作用下，在 V839 的 S 极，也就是 N802 的 14 脚，形成 0V 和 380V 变化的开关振荡信号。该振荡信号的振荡频率为 F，送到后面由 T831、C865 组成的 LLC 谐振电路，由于谐振电路的工作频率 f 与 F 相差不大，这样就有效保证了 LLC 电源的输出功率。

谐振电路的谐振点 f 和振荡器的振荡频率 F 不在一个频率点上，存在一个频偏，并且谐振频率低于振荡频率。如果谐振频率 f 增高，f 就会靠近 F，电路的输出功率就会增加，表现为输出电压升高；反之，如果谐振频率 f 降低，输出功率就下降，输出电压就降低。主电源就是采用控制频率的方式来达到稳定输出电压的目的，即控制振荡频率和谐振频率的频偏大小，来实现稳压。

根据振荡器的特性，振荡器的输出取决于负载，如果负载是谐振电路，那么输出必定是正弦波（条件是谐振电路必须和振荡器输出频率产生谐振）。因为主电源采用 LLC 谐振开关电源，且谐振频率 f 与 N802 输出的开关振荡信号频率 F 相近，所以开关变压器 T831 输出的是近似正弦波。既然是正弦波信号，那么整流输出电路就可以采用全波整流方式，以提高输出电压的稳定性。经过整流、滤波后，主电源电路输出两路稳定的直流电压，分别是 84V 和 12V。其中 84V 电压送入 LED 驱动电路，而 12V 电压则分为两路：一路送到主板，供小信号电路使用；另一路送入 LED 驱动电路。

稳压控制电路：为了确保开关电源输出电压的稳定，还设计了 N842、N840 组成的稳压反馈电路。当由于某种原因导致 12V 输出电压升高时，分压后加到比较器 N840 控制端的电压也随之升高，引起 KA431AZ 导通程度加大。再通过光耦合器 N833，将反馈电流送入 N802 的 6 脚（反馈输入端），当输入电流增大时，控制芯片内部的振荡器提高其振荡频率 F。由于振荡频率 F 原本就高于负载 LLC 谐振电路的谐振频率 f，提高振荡频率 F 进一步拉大了其与谐振频率 f 的频率差，使电路的输出功率下降，最终降低输出电压，实现稳压控制。当 12V 电压降低时，其控制过程相反。

保护电路：为了防止电源出现过电压工作情况，NCP1396A 设计了两个保护控制端，分别是 8 脚和 9 脚。8 脚为快速故障检测端，当故障反馈电压达到设定的阈值时，N831 立即关闭 15 脚和 11 脚的激励输出信号，LLC 电路停止工作。9 脚为延迟保护控制端，当故障反馈电压达到设定的阈值时，N802 内部计时器启动，延迟一定时间后控制芯片内部电源管理器进入保护状态。两个保护控制端的检测信号来自功率输出过电压保护电路。该电路由 C863、VD835、VD834、N841、VZ832、V803 等组成。当功率放大电路出现异常电压升高时，通过以上电路，使 8、9 脚这两个保护检测端电压上升。N802 内部的激励电路被关闭，激励信号停止输出，主电源也就不再工作，完成功率输出过电压保护。

1.3.2　LED 背光灯电路工作原理

LED 背光灯电路是 LED 液晶彩电特有的电路，其功能是输出点亮后级 LED 灯串所需的直流电压，同时通过各种过电压、过电流、断路等保护电路，控制 LED 灯串的工作电流，防止 LED 损坏。

海信 2031 二合一板的 LED 背光灯电路由 4 只背光控制专用集成电路 OZ9957（N901 ~ N904）、8 只 MOSFET（开关管）V901 ~ V908、4 只储能电感 L901 ~ L904 及 4 只整流二极管

VD901、VD903、VD905、VD907 组成，驱动 4 路 LED 灯串工作。

1. 背光灯电路工作过程

从主电源电路送来的 12V 电压，加到 N901 的 13 脚（供电端）。当背光需要点亮时，从 CPU 输出高电平的背光开关控制信号 SW，加到 N901 的 12 脚（使能端），当该脚电压大于 2V 时，N901 开始工作。内部的振荡器以 2 脚设定的工作频率振荡。通过驱动电路放大后，从 15 脚输出信号幅度为 5V 的 PWM 开关驱动信号，送到驱动 MOSFET V901 的 G 极。V901 的 D 极所接的储能电感 L901、整流二极管 VD901 组成一个典型的升压电路，其工作原理与前面介绍的 PFC 升压电路基本相同。这样，84V 电压叠加上 L901 中存储的自感电压，再经过 VD901 整流、C908 滤波后，输出点亮 LED 灯串的驱动电压。

2. 稳压控制电路

输出驱动电压的高低是由 LED 灯串工作电流大小来进行反馈控制的。为了保证 LED 灯发光的稳定性，需要恒流工作条件，所以其工作电流非常关键。不同型号的 LED 灯串，其额定的工作电流也不一样，有的为 120mA，有的只需要 60mA。我们以 LED32T28KV 所使用的 60mA 灯串为例进行分析。

当 LED 灯串点亮后，驱动电压经过灯串、V902、取样电阻、地，形成工作电流。此电流在取样电阻 R701～R703 上形成取样电压。通过简单的计算，我们可以算出三个取样电阻的等效阻值为 8.3Ω，当电流为 60mA 时，取样电阻上的电压降正好为 0.5V，此电压就是 N901 设定的灯串正常工作时的标准检测电压。0.5V 电压送入 N901 的 7 脚，进入内部的电流管理器，与 0.5V 基准电压进行比较。当输入电压有误差时，输出控制信号来调整 15 脚输出的 PWM 开关驱动信号的占空比，从而调整升压电路输出的 LED 驱动电压的高低，保证 LED 灯串的工作电流稳定在 60mA，使背光亮度符合要求。此时，测量驱动电压应在 168V 左右。因为单只 LED 灯的点亮电压为 3V 左右，所以可以计算出该 LED 灯串上共串联有 56 只 LED 灯。

LED37T28KV 采用的是 120mA 的 LED 灯串。为了保证 N901 的 7 脚电压为 0.5V，则需要将取样电阻 R701～R703 的阻值分别设定为 20Ω、2.2Ω、2.2Ω，其等效阻值为 4.2Ω。该机型 LED 驱动电压为 132V 左右，使用的是 44 只 LED 灯。

由此可见，电流取样电阻的阻值大小直接影响到驱动电压输出的高低。如果电阻值变大，会造成取样电流减小，驱动电压也随之降低，从而出现 LED 背光变暗的故障。

3. 保护电路

为了防止 LED 灯串因过电流、过电压等原因而损坏，同时也为了避免灯串损坏后对电路的影响，LED 驱动电路中设计了完善的保护电路。下面逐一进行介绍。

（1）LED 灯串过电流保护（OCP）

当 LED 灯串出现短路故障，或其他原因导致 LED 灯串电流异常增大时，经过电流取样电阻 R701～R703 反馈给 N901 的 7 脚电压也随之变高。OZ9957 的 7 脚内部除了连接了电流管理器外，还连接有多个电压比较器，其中一个就是过电流保护比较器。当 7 脚电压高于 0.55V 时，比较器输出高电平的保护起控信号，加到延时保护器。延时保护器在短暂延时后，输出关断控制信号，加到驱动输出电路，控制驱动电路不输出，从而实现对 LED 灯串的过电流保护。

N901 内部的延时保护器在 11 脚外接了一只电容 C902，当收到各保护电路送来的起控电压时，保护器不会立即动作，而是让起控电压对 C902 进行充电。当充电电压达到延时保护器设置的阈值时，延时保护器才向后级驱动电路输出关断控制信号，从而实现延时保护。该电路可以有效地避免电路出现误保护现象，即只有当保护电压持续出现时，才实施保护动作。

（2）升压电路过电流检测（IS）保护

升压 MOSFET（开关管）V901 工作后，会在其 S 极形成几百毫安的工作电流，该电流经 R733、R734 后，形成反映电流大小的压降电压。该电压送到 N901 的 8 脚，加到内部比较器的正向输入端，比较器的反向输入端接的是 0.5V 基准电压。当 V901 的 S 极电流超过 1A 时，其检测电阻上的电压就会超过 0.5V，从而使比较器的工作状态发生改变。此时。比较器输出高电压，直接送到驱动输出电路，禁止 PWM 驱动信号从 15 脚输出，MOSFET 不再工作，防止 V901 因过电流而损坏。

（3）LED 驱动电压输出过电压保护（OVP）

升压电路输出的 LED 驱动电压如果失控，将会直接烧坏 LED 灯串，所以电路中设计了相应的过电压保护电路。驱动电压输出后，经分压电阻 R909 ～ R912 进行分压，在 R912 上形成一个检测电压，并送到 N901 的 10 脚（过电压检测端）。以 LED32T28KV 为例，在 168V 驱动电压正常时，10 脚电压为 2.3V 左右。如果某种原因导致 LED 驱动电压升高时，其 10 脚检测电压也随之升高。当驱动电压超过 216V 时，R912 上分压上升到 3V 以上，10 脚内部的 3V 电压比较器动作，输出高电平的过电压保护控制信号，送入延时保护器，并最终控制芯片驱动电路不再工作，完成过电压保护。

对于 LED37T28KV 来说，由于其驱动电压为 132V，所以 4 只分压电阻的阻值也有所不同，分别是 200kΩ、200kΩ、220kΩ、10kΩ，而 N901 的 10 脚上的分压电压为 2.1V。通过计算可以得出，该电路的过电压保护电压阈值为 189V，当电压继续升高时，过电压保护电路就会执行动作。

（4）LED 灯串断路保护（OLP）

当 LED 灯串内部出现断路，或是电路板 LED 驱动输出插座与灯串之间接触不良时，LED 灯串无电流流出，使电流取样电阻 R701 ～ R703 上没有电压产生。此时，为了防止 N901 的 7 脚内部电流管理器误判为 LED 电流不足，避免驱动电压进一步升高，在 7 脚内部设计了一个断路保护比较器。当 7 脚电压低于 0.4V 时，比较器输出高电平的断路保护控制信号，高电平经过与门后再送入延时保护器，控制驱动信号不输出，实现灯串断路保护。

（5）灯串部分 LED 灯短路保护

LED 灯是一个二极管，击穿短路是最常见的损坏方式，其次是开路损坏。假设一个 56 只 LED 灯串上，有一半的 LED 灯出现短路性损坏。剩下的 28 只 LED 灯就只需要 84V 驱动电压即可以正常点亮工作。这样升压电路就不需要工作了，84V 供电经 L901、VD901 后，直接点亮 LED 灯串（但亮度会比较低）。如果此时灯串上的 LED 灯继续出现短路损坏，由于 84V 电压不能降压，使得 LED 灯串上的电流增大。因为灯串过电流保护电路已无法起控，所以导致 LED 灯严重发热，最终烧坏剩余的 LED 灯。

考虑以上因素，电路中设计了由 V913、R745、R752、R751、VD913 等组成的保护检测电路。当 LED 电流增大时，流过 R745、R752、R751 上的电压降增大，当大于 0.7V 时，V913 由截止转入导通状态，c 极输出高电平，经 VD913 后，输出过电流保护信号。由于此时的控制目标是降低或停止 84V 电压的输出，所以过电流保护信号直接送到了主电源保护电路，迫使 V833 导通，经过光耦合器 N844 将 V803 的 b 极电压拉低而导通，c 极形成高电平的保护控制信号，加到 N802（NCP1396A）的 8 脚和 9 脚。N802 内部激励电路关闭，LLC 电源停止工作，84V 电压不再输出，LED 灯串熄灭，完成保护。

4. 亮度调整电路

海信 LED 液晶彩电都具有节能变频功能，根据使用的环境及用户的设定，对电视机 LED 背光的亮度进行调整，使收看更加舒适，同时可以实现节能。

当对背光亮度进行调整时，从 CPU 输出一个 PWM 背光亮度控制信号 BRI，该信号加到 N901 的 6 脚（背光亮度控制端），进入芯片内部的 PWM 控制电路，输出后送到振荡输出比较器的负端。当 PWM 调光信号为低电平时，比较器正端输入的 PWM 振荡信号可以正常输出；当 PWM 调光信号为高电平时，比较器直接输出低电平，PWM 振荡信号不再输出，N701 的 15 脚也无驱动信号输出，升压电路不工作，背光灯熄灭。由于 PWM 调光信号的频率较低，只有 200Hz，而 PWM 振荡信号的频率则高达 130kHz，相当于调光信号对振荡信号进行了"调制"，最终从芯片输出频率为 200Hz 的背光控制信号，200Hz 时人眼已无法进行识别，所以我们感觉不出背光的亮灭转换，只是看到背光的亮度变暗了。

N901 的 15 脚输出的 PWM 驱动信号还有一路经 VD902 后加到 MOSFET V902 的栅极。在不调光的状态下，由于 PWM 信号频率很高，而 V902 栅极也没有泄放电路，使得栅极一直保持高电平，V902 处于常通状态。LED 灯串的电流可以流过，背光灯正常点亮。而在调光状态下，由于 PWM 驱动信号的频率仅为 200Hz，当信号为低电平时，V902 有足够的时间进入截止状态，从而确保 LED 灯串熄灭；当驱动信号转为高电平时，V902 转入导通状态，LED 灯串恢复点亮。由此可见，V902 只在调光状态下进行开关动作，所以它也称为调光控制 MOSFET。

LED 光源有数字 PWM 和模拟电压两种调光方式。在 LED 液晶彩电中，均采用数字 PWM 调光方式。这是由于采用模拟电压调光方式时，LED 灯随着工作电流变化，其发光亮度也会有相应的变化，根据 LED 的发光特性，当亮度变化时，其色温也会发生一定的改变，从而会影响液晶图像的色彩表现，所以模拟电压调光方式不适合 LED 液晶彩电。

5. 同步与软启动电路

由于 4 个 LED 灯串需要 4 片 OZ9957 分别进行驱动，为了保证 4 个灯串发光的一致性，需要控制 4 片 OZ9957 同步工作，芯片 1、3、5 脚即为多芯片同时工作同步设定相关引脚。在本电路中，把 N901 设定为背光控制主芯片，其他 3 片为副芯片，N901 通过 1、5 脚的外围设定，从 3 脚输出同步控制信号，该信号送到 N902 ~ N904 的 1 脚，控制其他 3 片 OZ9957 同步工作，保证背光亮度的稳定性和均匀性。

N901 的 9 脚是补偿脚，通过外围电容 C903 的设置，来滤除信号中的杂波信号，保证驱动信号正常输出。该脚同时也是软启动脚，通过外接元件 C901、C904，可以对芯片启动工作时间进行设定，避免芯片启动瞬间的电流冲击，实现软启动功能。

1.3.3　LED 二合一板故障维修

LED 液晶彩电的二合一板与上面介绍的大屏幕液晶彩电二合一板相比，其开关电源部分的工作原理基本相同，有关开关电源部分的维修方法和维修技巧本节不再重复，重点分析 LED 背光灯电路的维修方法和维修技巧。

1. LED 背光灯电路维修技巧

LED 背光灯的二合一板与 CCFL 背光灯的二合一板相比，没有交流高压输出，输出的直流电压也相对较低，而且背光灯的供电由开关电源二次侧提供，接地端为冷地，因而检修要简单和安全一些。另外 LED 背光灯板一般有几组电压输出，每组不仅输出电压相同，而且电路组成和电路元器件也相同，因此维修其中一路故障时，可参看其他正常支路的电压、电阻和元器件参数。另外也可采用相同电路和负载灯串互换的方法，确定故障范围，为维修提供方便。

值得一提的是，LED 背光灯板输出电压在不接负载和接负载时有很大差异，如 LCD32T-AUT 背光灯电路接负载时输出电压为 57V，不接负载时输出电压为 120 ~ 140V；LCD55T-SS1 背光灯电路接负载时输出电压为 200V，不接负载时输出电压为 125V。前者是不接负载时升压调整电路仍维持工作，但无输出负载电路，造成空载时输出电压升高；而后者在不接负载时输出电压降低，是该背光灯电路设有相应的空载保护电路，当不接负载时保护电路启动，背光灯升压控制驱动电路停止工作，造成空载时输出电压反而降低。因此，当哪路输出电压不正常时，也可能是 LED 灯串发生开路故障造成的，可先采用与其他灯串对比的方法，首先排除 LED 灯串故障，再检查维修驱动电路。另外，维修背光灯板时最好不要空载试机，以免造成误判。

2. LED 背光灯电路维修步骤

1）发生背光灯全部不亮故障，则是背光灯电路未工作，先测量背光灯的供电是否正常，如果不正常，需首先排除开关电源部分故障，再检查维修背光灯电路。如果供电正常，再检查控制系统送到电源板的点灯控制和亮度控制电压是否正常，上述供电正常，再检查驱动电路。

如果脱板维修二合一板，也可像维修 CCFL 背光灯逆变器一样，采用模拟亮度、开机点灯电压的方法，将 5V 供电电压通过分压电阻分压后，为点灯、亮度控制电路注入合适的高电平。

2）发生显示屏局部不亮或局部亮度暗淡故障时，则是相应的 LED 灯串损坏或驱动控制电路故障。先确定是哪路 LED 灯串或驱动电路发生故障，再采用与正常 LED 灯串和驱动电路对比和互换的方法判断故障范围，直到找到相应的故障 LED 灯和驱动电路损坏的元器件。

3）开机的瞬间背光灯点亮，然后熄灭，则是背光灯保护电路启动所致，多为背光灯电路或 LED 灯串发生过电压、过电流或电流不平衡故障，造成保护电路启动所致。由于各个厂家型号的背光灯电路保护电路不同，出现的保护故障也不相同。没有电流不平衡保护电路的背光灯电路，当一个或两个灯串发生故障时，其他支路的 LED 灯串驱动电路正常工作，造成显示屏局部不亮或局部暗淡故障；而设有电流不平衡保护电路的背光灯电路，当一个或两个灯串发生故障时，会引起保护电路启动，其他支路的 LED 灯串驱动电路会停止工作，引起背光灯不亮或亮后熄灭的故障。

1.4　液晶彩电二合一板维修和代换技巧

液晶彩电二合一板工作于高电压、大电流状态，故障率较高，在液晶彩电维修中占有较高的比例。

液晶彩电二合一板因将电源板和背光灯板电路合并在一起，单元电路多、控制相对复杂，且采用双面印制电路板，大量使用贴片元器件，元器件体积小、分布密集，往往导致电压测试不便；另外电路走向从印制电路板的一面走向另一面，互相穿插，给电路识别和追寻电压信号走向造成困难，容易造成故障判断方向不清、关键点把握不准；再加上所修二合一板往往无图样、无资料，给维修故障造成困难。笔者根据维修二合一板的实践，总结出以下维修技巧。

1.4.1　维修技巧与检修安全

1. 二合一板检修顺序

维修时，首先排除开关电源部分故障，在确定开关电源输出电压正常后，再检查背光灯部分故障。对于开关电源部分故障，本着从前向后检查的步骤，先检查市电整流滤波后的 +300V 供电，再依次检查副电源、开/关机控制电路、PFC 电路、主电源。对于背光灯电路，由于其输出部分功率大、电压高、故障率高，遵循从后先前检查的步骤，先检查背光灯和连接器，再依次检查升压变压器、升压 MOSFET（开关管）、推动电路和驱动控制电路。

2. 确保人身安全和电路安全

由于二合一板电源部分与 AC220V 市电相连接，背光灯板输出 1000V 以上交流高压，均会对人身安全造成威胁。维修时最好采取如下措施：

1）采用隔离变压器，在电源输入端设置一个隔离变压器，将电源板输入电压与市电电压隔离，悬浮供电。一是保证人身安全，即使维修时人体接触二合一板，也不会形成电流回路，避免触电；二是保证测试仪器安全，特别是示波器的安全，可对二合一板的一次、二次电路进行测试，避免热地端强电损坏测试仪器。

2）在工作台和工作地面设置绝缘胶垫。设置绝缘胶垫后，即使人体接触到热地端，由于绝缘胶垫的隔离，不会形成电流回路，避免触电。因为背光灯升压输出端电压高达 1000V 以上，所以背光灯板应距离其他电路板和检修测试仪器 10cm 以上，特别是要与屏蔽金属板保持一定距离，避免打火放电，造成不必要的损失。

3）通电测试电压或波形时，采用单手操作姿势，另一只手悬空，不接触电路板或戴绝缘手套，避免双手接触电路板构成回路触电伤人。

3. 学会二合一板脱板维修

目前维修，大多为上门维修，在客户家全部完成维修作业，受条件的限制，往往需要将二合一板拆下来，带回维修部进行脱板维修。而二合一板的正常工作往往受主板控制系统的开/关机控制、点灯控制、亮度调整控制，脱离主机后往往无法启动进入工作状态，需要模拟上述控制电压。由于多数二合一板的上述开/关机、点灯、亮度控制电压开机状态均为高电平，可用 3 只 1 ~ 3.3kΩ 电阻跨接在副电源输出的 +5V 或 +3.3V 之间，为二合一板输入模拟的开/关机、点灯、亮度控制电压，迫使二合一板启动工作。

另外，开关电源或背光灯电路在脱板维修时，由于无负载电路，空载和带负载状态下其输出电压往往不同，有的二合一板因无负载电路还会进入保护状态不能启动，容易给维修造成误判，需要在开关电源输出端和背光灯驱动输出端接假负载，模拟负载电路用电。开关电源部分一般选用 12V 或 24V 摩托车灯泡作为假负载最好，也可选用 120 ~ 330Ω 大功率电阻作为假负载，跨接在 12V 或 24V 输出端与冷地端之间。CCFL 背光灯部分输出的是交流高压，假负载最好选用相应的 CCFL 背光灯管，当然也可使用专用维修工装，比如长虹快益点电器服务有限公司的专用液晶彩电二合一板假负载工装，其型号为 KYD- PWV2.0，可满足 1 ~ 8 个高压输出接口的二合一板。没有条件的也可使用 150kΩ/10W 的水泥电阻来代替灯管试之。

4. 学会解除保护电路

二合一板的开关电源和背光灯板大多设有过电压、过电流、过热保护电路，当二合一板发生故障时，往往造成保护电路启动，进入保护状态无法工作，给维修造成困难。学会解除保护让二合一板启动工作，是维修二合一板的重要技能之一。

开关电源部分的保护受控电路往往为开/关机 VCC 供电控制电路，保护时切断主电源或 PFC 驱动电路的 VCC 供电，主电源或 PFC 电路停止工作；可在主电源或副电源的振荡或稳压控制端设置保护电路，保护时提高或降低该脚的电压或将其接地，迫使驱动电路内部保护电路启动，达到停止工作保护的目的。解除保护的方法：

1）从过电压、过电流取样电路采取措施解除保护：一般过电压保护检测电路往往设有稳压二极管，当检测电压超过二极管的稳压值时，将稳压管击穿，向保护执行电路送去高电平保护触发电压。解除过电压保护的方法是将稳压二极管拆除或断开一脚。过电流保护检测电路往往采用大功率电阻或电流互感器进行取样，取样电压送到运算放大器比较放大后输出保护触发电压。解除过电流保护的方法：一是将取样电阻或电流互感器一次绕组短路；二是将运算放大器输出的保护触发电压断开。

2）从保护执行电路采取措施解除保护：保护执行电路往往由晶闸管或晶体管担当，一是将晶闸管的门极或晶体管的基极断开或对地短路，启动保护触发电压对晶闸管和晶体管的控制；二是将晶闸管或保护晶体管拆除。

背光灯保护电路对输出电压和灯管电流进行检测、整流、取样、分压后，获取保护触发电压，对驱动控制电路进行控制。解除保护的方法：

1）从过电压、过电流取样电路采取措施解除保护：一般过电压保护检测电路往往设有分压电路、整流电路、比较取样电路、放大电路，可将保护电压送到驱动控制电路，可将过电压保护输出的保护电压断开；过电流或电流平衡检测保护电路设有取样电阻、整流电路、比较取样电路、放大电路，可将保护过电流电压送到驱动控制电路；可将过电流保护输出的保护电压断开。

2）从驱动控制电路的保护电压输入引脚采取措施解除保护：一是将保护输入引脚外部与保护电路相连接的电路断开。二是将保护输入引脚电压拉回到正常值，对于该脚电压升高后驱动控制电路保护，将该脚对地接分压电阻或将该脚直接接地；对于该脚电压降低后驱动控制电路保护，将该脚用 500Ω ~ 1kΩ 电阻接 VCC 供电电源，将该脚电压提升到正常值。

需要注意的是：为了确保解除保护后的电路板安全，解除保护后通电试机时，要接好电压表对输出电压进行检测，并注意观察电路板上熔丝、大功率易损元器件状态，一旦出现电压升高、熔丝熔断、元器件冒烟、打火的故障，应立即切断电源，排除相关故障后，再进行下一步维修。最好采用带按下方式的电源开关的插排作为二合一板的供电电源，通电时轻按电源开关到一半，保持 AC220V 市电刚刚接通，但插排上的开关还没有卡住，观察通电后的电压和电路板元器件，如果发生意外，马上松手，电源开关即可切断电源。

1.4.2　分析识图与测试技巧

1. 对号入座，判断二合一板类型

先确定所修液晶彩电背光灯是采用 CCFL 背光灯还是 LED 背光灯，确定二合一板的类型。再根据所修二合一板的结构，在理解上述三种不同二合一板的基础上，先与上述三种二合一板对号入座，确定是哪种二合一板。

开关电源部分只有一个开关变压器的为单电源＋背光灯电路；电源部分有一大一小两个变压器的为副电源＋主电源＋背光灯电路；电源部分整流滤波电路之后，设有一个类似变压器的大电感线圈，为 PFC 电路储能电感，说明该开关电源具有 PFC 电路。

根据其组成框图再逐步查找各个分单元电路和关键元器件，根据关键元器件的资料，查找测试点。

2. 在输出连接器上查找测试点

一般二合一板的输出连接器直接在电路板上标出连接器各个引脚的输出电压或功能，为测量判断电源板输出电压提供方便。开/关机控制常用符号为 PO-ON、OFF/ON、P-ON、STB、STANDBY 等；点灯控制常用符号为 SW、LCD ON/OFF、BL-ON/OFF、BKLT-EN、EN 等；亮度调整常用符号为 BRI、PWM、IPWN、DIM、BL-DIM、BKLD-ADJ、ADJ 等。对于上述控制电压，多数开机或点灯为高电平，待机或关灯为低电平，亮度调整多为高电平亮度增加，低电平亮度降低。少数二合一板与此相反。

少数二合一板输出连接器不标出输出电压和功能，可根据输出连接器的位置确定输出电压，位于小变压器附近，且与小变压器二次整流滤波电路相连接的引脚，多为副电源输出电压引脚；位于大变压器附近，且与大变压器二次整流滤波电路相连接的引脚，多为主电源输出电压引脚；去掉主电源、副电源输出电压接地端，且不与整流滤波输出电路相连接的，多为开/关机控制、点灯、亮度调整控制引脚。

3. 在大滤波电容两端查找测试点

市电整流滤波电路输出电压的测试点为市电整流滤波电容两端电压或市电整流全桥输出端电压，正常时无 PFC 电路的二合一板为 300V 左右；有 PFC 电路的二合一板待机时接近300V，开机后降为 230～250V。

PFC 电路输出电压测试点为 PFC 整流滤波大电容两端电压或 PFC 整流管负极电压，正常时采用继电器控制 AC220V 输入的开关电源，待机状态为 0V，开机状态为 370～400V；采用 VCC 控制待机的开关电源，待机时为 300V，开机状态为 370～400V。

副电源输出电压的测试点为副电源变压器二次整流滤波电容两端电压或整流管负极、输出连接器的输出端电压。正常时为 5V 或 3.3V。

主电源输出电压的测试点为主电源二次整流滤波电容两端电压或整流管负极电压；设有开/关机控制输出电压的二合一板测试点为输出连接器的输出端电压。输出电压因二合一板型号而异，正常时为 +12V、+24V，有的二合一板还有 +18V、+5V 等输出。

VCC 供电的测试点为 VCC 整流滤波电容和 VCC 控制开关管输出端滤波电容两端电压，正常时在 12～20V 之间，因机型而异，VCC 控制开关管输出端电压待机时为 0V，开机时为12～20V。

4. 背光灯输出电压的测试

对于采用 CCFL 灯管的背光灯，由于输出电压为几千伏交流电压，往往超过万用表的测量范围，维修时可采用两种测量方法：一是采用串联高压测试棒进行测量，该方法可准确地测量高压的电压值，但很多维修人员没有高压测试棒。二是采用感应测量法，将万用表靠近（注意不用碰上测试点，最好测量有绝缘皮隔离的部位）升压变压器的输入、输出电路或输出连接器，通过电磁感应，间接测量升压电路的电压。由于数字式万用表的内阻高，感应电压测试灵敏，建议采用数字万用表进行间接测量，实际测量时，在高压输出端连接器部位，可测量出几百伏的交流感应电压；无数字式万用表时，也可采用指针式万用表进行测量，但显示的测量电压值较低，一般为几十伏。

对于 LED 背光灯电路，由于输出电压在几十伏到 200V 之间，可用万用表直接测量输出端电压，判断背光灯电路的好坏。

5. 保护故障电压测量技巧

对于开机后立即关机或背光灯闪一下即黑屏的故障，多为保护电路启动所致，为了在开机后保护前的瞬间抓测相关电压，需要在开机后的瞬间对相关部位测试点的电压进行测量。

开关电源保护电路测量的部位：一是保护检测输出的保护控制电压；二是保护执行电路晶闸管的门极、晶体管的基极；三是受保护电路控制的 VCC 输出电压等。

背光灯保护电路的测量部位：一是升压变压器的一次电压；二是升压变压器二次输出连接器的焊点。

对于高压部位的电压测量方法：开机后，马上用高压测试棒（也可用单只万用表）触碰高压输出连接器焊脚，看是否有微弱蓝色火花出现，如果有火花出现，灯管不亮的故障在于灯管本身或连接器。如果有多个灯管连接器，要逐一进行试验。这里强调开机后马上进行测试，主要是为了避免保护电路启动后造成误判。如果在保护电路未工作时测得无放电火花产生，则应测量各级供电电压是否正常，背光灯启动信号电平是否正确，用示波器测量末级驱动管或者控制集成块信号输出引脚看是否有脉冲波形。如果有波形，故障一般在高压变压器、二次高压输出电容或灯管。

6. 对比检测背光灯输出电路

由于 CCFL 背光灯逆变器的全桥驱动电路和高压形成电路、灯管供电和电流检测保护电路相同，LED 背光灯电路由几组相同的驱动电路组成，其相同部位和引脚的对地电压和对地电阻相同。维修时，可分别测量各路驱动电路、升压输出电路、过流检测电路的对地电压、对地电阻，然后将测量结果进行比较，哪个测试点的电压或电阻与其他相同测试点的电压或电阻不同，则是该测试点相关的电路发生故障。

7. 波形测试技巧

有条件的维修部，可采用示波器观察背光灯板关键波形的方法，判断故障范围，直观、准确、迅速。测试背光灯板波形时，一是测量前级振荡与控制电路输出的激励脉冲是否正常，由于前级振荡与控制电路元器件密集，不易测量其波形，故可间接测量激励或驱动输出功率管的 G 极波形，如果无脉冲输出或输出不正常，则故障在振荡与控制电路中，否则故障在激励或驱动输出电路中；二是测量升压变压器的输出波形是否正常，由于升压变压器的输出波形电压达 1000V 左右，如果电压表或示波器的量程不足，可采用间接测量的方法。将电压表的负表笔或示波器探头接地线接地，用电压表的正表笔或示波器探头靠近升压变压器的高压输出端外壳，一般数字万用表可感应出 150～450V 的交流电压，示波器可感应出 20～40V 的交流电压波形。如果波形和电压偏低，多为升压变压器局部短路或灯管电路漏电所致；如果故障波形和电压偏高，多为灯管电路发生开路故障，造成高压空载所致。如果无脉冲输出或输出不正常，故障在升压输出电路，否则是背光灯管发生故障。

8. 正确选择测试接地点

由于开关电源和背光灯电路设有一次电路、二次电路，一次电路的市电整流滤波电路、PFC 电路、主电源和副电源的一次电路、大功率背光灯板的升压输出电路接地点与市电整流滤波后的热地端相连接，一般选择接地点为大滤波电容的负极。主、副电源二次整流滤波电路、背光灯板驱动电路、开/关机控制电路的接地点与冷地端相连接，一般选择主电源变压器二次整流滤波输出端大滤波电容或接冷地端的散热片、屏蔽铁板作为接地点。两者不能搞错，如果接地点搞错，轻者造成测试结果出错，给维修造成误判；重者损害测试设备，特别是贵重的示波器。

1.4.3 二合一板代换技巧

维修液晶彩电的二合一板时，有时候故障元器件找到了，但买不到同型号的配件，造成原二合一板无法维修，需要通过代换二合一板的方法来进行维修。有关国内外二合一板的参数和代换，参见本书附录 A。下面简要介绍二合一板的代换技术。

1. 二合一板的代换原则

二合一板既有开关电源又有背光灯驱动电路，代换时既要满足开关电源输出电压的需要又要使背光灯驱动板与背光灯相匹配，找到合适的二合一板并非易事。如果将开关电源和背光灯驱动板分开考虑进行代换，就容易找到参数相近的电路板进行代换了。

如果只是背光灯部分损坏，可以考虑只更换背光灯部分。具体方法是，先对电路进行分析，把二合一板上的高压部分元器件拆掉，在腾出的位置上固定好新的背光灯板，做好绝缘防护，再从原二合一板上找到"亮度控制"和"关闭/启动控制"两根线，接到代换的背光灯板输入接口对应引脚上；再在二合一板上找到地和电源，一般为 12V 或 24V 端，接到代换的背光灯板输入接口的电源和地插针上，就大功告成了。

如果只是开关电源部分损坏，可考虑只更换电源板。具体方法是，将二合一板的电源部分供电和输出电路切断，将新电源板的输出电压、开/关机控制端与原始二合一板的输出连接器对应功能引脚相连接即可。

2. 电源板的选择

1）注意电源板的体积要适合，根据电视机内部的空间选择体积合适的电源板，特别是体积不能过大，否则很难装配到电视机内。

2）所选电源板输出电压要与被代换的原装电源板一致，例如原装电源板副电源输出 5V 电压，主电源输出 12V 和 24V 两组电压，所选电源板必须满足上述输出电压要求。

3）所选电源板各组输出电压、输出电流要满足被代换的原装电源板的要求，输出功率要一致或高于原机，各组输出电压可提供的电流应等于或大于原装电源板所能提供的电流，避免因供电电流不足造成电压降低、供电不稳定或保护电路启动。

4）电源板输出接口的形状要尽量一致。如果不一致，输出接口的引脚功能应与原装电源板的输出接口引脚功能一致，例如原装电源板接口有 12V、5V 输出和开/关机、亮度、点灯控制引脚，所选电源板接口也应具有上述功能引脚。如果引脚排列不同，可采用剪断插头，根据新、老电源板输出接口的引脚功能，一一对应焊接的方法解决。

5）开/关机、点灯、亮度控制电压最好与原装电源板匹配。如果所选电源板与原装电源板不匹配，需对相应的电路进行改造或增加相关电路。

3. 背光灯板的选择

为了代换的背光灯板与原电视机的控制系统、供电系统、灯管负载相匹配，选择代换的背光灯板时，要注意以下几点：

1）注意背光灯板的体积要适合，根据电视机内部的空间选择体积合适的背光灯板，特别是体积不能过大，否则很难装配到电视机内。

2）背光灯板支持灯管个数要一致，例如 6 灯管的背光灯板不可用 4 灯管的背光灯板来代换。

3）背光灯板的供电电压要一致，背光灯板用途不同，供电电压不一样，例如同样是 6 灯管的背光灯板，供电电压就有 12V、24V 等多种，如果电压不符，但电源板有相应的供电，还要考虑该供电的电流是否可以兼供背光灯板。

4）背光灯板的输出功率要一致或高于原机，如果新背光灯板功率不够，会导致输出管发热量大、使用寿命缩短，或者干脆不能点亮灯管。

5）灯管输出接口的形状要尽量一致。通常购买的背光灯板分为宽口和窄口，宽口是指一个高压输出插座可以同时接两个以上灯管，比如输出接两灯；窄口是指一个输出插座接一个灯管，背光灯板的每个输出口（指窄口）都由两根线组成，一根为高电平线，一根为低电平线。

6）点灯控制电压和亮度调整电压应与原背光灯板相同或相近，如果点灯控制电压相位相反，应加装倒相电路。

4. 正确识别和连接

新背光灯板的输出、输入连接器往往与原背光灯板的连接器不同，需要根据连接器的功能，对应连接，有些背光灯板的说明书中标注有插座的功能，按标注的功能连接即可。如果新、旧背光灯板上无功能标注，可根据连接器的元器件走线、连接的元器件和布局来确认主板和背光灯板连接器各引脚的功能，然后才能逐一接线并固定到机壳内。

背光灯板和主板的输入连接器上有 4 个电压输入：一是电源供电电压，小屏幕一般为 12V，大屏幕一般为 24V；二是接地端电压；三是背光开启/关断（ON/OFF）控制电压；四是亮度调整（ADJ）电压。背光灯板上电源供电和地线的走线最长，面积最大，且在两者之间并联有多只大容量的滤波电解电容，与滤波电解电容正极相连接的为电源供电电压端，与滤波电解电容负极相连接的为接地端。

剩下的背光开启/关断控制电压和亮度调整电压端，也比较好区分。对于早期的背光灯电路来说，亮度控制端应和背光灯电源控制芯片的某一只引脚相连，而高压启动控制端通过一只电阻或二极管接晶体管控制电路，因此，通过查找它们的去向即可分辨出高压启动端和亮度控制端。对于新型背光灯电路，背光开启/关断控制电压和亮度调整电压端往往都与背光灯电源控制芯片相连接，可通过测量两端电压进行判断。开关背光灯时，呈高低电压变化的引脚是背光开启/关断控制电压端；调整背光灯亮度时，连续升降变化的引脚是背光开启/关断控制电压端。

5. 不同灯数背光灯板的代换

一般而言，几灯的背光源就要用几灯的背光灯板进行驱动。那么，不同灯数的背光灯板是否可以代换呢？回答是肯定的。代换时，用少灯背光灯板代换多灯背光灯板比较方便，如果用多灯背光灯板代换少灯背光灯板，则要修改电路，比较麻烦。不同灯数背光灯板之间的代换主要有以下几种情况：

1）体积不允许。例如，手头有一个 4 灯的液晶彩电，原机的背光灯板体积非常小，4 灯背光灯板装不下，就可以用双灯背光灯板代换（双灯背光灯板体积较小）。代换时，可以闲置两只灯管，只点亮另两只灯管。从理论上讲，这样代换因为灯管没完全点亮，亮度会降低约 25%，亮度也会不均匀，但实际上很难看出来，对显示效果影响不大。

2）没有配件。若液晶彩电是 4 灯的，而手头没有 4 灯背光灯板，就可以试验采用双灯背光灯板来点亮液晶屏。

6. 代换注意事项

1）基于安全问题，在安装背光灯板时确保高压部分和液晶彩电金属材料至少保持 4mm 的距离，或使用足够等级（3kV）的绝缘材料隔离，避免高压放电的产生。

2）为了避免干扰，一定要把背光灯板的接边孔用螺钉拧到液晶彩电的金属壳上，即使不便固定，也要用粗导线进行连接。

3）背光灯板一般都配有 1A 以上熔丝或限流电阻，不要将其直接短路，以避免高压部分故障连带损坏电源或其他电路。

第 **2** 章

长虹 LED 液晶彩电电源 + 背光灯
二合一板维修精讲

2.1　长虹 715G5508-P01-001-002M 电源 + 背光灯二合一
板原理与维修

　　长虹 LED 液晶彩电采用的型号为 715G5508-P01-001-002M 的电源板，是集开关电源和背光灯电路为一体的二合一板，型号为 715G5508-P01-001-002S 的二合一板与其基本相同，其中开关电源集成电路采用 LD7750RGR，输出 5.2V、24V 和 12V 电压；背光灯电路采用 PF7001S，对升压和均流电路进行控制，将 LED 背光灯点亮。

　　长虹 715G5508-P01-001-002M 电源 + 背光灯二合一板应用于长虹 LT32920EV、LED32919、LED32580，创维 LED32K20、32E600、32E330E、29E300E、32E300R，先锋 LED-32E600，海尔 LE32B70，冠捷 LE26A3320、LE26A3380，飞利浦 29PFL3330/T3、26PFL3130/T3 等 LED 液晶彩电中。

　　长虹 715G5508-P01-001-002M 电源 + 背光灯二合一板实物图解如图 2-1 所示，该二合一板电路组成框图如图 2-2 所示。该二合一板由开关电源电路和 LED 背光灯电路两部分组成。

　　开关电源电路以振荡驱动电路 LD7750RGR（IC9101）、MOSFET（开关管）Q9101、开关变压器 T9101 为核心组成，通电后首先工作，产生 5.2V 电压，为主板控制系统供电，二次开机后输出 +24V 和 +12V 电压，为主板和背光灯板供电。

　　LED 背光灯电路：由三部分电路组成，一是以驱动控制电路 PF7701S（IC8501）为核心组成的升压和均流驱动控制电路；二是以储能电感 L8101、开关管 Q8101、续流管 D8101、滤波电容 C8102、C8113 为核心组成的升压输出电路；三是由 Q8102 ～ Q5115 组成的 LED 背光灯串电流控制电路。二次开机后开/关机控制电路输出的 +24V 和 +12V 电压，为 LED 升压和驱动电路供电，升压电路将 +24V 电压提升后，为 6 路 LED 背光灯串正极供电；电流控制电路对 LED 背光灯串的负极电流进行控制，达到调整背光灯亮度和稳定背光灯串电流的目的。

2.1.1　电源电路原理精讲

　　长虹 715G5508-P01-001-002M 电源 + 背光灯二合一板主电源电路如图 2-3 所示。该电路由驱动控制电路 LD7750RGR（IC9101）、MOSFET（开关管）Q9101、开关变压器 T9101、取样误差放大电路 KIA431A-AT/P（IC9103）、光耦合器 PS2561DL1-1（IC9102）等组成，

产生 5.2V、24V 和 12V 电压，向主电路板等负载电路供电。

主电源电路：以振荡驱动电路LD7750RGR(IC9101)、MOSFET(开关管)Q9101、开关变压器T9101和稳压电路光耦合器IC9102、误差放大器IC9103为核心组成。通电后，市电整流滤波后形成＋300V电压经T9101为Q9101供电，同时经R9101　R9103为IC9101的8脚提供启动电压，主电源启动工作，IC9101的5脚输出激励脉冲，推动Q9101工作于开关状态，脉冲电流在T9101中产生感应电压，二次感应电压经整流滤波后产生5.2V电压，为主板控制系统供电，输出＋24V电压，为背光灯板供电，二次开机后输出＋12V电压，为主板和背光灯板电路供电

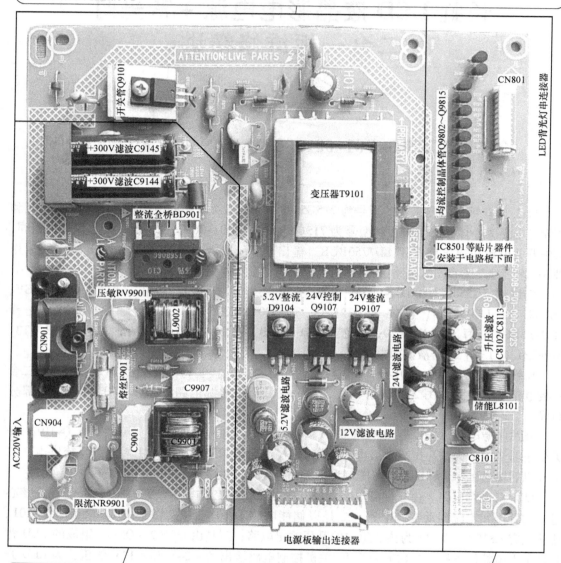

抗干扰和市电整流滤波电路：利用电感线圈L9901、L9902和电容C9901～C9907组成的共模、差模滤波电路，一是滤除市电网中干扰信号；二是防止开关电源产生的干扰信号窜入电网。滤除干扰脉冲后的市电通过全桥BD901整流、电容C9144、C9145滤波后，产生＋300V的直流电压，送到开关电源电路。NR9901为限流电阻，限制开机冲击电流；RV9901为压敏电阻，市电电压过高时击穿，烧断熔丝F901断电保护

LED背光灯电路：由三部分电路组成，一是以驱动控制电路PF7701S(IC8501)为核心组成的升压、均流驱动和控制电路；二是以储能电感L8101、开关管Q8101、续流管D8101、滤波电容C8102、C8113为核心组成的升压输出电路；三是由Q8102～Q8115组成的LED背光灯串电流控制电路。二次开机后开/关机控制电路输出的＋24V和＋12V电压，为LED升压和驱动电路供电，主板送来的ON/OFF高电平开机电压送到IC8501的1脚，DIM亮度调整电压送到IC8501的2脚，LED背光灯电路启动工作，升压电路将＋24V电压提升后，为6路LED背光灯串正极供电；电流控制电路对LED背光灯串的负极电流进行控制，达到调整背光灯亮度和稳定背光灯串电流的目的

图 2-1　长虹 715G5508－P01－001－002M 电源＋背光灯二合一板实物图解

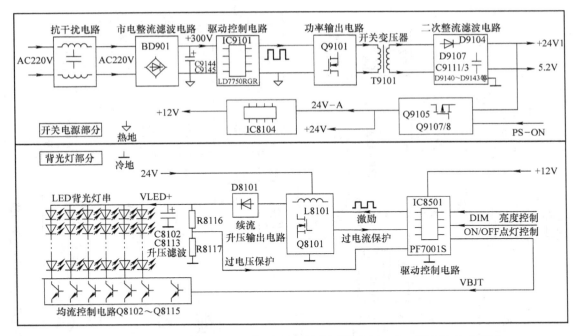

图 2-2　长虹 715G5508 - P01 - 001 - 002M 电源 + 背光灯二合一板电路组成框图

1. 主电源电路

（1）LD7750RGR 简介

LD7750R 系列是绿色模式 PWM 控制器开关电源控制电路，型号有 LD7750RGS、LD7750RGR、LD7750RGN，几种型号内部电路和引脚功能相同，只是封装形式不同，LD7750RGS 为 SOP - 8 封装，LD7750RGR 为 SOP - 7 封装，LD7750RGN 为 DIP - 8 封装。LD7750RGR 内部电路框图如图 2-4 所示，内置 500V 高电压启动电路、振荡器、参考电压发生器、绿色模式启动与管理电路、斜坡补偿电路和激励驱动电路等，具有过电压、过载、过电流、过热保护和欠电压锁定功能，并具有过电压、过载保护自动回复功能，采用电流控制模式，有 500mA 驱动能力。LD7750R 系列引脚功能见表 2-1。

（2）启动工作过程

AC220V 市电经熔丝 F901 后，由 L9901、L9902、C9901 ~ C9907 组成的交流抗干扰电路滤除市电中的高频干扰信号，经 BD901 桥式整流、C9144、C9145 滤波，产生 +300V 左右的直流电压，一路经开关变压器 T9101 的一次绕组加到大功率 MOSFET Q9101 的 D 极；另一路经 R9101、R9102、R9103 降压后，向 LD7750RGR 的 8 脚提供启动电压，内部电路振荡电路启动工作，经比较、放大、处理后从 LD7750RGR 的 5 脚输出激励脉冲，通过 R9106、D9012、R9105 送到 Q9101 的 G 极，Q9101 工作在开关状态，其脉冲电流在 T9101 的各个绕组产生感应电压。

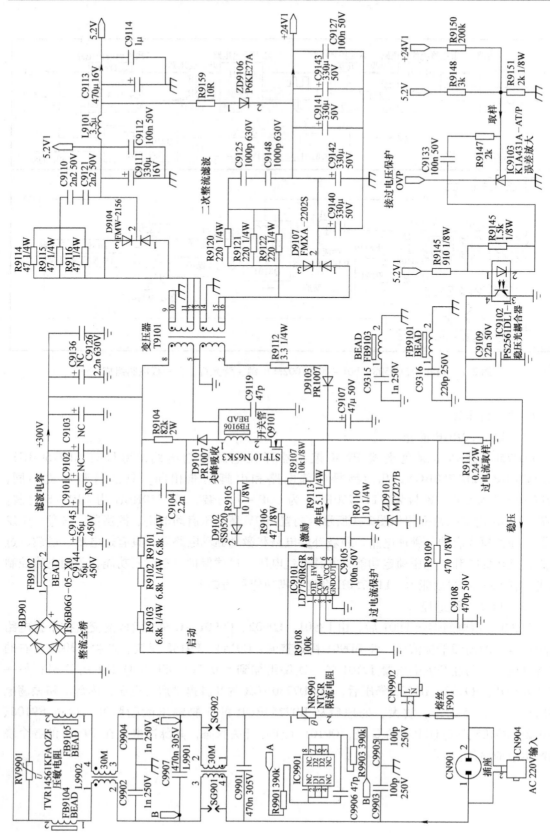

图 2-3　长虹 715G5508 - P01 - 001 - 002M 电源 + 背光灯二合一板主电源电路

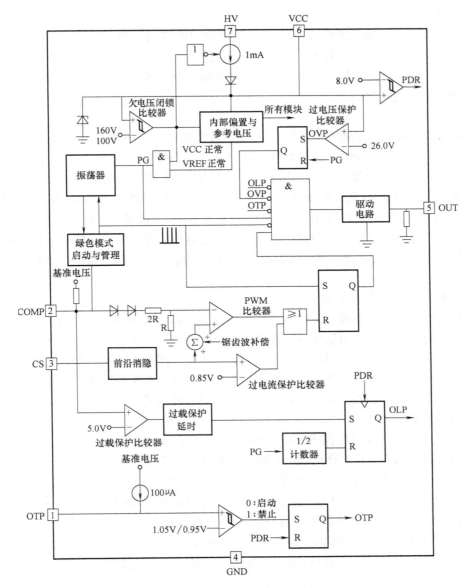

图 2-4　LD7750RGR 内部电路框图

表 2-1　LD7750R 系列引脚功能

符号	引脚（SOP-7 封装）	引脚（SOP-8 和 DIP-8 封装）	功能	符号	引脚（SOP-7 封装）	引脚（SOP-8 和 DIP-8 封装）	功能
OTP	1	1	启动与关闭控制	OUT	5	5	驱动脉冲输出
COMP	2	2	电压反馈输入	VCC	6	6	工作电压输入
CS	3	3	MOSFET 电流检测输入	NC	—	7	空脚
GND	4	4	接地	HV	7	8	启动电压输入

　　其中变压器 T9101 的热地端反馈绕组 2 脚感应电压经 R9112 限流、D9103 整流、C9107 滤波，送到 LD7750RGR 的 6 脚，作为二次供电电压，替换下启动电路，为 LD7750RGR 提

供稳定的工作电压。

　　T9101 二次侧冷地端绕组感应电压，一是经 D9104 整流、由 C9111 ~ C9113、L9101 滤波后，输出 5.2V 直流电压，为主板控制系统供电；二是经 D9107 整流、由 C9140 ~ C9143 滤波后，输出 24V1 直流电压，经开/关机控制电路控制后输出 + 24V1、+ 24V、+ 12V 电压，为主板和背光灯电路供电。

　　（3）稳压控制过程

　　稳压控制电路由光耦合器 IC9102、取样误差放大电路 IC9103 及 LD7750RGR 的 2 脚内部电路等组成，对开关电源输出的 5.2V 和 + 24V1 电压进行取样。

　　当某种原因使开关电源输出电压升高时，IC9103 的 1 脚电压升高，电流增大，IC9102 的内部发光二极管发光增强，次级光敏晶体管的内阻降低，使 LD7750RGR 的 2 脚电压降低，经 2 脚内部比较放大和控制后，使 LD7750RGR 的 5 脚输出的开关脉冲宽度变窄，Q9101 导通时间缩短，开关电源输出的电压下降到正常值。当开关电源输出电压下降时，稳压控制电路的动作与上述过程相反，使开关电源输出的电压上升到正常值，保持输出电压稳定不变。

　　（4）尖峰脉冲吸收保护电路

　　开关稳压电源工作在高频、高压和大电流条件下，需加入各种保护电路，一方面保护开关电源本身不致因过电压、过电流损坏，另一方面也避免因开关电源故障而损坏其他电路。

　　尖峰脉冲吸收保护电路由 MOSFET（开关管）D 极外接的 D9101、R9104、C9104 组成。在 MOSFET Q9101 截止瞬间，开关变压器 T9101 一次绕组上产生的浪涌尖峰脉冲电压，通过 D9101、R9104、C9104 泄放，防止尖峰脉冲电压将 Q9101 击穿。

　　（5）过电流保护电路

　　过电流保护电路由取样电路 R9111、R9109、C9108 及 LD7750RGR 的 3 脚内部电路构成，对大功率 MOSFET（开关管）Q9101 的 S 极电流进行检测。

　　LD7750RGR 的 3 脚内部设有过电流保护电路。LD7750RGR 的 3 脚外接大功率开关管 S 极电阻 R9111。正常工作时 Q9101 电流在 R9111 上形成的电压降很低，反馈到 LD7750RGR 的 3 脚的电压接近 0V。当某种原因导致 Q9101 的 D 极电流增大时，则 R9111 上的电压降增大，送到 LD7750RGR 的 3 脚的电压升高，当升高至保护启动设计值时，内部过电流保护电路启动，LD7750RGR 将关闭 5 脚输出的 PWM 驱动脉冲，开关电源停止工作，达到过电流保护的目的。

2. 开/关机与保护电路

　　长虹 715G5508-P01-001-002M 电源 + 背光灯二合一板的开/关机控制电路、过电压保护电路、+ 12V 电压形成电路如图 2-5 所示。

　　（1）开/关机控制电路

　　该二合一板开/关机控制电路采用控制 + 24V 输出的方式，以 Q9105、Q9108、Q9107 为核心组成。

　　遥控开机后，主电源送来高电平 ON/OFF 电压，Q9105、Q9108、Q9107 导通，开关电源输出的 + 24V1 电压经 Q9107 输出，一是输出 24V - A 电压，送到 + 12V 电压形成电路，产生 + 12V 电压，为主板和背光灯小信号处理电路供电；二是输出 + 24V 电压，为背光灯升压电路供电。

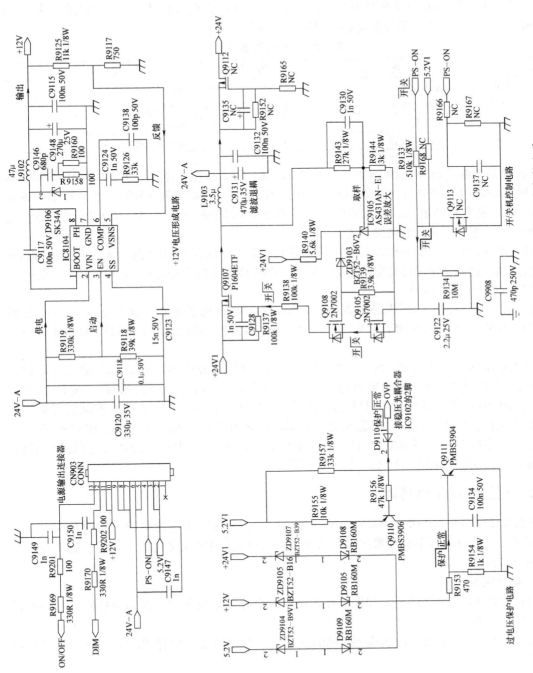

图 2-5 长虹 715G5508-P01-001-002M 电源＋背光灯二合一板待机与保护电路

待机时 ON/OFF 变为低电平，Q9105、Q9108、Q9107 均截止，切断 + 24V 和 + 12V 供电，相关电路停止工作。

（2） + 12V 电压形成电路

+ 12V 电压形成电路以 IC8104 为核心组成。IC8104 为内含振荡器、驱动电路、稳压电路、MOSFET（开关管）的厚膜电路。其引脚功能见表 2-2。

表 2-2　IC8104 引脚功能

引脚	符号	功　　能	引脚	符号	功　　能
1	BOOT	升压供电输入	5	VSNS	反馈取样电压输入
2	VIN	+ 24V 供电输入	6	COMP	误差放大器输出
3	EN	使能控制输入	7	GND	接地
4	SS	软启动外接电容	8	PH	变换电压输出

开/关机控制电路输出的 24V-A 电压为 IC8104 的 2 脚提供电源，并经 R9119 与 R9118 分压为 3 脚提供启动电压，IC8104 启动工作，内部产生的脉冲驱动 MOSFET 工作于开关状态，从 8 脚输出脉冲电压，在 L9102 两端储存和释放能量，经 C9148、C9115 滤波后产生 + 12V 电压，为主板等负载电路供电。

输出的 + 12V 电压经 R9125 与 R9117 分压取样后，反馈到 IC8104 的 5 脚，对振荡驱动电路进行控制，达到稳定输出电压的目的。IC8104 的 4 脚外接软启动电容，6 脚外接补偿电路。

（3）过电压保护电路

该二合一板还设有以模拟晶闸管电路为核心的过电压保护电路。该电路以 9.1V 稳压管 ZD9104、16V 稳压管 ZD9105、39V 稳压管 ZD9107 和模拟晶闸管电路 Q9111、Q9110 为核心组成。

开关电源输出电压过高，5.2V 输出电压超过 9.1V 时击穿 ZD9104，12V 输出电压超过 16V 时击穿 ZD9105，24V 输出电压超过 39V 时击穿 ZD9107，分别通过隔离二极管 D9109、D9105、D9108 向模拟晶闸管 Q9111 的 b 极送入高电平保护触发电压，模拟晶闸管导通，输出过电压保护（OVP）电压，将稳压电路光耦合器 IC9102 的 2 脚电压拉低，以 IC9102 饱和导通，将主电源驱动电路 IC9101 的 2 脚电压拉低，以 IC9101 为核心的开关电源停止工作。解除保护的方法是：将 Q9111 的 b 极对地短路。

2.1.2　电源电路维修精讲

长虹 715G5508-P01-001-002M 电源 + 背光灯二合一板开关电源电路发生故障时，主要引起开机三无、指示灯不亮和黑屏幕的故障，可通过测量熔丝是否熔断、测量关键点电压的方法进行维修。

1. 熔丝熔断

测量熔丝 F901 是否熔断，如果已经熔断，说明开关电源存在严重短路故障，主要对以下电路进行检测。

1）检测 AC220V 市电输入电路 C9901 ~ C9907 和整流滤波电路 BD901、C9144、C9145 是否击穿漏电。

2）检查电源开关管 Q9101 是否击穿，如果击穿，进一步检查 LD7750RGR 的 2 脚外部的稳压控制电路 IC9102、IC9103；检查 Q9101 的 D 极外接的尖峰脉冲吸收保护电路 D9101、R9104、C9104 是否开路失效；检查 Q9101 的 S 极电阻 R9111 是否连带损坏等，避免更换 Q9101 后，再次损坏。

2. 熔丝未断

如果测量熔丝 F9011 未断，说明开关电源不存在严重短路故障，主要是开关电源电路未工作，可对以下电路进行检测。

1) 测量开关电源有无电压输出，如果有 24V 和 5.2V 电压输出，查电源板与主电路板之间的连接器连线和主板负载电路。

2) 如果测量开关电源无电压输出，则故障在主电源。首先测量 Q9101 的 D 极有无 300V 电压，无 300V 电压，排除市电输入和整流滤波电路开路故障，常见为 NR9901 烧断或接触不良。

3) 测量 LD7750RGR 的 8 脚有无启动电压，无启动电压，检查 8 脚外部的 R9101 ~ R9103；有启动电压，检查 LD7750RGR 的 6 脚有无 VCC 工作电压，无 VCC 工作电压，检查 6 脚外部的 R9112、D9103、C9107、C9106 组成的二次供电电路。

4) 测量 LD7750RGR 的 5 脚有无激励脉冲输出，如果无激励脉冲输出，则是 LD7750RGR 驱动控制电路故障，检测 LD7750RGR 及其外部组件；如果有激励脉冲输出，则检查 5 脚外部的 Q9101 及其外部电路。

5) 检查 T9101 二次整流滤波电路是否发生开路故障，造成无输出；检查整流滤波电路 D9104、D9107 和滤波电路是否发生短路漏电故障，造成开关电源过电流保护电路启动。

3. 无 +24V 和 +12V 电压输出

开关电源有 5.2V 和 24V – A 电压输出，但无受控的 +24V 电压输出，故障在开/关机控制电路，检查以 Q9105 ~ Q9107 为核心的开/关机控制电路；如果受控的 +24V 电压正常，无 +12V 电压输出，故障在 +12V 电压形成电路，检查以 IC8104 为核心的 +12V 电压形成电路。

4. 开机后自动关机

排除电源板接触不良故障外，如果开机后指示灯亮，然后熄灭，主要是过电压保护电路启动所致。判断启动的方法是测量模拟晶闸管电路 Q9111 的 b 极电压，如果由正常时的 0V 低电平变为 0.7V 高电平，则是该保护电路启动。引起启动的原因：一是开关电源稳压电路发生故障，造成输出电压过高，常见为光耦合器 IC9102 或 IC9103 损坏，分压取样电阻变质；二是过电压保护检测稳压管漏电。解除保护的方法是将 Q9111 的 b 极对地短路。

2.1.3　电源电路维修实例

【例1】　开机三无，指示灯不亮。

分析与检修： 检测开关电源无电压输出，检查熔丝 F901 未断，测量 Q9101 的 D 极无 300V 电压，检查 AC220V 市电整流滤波电路，发现防浪涌电阻 NR9901 烧断，说明开关电源存在严重短路故障。测量 Q9101 的 D 极对地电阻为 0，判断 Q9101 发生短路击穿故障，检测 Q9101 的外围电路，发现 R9111 连带烧焦，其 D 极的尖峰脉冲吸收电路 C9104 有裂纹变色，拆下测量已经无容量。更换 Q9101、R9111、C9104 后，开机故障排除。

【例2】　开机三无，指示灯不亮。

分析与检修： 检测主电源无电压输出。测量 AC220V 整流滤波后 C9144、C9145 两端输出的 300V 电压正常，测量 Q9101 的 D 极电压为 300V，测主电源一次侧集成块 LD7750RGR 的工作条件：8 脚无启动电压，检查 8 脚外部的启动电路，发现 R9101 阻值变大。换新后开机，主电源各路电压均正常，故障排除。

2.1.4　背光灯电路原理精讲

长虹 715G5508-P01-001-002M 电源 + 背光灯二合一板 LED 背光灯电路如图 2-6 所示。该电路由驱动控制电路 PF7001S（IC8501）、L8101、Q8101、D8101、C108 ~ C110、C8106

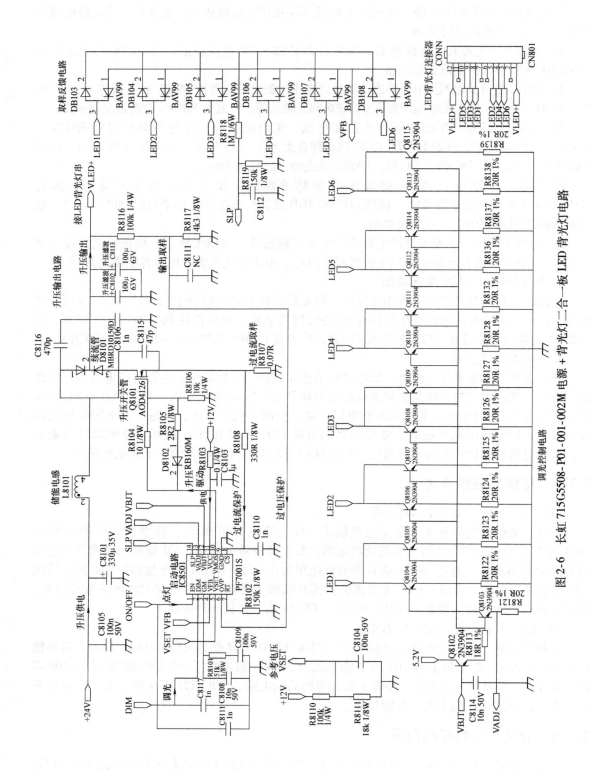

图 2-6　长虹 715G5508-P01-001-002M 电源 + 背光灯二合一板 LED 背光灯电路

组成的升压电路和 Q8102 ~ Q8115 组成的背光灯电流控制电路两部分组成，遥控开机后，主电路控制系统向电源板背光灯电路送去 ON/OFF 开启电压和 DIM 亮度控制电压，背光灯电路启动工作，将 24V 直流电压提升后，为 6 路 LED 背光灯串供电。

1. 升压输出电路

（1）PF7001S 简介

PF7001S 是力林公司生产的 LED 背光灯驱动控制电路，其内部电路框图如图 2-7 所示，内含偏置与稳压器、振荡器、软启动器、升压输出和误差放大器等，设有过电流保护、短路保护、过电压保护等多种保护电路。PF7001S 采用 14 脚封装，引脚功能见表 2-3。

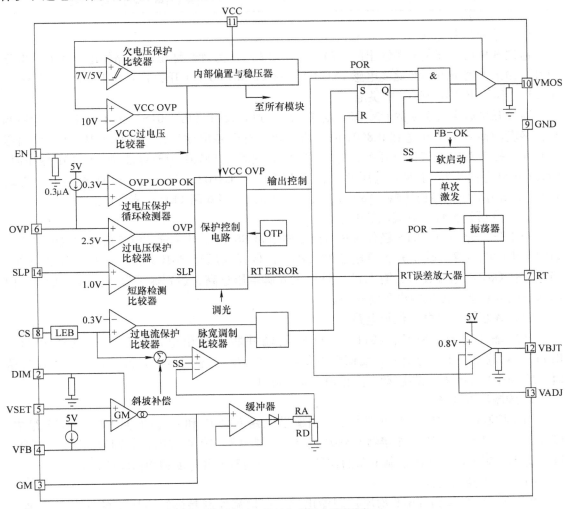

图 2-7　PF7001S 内部电路框图

表 2-3　PF7001S 引脚功能

引脚	符号	功　能	引脚	符号	功　能
1	EN	使能控制	4	VFB	反馈电压，外接 LED 背光灯串负极电压检测电路
2	DIM	背光灯亮度调整输入	5	VSET	VFB 基准电压参考设置
3	GM	环路补偿，外接电阻、电容电路	6	OVP	升压输出取样输入，内置过电压保护

（续）

引脚	符号	功　能	引脚	符号	功　能
7	RT	工作频率设定，外接定时电阻	11	VCC	工作电压输入，需 9～27V 工作电压
8	CS	升压 MOSFET 电流检测输入	12	VBJT	均流控制晶体管 b 极驱动电压输出
9	GND	IC 内部电路接地	13	VADJ	LED 输出电流设置，接均流控制晶体管 e 极
10	VMOS	升压 MOSFET 的 G 极激励脉冲输出	14	SLP	LED 背光灯短路检测输入，外接 LED 背光灯串负极电压检测电路

（2）启动工作过程

遥控开机后，开关电源输出的 ＋24V 和 ＋12V 电压为背光灯驱动电路供电，＋24V 电压为升压输出电路供电，经储能电感 L8101 后为升压 MOSFET（开关管）Q8101 的 D 极供电；＋12V 电压为 IC8501 的 11 脚供电。

遥控开机后主板送来的 ON/OFF 点灯电压送到 IC8501（PF7001S）的 1 脚 EN 使能控制端，亮度调整 DIM 电压送到 IC8501 的 2 脚，背光灯电路启动工作，IC8501 从 10 脚输出激励脉冲，推动 Q8101 工作于开关状态，Q8101 导通时在 L8101 中储存能量，Q8101 截止时，L8101 中储存的电压与 24V 电压叠加，经 D8101 向 C8102、C8113、C8106 充电，产生的 VLED＋输出电压，经连接器 CN801 的 1、12 脚输出，将 6 路 LED 背光灯串点亮。

（3）升压开关管过电流保护电路

升压开关管 Q8101 的 S 极外接过电流取样电阻 R8107，开关管的电流流经过电流取样电阻时产生的电压降反映了开关管电流的大小，该取样电压经 R8108 反馈到 IC8501 的 8 脚，当开关管 Q8101 电流过大，输入到 IC8501 的 8 脚电压过高，达到保护设计值时，IC8501 内部保护电路启动，停止输出激励脉冲。

（4）输出电压过电压保护电路

升压输出电路 C8102、C8113、C8106 两端并联了输出电压分压取样电路 R8116、R8117，对输出电压进行取样，反馈到 IC8501 的 6 脚。当输出电压过高，达到保护设计值时，IC8501 内部保护电路启动，停止输出激励脉冲。

2. 均流控制电路

均流控制电路如图 2-6 下部所示，由驱动电路 IC8501 和外部的 Q8102～Q8115 组成，LED 背光灯串负极电流经连接器 CN801 的 3～5 脚和 8～10 脚流出，分别为 LED1～LED6，LED 背光灯串电流受均流控制电路的控制，以达到调整屏幕亮度和均衡度的目的。

（1）均流控制过程

IC8501 的 12 脚为 VBJT 均流控制输出端，接均流控制晶体管 Q8102 的 b 极；13 脚为 VADJ 的 LED 输出电流设置端，接均流控制晶体管 Q8103 的 e 极；Q8104～Q8115 的每两个晶体管组成一路 LED 电流控制电路，共组成 6 路 LED 电流控制电路，其导通程度受 Q8102 和 Q8103 的控制，IC8501 通过 12 脚的驱动电压和 13 脚的设置电压，对 6 路 LED 电流控制电路进行控制，确保各个灯串电流大小相等，背光灯串发光均匀稳定，以达到调整屏幕亮度和均衡度的目的。

（2）LED 背光灯串开路、短路保护电路

6 条 LED 背光灯负极的反馈电压 LED1～LED6，经过图 2-6 右侧双二极管 D8104～D8108

组成的检测电路，一是输出负极性的 VFB 检测电压送到 IC8501 的 4 脚；二是输出正极性的 SLP 电压送到 IC8501 的 14 脚。当 LED 背光灯串发生开路或短路故障，反馈到 IC8501 的 4 脚或 14 脚电压达到保护设计值时，IC8501 内部保护电路启动，背光灯电路停止工作。

2.1.5　背光灯电路维修精讲

LED 背光灯电路发生故障时，一是背光灯板不工作，所有的 LED 背光灯串均不点亮，引起有伴音、无光栅故障；二是 6 个背光灯串中有一个发生故障，引起相应的背光灯串不亮，产生显示屏局部不亮或亮度偏暗故障；三是保护电路启动，背光灯亮一下即灭。

1. 显示屏全部不亮

显示屏 LED 背光灯串全部不亮，主要检查供电、控制电路等共享电路，也不排除一个背光灯驱动电路发生短路击穿故障，造成共享的供电电路发生开路、熔丝熔断等故障。

显示屏始终不亮，伴音、遥控、面板按键控制均正常，黑屏幕。此故障主要是 LED 背光灯电路未工作，需检测以下几个工作条件：一是检测背光灯电路的 +24V 和 +12V 供电电压是否正常，若 +24V 和 +12V 供电电压不正常，检查为其供电的开/关机控制电路和 +12V 电压形成电路。二是测量 IC8501 的 1 脚 ON/OFF 点灯控制电压和 2 脚 DIM 亮度调整电压是否正常，若点灯控制和亮度调整电压不正常，检修主板控制系统相关电路。点灯控制和亮度调整电压不正常时，可在 CN903 的 13、12 脚与 5.2V 供电之间接分压电阻进行分压，获取相应的点灯控制和亮度调整电压。

如果工作条件正常，背光灯电路仍不工作，则是背光灯驱动控制电路和升压输出电路发生故障。测量 IC8501 的 10 脚是否有激励脉冲输出，无激励脉冲输出，则是 IC8501 内部电路故障。

如果 IC8501 的 10 脚有激励脉冲输出，升压输出电路仍不工作，则是升压输出电路发生故障，常见为储能电感 L8101 内部绕组短路、升压开关管 Q8101 失效、续流管 D8101 击穿短路等。通过电阻测量法可快速判断故障所在。

2. 开机背光灯一闪即灭

此种情况可能是触发了过电压、过电流保护电路，请检查过电压、过电流保护电路参数是否正常。发生过电压保护故障时，一是测量输出电压是否过高；二是检查过电压取样电路组件。

3. 显示屏亮度不均匀

显示屏的亮度不均匀，多为 6 个 LED 背光灯电路之一发生故障所致。如果只是局部不亮，则是 LED 背光灯串中的个别 LED 背光灯老化；如果是整条 LED 背光灯串不亮，多为 LED 灯泡发生故障，或灯串电流反馈、均流控制电路发生故障。可通过测量背光灯串的输出连接器的 LED 背光灯串反馈引脚对地电阻、开机电压进行判断，由于各个灯串的 LED 背光灯个数相同，供电电压相同，正常时连接器的 LED 背光灯串反馈引脚对地电阻、开机电压应相同，如果测量后经过比对，哪个引脚对地电阻和电压不同，则是该引脚对应的 LED 背光灯串或连接器引脚发生故障、对应的 IC8501 的 12 路背光灯串电流控制引脚内部均流控制电路发生故障。

2.1.6　背光灯电路维修实例

【例 1】　开机有伴音，显示屏亮度不均匀。

分析与检修：遇到显示屏亮度不均匀，多为 6 个背光灯串驱动电路有一个发生故障。测量背光灯驱动电路 IC8501 的 12、13 脚电压正常，测量 LED 背光灯串连接器 CN801 的 3～5、8～10 脚 LED 反馈电压，发现 5 脚 LED2 电压偏高，高于其他 LED 反馈电压，仔细检查发现连接器 CN801 的 5 脚接触不良。对 5 脚进行处理并确认连接正常后，故障排除。

【例 2】　开机有伴音，无光栅。

分析与检修：仔细观察显示屏打开后始终不亮，测量 +24V、+12V 供电正常，测量升压输出电路 C8102、C8113 两端电压仅为 +24V，说明升压驱动电路未工作。测量点灯控制和亮度控制电压正常，检查升压输出电路，发现升压开关管 Q8101 开路。更换 Q8101 后，故障排除。

2.2　长虹 HSS25D-1MF180 电源 + 背光灯二合一板维修精讲

　　长虹 LED 液晶彩电采用型号为 HSS25D-1MF180 的电源板，为开关电源与背光灯二合一板，把开关电源和 LED 背光灯电路集中放置到一块印制电路板上，降低了整机成本和体积。开关电源电路采用 NCP1251A，输出 12.3V 和 50V 电压，为主板和背光灯电路供电；背光灯电路采用 OB3350，将 50V 电压提升后，为 LED 背光灯串供电，并对灯串电流进行调整和控制。该二合一板应用于长虹 LED29B3100C、LED24B100C、LED29B3060、LED32B3100C、LED24B3100C 等 LED 液晶彩电中。

　　长虹 HSS25D-1MF180 电源 + 背光灯二合一板实物图解如图 2-8 所示，电路组成框图如图 2-9 所示。

　　该二合一板由两部分电路组成：一是以集成电路 NCP1251A（U101）、开关管 Q201、变压器 T301、稳压控制电路 U808、光耦合器 N202 为核心组成，开机后启动工作，产生 50V 电压，为 LED 背光灯升压电路供电；产生 12.3V 电压，为主板等负载电路供电，经开/关机控制电路控制后输出 VCC1 电压，为背光灯电路供电。二是由以集成电路 OB3350（U401）为核心组成的驱动控制电路、以 L402、Q401、D401、C401、C402 为核心组成的升压输出电路和以 Q407～Q409 为核心组成的调流电路组成，遥控开机后启动工作，输出 LED + 电压，为 LED 背光灯串供电；同时对 LED 背光灯串负极回路电流进行调整，达到调整显示屏亮度的目的。

2.2.1　电源电路原理精讲

　　长虹 HSS25D-1MF180 电源 + 背光灯二合一板开关电源电路如图 2-10 所示。

1. 抗干扰和市电整流滤波电路

　　AC220V 市电经电源开关控制后，首先进入抗干扰和市电整流滤波电路。该电路由电压过高限制电路、防浪涌冲击电路、进线滤波电路、整流滤波电路组成。

　　（1）电压过高限制电路

　　当从连接器 CON101 输入的市电电压过高（相线和零线）或有雷电进入时，压敏电阻 RV101 的两端电压升高，当电压超过 RV101 的保护电压值时，漏电电流增大，接近短路，熔丝 F101 因过电流而熔断，从而保护后级电路不会因电压过高而损坏。

抗干扰和市电整流滤波电路：利用电感线圈FL101、FL102和电容CX101、CX102、CY101、CY103、CY104组成的共模、差模滤波电路，一是滤除市电电网干扰信号；二是防止开关电源产生的干扰信号窜入电网。滤除干扰脉冲后的市电通过全桥D101～D104整流、电容C101滤波后，产生+300V的直流电压，送到开关电源电路。RT101为限流电阻，限制开机冲击电流；RV101为压敏电阻，市电电压过高时击穿，烧断熔丝F101断电保护；R101、R102组成泄放电路，关机时泄放抗干扰电路电容两端电压

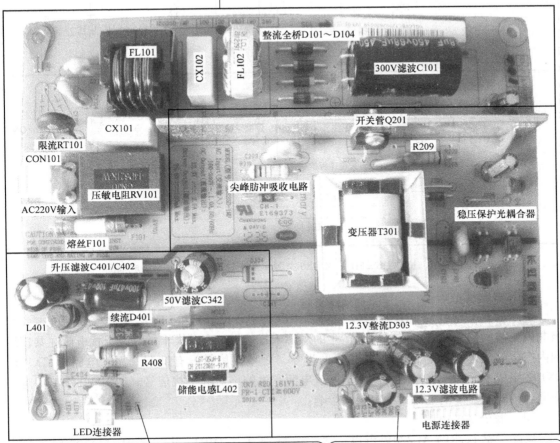

LED背光灯电路：由集成电路OB3350E(U404)为核心组成的驱动控制电路、以L402、Q401、D401、C401、C402为核心组成的升压输出电路和以Q407～Q409为核心组成的调流电路三部分组成。遥控开机后，开关电源输出的+50V电压为升压输出电路供电；主电路控制系统送来的PS-ON和BL-ON高电平，控制Q403、Q413、Q411导通，开关电源输出的+12V电压经Q411输出VCC1电压。一是为驱动电路U401的1脚提供工作电压；二是为调光电路提供工作电压。主电路控制系统送来的DIM调光控制电压送到U401的8脚。背光灯电路启动工作，U401从2脚输出升压激励脉冲，推动Q401工作于开关状态，与储能电感L402、续流D401、C401、C402配合，将+50V电压提升，输出LED+电压，为LED背光灯串供电；同时DIM电压加到Q407的基极，通过Q407、Q408控制调光电路Q409的导通程度，对LED背光灯串负极回路电流进行调整，达到调整显示屏亮度的目的

开关电源电路：以集成电路NCP1251A(U101)、开关管Q201、变压器T301、稳压控制电路U808、光耦合器N202为核心组成。开机后，市电整流滤波后产生的+300V电压经T301的一次绕组为Q201的D极供电，同时AC220V市电经启动控制电路降压和控制后，为U101的5脚提供启动电压，开关电源启动工作，U101从6脚输出激励脉冲，推动Q201工作于开关状态，其脉冲电流在T301中产生感应电压，经整流滤波后，一是产生50V整流电压，为LED背光灯升压电路供电；二是产生12.3V电压，为主板等负载电路供电，经开/关机控制电路控制后输出VCC1电压，为背光灯驱动电路供电

图 2-8　长虹 HSS25D-1MF180 电源 + 背光灯二合一板实物图解

（2）防浪涌冲击电路

在冷机状态，滤波电容 C101 未存储电荷。当接通电源后，交流电压经 RT101 限流、D101～D104 桥式整流后，向 C101 充电。RT101 的接入，限制了 C101 的最大充电电流，避免因开机冲击电流过大而损坏元器件。因为 RT101 为负温度系数元件，所以随着充电的进行，RT101 自身阻值会随温度的上升而变小，最后几乎变成直通，不再额外消耗能源，降低

了开机冲击电流。

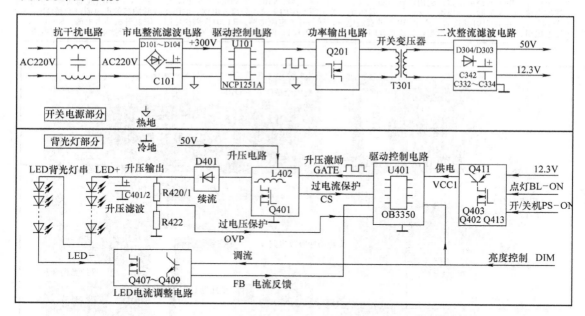

图 2-9　长虹 HSS25D − 1MF180 电源 + 背光灯二合一板电路组成框图

（3）进线滤波电路

进线滤波电路由 LF101、LF102 及外围电路组成。LF101 和 LF102 是共模线圈，组成两级共模滤波网络，滤除电网或电源产生的对称干扰信号。在差模干扰时，干扰电流在共模线圈内产生的磁通相反，使线圈电感几乎为零，对差模信号没有抑制作用。电路中 CX101、CX102 组成不平衡滤波网络，滤除电网或电源产生的不对称干扰信号。CY103、CY104 是安全电容，对电器漏电电流大小有很大影响。

（4）整流滤波电路

滤除干扰脉冲的 AC220V 市电，通过全桥 D101 ~ D104、电容 C101 整流滤波，产生 +300V 的直流电压，为后面的开关电源供电。

2. 开关电源电路

长虹 HSS25D-1MF180 电源 + 背光灯二合一板开关电源电路如图 2-10 所示。该电路以集成电路 NCP1251A（U101）、开关管 Q201、变压器 T301、稳压控制电路 U808、光耦合器 N202 为核心组成，开机后启动工作，产生 +50V 和 +12.3V 电压，+50V 电压为电源板上的 LED 背光灯升压电路供电；+12.3V 电压为主板等负载电路供电，同时经点灯控制电路控制后，输出 VCC1 电压，为背光灯电路供电。

（1）NCP1251A 简介

NCP1251A 是安森美公司生产的高度集成的峰值电流模式控制器，针对低功耗反激式电源设计，特点为：采用固定频率为（65 ~ 100）kHz 的电流控制模式；内部电路框图如图 2-11 所示，内部含可调过功率保护（OPP）电路；轻载时频率下降到 26kHz 或者进入跳周期工作模式；内置斜坡补偿电路；内置 4ms 固定软启动电路；输入电压最高可达 28V；最大启动电流为 15μA；基于 100ms 定时器的短路保护；可选自动恢复或闩锁短路保护；具有 300mA/500mA 的电流源；待机功耗低于 100mW。NCP1251A 引脚功能和维修数据见表 2-4。

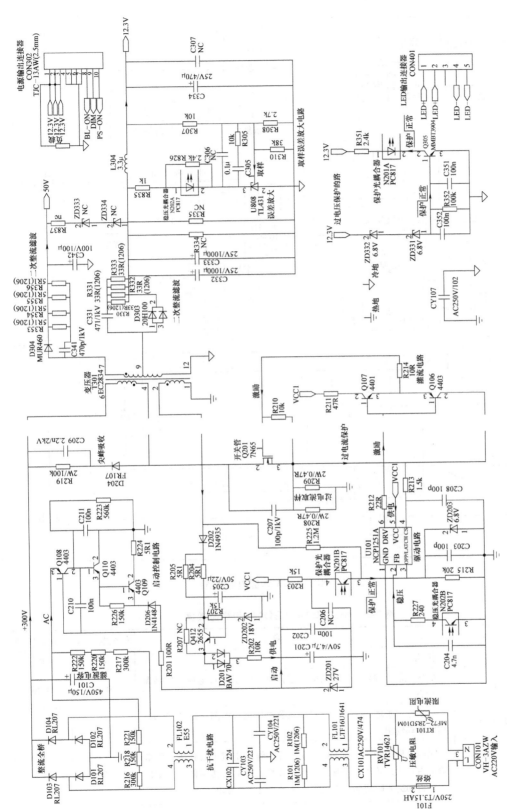

图 2-10　长虹 HSS25D-1MF180 电源 + 背光灯二合一板开关电源电路

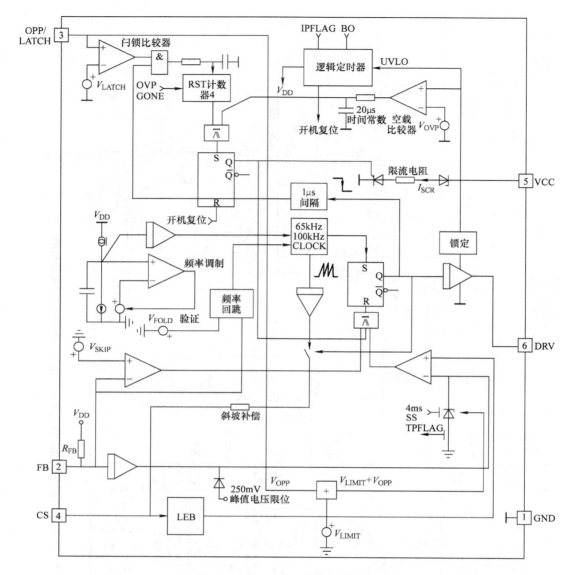

图 2-11　NCP1251A 内部电路框图

表 2-4　NCP1251A 引脚功能和维修数据

引脚	符号	功　　能	待机电压/V	开机电压/V
1	GND	接地	0	0
2	FB	稳压控制反馈输入，反馈电压过低时，IC 进入过电流、短路保护状态	0.3	0.46
3	OPP/LATCH	过功率保护输入，对反激式变压器电压进行检测，超过 3V 时，切断驱动输出	0	0
4	CS	过电流保护输入，对 MOSFET（开关管）电流进行检测，调节输出占空比，防止开关管过功率时损坏；在输出功率低于一定值时，自动进入跳周期工作模式，满足待机功率需求	0	0

（续）

引脚	符号	功　能	待机电压/V	开机电压/V
5	VCC	电源供电输入，16V 以上时启动，低于 9.4V 时停止工作，正常工作范围为 16 ~ 22V	22.0	21.2
6	DRV	激励脉冲输出，驱动外部 MOSFET（开关管）工作于开关状态	0.1	0.5

（2）启动与欠电压保护电路

开机后，市电整流滤波后产生的 +300V 电压经 T301 的一次 6 - 4 绕组为开关管 Q201 的 D 极供电，同时 AC220V 市电经 R216 ~ R222 降压，再经 Q108 ~ Q110 控制后，为 U101 的 5 脚提供启动电压，开关电源启动工作，U101 从 6 脚输出激励脉冲，推动 Q201 工作于开关状态，其脉冲电流在 T301 中产生感应电压。其中 T301 热地端反馈 2-1 绕组产生的感应电压，经 D202 整流、R205//R204 限流、C206 滤波，再经 Q412、ZD202 稳压后，通过 D201 产生 VCC1 电压，替换下启动电路，为 U101 的 5 脚提供启动后的工作电压。

T301 冷地端二次侧产生感应电压，其中 9 脚输出的感应电压经 D303 整流、C332、C333、L304、C334 滤波后，产生 12.3V 电压，为主板等负载电路供电，经开/关机控制电路控制后输出 VCC1 电压，为背光灯电路供电；7 脚输出的感应电压经 D304 整流、C342 滤波，产生 50V 整流电压，为 LED 背光灯升压电路供电。

（3）稳压电路

本机采用过渡响应以及稳定性优化的电流模式控制，通过光耦合器 N202 控制 U101 的 FB 端输出电流的大小，实现输出电压的稳定。

当负载变轻或输入电压升高时，输出的 12.3V 电压也随之升高，通过 R307 和 R308//R310 分压后的电压也随之升高，加到 U808 的控制端（1 脚）电压也就升高，U808 的 K 极（3 脚）电压下降，流过 N202 内部电流增大，内部光敏晶体管等效电阻降低，U101 的 FB 端（2 脚）电压下降，经集成块内部电路处理后，使 U101 的 6 脚输出的 PWM 脉冲占空比减小，Q201 的导通时间减少，T301 二次侧整流输出的 12.3V 电压也随之降低。当 12.3V 输出电压过低时，其稳压过程与上述过程相反。

C305 和 R305 组成消谐振电路，防止 U808 进入谐振状态，避免稳压环路失控而损坏功率管。

当 12V 的负载空载或待机时，由于负载需求功率小，D303 整流、C332、C333、L304、C334 滤波后的电荷泄放很慢，电压保持在固定值的时间较长。经稳压环路控制后，使 U101 的 2 脚的电位逐渐下降，降到 1.5V 时，内部振荡频率开始降低，电源进入跳周期工作状态；低于 0.8V 时，振荡频率降低到最低的工作频率 26kHz。此时，12V 电压逐渐降低，经控制环路控制后，U101 的 2 脚的电位逐渐上升，U101 开始工作，12V 电压上升，使 U101 进入跳周期模式的截止状态，从而使电源在待机或待机电路空载时功耗降低。

（4）过功率保护（OPP）电路

U101 内置多种保护功能，通过外围电路的选择和内部电路结合，实现过功率保护和过电压保护功能。

过功率保护电路主要由 U101 的 3 脚及外部元器件组成。正常工作时，T301 的 1 - 2 绕组产生的感应脉冲信号，经 R225 与 ZD203、R215 分压，C203 滤除杂波信号后送入 U101 的 3 脚（过功率保护输入端），该信号和 0.8V 基准电压叠加后，不影响稳压环路的工作状态。

当某种原因造成输出功率异常增加或输入电压异常升高时，开关电源功率加大，此时 T301 的 1 - 2 绕组产生的感应脉冲信号幅度变高，输入 U101 的 3 脚的脉冲幅度也跟着变高，叠加上 0.8V 的电压后送入稳压回路，使 Q201 的导通时间减少，输出功率下降。如 T301 二次 1-2 绕组感应的脉冲过高时，流过开关管的电流又过大，与电流检测信号在 CS 比较器比较后，则输出复位信号，使 U101 内部工作电路复位，重新启动。当过功率保护状态没有改变时，一直工作在"启动→保护→启动"状态，直到解除过功率保护状态为止。

（5）过电压保护电路

过电压保护电路如图 2-10 的右下部所示，由两个 6.8V 稳压管 ZD332、ZD331 和 Q305、光耦合器 N201 组成，也对 U101 的 3 脚过功率保护电压进行控制。

当开关电源输出的 12.3V 电压过高，超过 ZD332、ZD331 稳压值 13.6V（6.8V + 6.8V）时，将 ZD332、ZD331 击穿，Q305、N201 导通，VCC1 电压通过 R203、N201 向 U101 的 3 脚注入高电平，U101 据此进入保护状态。

（6）开关管过电流保护电路

NCP1251A 的 4 脚为过电流保护输入端，通过 R213 与开关管 Q201 的过电流取样 S 极电阻 R208//R209 相连接。R208//R209 两端的电压降反映了开关管电流的大小，当 Q201 电流过大时，R208//R209 两端的电压降随之增大，NCP1251 的 4 脚电压升高，当 4 脚电压超过保护设定值时，4 脚内部保护电路启动，开关电源停止工作。

（7）市电过低保护电路

市电过低保护电路如图 2-10 的上部所示，以降压电阻和 Q108 ~ Q110 为核心组成，对 U101 的 5 脚 VCC 供电进行控制。

AC220V 市电经 R216 ~ R218、R220 ~ R222 降压后送到 Q108 的 e 极。AC220V 市电正常时，Q108 导通，Q110、Q109 截止，AC220V 市电降压后经 Q108 的发射结、R201 降压、ZD201 稳压后向 U101 的 5 脚提供 VCC1 供电，开关电源启动工作；当市电电压过低时，Q108 截止，Q110、Q109 截止，通过 D206 将 U101 的 5 脚启动和供电电压拉低，U101 工作于临界状态。

2.2.2　电源电路维修精讲

长虹 HSS25D - 1MF180 电源 + 背光灯二合一板中的开关电源电路发生故障时，主要引起开机三无、黑屏幕故障，可通过观察待机指示灯是否点亮、测量关键点电压的方法进行维修。

检修二合一板时，需要断开一部分负载，但一定不能断开稳压电路，否则可能损坏元器件。二合一板上的元器件，多为专用元器件，一般要求使用原装配件。应急修理时，除必须考虑代换的元器件电性能参数指标与原型号一致或较高以外，部分元器件对体积和外观的要求是需要与原型号一样，否则会造成整机装配不良或元器件装不进去，还有可能造成与其他元器件短路。另外，由于屏内空间狭小，工作温度较高，更换的元器件对温度有一定的要求，比如电容，最好选择 105℃ 电容。否则，电源易出现热稳定或可靠性问题。

1. 熔丝熔断

由于指示灯由开关电源经主板控制电路控制，指示灯不亮，主要是电源板的开关电源发生故障所致。首先测量电源板是否有 12.3V 电压输出，无 12.3V 电压，则测量熔丝 F101 是否熔断，如果已经熔断，说明开关电源存在严重短路故障，重点排除电源板的抗干扰电路电容、市电整流滤波电路整流管、滤波电容、电源开关管 Q201 短路漏电故障。如果电源开关管 Q201 击穿，应注意检测其尖峰吸收电路是否发生开路故障，S 极电流取样电阻是否连带烧断，避免再次击穿开关管。

2. 熔丝未断

如果熔丝 F101 未断，电源无 12.3V 和 50V 电压输出，基本可以确定是电源电路出问题。首先测量大滤波电容 C101 两端的 + 300V 供电，无 + 300V 供电，排除抗干扰电路和市电整流滤波电路开路故障；检查 U101 的 5 脚启动和 VCC 供电是否正常，无启动电压，检查 5 脚外部的启动控制和市电过低保护电路，检查 VCC1 整流滤波和稳压电路；再检查以 U101 为核心的振荡驱动电路和开关管 Q201。

检查 U101 的 3 脚外部保护电路是否启动，测量 Q305 的 b 极电压是否为高电平 0.7V，正常时应为 0V，如果变为 0.7V，则是该保护电路启动。可采用脱板维修，接假负载，解除保护后，通电试机，对输出电压进行检测，如果输出电压正常，则是保护电路稳压管漏电所致；如果输出电压过高，则是开关电源稳压环路 U808、N202 等发生故障。

2.2.3　电源电路维修实例

【例 1】　开机后三无，指示灯不亮。

分析与检修：指示灯不亮，测试电源板无 12.3V 和 50V 电压输出。判断故障在开关电源电路。测试 U101 的 5 脚 VCC 电压为 6V，远远低于启动的 18V 电压，说明启动电路不良。

测试 U101 的 5 脚外部的启动电路，发现降压电阻 R217 阻值变大。更换 R217 后，故障排除。

【例 2】　开机后三无，指示灯不亮。

分析与检修：测试电源板无 12.3V 和 50V 电压输出。测量大滤波电容 C101 两端无电压输出，向前检查发现熔丝 F101 熔断，判断电源板有严重短路故障。用电阻测量法检查，发现 MOSFET（开关管）Q201 击穿，过电流保护电阻 R209 烧焦，检查稳压环路和尖峰脉冲吸收电路，发现 C209 裂纹。更换 F101、Q201、R209、C209 后，故障排除。

2.2.4　背光灯电路原理精讲

长虹 HSS25D – 1MF180 电源 + 背光灯二合一板 LED 背光灯电路如图 2-12 所示。该电路由以集成电路 OB3350（U401）为核心组成的驱动控制电路、以 L402、Q401、D401、C401、C402 为核心组成的升压输出电路和以 Q407 ~ Q409 为核心组成的调流电路三部分组成，遥控开机后启动工作，输出 100V 以上直流电压，为 LED 背光灯串供电，并对 LED 背光灯串电流进行控制和调整。

1. 背光灯驱动基本电路

（1）OB3350 简介

OB3350 是 ON-BRIGHT（昂宝）公司推出的 LED 背光灯驱动控制电路，其内部电路框图如图 2-13 所示，内含参考电压发生器、检测逻辑控制电路、振荡器、驱动输出电路、电流检测电路、亮度控制电路等。它的工作电压为 8 ~ 35V，工作频率为 100Hz ~ 1kHz；具有复杂的保护机制，包括输出过电压保护、过电流保护、开路保护、过热保护等；采用 8 脚封装形式，其引脚功能见表 2-5。

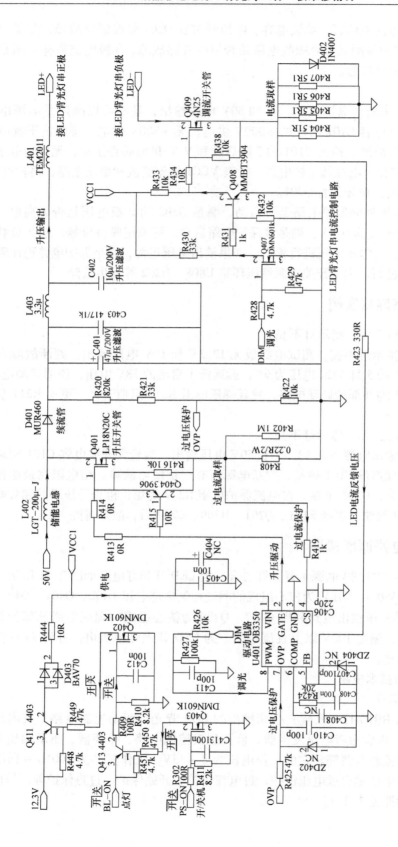

图 2-12 长虹 HSS25D－1MF180 电源＋背光灯二合一板 LED 背光灯电路

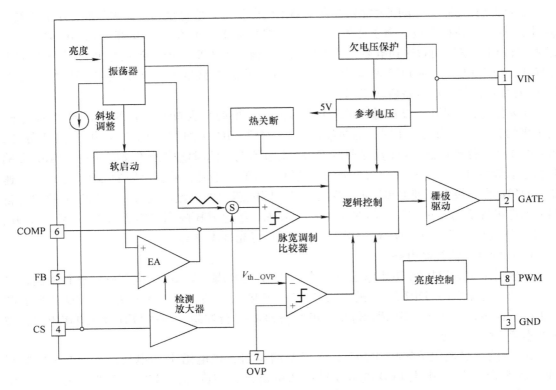

图 2-13　OB3350 内部电路框图

表 2-5　OB3350 引脚功能

引脚	符号	功　能	引脚	符号	功　能
1	VIN	芯片工作电压输入，启动电压在 10V 以上，低于 8V 停止工作，正常工作电压为 11 ~ 12V	5	FB	LED 电流反馈输入，设置 LED 背光灯电流 $I = V_{FB}/R$
2	GATE	升压驱动脉冲输出，驱动外部 MOSFET（开关管）工作于开关状态	6	COMP	误差放大器输出补偿，对 BOOST 升压环路进行补偿
3	GND	内部电路接地	7	OVP	升压输出电压过电压保护输入，输出电压过高时进入自锁模式，芯片停止工作
4	CS	升压开关管过电流保护输入，调节驱动占空比，完成输出功率调节，对最大输出功率进行限制	8	PWM	外部 PWM 亮度调整输入，能够接收 100Hz ~ 1kHz 低频 PWM 信号，信号幅度最大为 2.5V

（2）开/关机控制电路

开/关机控制电路只对 LED 驱动电路供电进行控制，以 Q403、Q413、Q402、Q411 为核心组成。开机时，主板送来 PS - ON 高电平开机电压，Q403 导通，将 Q413 的 b 极电压拉低，Q413 导通，主板送来的 BL - ON 点灯高电平经 Q413 为 Q402 的 G 极提供高电平，Q402 导通，将 Q411 的 b 极电压拉低，Q411 导通，开关电源输出的 12.3V 电压经 Q411、D403 输出 VCC1 电压，为驱动控制电路 U401 的 1 脚供电，同时为调流电路 Q407 ~ Q409 供电，背光灯电路启动工作；待机时 PS - ON 和 BL - ON 变为低电平，Q403、Q413、Q402、Q411 截止，切断背光灯驱动电路和调流电路的供电，背光灯电路停止工作。

（3）启动工作过程

电源板输出的 50V 电压为背光灯升压输出电路供电，经储能电感 L402 加到升压开关管 Q401 的 D 极。遥控开机，当主板发出的开/关机控制 PS-ON 信号和背光开启 BL-ON 信号、亮度控制 DIM 信号同时送到电源＋背光灯二合一板，PS-ON 和 BL-ON 信号使开/关机控制电路输出 VCC1 电压，为 LED 驱动电路 U401 及其外部电路供电，亮度控制 DIM 电压送到 U401 的 8 脚，背光灯电路启动工作。

正常工作时 U401 从 2 脚输出 GATE 激励脉冲，推动升压 MOSFET Q401 的导通和截止，当 2 脚的激励脉冲为高电平时，通过灌流电阻 R413、R414 加到 Q401 的 G 极，Q401 导通，50V 电压通过储能电感 L402 及导通的 Q401 流通到地，此时电感处于储能状态，L402 上的自感电动势极性为左正右负；当 2 脚的激励脉冲为低电平时，灌流电路的 Q404 导通，迅速拉低 Q401 的 G 极电压使 Q401 进入截止状态，因电感中的电流不能突变，此时电感中的自感电动势极性变为左负右正，与 50V 电压相叠加，经过升压隔离二极管 D401 整流、C401、C402 滤波后得到近 100V 的 LED＋电压，为 LED 背光灯串供电。

（4）LED 恒流控制电路

主板送来的亮度控制 DIM 电压一是送到 U401 的 8 脚，对 U401 内部脉宽进行控制；二是送到调流控制电路 Q407 的 G 极，经 Q407、Q408 放大后，对调流开关管 Q409 的导通和截止进行控制，进而对 LED 背光灯串负极回路 LED-进行控制，调整 LED 背光灯串电流，进而调整背光灯的亮度。

Q409 的 S 极电阻 R404～R407 是恒流检测电阻，该电阻上的电压降经 R423 反馈到 U401 的 5 脚，U401 根据 LED 电流反馈电压的高低，与内部的基准电压进行比较，来调整 2 脚输出脉冲的占空比，在一定范围内调整 LED 背光灯串供电电压的高低，达到 LED 背光灯串恒流的目的。可以通过调整电阻 R404～R407 的大小，来设计调整 LED 背光灯串恒流的大小。

2. 背光灯驱动保护电路

（1）升压开关管过电流保护电路

U401 的 4 脚内设过电流保护电路，通过 R419 接升压回路中电流检测电阻 R408。当电路电流过大时，检测电阻 R408 上的电压降也相应增大，该电压送到 U401 的 4 脚，当该电压大于保护设定值时，芯片内保护电路动作，减小输出 PWM 脉冲波的占空比，使输出电压变低，电流减小。

（2）升压输出过电压保护电路

U401 的 7 脚内设过电压保护电路，通过 R425 接过电压保护检测电路。当 LED 背光灯串开路或插座接触不良，以及 Q409 变质损坏造成回路出现异常时，输出电压会出现异常升高，当达到设定的最高值时，电阻 R420、R421 与 R422 分压取样后的过电压保护点的电压也随之升高，U401 的 7 脚过电压保护电压达到保护设定值时，芯片停止工作。

（3）LED 背光灯串开路、短路保护电路

当 LED 背光灯串发生开路故障时，会造成升压输出 LED＋电压异常升高，一是使 U401 的 7 脚过电压保护电路启动；二是使 Q409 的 S 极电压降低到 0V，迫使 U401 的 5 脚电压降低，内部保护电路启动。

当 LED 背光灯串发生短路故障时，会造成升压输出 Q401 的电流增大，一是使 U401 的 4 脚过电流保护电路启动；二是使 Q409 的 S 极电压升高，迫使 U401 的 5 脚电压升高，内部保护电路启动。

2.2.5　背光灯电路维修精讲

长虹 HSS25D-1MF180 电源 + 背光灯二合一板中的 LED 背光灯电路发生故障时，引起 LED 背光不亮或者 LED 背光闪一下就黑屏的故障。可通过观察待机指示灯是否点亮，测量关键点电压，解除保护的方法进行维修。

1. 背光灯始终不亮

（1）检查背光灯电路工作条件

首先检查 LED 驱动电路工作条件。测开/关机控制 PS-ON、LED 驱动电路点灯控制 BL-ON 和亮度调整 DIM 电压是否为高电平，如果为高电平，测量开/关机控制 Q411 的 c 极是否有 VCC1 电压输出，如果无 VCC1 电压输出，检查 Q403、Q413、Q402、Q411 组成的开/关机 VCC1 控制电路。测量升压供电 50V 电压是否正常，如果不正常，检查 50V 整流滤波电路。

（2）检查驱动控制电路

背光灯板 50V 和 VCC1 供电及亮度调整 DIM 电压正常，背光灯电路仍不工作，测量 U401 的 2 脚有无激励脉冲输出，无激励脉冲输出，检测 U401 及其外部电路；有激励脉冲输出，检查以 Q401 为核心的升压输出电路和 Q407 ~ Q409 组成的调流电路。

2. 背光灯亮后熄灭

（1）引发故障原因

如果开机的瞬间，有伴音，显示屏亮一下就灭，则是 LED 驱动保护电路启动所致，原因有：一是 LED 背光灯串发生开路、短路故障；二是升压输出电路发生过电压、过电流故障；三是保护电路取样电阻变质，引起的误保护。

（2）解除保护方法

解除保护的方法是强行迫使 U401 退出保护状态，进入工作状态，但故障组件并未排除，因此解除保护通电试机的时间要短，需要测量电压时提前确定好测试点，连接好电压表，通电时快速测量电压，观察电路板元器件和背光灯的亮度情况，避免通电时间过长，造成过大损坏。

升压电路过电压保护电路解除保护方法是：在过电压分压电路的下面电阻 R422 两端并联 10kΩ 电阻，降低过电压保护取样电压。解除过电流保护的方法是：将 U401 的 4 脚对地短路。如果解除过电压保护后，输出电压正常，则是保护检测电路分压取样电阻阻值改变，输出电压过高，升压稳压环路发生故障；如果解除过电流保护后，升压电路正常工作，多为过电流取样电阻 R408 阻值变大所致。

2.2.6　背光灯电路维修实例

【例 1】　开机屏幕微闪一下，声音正常。

分析与检修：开机检测 U401 的 1 脚 VCC1 供电和为升压电路供电 50V 电压均正常，测试二次升压电压，在开机瞬间有上升，随即降为 50V，判断为过电压保护电路动作。

采用脱板接假负载的方法维修。首先判断是否因灯串不良引起的过电压保护，参考图样，估算并调整假负载电阻阻值，接入电路，开机灯串亮度正常，测试电压为稳定的 100V，断定问题出在屏内 LED 背光灯串。小心拆屏后，发现底部灯串接近插座的第一颗灯珠变黑。因手头无合适的灯串和灯珠更换，考虑只有一颗灯珠损坏并且其所处位置对屏亮度影响不明显，于是应急修理将第一颗灯珠用导线短接后，接上电源板试机，灯串点亮装机交付使用。

【例 2】　开机背光闪一下后黑屏，声音正常。

分析与检修：首先测量 VCC1 和背光供电 50V 电压均正常，主板送来的 BL-ON 和 DIM

电压也正常，背光闪一下就黑屏，说明 LED 背光恒流供电电路部分能够瞬间工作，后因电路不正常造成进入保护状态；开机瞬间测试过电压保护（OVP）电压高于正常值，显然是过电压保护电路动作导致电路停止工作，证明判断正确。接下来判断是升压电路部分引起的过电压还是屏内部灯串异常引起电压升高。

按照上述方法，查看电路板标示输出电压范围，估算调整可调电阻值，制作相同假负载接电源板开机（注意连接极性），假负载的 LED 背光灯串依然是闪亮一下就灭，确定故障在电源板上，接下来对升压电路的过电压保护取样部分进行检测，在路测试发现 R422 阻值不稳定。更换 R422，通电后假负载的灯串全部点亮。拆除假负载电源板装机测试，故障排除。

【例 3】　　开机黑屏幕，指示灯亮。

分析与检修：指示灯亮，说明开关电源正常，有伴音，但液晶屏不亮，仔细观察背光灯在开机的瞬间点亮，然后熄灭。检查 LED 驱动电路的工作条件正常，判断保护电路启动。

采用外接假负载的方法维修，通电试机假负载中的 LED 背光灯串点亮，说明 LED 驱动电路正常，故障在 LED 背光灯串。根据维修经验，当 LED 背光灯串损坏或接触不良时，由于灯管电流发生变化，容易引起保护电路启动。检查 LED 背光灯串连接器，发现一只引脚接触不良，将引脚刮净处理后，故障排除。

2.3　长虹 HPLD469A 电源 + 背光灯二合一板维修精讲

长虹 LED 液晶彩电采用的型号为 HPLD469A 的电源板，是集开关电源与背光灯电路为一体的二合一板，编号为 850028618，电源电路采用 ICE3B0365J + FAN7530 + CM33067P 组合方案，输出 5VS、12V 和 130V 电压，为主板和背光灯电路供电；背光灯驱动控制电路采用 6 片 HV9911，组成 6 个相同的背光灯电路，为 6 串 LED 背光灯提供约 170V 电压。型号为 HPLD559A 电源板与其基本相同，两者应用于长虹 ITV46920DE、TV55920DE、ITV55830DE、海信 LED55T18GP、LED40T28GP、海尔 LE40T3、康佳 LC46TS88EN 等入射光为侧入式的大屏幕 LED 液晶彩电中，配合 LTA460HF07 等显示屏。

图 2-14 是长虹 HPLD469A 电源 + 背光灯二合一板实物图解；图 2-15 是长虹 HPLD469A 电源 + 背光灯二合一板电路组成框图。

2.3.1　电源电路原理精讲

长虹 HPLD469A 电源 + 背光灯二合一板的开关电源电路如图 2-16（见全文后插页）所示。该电路由抗干扰和市电整流滤波电路、副电源电路、PFC 电路、主电源电路和保护电路等组成。

1. 抗干扰和市电整流滤波电路

图 2-17 为长虹 HPLD469A 电源 + 背光灯二合一板抗干扰和市电整流滤波电路。图中 VX801S 为压敏电阻，起过电压保护作用。该电阻的特性是当加在电阻两端的电压高到一定程度时击穿短路。电阻击穿短路后，接在电阻前面的熔丝 FS801S 就会熔断，从而有效避免市电过高导致开关电源过电压损坏。

（1）抗干扰电路和整流滤波电路

抗干扰电路进线滤波器由两级组成：第一级由 CX801S、LX801S、CX802S 组成；第二级由 LX802S、CY802S、CX802S 组成。两级进线滤波器接在电源开关与桥式整流滤波电路之间。交流 220V 电压经熔丝 FS801S、限流电阻 NT801S 和两级滤波器组成的抗干扰电路后，滤除干扰脉冲，加到市电整流滤波电路上。经全桥 BD801S、CP805、LP802、CP801 整流滤波后，产生 100Hz 约 300V 的脉冲电压，送到 PFC 电路。

（2）浪涌电流限制电路

图中继电器 MT801S、DB806、R8201 组成浪涌电流限制电路，对限流电阻 NT801S 是否介入输入电路进行控制。待机状态时，由于开关电源中的主电源不工作，无 +12V 电压输出，继电器 ML801S 初级线圈中无电流流过，继电器中的常闭触点断开，NT801S 窜入市电输入电路，限制开机瞬间大滤波电容的充电电流；当用遥控器开机由待机转为正常工作后，开关电源中的主电源输出的 12V 电压经 R8201 加在 ML801S 初级线圈上，初级线圈中流过的电流产生磁场，使继电器中的常闭触点接通，NT801S 被短路，减小 NT801S 开机状态的损耗。

PFC 电路：以驱动电路 FAN7530(ICP801) 和大功率 MOS 开关管 QP801、储能电感 LP801 为核心组成。遥控开机后，为 ICP801 提供 15.3V 的 VCC 供电，该电路启动工作，ICP801 从 7 脚输出激励脉冲，推动 QP801 工作于开关状态，与 LP801 和 PFC 整流滤波电路 DP802、CP803、CP810 配合，将供电电压和电流校正为同相应，并将供电电压提升到 380V，为主电源供电。同时将副电源供电由待机状态 300V 提升至 380V

LED 背光灯电路：由 6 个驱动电路 HV9911、6 组推动电路和 6 个升压电路 MOS 开关管、6 个储能电感、6 个整流滤波电路组成。遥控开机后，电源电路输出的 5V、12V 电压为驱动和推动电路供电，130V 电压为 MOS 开关管升压电路供电，主板 BL-ON 点控制电压送到 HV9911，背光灯电路启动工作，HV9911 输出激励脉冲，经推动电路放大后，推动升压电路 MOS 开关管工作于开关状态，与储能电感和整流滤波电路配合，产生稳定的 170V 电压，为 LED 背光灯串供电

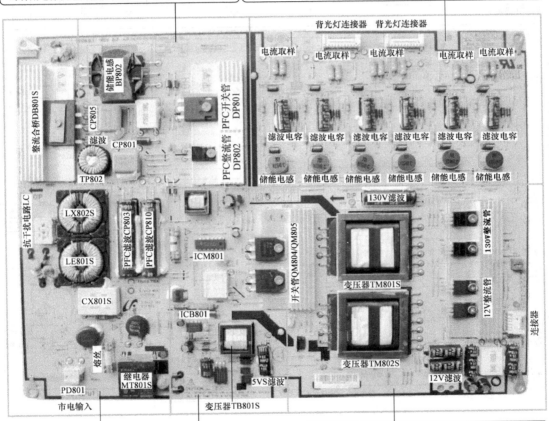

抗干扰和市电整流滤波电路：一是利用电感线圈和电容组成的共模滤波电路，滤除市电网干扰信号，同时防止开关电源产生的干扰信号窜入电网；二是交流市电通过全桥 DB801S 整流、电容 CP805、CP801、电感 TP802 滤波，产生 100Hz 脉动直流电压，送到 PFC 电路

副电源：以厚膜电路 ICB801 (ICE3B0365J)、变压器 TB801S 为核心组成。通电后，PCF 滤波电路两端待机状态的 +300V 电压为副电源供电，副电源启动工作，一是产生 5VS 电压，为主板控制系统供电；二是产生 VCC 电压，经开 / 关机控制后为 PFC 和主电源驱动电路供电

主电源：以驱动电路 ICM801(CM33064R)、推动电路 QM813~QM816、推动变压器 TM803、推挽开关管 QM804、QM805、输出变压器 TM801S 为核心组成。遥控开机后，开 / 关机电路为 ICM801 提供 15.3V 的 VCC 供电，主电源启动工作，ICM801 输出激励脉冲，经推动电路放大后，驱动末级开关管轮流导通、截止，在 TM801S 中产生感应电压，二次感应电压经整流滤波后，一是产生 12V 电压，为主板和电源板背光灯驱动电路供电；二是产生 130V BD 电压，为背光灯输出电路供电

图 2-14　长虹 HPLD469A 电源 + 背光灯二合一板实物图解

2. 副电源电路

长虹 HPLD469A 电源 + 背光灯二合一板副电源电路如图 2-18 所示。该电路主要由厚膜电路 ICB801 （ICE380365J）、变压器 TB801S、稳压电路光耦合器 PCB801S、误差放大器 ICB851 等组成。

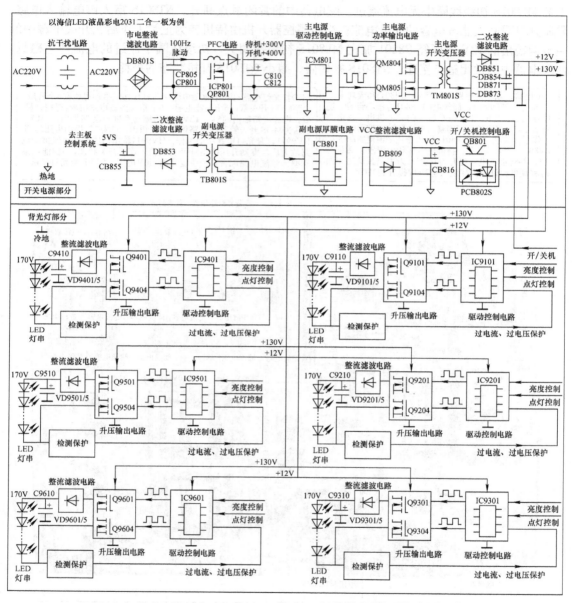

图 2-15　长虹 HPLD469A 电源 + 背光灯二合一板电路组成框图

（1）ICE3B0365J 简介

ICE3B0365J 是 PWM 控制芯片/大功率 MOSFET 复合电源芯片，其内部电路框图如图 2-19 所示。它包括振荡器、取样稳压、驱动级等控制电路和 MOSFET，为单极性控制驱动输出，设有过电流、过电压、欠电压保护功能。ICE3B0365J 引脚功能和维修数据见表 2-6。

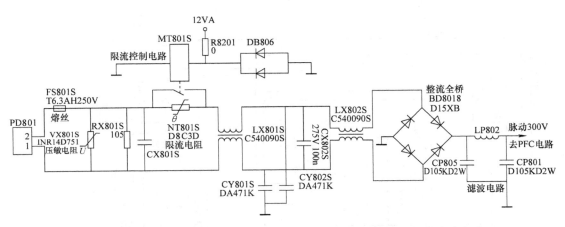

图 2-17　长虹 HPLD469A 电源 + 背光灯二合一板抗干扰和市电整流滤波电路

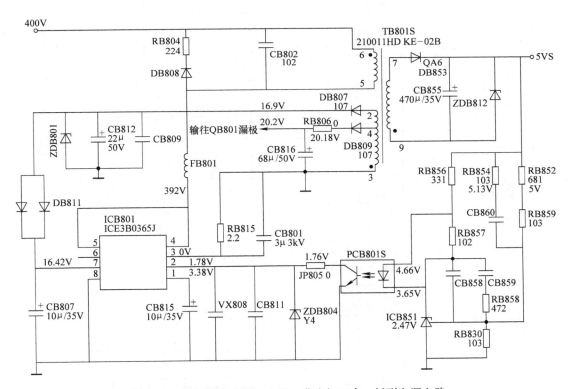

图 2-18　长虹 HPLD469A 电源 + 背光灯二合一板副电源电路

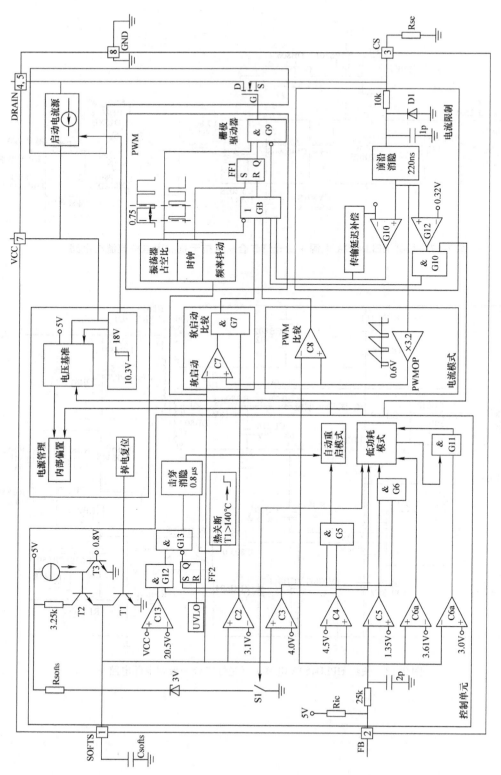

图 2-19　ICE3B0365J 内部电路框图

表 2-6　ICE3B0365J 引脚功能和维修数据

引脚	符号	功能	二极管档测 反向电阻/kΩ	对地电压/V
1	SOFTS	软启动。通电时，通过内部电流源向此脚外接电容充电，使电压慢慢升高而启动 IC，有效减小启动脉冲对元器件的冲击	0.621	3.38
2	FB	稳压反馈。内接误差放大器，通过取样误差放大电路，控制 IC 内部振荡器频率或脉宽，稳定输出电压	0.674	1.78
3	CS	过电流检测。当电流过大时，此脚检测到外接电阻上的电压上升到 0.32V 后，关闭 IC	0	0
4、5	DRAIN	内部 MOSFET 的 D 极和芯片启动电压供电	0.585	392
6	NC	空脚	—	—
7	VCC	IC 供电输入	0.617	16.42
8	GND	电源接地	0	0

（2）启动工作过程

副电源的工作过程如下：电视机上的电源开关接通后，交流 220V 整流滤波电路输出的约 300V 电压，经 DP801 向 PFC 滤波电容 CP803、CP810 充电，产生待机状态 +300V 的直流电压，该电压经 BM802、BM803、变压器 TB801S 的 6-5 绕组和 FB801 加到 ICB801 的 4、5 脚上。4、5 脚内接开关管和启动电流源，加在 4、5 脚上的电压进入集成块内部电路后，通过电流源对 ICB801 的 7 脚外接电容 CB807 进行充电。当充得的电压达到 8.5V 以上时，ICB801 振荡电路开始振荡，产生约 100kHz 的脉冲信号。经内部相关电路处理后输往内部开关管的 G 极，控制开关管工作于开关状态，其脉冲电流在开关变压器 TB801S 产生感应电压。

副电源进入正常工作后，TB801S 的 2-3 绕组感应电压经 DB807 整流，CB809、CB812 滤波后，得到约 17V 电压经 DB811 加到 ICB801 的 7 脚，作为 ICB801 稳定工作时的工作电压。

TB801S 的 4-3 绕组输出的脉冲信号经 DB809 整流、CB816 滤波后，得到约 20.2V 电压。该电压分成三路：一路经 RB806 送往开/待机控制电路，作为待机控制电路的工作电压；第二路送往欠电压保护电路 QP805 的 e 极，作为 QP805 的工作电压；第三路加到 QB801 的 D 极，通过 QB801 送往主电源和 PFC 电路，作为主电源和 PFC 电路的工作电压。

TB801S 的 7-9 绕组输出的脉冲信号经 DB853 整流、CB855 滤波后，得到 +5VSB 电压，通过插座 CNM801 送往主板（信号处理板），作为电视机在待机状态时的工作电压。

（3）稳压控制电路

待机电源中的稳压电路由分压取样电路 RB852、RB859、RB830、误差放大电路 ICB851、光耦合器 PCB801S 等组成。

通过取样电路对副电源输出的 +5VSB 电压进行取样，经 ICB851 比较放大后，产生误差控制电压，通过 PCB801S 对厚膜电路 ICB801 的 2 脚内部振荡电路进行控制，达到稳定输出电压的目的。

（4）待机控制电路

长虹 HPLD469A 电源 + 背光灯二合一板待机控制电路如图 2-20 所示。该电路主要由

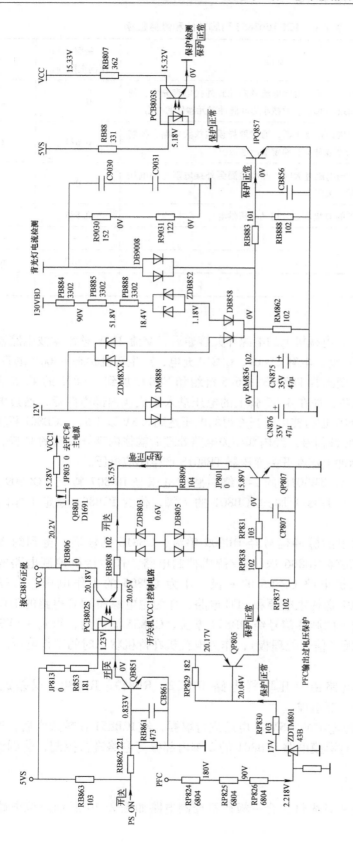

图 2-20 长虹 HPLD469A 电源 + 背光灯二合一板开/关机与保机与保护电路

QB851、PCB802S、QB801 组成。通过对 PFC 电路和主电源中的驱动脉冲形成电路的供电电压进行控制来实现开/待机控制。

待机控制电路中的 QB851 为待机控制管，其工作状态受信号处理板输出的开/待机控制电压控制。QB801、PCB802S、ZDB803、DB805、RB808 等组成单管稳压电路。

用遥控器或本机键开机时，主板输出的开/待机控制电压（PS-ON）为高电平，QB851、PCB802S 导通，待机电源输出的 20.2V 电压经 R806、PCB802S、RB808 加到 QB801 的 G极，QB801 导通，20V 电压经 QB801 输出约 15.28V 的 VCC 电压，送往主电源和 PFC 驱动电路，主电源和 PFC 电路进入工作状态。

待机时，主板输出的开/待机控制电压变为低电平，QS851、PCB802S 截止，QB801 的G 极无电压截止，切断主电源和 PFC 驱动电路的 VCC 供电，主电源和 PFC 电路停止工作。

3. PFC 电路

长虹 HPLD469A 电源 + 背光灯二合一板 PFC 电路如图 2-21 所示。该电路主要由驱动控制电路 ICP801（FAN7530）、储能电感 LP801、MOSFET（开关管）QP801、PFC 整流滤波电路 DP802、CP803、CP810 等组成。

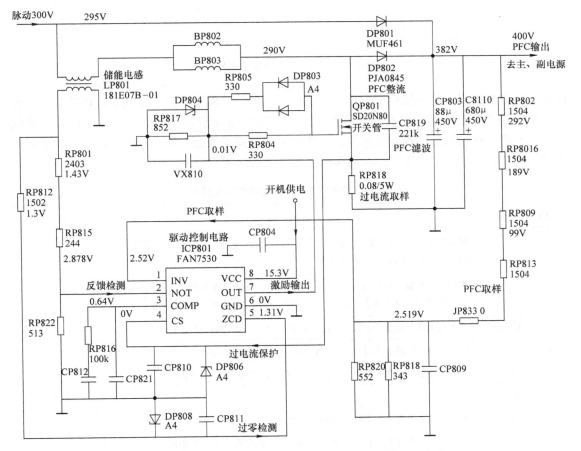

图 2-21　长虹 HPLD469A 电源 + 背光灯二合一板 PFC 电路

（1）FAN7530 简介

FAN7530 是 PFC 电路专用集成电路，其内部电路框图如图 2-22 所示。它内含锯齿波发

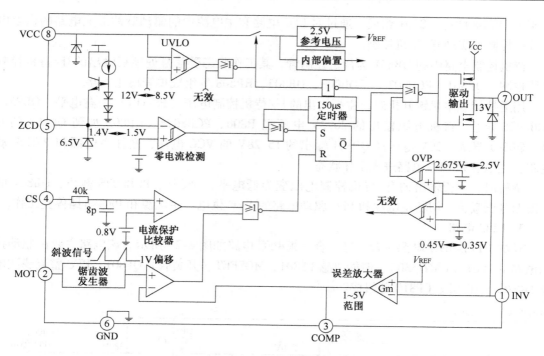

图 2-22　FAN7530 内部电路框图

射器、误差放大器、零电流检测电路、电流保护比较器、偏置电路、驱动输出电路等，设有平均电流模式或电压模式控制，软启动，VCC 滞后欠电压闭锁，欠电压、过电压和过载保护，以及滞后热关机等功能。该芯片的工作频率可根据需要设定调整，本电源设定的最低工作频率是 27kHz。FAN7530 引脚功能和维修数据见表 2-7。

表 2-7　FAN7530 引脚功能和维修数据

引脚	符号	功　　能	对地电压/V
1	INV	PFC 输出电压采样/关断。该脚正常电压为 2.5V 左右，当该脚电压低于 0.45V 或者高于 2.675V 时，PFC 电路关断	2.5
2	MOT	锯齿波发生器。该脚电压一般是 2.9V 左右。具体功能有两个：一是产生锯齿波；二是跟误差放大器进行比较，输出控制信号，决定 MOSFET 的通断	2.9
3	COMP	误差放大器的输出。该脚一般通过 R 和 C 对 PFC 电路的反馈进行调节	1.4
4	CS	电流检测。该脚电压超过 0.8V 时，PFC 电路就会停止输出	0.02
5	ZCD	电感电流过零检测。该脚电压低于 1.4V 时，MOSFET 就会开通	3.6
6	GND	接地	0
7	OUT	驱动。该脚串联一个电阻驱动 PFC 电路 MOSFET	4.2
8	VCC	供电。该芯片的工作电压范围为 8.5～13V，内部集成了一个稳压二极管，一般电压是 12V	17.3

（2）启动校正过程

市电整流滤波后产生 100Hz 脉动直流电压，待机状态约为 300V，开机状态约为 230V。

该电压经电感 LP801 送到 PFC 电路 QP801 的 D 极；遥控开机后开/关机控制电路输出的 VCC 电压向 ICP801 的 8 脚提供工作电压，ICP801 启动工作，内部振荡电路和处理电路产生锯齿波脉冲电压，从 7 脚输出脉冲，激励 QP801 工作于开关状态。

当 QP801 饱和导通时，市电电压由整流后的 300V 电压经电感 LP801、QP801 的 D-S 极到地，形成回路。当 QP801 截止时，300V 电压经电感 LP801、DP802 对 CP803、CP810 充电，流过 LP801 电流呈减小趋势，电感两端产生左负、右正的感应电压，与市电整流滤波后的 300V 电压的直流分量叠加，在滤波电容 CP803、CP810 正端形成 400V 左右的 PFC 直流电压，为主电源供电，同时将副电源供电由待机状态的 +300V 提升到 +400V。

（3）稳压控制电路

PFC 电路输出电压经 RP802、RP8016、RP809、RP813 与 RP818、RP820 分压，将取样电压送到 ICP801 的 1 脚，作为输出直流电压误差信号；储能电感变压器 LP801 的二次感应电压，作为交流过零检测信号，经 RP801、RP815 送到 ICP801 的 2 脚，经 RP812 送到 ICP801 的 5 脚。上述直流取样和交流检测电压经 ICP801 内部比较放大、对比与运算，产生误差调整电压，对 7 脚的脉冲占空比进行调整，控制 QP801 的导通时间，维持输出电压的稳定。

当 PFC 输出电压降低时，ICP801 的 7 脚输出的脉冲占空比变大，开关管 QP801 的导通时间延长，输出电压升高到正常值；当 PFC 输出电压升高时，ICP801 的 7 脚输出的脉冲占空比变小，开关管 QP801 的导通时间缩短，输出电压降低到正常值。

（4）过电压、欠电压保护电路

FAN7530 的 8 脚内部设有 UVLO 电压检测电路，当 8 脚输入的 VCC 电压过低或过高时，8 脚内部保护电路启动，切断 IC 内部供电，达到保护目的。

FAN7530 的 1 脚内设误差放大器和过电压保护（OVP）电路，该脚正常电压在 2.5V 左右。当输入到 1 脚的取样电压低于 0.45V 或者高于 2.675V 时，1 脚内部保护电路启动，PFC 电路停止工作。

（5）过电流保护电路

MOSFET（开关管）QP801 的 S 极电阻 RP818 为过电流取样电阻，RP818 两端的电压降反映了 PFC 电路电流的大小。当 QP801 电流过大时，RP818 两端的电压降随之增大，FAN7530 的 4 脚电压升高，当 4 脚电压超过 0.8V 时，4 脚内部保护电路启动，PFC 电路就会停止工作。

4. 主电源电路

长虹 HPLD469A 电源 + 背光灯二合一板主电源电路如图 2-23 所示。主电源电路主要由驱动控制电路 ICM801（CM33067P）、变压器 TM801S、稳压光耦合器 PCM804S、误差放大器 ZDTM851、推动放大电路 QM813 ~ QM816、推动变压器 TM803、半桥式输出电路开关管 QM804、QM805 等组成。

（1）CM33067P 简介

CM33067P 是开关电源专用驱动控制电路，其内部电路框图如图 2-24 所示。它内含振荡器、误差放大器、参考电压发生器、欠电压保护电路、相位相反的驱动脉冲信号 A/B 激励输出电路等。CM33067P 引脚功能和维修数据见表 2-8。

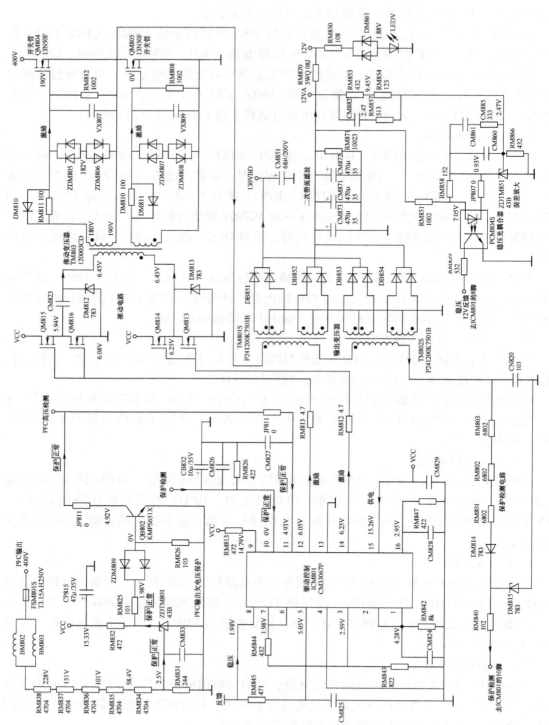

图 2-23 长虹 HPLD469A 电源 + 背光灯二合一板主电源电路

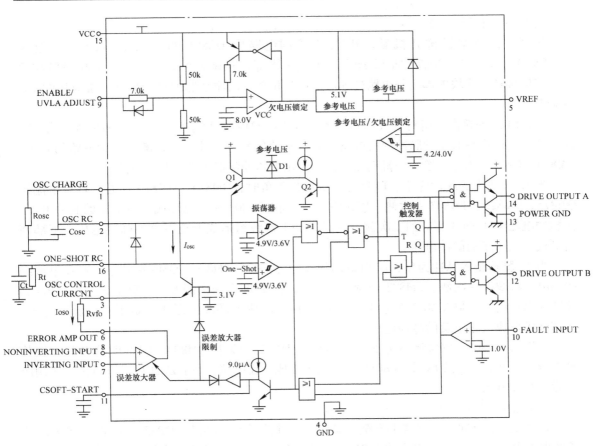

图 2-24　CM33067P 内部电路框图

表 2-8　CM33067P 引脚功能和维修数据

引脚	符　号	功　能	二极管档测反向电阻/kΩ	对地电压/V
1	OSC CHARGE	振荡器充电	0.59	4.28
2	OSC RC	振荡器频率设定	0.697	4.28
3	OSC CONTROL CURRCNT	振荡控制电流	0.628	2.59
4	GND	地	0	0
5	VREF	基准电压	0.54	5.05
6	ERROR AMP OUT	误差放大器输出	0.603	1.98
7	INVERTING INPUT	反相输入	0.602	1.98
8	NONINVERTING INPUT	同相输入	0.615	1.98
9	ENABLE/UVLA ADJUST	启用/欠电压锁定调整	0.611	14.79
10	FAULT INPUT	故障输入	0.558	0
11	CSOFT-START	振动器启动	0.634	4.93
12	DRIVE OUTPUT B	驱动器输出 B	0.633	6.05
13	POWER GND	电源地	0	0
14	DRIVE OUTPUT A	驱动器输出 A	0.628	6.25
15	VCC	供电	0.503	15.26
16	ONE-SHOT RC	单次触发定时器 RC	0.62	2.95

（2）启动工作过程

用遥控器或本机键开机后，开/待机控制电路中 QB801 的 S 极输出的 VCC 电压（15.28V），加到 CM33067P 的 15 脚上，集成块内部的振荡电路就会启动产生振荡脉冲信号。该信号经集成块内部相关电路处理后形成相位相反的驱动脉冲信号分别从集成块的 12、14 脚输出。

12、14 脚外接由两组对管（QM815 和 QM816、QM813 和 QM814）组成的全桥结构推动放大器。其作用是对驱动脉冲形成电路形成的脉冲信号进行放大，以满足后续电路的要求。QM804、QM805 为开关管，与推动变压器、输出变压器组成半桥式输出电路。

当 12 脚输出的脉冲为正、14 脚输出的脉冲为负时，QM815、QM813 导通，VCC 电流经 QM815、CM823、TM803 一次侧、QM813 到地，在 TM803 一次侧形成上负下正的脉冲电压。该脉冲电压经 TM803 感应到二次侧，在二次侧上部绕组形成上正下负的脉冲电压，下部绕组形成上负下正的脉冲电压。

当 12 脚输出的脉冲为负、14 脚输出的脉冲为正时，QM816、QM814 导通，VCC 电流经 QM814、TM803 一次侧、CM823、QM816 到地，在 TM803 一次侧形成上负下正的脉冲电压。该脉冲电压经变压器 TM803 感应到二次侧，在二次侧上部绕组形成上负下正的脉冲电压，下部绕组形成上正下负的脉冲电压。

变压器 TM803 二次绕组感应的脉冲电压分别加到开关管 QM804、QM805 的 G 极，使其轮流导通，并在开关变压器 TM801S 一次侧中形成变化电流，然后通过互感作用在二次侧产生感应脉冲电压。

（3）整流滤波电路

开关变压器 TM801S 二次 1-3 绕组输出的脉冲信号经 DB851、DB853、CM851 组成的整流滤波电路整流滤波后，得到约 130V 的直流电压送往 LED 背光驱动电路，作为电路中升压输出电路的工作电压。

TM801S 二次 2-4 绕组输出的脉冲信号经 DB852、DB854、CM871、CM872、CM873 等组成的整流滤波电路整流滤波后，得到约 12V 的直流电压输往信号处理板和背光驱动电路，作为其部分电路的工作电压。

（4）稳压控制电路

主电源中的稳压控制电路主要由误差放大器 ZDTM851、光耦合器 PCM804S、取样电路 RM853～RM866 组成。

通过取样电路对主电源输出的 ＋12V 电压进行取样，经 ZDTM85 比较放大后，产生误差控制电压，通过 PCM804S 对主电源驱动电路 ICM801 的 8 脚内部振荡器进行控制，达到稳定输出电压的目的。

5. 软启动和保护电路

（1）软启动和 PFC 输出欠电压保护电路

图 2-23 左上部电路为长虹 HPLD469A 电源＋背光灯二合一板中的软启动和 PFC 输出欠电压保护电路。该电路主要由主电源中的集成块 ICM801（CM33067P）和 ZDTM801、QB802、ZDTP801 等组成。

该开关电源的设计思想是不仅要主电源工作滞后 PFC 电路，还要 PFC 电路不工作时主电源也不工作。同时，当 PFC 电路出故障导致 PFC 电压过高时，切断 PFC 电路和主电源电路驱动脉冲形成电路的供电，使其停止工作。

图中的 ZDTM801、QB802 组成软启动延迟控制电路。该电路的作用是使电视机二次开机后，ICM801 的软启动端的外接电容在 PFC 电路没有工作之前不进行充电。只有当 PFC 电路进入正常工作状态后再进入充电状态。

由 ZDTM801、QB802 组成的软启动延迟控制电路的工作过程如下：用遥控器或本机键开机后，待机电源输出的 VCC 电压（15.33V）虽然分别同时加在了主电源和 PFC 电路的驱动脉冲形成电路的专用集成块上，但若 PFC 电路不工作，无法通过电阻 RM838 ~ RM834 为 ZDTM801 提供正常的工作电压，ZDTM801 将处于截止状态。ZDTM801 截止后，VCC 电压经 RM832、RM825、ZDM809 加到 QB802 的 b 极，使 QB802 饱和导通。QB802 的 c 极与 ICM801 的 11 脚（软启动控制端）相连，因此 ICM801 的 11 脚电位被强制拉到地，IC801 内部电路无法对其外接电容进行充电，主电源驱动脉冲形成电路虽然有供电电压，但也无法启动进入正常工作状态。

PFC 电路正常工作后，PFC 电压经 RM838 ~ RM834 加到 ZDTM801 的 G 极，ZDTM801 导通，QB802 截止，对 ICM801 的 11 脚电压不产生影响，主电源开始工作。QB802 截止后，ICM801 内部电路开始对 11 脚外接电容进行充电，当充电电压上升到一定幅度时，集成块内部的振荡电路启动进入振荡状态产生振荡脉冲信号。

（2）PFC 输出过电压保护电路

图 2-20 的左下侧为 PFC 输出过电压保护电路，由 RP824 ~ RP826、ZDTM801、QP805、QP807 组成。RP824 ~ RP826 为偏置电阻，作用是为 ZDTM801 提供偏置电压。开关电源中的 PFC 电路工作正常时，PFC 电压经过 RP824 ~ RP826 降压后，不足以使 ZDTP801 进入工作状态，ZDTP801 截止后，QP805、QP807 也截止，对开/关机 VCC 控制电路不产生影响。

当 PFC 电路工作异常导致其输出电压异常升高时，ZDTP801 将由截止转为工作状态。ZDTP801 工作后，QP805 导通，待机电源的 20.2V 电压通过 QP805、RP838、RP831 加到 QP807 的 b 极，使 QP807 饱和导通，将 VCC 控制电路 QB801 的 G 极电压拉低而截止，S 极无 VCC 电压输出，主电源和 PFC 驱动电路中无 VCC 供电电压而停止工作。

（3）主电源过电压和背光灯过电流保护电路

图 2-20 的右侧为主电源输出过电压和背光灯过电流保护电路，以晶体管 IPQ857、光耦合器 PCB803S 为核心组成，对主电源驱动电路 ICM801 的 10 脚电压进行控制。

主电源输出的 12V 或 130V 电压过高时，击穿相对应的稳压管 ZDM8XX、ZDB852，通过隔离二极管 DB858 向 IPQ857 的 b 极注入高电平，IPQ857 导通，PCB803S 导通，向 ICM801 的 10 脚注入高电平，ICM801 内部保护电路启动，主电源停止工作。

背光灯电流过大时，背光灯电流检测电压升高，升高的检测电压经 DB9008 向 IPQ857 的 b 极注入高电平，与过电压保护电路相同，IPQ857 导通，保护电路启动，主电源停止工作。

2.3.2 电源电路维修精讲

长虹 HPLD469A 电源 + 背光灯二合一板开关电源电路引起的故障主要有三种：一是指示灯不亮，多为副电源电路故障；二是指示灯亮，无图无声，主电源无电压输出，多为主电源电路故障；三是发生自动关机故障，电源板输出电压降为 0V，多为 PFC 电路和主电源保护电路启动所致。

1. 三无，指示灯不亮

如果发生三无，指示灯不亮的故障，故障范围在副电源电路。开机前，应确认元器件没有掉件及连焊。如开机异常，按如下顺序查找。

（1）熔丝熔断

测量熔丝 FS801S、限流电阻 NT801S 是否熔断，如果已经熔断，说明开关电源存在严重短路故障，主要对以下电路进行检测。

1）检测 AC220V 市电输入电路的 CX801S、CX802S、CY801S、CY802S 和整流滤波电路的 DB801S、CP805、CP801 是否击穿漏电。

2）检查 PFC 电路开关管 QP801、PFC 整流滤波电路 DP801、DP802、CP803、CP810 是否击穿；检查副电源厚膜电路 ICB801 是否击穿，如果击穿，进一步检查 ICB801 的 4、5 脚外部的尖峰脉冲吸收保护电路 DB808、RB804、CB812 是否开路失效；检查主电源开关管 QM804、QM805 是否击穿。

（2）熔丝未断

如果测量熔丝 FS801、限流电阻 NT801S 未断，说明开关电源不存在严重短路故障，主要是副电源电路未工作，对以下电路进行检测。

1）测量副电源有无电压输出。如果有 +5VSB 电压输出，查电源板与主电路板之间的连接器连线和主板负载电路。

2）如果测量副电源无电压输出，则检查副电源电路，首先测量 PFC 大滤波电容 CP803、CP810 两端有无待机状态 +300V 电压，无 +300V 电压，检查抗干扰电路和市电整流滤波电路是否有开路故障；有 +300V 电压，检查以 ICB801 为核心的副电源电路。

3）测量 ICB801 的 7 脚有无启动电压，无启动电压，检查 7 脚外部的 CB807 是否击穿短路，检查 VCC 二次供电整流滤波电路 DB811、ZDB801、DB807 是否开路、短路。

4）测量 ICB801 及其外部元器件。检查 TB801S 二次整流滤波电路是否发生开路故障，造成无 +5V 输出；检查整流滤波电路有无短路故障，造成开关电源过电流保护停止工作，无电压输出。

2. 三无，指示灯亮

（1）检查 PFC 和开/关机控制电路

指示灯亮，说明副电源基本正常；三无，故障主要在主电源电路。首先测量主电源供电开机状态是否上升到 400V，如果仅为 +300V，说明 PFC 电路发生故障或未工作，先查 PFC 驱动电路 ICP801 的 8 脚有无 15.28V 的 VCC1 供电。无 VCC1 供电，检查 QB851、PCB802S、QB801 组成的开/关机 VCC1 控制电路；检查 ZDTN801、QP806、QP807 组成的 PFC 过电压保护电路是否启动，如果怀疑该保护电路启动，可将 QP807 的 b 极对地短路，解除保护试之。有 VCC1 供电，检查以 ICP801、QP801 为核心的 PFC 电路，检查 PFC 大滤波电容 CP803、CP810 是否容量减小或失效。

（2）检查主电源电路

PFC 电路输出的 400V 电压正常，主电源无电压输出，检查主电源电路。首先测量主电源驱动电路 ICM801 的 15 脚有无 VCC1 供电输入，测量 ICM801 的 14、12 脚有无激励脉冲，无激励脉冲，检查 ICM801 及其外部电路；有激励脉冲，检查推动电路 QM813 ～ QM816、推动变压器 TM803、半桥式输出电路 QM804、QM805、输出变压器 TM801S 和二次整流滤波电路是否发生开路、短路故障。

3. 自动关机

发生自动关机故障的原因有：一是电源板接触不良；二是保护电路启动。先直观检查电源板的开焊等接触不良故障；再排除保护电路启动故障。

（1）确定保护电路是否启动

确定主电源过电压保护电路是否启动：在开机后关机前的瞬间，测量保护电路 IPQ857 的 b 极电压，该电压正常时为 0V 低电平，如果变为高电平 0.7V 以上，则是主电源过电压保护电路启动。

确定 PFC 输出过电压保护电路是否启动：在开机后关机前的瞬间，测量保护电路 QP807 的 b 极电压，正常时为 0V 低电平，如果变为 0.7V 高电平，则是该保护电路启动。

确定 PFC 输出欠电压保护电路是否启动：在开机后关机前的瞬间，测量保护电路 QB802 的 b 极电压，正常时为 0V 低电平，如果变为 0.7V 高电平，则是该保护电路启动。

（2）解除保护，观察故障现象

确定保护电路启动后，可采取解除保护的方法进行维修。为了安全，建议采用脱板维修的方法，通电测量电源板的输出电压。

解除主电源过电压保护的方法是将保护电路 IPQ857 的 b 极对地短路。如果解除保护后，通电试机，主电源输出电压正常，故障在过电压保护电路中，多为稳压管 ZDB852、ZDM8XX 漏电所致；如果主电源输出电压过高，检查以光耦合器 PCM804S、误差放大器 ZDTH851 为核心的主电源稳压控制电路。

解除 PFC 输出过电压保护的方法是将保护电路 QP807 的 b 极对地短路。如果解除保护后，通电试机，PFC 输出电压正常，故障在过电压保护电路中，多为误差放大器 ZDTN801、QP806、QP807 等损坏所致。

解除 PFC 输出欠电压保护的方法是将保护电路 QB802 的 b 极电压对地短路。如果解除保护后，通电试机，PFC 输出电压正常，故障在欠电压保护电路中，多为取样分压电路 RM834 ~ RM838 阻值变大所致；如果 PFC 输出电压为 + 300V，则是 PFC 电路未启动工作，如果 PFC 电压低于正常值 400V，多为大滤波电容 CP803、CP810 容量减小或失效开路所致。

2.3.3　电源电路维修实例

【例 1】　开机主电源有电压输出，数秒钟后降为 0V，待机指示灯亮。

分析与检修： 开机时指示灯亮，说明副电源工作基本正常；开机主电源有电压输出，说明主电源已经启动，几秒钟后降为 0V，说明主电源停止工作，很可能是保护电路启动所致。

对保护电路进行检测，开机的瞬间测量过电压保护电路 IPQ857 的 b 极电压，发现有 0.6V 的高电平，判断过电压保护电路启动。将 IPQ857 的 b 极对地短路，解除过电压保护，通电测量主电源输出电压恢复正常，不再发生停止工作现象，判断过电压检测电路稳压管不良。用 15V 稳压管更换 12V 检测电路的稳压管后，故障排除。

【例 2】　开机三无，指示灯不亮。

分析与检修： 检测电源板无 5V 输出，判断故障在副电源电路中。通电测 PFC 输出滤波电容 CP803、CP810 两端电压为 300V 正常（开机后上升到 400V），测量 ICB801 的 7 脚无启动电压，测量副电源厚膜电路 ICB801 的 4、5 脚电压也为 0V，检查大滤波电容到 ICB801 的 4、5 脚之间的供电电路，发现熔丝 FSM801S 烧断发黑，说明 PFC 供电负载电路有严重短路故障。

先测量副电源厚膜电路 ICB801 的 4、5 脚对地电阻接近 0，判断 ICB801 内部开关管击穿短路，检查 ICB801 的外部电路，特别是尖峰脉冲吸收电路，发现 CB812 有裂纹，拆下测量已无容量。更换 ICB801、CB812 和 FSM801S 后，故障排除。

2.3.4　背光灯电路原理精讲

　　长虹 HPLD469A 电源＋背光灯二合一板背光灯电路由 6 个相同的驱动输出电路组成，驱动 6 串 LED 灯串发光。图 2-25 是其中一个背光灯驱动输出电路，驱动集成块采用 HV9911NG，另外 5 个背光灯驱动输出电路的工作原理与其相同，只是相同位置的元器件编号不同。完整的背光灯电路如图 2-26 所示，每组电路结构完全相同，且相互独立，每组电路驱动一个 LED 灯串。该 LED 驱动电路输出电压为 170V/90mA。本节以图 2-25 所示的背光灯电路为例，介绍其工作原理与维修。

1. 背光灯基本电路

（1）HV9911NG 简介

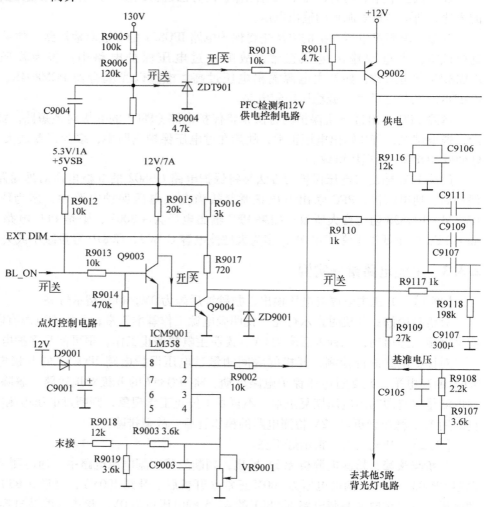

图 2-25　长虹 HPLD469A 电源＋背光灯二合一板

　　该背光灯电路中的 HV9911NG 是 LED 背光灯驱动电路，其内部电路框图如图 2-27 所示。它内置有单开关驱动模式控制器、高边电流检测电路、输出电流闭环控制电路、高 PWM 调光比电路、9～250V 的内部线性稳压器、恒频或恒定关断时间控制电路、VDD＝10V 的输出短路保护电路、输出过电压保护电路、同步锁定电路、可编程 MOSFET 的电流限制电路、软启动电路等。HV9911NG 引脚功能和维修数据见表 2-9。

　　（2）启动工作过程

　　当开关电源由待机状态转为正常工作状态时，电源输出的 130V 电压经电阻 R9006～R9004 分压后，在 R9004 上形成约 2.47V 电压加到 ZDT9001 的 G 极，ZDT9001 导通，将 Q9002 的 b 极电压拉低，Q9002 导通，12V 电压经 Q9002 的 e-c 极后，从 c 极输出 5V 电压，加到 IC9101（HV991ING）的 1 脚，作为 HV9911NG 的工作电压。与此同时，信号处理板上输出的背光灯驱动电路的启动控制电压（BL-ON）为高电平，经电阻 R9013 与电阻 R9014 分压后加到 Q9003 的 b 极，使 Q9003 饱和导通。其 c 极电压由高电平变为低电平，此时 Q9004 因 b 极无电压而进入截止状态，＋5VS 电压经 R9016、R9017 加到集成块 IC9101 的

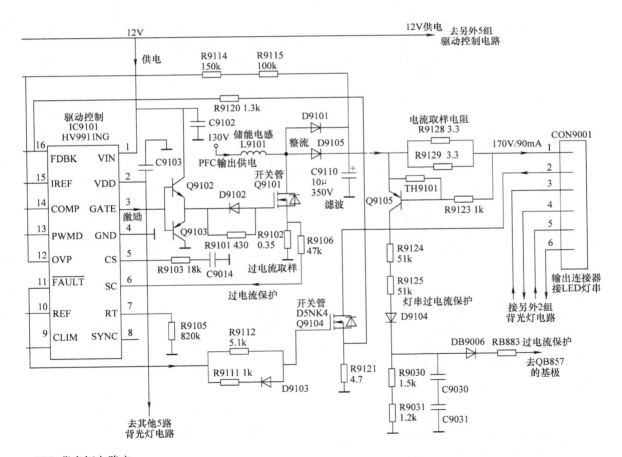

LED 背光灯电路之一

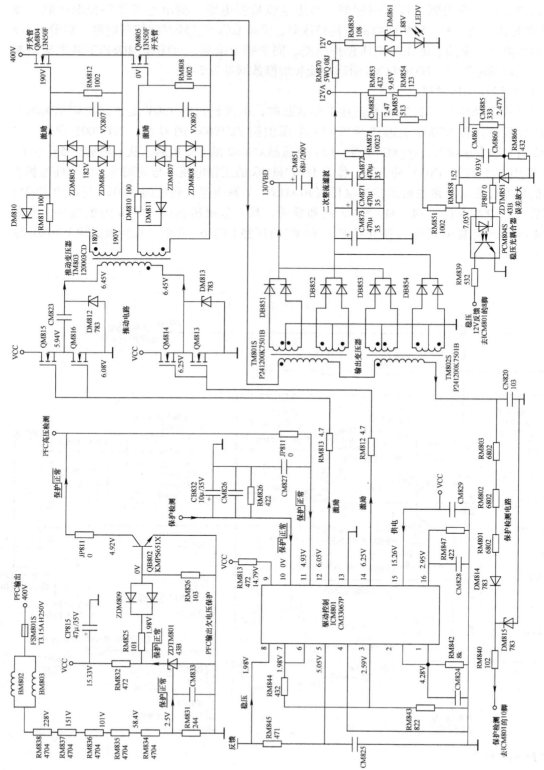

图 2-26　长虹 HPLD469A 电源 + 背光灯二合一板背光灯电路

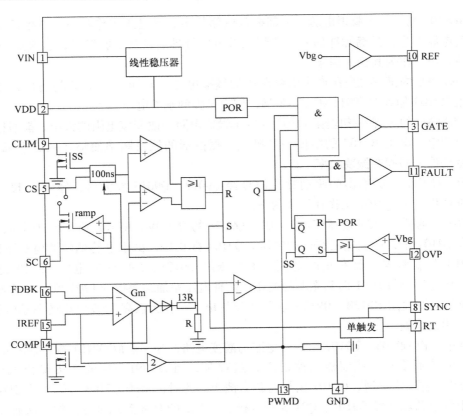

图 2-27 HV9911NG 内部电路框图

表 2-9 HV9911NG 引脚功能和维修数据

引脚	符号	功　　能	二极管档 反向阻值/kΩ	工作电压/V
1	VIN	输入 9～250V 的高电压调节器	0.471	11.89
2	VDD	内部电路电源输入。连接至少 0.1μF 电容到地	0.463	7.83
3	GATE	驱动器输出。接外部 N 沟道功率 MOSFET 的 G 极	0.61	0
4	GND	接地	0	0
5	CS	功率 MOSFET 电流检测。内置 100ns 消隐时间	0.012	0
6	SC	斜坡补偿电流检测	0.684	0.615
7	RT	设定频率或场外的电源电路的时间。RT 和 GND 之间的电阻将设定在恒定频率模式；RT 和 GATE 之间的电阻设定在恒定关断时间模式	0.684	6.96
8	SYNC	同步输入，控制振荡器锁定到最高频率	0.66	1.71
9	CLIM	可编程输入转换器电流限制。通过 REF 外接电阻分压，软启动也可以使用该脚	0.637	0
10	REF	提供 2% 的准确参考电压。外接 10nF 电容到地	0.64	1.24
11	$\overline{\text{FAULT}}$	驱动升压转换器的外部 MOSFET	0.661	0
12	OVP	电压保护。此脚电压超过 1.25V 时，HV9911NG 关闭门输出	0.561	0.659
13	PWMD	该脚被拉至地，HV9911NG 处于关闭状态；当接电压为高电平时，HV9911NG 恢复工作状态	0.666	3.8
14	COMP	稳定闭环控制。在 COMP 和 GND 间连接补偿网络	0.657	0
15	IREF	设定输出电流。通过与 REF 端间电阻分压	0.673	0.42
16	FDBK	电流检测。通过电阻提供输出电流反馈给 HV9911NG	0.564	0

13 脚。IC9101 的 1、13 脚得电后，内部振荡电路就会启动进入工作状态，产生振荡脉冲信号。振荡电路产生的振荡脉冲信号经内部相关电路处理后，从 3 脚输出，直接加到 Q9102、Q9103 的 b 极，作为其输入信号。

HV9911NG 内部基准电压产生电路形成的基准电压（1.24V）从 10 脚输出，此基准电压经电阻 R9109 加到 HV9911NG 的 15 脚，作为该脚的基准电压。

HV9911NG 的 7 脚外接电阻 R9105 为频率设定电阻。改变该电阻的大小，能对振荡器的频率进行调整，电阻 R9105 的阻值一旦确定，振荡器的振荡频率便随之确定下来。此后，振荡器将按设定的固有振荡频率工作。

HV9911NG 的 3 脚输出的驱动脉冲信号经 Q9012、Q9013 放大后，经电阻 R9101 加到 Q9101 的 G 极，使 Q9101 工作在开关状态。

Q9101 导通后，130V 电压流经 L9101、Q9101 的 D-S 极、R9102 到地形成回路，并将能量储存在 L9101 中，产生左正右负的电压。Q9101 截止后，由于电感两端的电流不能突变，便在 L9101 两端形成左负右正的电压，该电压经 D9101、D9105 向电容 C9110 充电，使 C9110 上形成 130V + L901 向其充电的电压，两种电压叠加结果得到 170V/90mA 的直流电压后，经电流检测电阻 R9128、R9129 加到 LED 灯串上，作为点亮 LED 灯串的驱动电压。

（3）灌流电路

电路中，由 Q9103、D9102 组成的电路为灌流电路，为了泄放 Q9101 截止期间 G-S 极之间储存的电荷而设计。该灌流电路的工作过程是：当 HV9911NG 的 3 脚输出低电平时，Q9102 截止，Q9103 导通，Q9101 由导通转为截止。此时，由于 Q9103 导通，累积在 Q9101 的 G 极上的电荷就会经 D9102、Q9103 的 S 极、Q9103 的 D 极到地进行泄放，从而有效避免 Q9101 因 G-S 极间电荷累积而损坏。

（4）电流反馈电路

为了使自举升压电路中的开关管出现异常情况时不扩大故障范围，电路中还设计了由取样电阻 R9602、R9603 和 HV9911NG 的 5 脚内部相关电路组成的电流反馈电路。电流反馈电路是通过对开关管 Q9101 的电流检测来实现其功能的。当开关管 Q9101 工作异常，导致流过其 D-S 极间的电流增大时，电阻 R9102 上的电压降就要增加，增加的电压经 R9103 加到 HV9911 的 5 脚，进入集成块内部电路后，由内部相关电路进行处理，处理结束输出控制信号到驱动脉冲输出电路，使其停止工作，无脉冲信号输出，从而实现开关管的过电流保护。

（5）亮度设定电路

长虹 HPLD469A 电源 + 背光灯二合一板背光灯电路中设计有亮度设定电路。该电路由 R9018、R9019、R9003、VR9001、ICM9001 组成。

图 2-25 中，12V 电压经电阻 R9018、R9019 组成的串联电路分压后在 R9019 上得到约 3.58V 电压。该电压再经电阻 R9003 和电位器 VR9001 分压后加到集成块 ICM9001 的 3 脚。ICM9001 的 1 脚经电阻 R9002 接于 HV9911NG 的 15 脚上，调整电位器 VR9001 改变 ICM9001 的 3 脚电压时，其 1 脚电压就会发生变化，1 脚电压变化也就是 HV9911NG 的 15 脚输出电流设定发生变化，15 脚设定电流变化必然会改变驱动脉冲形成电路输出脉冲的宽度，最终达到按设计要求调整背光亮度的目的。

（6）电流稳定电路

该背光灯电路中的电流稳定电路由 Q9104、R9121 和集成块 HV9911NG 的 16 脚内部相关电路组成。当流过 LED 灯串的电流增大或减小时，流过 Q9104、R9121 的电流也会增大或减小，变化的电流在 R9121 上形成的电压降也会增大或减小。在 R9121 上形成的反映 LED 灯串电流大小的电压经 R9120 加到 HV9911NG 的 16 脚，经 HV9911NG 内部相关电路处理后，输出控制信号去控制 3 脚驱动脉冲的占空比。通过对脉冲占空比的调整使 LED 灯串电流回归到正常值，从而使 LED 灯串电流稳定。

2. 保护电路

长虹 HPLD469A 电源＋背光灯二合一板背光灯电路中保护电路分为过电压、过电流保护两种。

（1）过电压保护电路

过电压保护电路主要由 R9114～R9116 和集成块 HV9911NG 的 12 脚内部相关电路组成。当因某种原因导致 LED 驱动电路的输出电压异常升高时，升高的电压经 R9114～R9116 组成的串联电路分压后加到 HV9911NG 的 12 脚，12 脚输入的电压经集成块内部的电压比较器等保护电路处理后，输出控制信号到驱动脉冲输出电路，使其停止工作，无驱动脉冲输出。

（2）过电流保护电路

过电流保护电路是通过使主电源停止工作实现保护的。它由 R9128、R9129、R9123～R9125、Q9105、D9104 组成。过电流保护电路针对的是 LED 灯串内部的 LED 短路保护。

电视机正常时，由于流过电阻 R9128、R9129 的电流较小，其上的电压降也较低，Q9105 的 b 极电压与 e 极电压基本相等，Q9105 截止，相当于过电流保护电路停止工作。当屏内部 LED 灯串上的 LED 出现严重击穿短路故障时，LED 灯串电流会急剧增加。此时 Q9105 的 b 极电压会急剧下降，使 Q9105 由截止转为导通状态。驱动电路输出的 170V 电压经 Q9105 的 e 极、c 极、R9124、R9125、D9104、DB9006、RB883 加到 QB857 的 b 极，使 QB857 饱和导通，主电源中的光耦合器 PCB803S 进入工作状态，次级输出过电流检测信号到主电源中的 IC801 的 10 脚。10 脚输入的信号经集成块内部相关电路处理后输出控制信号，使主电源停止工作。

2.3.5　背光灯电路维修精讲

对于不同的背光灯电路，虽然其所采用的专用集成块不同，但其电路结构却基本相同。特别是电路中的自举升压电路、电流和电压稳定电路、过电流和短路保护电路的电路结构和工作原理更是几乎完全相同。这告诉我们，在液晶彩电维修中，只要掌握了一种 LED 液晶彩电背光灯电路的工作原理和维修方法，其他 LED 液晶彩电背光灯电路的维修也就迎刃而解了。

LED 背光灯电路维修思路如下：

（1）检查 LED 背光灯电路工作条件

LED 液晶彩电中的背光灯电路正常工作条件：一是前置驱动电路需要 5～24V 的低压供电，后置输出电路需要 100V 以上的高压供电；二是背光灯电路启动需要一个外加的启动电压；三是设有亮度设置电路。这些工作条件与 LCD 液晶彩电中的背光灯电路相同，完全可以参照 LCD 背光灯电路的检修方法进行。发生背光灯完全不亮故障时，首先检测背光灯电路的工作条件：一是测量背光灯电路的前置低压供电、后置高压供电是否正常；二是检查点灯启动电压和亮度设置电压是否正常。

如果供电电压不正常，首先排除为其供电的开关电源电路故障。如果点灯启动电压和亮度设置电压不正常，由于点灯启动电压多为高电平，如果高电平接近前置电路供电电压，可直接将点灯控制引脚电压直接接前置供电电源；如果点灯控制电压或亮度设置电压，为供电与地线之间的某个电压，可利用电阻分压的方法获得点灯控制电压，模拟点灯和亮度设置电压，对背光灯电路进行维修。

（2）LED 背光灯电路与 PFC 电路相似

LED 液晶彩电中的背光灯电路的电路结构、工作原理与 PFC 电路相似，完全可以采用 PFC 电路的维修思路和维修方法进行维修。

（3）LED 背光灯电路故障特点

LED 液晶彩电中的背光灯电路出现故障时，只要屏内部的 LED 不是大量击穿短路，电视机中的主电源应当是工作的。如果 LED 背光灯电路中的一组电路不工作，也仅仅是对屏幕上局部光栅造成影响，而不是整个液晶屏都不亮。

（4）LED 背光灯电路故障确定

检修 LED 液晶彩电时，若所维修的液晶彩电出现的故障现象是指示灯亮，但无光栅、无伴音，打开后盖后，测得主电源无电压输出，但在取下 LED 背光灯的插头后开关电源输出电压能恢复正常，则说明此时电视机的故障在液晶屏内的 LED 背光灯上，多为背光灯电路 MOSFET 发生击穿短路故障，引起开关电源保护电路启动。如果取下 LED 背光灯的插头后，开关电源仍然无输出电压，故障在开关电源电路中。

（5）LED 背光灯维修技巧

由于 LED 液晶彩电中的背光灯电路由多个电路结构完全相同的单元电路组成。若查得故障在背光灯电路，只要不是所有单元电路同时损坏，则完全可以采用对比的方法进行故障范围确定和元器件级维修，通过相同部位、相同元器件的对地电阻、对地电压的测量，与正常单元电路相同部位、相同元器件的对地电阻、对地电压进行比较，判断故障范围，找到故障元器件，对背光灯电路故障元器件进行更换维修。如果判断故障在背光灯串，要么对屏内的 LED 灯串进行更换，要么对液晶屏进行更换。

（6）解除保护电路

如果发生 LED 背光灯亮后熄灭的故障，多为背光灯过电流、过电压保护电路启动所致。发生过电压保护故障，多为 LED 灯串发生开路故障；发生过电流保护故障，多为 LED 灯串发生短路故障。可采用解除保护的方法进行维修，断开保护检测电路与驱动控制电路之间的连接，通电观察故障现象、测量关键点电压，判断故障范围。

2.3.6　背光灯电路维修实例

【例1】　开机背光灯瞬间亮一下，然后熄灭，伴音、遥控开/关机均正常。

分析与检修：背光灯瞬间亮一下，然后熄灭很可能是背光灯保护电路启动所致。开机瞬间，仔细观察发现液晶屏下部比其他部位亮度暗一些，怀疑屏幕上部的背光灯管没有点亮，使用其他 LED 灯串的插头，插到不亮的 LED 灯串插座上，LED 灯串仍然不亮，说明问题应该是在 LED 灯串上。拆开背光灯组件，更换损坏的 LED 灯串后，故障排除。

【例2】　开机伴音正常，显示屏不亮。

分析与检修：开机后伴音正常，显示屏始终黑屏幕，仔细观察 LED 灯串，始终没有点亮，说明背光灯电路未工作。

对背光灯的工作条件进行检测，12V 供电正常、ON/OFF 开关控制高电平和 VIPWM 亮度调整电压均正常，判断故障在背光灯电路。测量驱动电路 HV9911NG 的 1 脚无 5V 供电。该 5V 电压受误差放大器 ZDT901、晶体管 Q9002 组成的 140V 检测电路控制，测量背光灯电路的 140V 供电正常，但 Q9002 的 c 极无 5V 电压输出，判断故障在该 140V 检测电路中。对该电路进行检查，发现 ZDT901 的 G 极无电压输入，检查 G 极外部的分压电路，发现 R9006（120kΩ）开路烧焦，用普通 120kΩ 电阻更换后，故障排除。

2.4　长虹 JCM40D-4MD120 电源 + 背光灯二合一板维修精讲

长虹 LED 液晶彩电采用的 JCM40D-4MD120 电源板，为开关电源与背光灯二合一板，其中开关电源电路采用 LD7591 + LD7535 组合方案，输出 + 12.3V 和 + 60V 电压，为主板和背光灯电路等负载供电；LED 背光灯电路采用 PF7001S，将 + 60V 电压提升到 + 125V 左右，为 4 路 LED 背光灯串供电。型号为 JCM40D-4MC120 和 HSM40D-4MC110 电源板与其基本相同，区别在于 LED 输出电流和电压不同，应用于长虹 3D55B5000I、3D55B4000I、3D55B4500I、3D47B4000I、3D47B4500ID、3D47B5000I、3D50B4000I、3D50B4500I 等大屏幕 LED 液晶彩电中。

长虹 JCM40D-4MD120 电源 + 背光灯二合一板实物图解如图 2-28 所示，电路组成框图如图 2-29 所示。

长虹 JCM40D-4MD120 电源 + 背光灯二合一板由开关电源和 LED 背光灯电路两大部分组成。

其中开关电源由两部分组成：一是以集成电路 LD7591（IC2）为核心组成的 PFC 电路，将整流滤波后的市电校正后提升到 + 400V 为主电源电路供电；二是以集成电路 LD7535（IC1）为核心组成的主电源电路，产生 + 60V、 + 12.3V 电压，其中 + 60V 电压为 LED 背光灯驱动电路供电， + 12.3V 电压为主板和背光灯振荡驱动控制电路供电。

LED 背光灯电路由两部分组成：一是由驱动控制电路 PF7001S（IC3）和 LL1、QL1、DL11、CL12 组成的升压电路，将 60V 直流电压提升后，输出 + 125V 左右的 + VLED 电压，为 4 路 LED 背光灯串供电；二是由 PF7001S（IC3）和 QL5 ~ QL8 组成的背光灯电流控制电路，对 LED 背光灯串电流 LED1 - ~ LED4 - 进行调整和控制，达到调整和均衡亮度的目的。

开/关机采用控制 PFC 电路 VCC2 供电和 + 60V 输出、 + 12.3V 负载电阻接入的方式，开机时输出 VCC2 和 + 60V 电压，同时将负载电阻接入 + 12.3V 输出端。

2.4.1　电源电路原理精讲

1. 抗干扰和市电整流滤波电路

长虹 JCM40D-4MD120 电源 + 背光灯二合一板抗干扰和市电整流滤波电路如图 2-30 上部所示，AC220V 市电电压经熔丝 F1 输入到由 CY6、CY7、CX1、LF1、CX2、CY1 ~ CY4 组成的两级滤波电路，利用它滤除市电中的高频干扰脉冲，并防止电视机内部产生的脉冲污染市电电网。

AC220V 市电经抗干扰电路低通滤波网络，滤除市电中的高频干扰信号后，经 D1 ~ D4 全桥整流、C15 滤波后，输出约 300V 的脉动电压，该电压送往 PFC 电路。

PFC电路：以驱动电路LD7591(IC2)和大功率MOS开关管Q2、储能电感L1为核心组成。二次开机后，开/关机控制电路为IC1提供VCC2供电，该电路启动工作，IC1从7脚输出激励脉冲，推动Q2工作于开关状态，与储能电感L1和PFC整流滤波电路D14、C1配合，将供电电压和电流校正为同相位，提高功率因数，减少污染，并将主电源供电电压提升到+400V

主电源电路：以振荡驱动电路LD7535(IC1)、MOSFET(开关管)Q1、开关变压器T1、稳压电路光耦合器IC3A/B、误差放大器ICS1为核心组成。遥控开机PFC电路工作后，输出的+400V电压经T1为Q1供电，开/关机控制电路为IC1提供VCC供电，主电源启动工作，IC1的6脚输出激励脉冲，推动Q1工作于开关状态，脉冲电流在T1中产生感应电压，二次感应电压经整流滤波后产生+60V电压，为背光灯电路供电，输出+12V电压，为主板和背光灯板电路供电

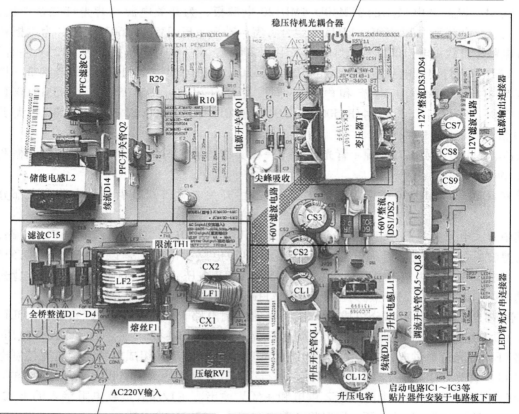

抗干扰和市电整流滤波电路：利用电感线圈LF1、LF2和电容CX1、CX2、CY1~CY4、CY6、CY7组成的共模、差模滤波电路，一是滤除市电电网干扰信号；二是防止开关电源产生的干扰信号窜入电网。滤除干扰脉冲后的市电通过全桥D1~D4整流、电容C1滤波后，因滤波电容容量小，产生100Hz脉动300V电压，送到PFC电路。TH1为限流电阻，防止开机冲击电流；VR1为压敏电阻，市电电压过高时击穿，烧断熔丝F1断电保护

LED背光灯电路：由驱动控制电路PF7001S(IC3)和LL1、QL1、DL11、CL12组成的升压电路和QL5~QL8组成的背光灯电流控制电路两部分组成。遥控开机后，控制系统向背光灯电路送去BL-ON和PS-ON开启电压及DIM亮度控制电压，开关电源为背光灯电路提供60V和12V供电，背光灯电路启动工作。IC3从10脚输出升压脉冲，驱动升压输出电路QL1工作于开关状态，与储能电感和升压电容配合将60V直流电压提升后，输出125V左右+VLED电压，为4路LED背光灯串供电；IC3从12脚输出调流驱动电压，控制QL5~QL8对LED背光灯串电流LED1~LED4进行调整和控制，达到调整和均衡亮度的目的

图 2-28　长虹 JCM40D-4MD120 电源＋背光灯二合一板实物图解

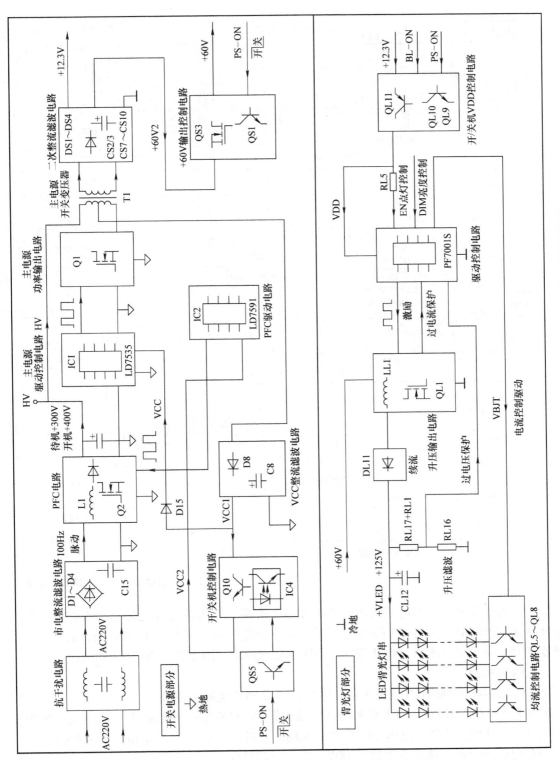

图 2-29　长虹 JCM40D-4MD120 电源＋背光灯二合一板电路组成框图

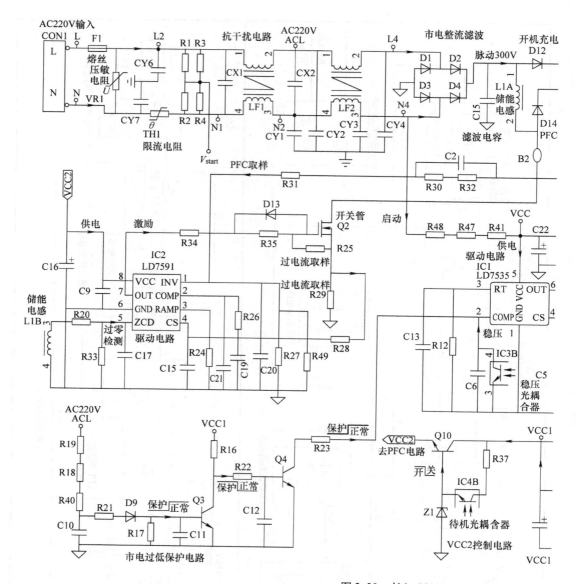

图 2-30　长虹 JCM40D-4MD120 电源 +

　　VR1 为压敏电阻，市电正常时，VR1 相当于开路，不影响电源电路正常工作；一旦市电升高使它的峰值电压超过 VR1 的耐压后，VR1 击穿短路，使 F1 过电流熔断，避免了市电滤波和 PFC 电路的元器件过电压损坏。TH1 为限流电阻，限制开机瞬间的冲击电流。

2. PFC 电路

　　长虹 JCM40D-4MD120 电源 + 背光灯二合一板 PFC 电路如图 2-30 左侧所示。其中 PFC 控制器 IC2 采用 LD7591，与大功率场效应晶体管 Q2 和变压器储能电感 L1、整流滤波电路 D14、C1 等外部元器件，组成并联型 PFC 电路。遥控开机后 PFC 输出电压为 +400V，待机时 PFC 电路未启动，输出电压为 +300V，为主电源供电。

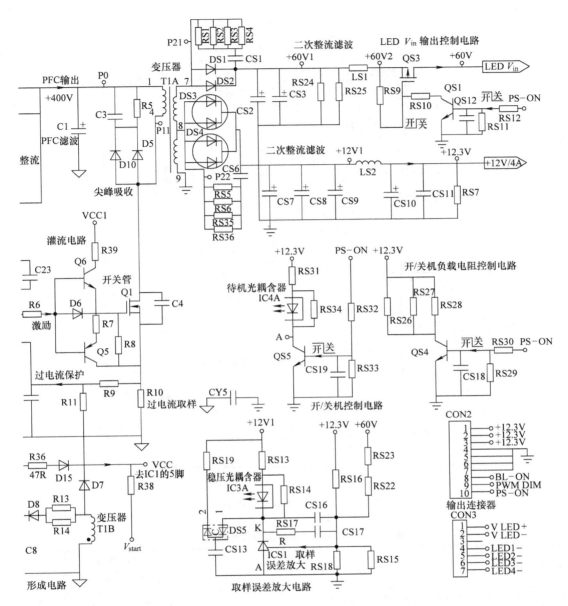

背光灯二合一板开关电源电路

（1）LD7591 简介

LD7591 是通嘉公司出品的一种 PWM 控制器，主要用于 PFC 电路，其内部电路框图如图 2-31 所示。它的内部有偏置与参考电压发生器、锯齿波发生器、前沿消隐电路、误差放大电路、驱动输出电路，适应 65～250W 电源，并具有过电压保护、欠电压保护、过电流保护功能，采用 SOP-8 或 DIP-8 两种封装形式。LD7591 引脚功能和维修数据见表 2-10。

（2）启动工作过程

AC220V 市电经 D1～D4 全桥整流、C12 滤波后，输出约 300V 的脉动电压，送往 PFC 电路，一路经 D12 向 PFC 滤波电容 C1 充电，形成 300V 电压，待机状态为主电源供电；一路经储能电感 L1 加到开关管 Q2 的 D 极。

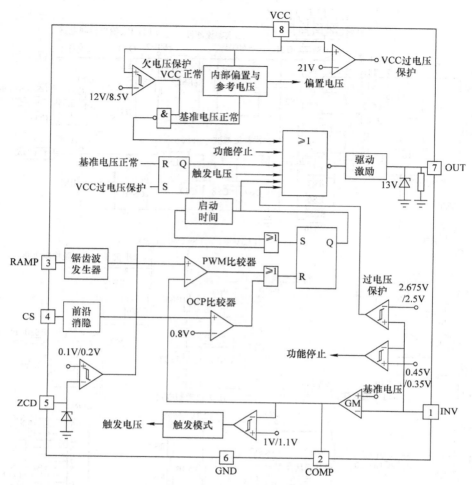

图 2-31　LD7591 内部电路框图

表 2-10　LD7591 引脚功能和维修数据

引脚	符号	功能	在路电阻/kΩ		电压/V
			红表笔测	黑表笔测	
1	INV	反馈输入，用于检测 PFC 误差电压	19.0	3.1	2.5
2	COMP	误差放大器补偿，外接双时间常数滤波器	170	3.1	1.4
3	RAMP	内接锯齿波发生器	∞	3.7	2.9
4	CS	过电流保护输入	0.3	0.3	0
5	ZCD	零电流检测输入	15.6	3.1	0.7
6	GND	接地	0	0	0
7	OUT	PWM 驱动脉冲输出	0.03	2.7	3.9
8	VCC	PFC-VCC 工作电压输入	∞	2.6	15.5

用遥控器开机后，开/关机控制电路输出 VCC2 电压，加到 IC2 的 8 脚时，其内部电路启动工作，并由 7 脚输出 PWM 脉冲，通过 R34、R35、D13 加到 Q2 的 G 极，使 Q2 导通。

由全桥整流输出的 300V 脉动电压通过 L1 的一次 1-2 绕组、开关管 Q2 的 D-S 极、R29 到地构成回路。在 Q2 导通期间，L1 储能，并在一次 1-2 绕组中产生感应电动势，其极性为左正右负，同时 D14 截止，C1 两端储存的电压为负载电路供电。

当 Q2 截止时，L1 的一次 1-2 绕组中产生的电动势极性反转，并与全桥整流输出的 300V 脉动电压叠加，经 D14 整流、C1 滤波后形成 +400V 的提升电压，为主电源电路供电。待 Q2 再次导通时，D14 又截止，此时由 C1 为负载继续供电。

（3）稳压控制电路

当 PFC 电路输出电压升高时，通过 R30 ~ R32 与 R27//R49 分压的取样电压也升高，通过 IC2 的 1 脚使内部误差放大器动作，并对 7 脚输出的 PWM 脉冲进行调整，使加到 Q2 的 G 极的脉冲占空比下降，从而使 Q2 的导通时间缩短，PFC 电路输出电压下降，起到稳压控制的作用。当 PFC 电路输出的电压下降时，上述过程相反，也起到稳压控制的作用。

（4）过电流保护电路

IC2 的 4 脚为过电流保护输入端。当 Q2 会严重过电流时，在其 S 极电阻 R29 两端形成的电压降升高，通过 R28 使 IC2 的 4 脚电压也升高，从而使 IC 内部的过电流保护电路动作，切断 7 脚输出信号，形成过电流保护。当 R29 阻值增大时，会引起过电流保护电路误动作，使电压表现为 300V。

3. 主电源电路

长虹 JCM40D-4MD120 电源 + 背光灯二合一板主电源电路如图 2-30 所示。该电路由振荡驱动电路 IC1（LD7535）、光耦合器 IC3、误差放大器 ICS1、MOSFET（开关管）Q1、开关变压器 T1 组成，产生 +60V、+12.3V 电压，为主板和背光灯板供电。

（1）LD7535 简介

LD7535 是通嘉公司出品的一款电流模式控制器，防静电能力强，具有极小的启动电流（小于 20μA），采用绿色模式控制。LD7535 内部电路框图如图 2-32 所示，内置斜坡补偿电路以及过电压、过载保护和欠电压锁定电路，具有 300mA 的输出驱动力，工作电压为 11 ~ 25V，采用 DIP-8 和 SOT-26 两种封装形式。LD7535 引脚功能和维修数据见表 2-11。

（2）启动工作过程

遥控开机后，PFC 电路启动工作，输出的 +400V 电压经变压器 T1 的一次 1-4 绕组为开关管 Q1 的 D 极供电；AC220V 市电经 R48、R47、R41 为 IC1 的 5 脚提供启动电压，IC1 内部电路启动工作，从 6 脚输出 PWM 信号，经灌流电路 Q5、Q6 加到 Q1 的 G 极。当 PWM 信号的平顶期前沿出现时，Q1 开始导通，并在变压器 T1 的一次 1-4 绕组中产生感应电动势，其极性为 1 脚正、4 脚负。当 PWM 信号的平顶期过后，Q1 转为截止，T1 的一次 1-4 绕组中的感应电动势极性反转，并通过二次绕组向负载泄放。当 PWM 信号的下一个平顶期到来时，Q1 又开始导通，此后随着 PWM 信号的不断变化，Q1、T1 便进入开关振荡状态，不断地为负载供电，其开关振荡频率主要由 IC1 内部时钟电路决定。

变压器 T1 热地端的 T1B 绕组感应电压，经 R13//R14 限流、D8 整流、C8 滤波产生 VCC1 电压，一是经 R36、D15 降压后为 IC1 的 5 脚提供启动后的工作电压；二是送到开/关机控制电路 Q10 的 c 极，控制后为 PFC 驱动电路供电。

（3）整流滤波电路

变压器 T1 二次侧冷地端的 7 脚感应电压，经二极管 DS1//DS2 整流、CS2、CS3、LS1 滤波后，产生 +60V 电压，为电源板上的 LED 背光灯升压输出电路供电。

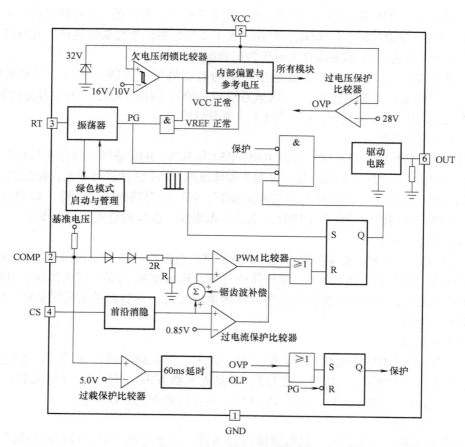

图 2-32　LD7535 内部电路框图

表 2-11　LD7535 引脚功能和维修数据

符号	SOT-6 封装引脚	DIP-8 封装引脚	功　能	在路电阻/kΩ		电压/V
				红表笔测	黑表笔测	
GND	1	8	接地	0	0	0
COMP	2	7	电压反馈输入	14.7	3.3	2.2
RT	3	5	振荡电路外接定时电阻	∞	3.2	4.5
CS	4	4	电流检测输入	1.0	1.0	01
VCC	5	2	工作电压输入	∞	2.7	15.5
OUT	6	1	驱动脉冲输出	13.5	2.8	2.0
NC	—	3、6	空脚			

变压器 T1 二次侧冷地端的 8 脚感应电压，经双二极管 DS3、DS4 整流、CS7 ~ CS11、LS2 组成的 π 式滤波电路滤波后，产生 + 12.3V 电压，为电源板上的 LED 背光灯启动电路和主板小信号处理电路供电。

（4）稳压控制电路

光耦合器 IC3、误差放大器 ICS1、取样电路 RS16、RS23、RS22 与分压电路 RS15、RS18 组成自动稳压控制电路，对主电源输出的 + 60V、+ 12.3V 电压进行分压取样，其中

IC3 的 4 脚接至 IC1 的 2 脚, 用于反馈控制。

当 +60V、 +12.3V 电压因某种原因上升时, ICS1 和 IC3 导通增强, 将 IC1 的 2 脚电位下拉, 从而使 IC 内部电路控制电源开关 Q1 的导通时间缩短, +60V、 +12.3V 输出电压下降, 起到自动稳压的作用。反之, 当 +60V、 +12.3V 电压下降时, 上述过程相反, 也起到自动稳压的作用。

（5）开关管过电流保护电路

该电路由 Q1 的 S 极电阻 R10 和 IC1 的 4 脚 CS 内部电路等组成。在正常状态下, 通过 R10 的电流不大于 2A, IC1 的 4 脚电压小于 0.7V, IC 内部的保护电部不动作。当 Q1 的导通电流大于 2A 时, R10 的两端电压降会超过 0.7V, 从而使 IC1 的 4 脚电压上升, 导致 IC 内部的过电流保护电路动作, IC2 的 6 脚无输出, Q1 处于截止状态, 因而起到保护作用。

（6）尖峰吸收保护电路

该电路由 C3、D5、R5、D10 组成, 主要用于吸收 Q1 截止时在 D 极激起的过高反峰脉冲, 以避免 Q1 被过高尖峰脉冲击穿。

（7）市电过低保护电路

该电路由 Q3 和 Q4 组成, 市电 ACL 经 R19、R18、R40、R21 降压, 再经 D9 整流、C11 滤波后, 为 Q3 提供偏置电压。当市电电压正常时, Q3 导通, Q4 截止, 对 IC1 的 2 脚电压不产生影响, 开关电源正常工作; 当市电电压过低时, Q3 截止, Q4 导通, 将 IC1 的 2 脚电压拉低, IC1 据此进入保护状态停止工作。

（8）输出过电压保护电路

该电路保护电压取自 T1 的辅助绕组 T1B。当输出电压过高或负载过重时, T1B 的感应电压升高, 该电压经 D7、R11 直接加到 IC1 的 4 脚电流检测输入端, 经内部电路比较判断, 进入保护状态, 关闭 6 脚激励脉冲。

4. 开/关机控制电路

开/关机控制电路如图 2-30 所示, 由三部分组成: 一是以 QS5、光耦合器 IC4、Q10 为核心组成的 VCC2 控制电路; 二是由 QS1、QS3 组成的 LED Vin 输出控制电路; 三是由 QS4 组成的负载控制电路。

（1）开机状态

开机时, PS-ON 控制信号为高电平, 一是使 VCC2 控制电路的 QS5、IC4、Q10 导通, 输出 +14.3V 的 VCC2 电压, 为 PFC 驱动电路供电, PFC 电路启动工作; 二是使 LED Vin 输出控制电路的 QS1、QS3 导通, 输出 +60V 的 LED Vin 电压, 为背光灯升压电路供电; 三是使 QS4 导通, 将负载电阻 RS26 ~ RS28 并入 +12.3V 输出电路, 稳定输出电压。

（2）待机状态

开机时, PS-ON 控制信号变为低电平, 一是使 VCC2 控制电路的 QS5、IC4、Q10 截止, 切断 PFC 驱动电路的 VCC2 供电, PFC 电路停止工作; 二是使 LED Vin 输出控制电路的 QS1、QS3 截止, 切断 LED Vin 电压; 三是使 QS4 截止, 负载电阻 RS26 ~ RS28 与 +12.3V 输出电路断开, 减小待机状态负载电流。

2.4.2　电源电路维修精讲

长虹 JCM40D-4MD120 电源 + 背光灯二合一板开关电源电路发生故障时, 主要引起开机三无故障, 可通过观察待机指示灯是否点亮, 测量关键点电压, 解除保护的方法进行维修。

本机二合一板在电路中大量使用贴片元器件，给检修带来一定的难度。因此检修时应多看图样和分析故障，做到有的放矢。电源在电路上设计有热地和冷地部分，检修热地时一定要注意，以防被电击，有条件的话最好使用 1∶1 隔离变压器检修电源板。

1. 三无、指示灯不亮

指示灯的供电由开关电源输出的 + 12.3V 经微处理器控制后提供，指示灯不亮，对于电源板来说，故障在开关电源电路。

（1）熔丝熔断

发生开机三无，待机指示灯不亮故障，先查熔丝 F1 是否熔断，如果熔丝熔断，说明电源电路存在严重短路故障，先查市电输入抗干扰电路电容、压敏电阻 VR1 和整流滤波电路 D1 ~ D4、C15 是否发生短路漏电故障，再查 PFC 电路开关管 Q2、主电源开关管 Q1 是否击穿。

如果主电源开关管 Q1 击穿，应注意检查开关管 Q1 的 D 极外接尖峰吸收电路元器件是否开路，稳压控制电路的光耦合器 IC3、误差放大器 ICS1 是否开路失效，造成主电源输出电压过高，击穿开关管 Q1。

（2）熔丝未断

如果测量熔丝 F1 未断，先检查电源供电电路。测量 PFC 电路大滤波电容 C1 待机时输出的 + 300V 电压是否正常，无 + 300V 电压，查市电输入电路和整流滤波电路；有 + 300V 电压，故障在开关电源电路。测量 IC1 的 5 脚有无启动电压，无启动电压，查 5 脚外部的启动电路 R48、R47、R41 是否开路；查 5 脚外部的 D8、C8、R30、D15 是否发生开路、短路故障。

有条件的测量 IC1 的 6 脚有无激励脉冲输出，有激励脉冲输出，测量灌流电路 Q5、Q6 和开关管 Q1。若上述检查正常，检查主电源二次整流滤波电路是否发生开路、短路故障。

还应注意测量 IC1 的 2 脚外接的市电过低保护电路是否启动，方法是测量 Q4 的 b 极电压，正常时为低电平，如果变为高电平 0.7V，则是该保护电路启动，如果 AC220V 市电电压正常，多为降压电阻 R19、R18、R40、R21 阻值变大或开路所致。

如果 IC1（LD7535）损坏，可用 OB2273、OB2263、CR6848、CR6850、CR6853、LD7536 替代，部分型号注意 3 脚电路的变化。

2. 三无、指示灯亮

指示灯亮，说明开关电源输出的 + 12.3V 电压基本正常，故障在 PFC 电路和开/关机控制电路。

（1）检查开/关机控制电路

二次开机后，测量 PS-ON 是否为高电平，如果为高电平，首先测量 PFC 电路提供的 400V 电压和 IC2 的 8 脚 VCC2 电压，如果无 VCC2 电压，一是查开关电源 C8 两端有无 VCC1 电压输出，无 VCC1 电压输出，检查 R13//R14、D8、C8 组成的 VCC 整流滤波电路；二是查开/关机控制电路 QS5、IC4、Q10 组成的 VCC2 控制电路。

遥控开机后测量开/关机 QS3 输出 LED Vin 电压是否正常，如果不正常，检查 QS1、QS3 组成的控制电路。

（2）检查 PFC 电路

如果 400V 供电仅为 300V，则是 PFC 电路未工作，检修 IC2 及其外部电路元器件组成的 PFC 电路。如果开关管 Q2 击穿，应注意检查 Q2 的 S 极电阻 R29 是否连带损坏。另外，PFC 滤波电容 C1 失效，也会造成 PFC 电路输出电压降低。

2.4.3　电源电路维修实例

[例 1]　长虹 3D55B5000I 彩电，电源指示灯不亮，不能开机。

分析与检修:通电测量主电源输出的 + 12.3V 电压为 0V，测量熔丝 F1 正常，测量开关管 Q2、Q1 的对地电阻正常，测量 PFC 电路输出的 400V 为 395V，在正常范围内。测量主电源 IC1 的 5 脚启动电压为 9V，低于正常值，检查 5 脚外部启动电路降压电阻未见异常，怀疑 IC1 内部损坏。用 LD7535 更换 IC1 后，故障排除。

[例 2]　长虹 3D55B5000I 彩电，开机后指示灯亮，无声无光。

分析与检修:指示灯亮，说明电源输出的待机 + 12.3V 电压正常。二次开机后，测量开/关机控制电路输出 60V 的 LED Vin 电压为 0V，检查该开/关机控制电路，发现 PS-ON 为高电平，但 QS1 的 c 极却为高电平，将 QS1 的 c 极对地短接，LED Vin 输出电压恢复正常，怀疑 QS1 损坏。更换 QS1 后，故障排除。

2.4.4　背光灯电路原理精讲

长虹 JCM40D-4MD120 电源 + 背光灯二合一板 LED 背光灯电路如图 2-33 所示，由驱动控制电路 PF7001S（IC3）和储能电感 LL1、升压 MOSFET（开关管）QL1、续流管 DL11、滤波电容 CL12 组成的升压电路和开关管 QL5 ~ QL8 组成的背光灯电流控制电路两部分组成。遥控开机后，主电路控制系统向电源板背光灯电路送去 BL-ON 开启电压和 PWM DIM 亮度控制电压，背光灯电路启动工作，将 60V 直流电压提升到 125V 左右，输出 + VLED 电压，为 4 路 LED 背光灯串供电。

1. 升压输出电路

（1）PF 7001S 简介

PF 7001S 是力林公司生产的 LED 背光灯驱动控制电路，有关介绍见本章 2.1.4 节相关内容，内部电路框图如图 2-7 所示，PF7001S 引脚功能和维修数据见表 2-12。

（2）启动工作过程

遥控开机后，开关电源输出的 + 60V 的 LED Vin 和 + 12.3V 电压为背光灯驱动电路供电，+ 60V 电压为升压输出电路供电，经储能电感 LL1 为升压 MOSFET（开关管）QL1 的 D 极供电；+ 12.3V 电压经点灯控制电路控制后输出 VDD 电压为 IC3 的 11 脚供电。

遥控开机后主板送来 BL-ON 点灯电压为高电平，开机控制 PS-ON 电压也为高电平，PS-ON 高电平使 PNP 型晶体管 QL9 截止，BL-ON 电压经 RL12、RL24 使 QL10 导通，将 PNP 型晶体管 QL11 的 b 极电压拉低而导通，+ 12.3V 电压经 RL45、QL11 输出 VDD 电压送到 IC3 的 11 脚；VDD 电压还经 RL5 与 RL25 分压，为 IC3 的 1 脚提供 3V 的点灯控制 EN 电压，亮度调整 PWM DIM 电压送到 IC3 的 2 脚，背光灯电路启动工作。IC3 从 10 脚输出激励脉冲，推动 QL1 工作于开关状态，QL1 导通时在 LL1 中储存能量，QL1 截止时，LL1 中储存电压与 60V 电压叠加，经续流管 DL11 向大滤波电容 CL12 充电，产生约 125V 的 + VLED 输出电压，经连接器 CON3 的 1、2 脚输出，将 4 路 LED 背光灯串点亮。

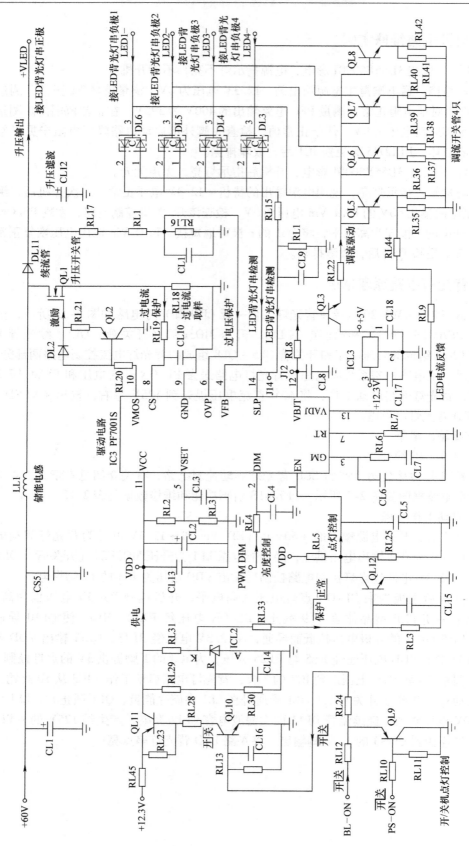

图 2-33 长虹 JCM40D-4MD120 电源 + 背光灯二合一板背光灯电路

表 2-12　PF7001S 引脚功能和维修数据

引脚	符　号	功　能	在路电阻/kΩ 红表笔测	在路电阻/kΩ 黑表笔测	电压/V
1	EN	使能控制，开关 LED 灯控制	2.2	2.2	3.1
2	PWM DIM	背光灯亮度调整输入	16	1.6	4.5
3	GM	环路补偿，外接电阻、电容电路	12.8	3.8	2.6
4	VFB	反馈电压，外接 LED 背光灯串负极电压检测电路	11.9	3.8	1.9
5	VSET	VFB 基准电压参考设置	∞	3.8	2.0
6	OVP	升压输出取样输入，内置过电压保护	7.8	3.7	1.6
7	RT	工作频率设定，外接定时电阻	14.4	3.7	0.6
8	CS	升压 MOSFET 电流检测输入	0.2	0.2	0.005
9	GND	IC 内部电路接地	0	0	0
10	VMOS	升压 MOSFET G 极激励脉冲输出	8.8	3.1	3.4
11	VCC	工作电压输入，需 9~27V 工作电压	4.7	2.9	12.0
12	VBJT	均流控制输出，接均流控制晶体管 b 极	6.1	3.3	3.7
13	VADJ	LED 输出电流设置，接均流控制晶体管 e 极	0.004	0.004	0.8
14	SLP	LED 背光灯短路检测输入，外接 LED 背光灯串负极电压检测电路	∞	3.4	0.4

（3）升压开关管过电流保护电路

升压开关管 QL1 的 S 极外接过电流取样电阻 RL18，开关管的电流流经过电流取样电阻时产生的电压降反映了开关管电流的大小，该取样电压经 RL19 反馈到 IC3 的 8 脚，当开关管 QL1 电流过大，输入到 IC3 的 8 脚电压过高，达到保护设计值时，IC3 内部保护电路启动，停止输出激励脉冲。

（4）输出电压过电压保护电路

升压输出电路 CL12 两端并联了 RL17、RL1 与 RL16 分压取样电路，对输出电压进行取样，反馈到 IC3 的 6 脚。当输出电压过高，达到保护设计值时，IC3 内部保护电路启动，停止输出激励脉冲。

（5）VDD 欠电压保护电路

该电路以误差放大器 ICL2 为核心组成，点灯控制电路 QL11 输出的 VDD 电压，经 RL29 与 RL30 分压后送到 ICL2 的 R 端，VDD 电压正常时 ICL2 导通，K 端输出低电平，QL12 截止，对 IC3 的 1 脚 EN 使能控制电压不产生影响，IC3 正常工作。当 QL11 输出的 VDD 电压过低时，ICL2 截止，K 端输出高电平，QL12 导通，将 IC3 的使能控制电压拉低，IC3 停止工作。

2. 均流控制电路

均流控制电路如图 2-33 右部所示，由驱动电路 IC3 和外部的 QL5~QL8 组成，LED 背光灯串负极电流经连接器 CON3 的 4~7 脚流出，分别为 LED1 - ~LED4 -，LED 灯串电流受均流控制电路的控制，达到调整屏幕亮度和均衡度的目的。

（1）均流控制过程

IC3 的 12 脚为 VBJT 均流控制输出端，接均流控制晶体管 QL5~QL8 的 b 极；13 脚为 VADJ LED 输出电流设置，接均流控制晶体管 QL5 的 e 极，组成 4 路 LED 控制电路，其导通程度受 IC3 的 12 脚和 13 脚控制，对 4 条 LED 背光灯串电流进行控制，确保各个灯串电流大小相等，背光灯串发光均匀稳定，达到调整屏幕亮度和均衡度的目的。

（2）LED 灯串开路、短路保护

4 条 LED 背光灯串负极的反馈电压 LED1 − ~LED4 − ，经过图 2-33 右侧双二极管DL3 ~ DL6 组成的检测电路，一是输出负极性的 VFB 检测电压送到 IC3 的 4 脚；二是输出正极性的 SLP 电压送到 IC3 的 14 脚。当 LED 背光灯串发生开路或短路故障，反馈到 IC3 的 4 脚或 14 脚电压达到保护设计值时，IC3 内部保护电路启动，背光灯电路停止工作。

2.4.5　背光灯电路维修精讲

长虹 JCM40D-4MD120 电源 + 背光灯二合一板 LED 背光灯电路发生故障时，一是背光灯板不工作，所有的 LED 背光灯串均不点亮，引起有伴音、无光栅故障；二是 4 条背光灯串中一个发生故障，引起相应的背光灯串不亮，产生显示屏局部不亮或亮度偏暗故障；三是保护电路启动，背光灯亮一下即灭。

1. 显示屏全部不亮

显示屏 LED 背光灯串全部不亮，主要检查供电、控制电路等共享电路，也不排除一个背光灯驱动电路发生短路击穿故障，造成共享的供电电路发生开路、熔丝熔断等故障。

显示屏始终不亮，伴音、遥控、面板按键控制均正常，黑屏幕。此故障主要是 LED 背光灯电路未工作，需检测以下几个工作条件：一是检测背光灯电路的 +60V 和 VDD 供电电压是否正常，+60V 电压不正常，检查 LED Vin 控制电路 QS1 和 QS3；VDD 供电电压不正常，检查 QL9 ~ QL11 组成的点灯控制电路。二是测量 IC3 的 1 脚点灯控制 EN 电压和 2 脚亮度调整 PWM DIM 电压是否正常，点灯控制 EN 电压不正常，检测 RL5 和 RL25 分压电路和 ICL2、QL12 组成的 VDD 过低保护电路是否启动。

点灯控制和亮度调整电压不正常时，可在 CON2 的 8、9 脚与 12.3V 供电之间接分压电阻进行分压，获取相应的点灯控制和亮度调整电压。

如果工作条件正常，背光灯电路仍不工作，则是背光灯驱动控制电路和升压输出电路发生故障。测量 IC3 的 10 脚是否有激励脉冲输出，无激励脉冲输出，则是 IC3 内部电路故障。

如果 IC3 的 10 脚有激励脉冲输出，升压输出电路仍不工作，则是升压输出电路发生故障，常见为储能电感 LL1 内部绕组短路、升压开关管 QL1 失效、续流管 DL11 击穿短路等。通过电阻测量法可快速判断故障所在。

2. 开机背光灯一闪即灭

此种情况可能是触发了过电压、过电流保护电路，请检查过电压、过电流保护电路参数是否正常。发生过电压保护故障时，一是测量输出电压是否过高；二是检查过电压取样电路元器件。

3. 显示屏亮度不均匀

如果显示屏的亮度不均匀，多为 4 个 LED 背光灯电路之一发生故障。如果只是局部不亮，一是 LED 背光灯串中的个别 LED 背光灯老化；二是整条 LED 背光灯串不亮，多为灯串中 LED 灯泡发生故障，或灯串电流反馈、均流控制电路发生故障。可通过测量背光灯串的输出连接器的 LED 背光灯串反馈引脚对地电阻、开机电压进行判断，由于各个灯串的 LED 背光灯个数相同、供电电压相同，正常时连接器的 LED 背光灯串反馈引脚对地电阻、开机电压应相同，如果测量后经过比对，哪个引脚对地电阻和电压不同，则是该引脚对应的

LED 背光灯串或连接器引脚发生故障、对应的 IC3 的 12 路背光灯串电流控制引脚内部均流控制电路故障。

2.4.6　背光灯电路维修实例

【例1】　长虹 3D55B5000I 彩电，开机有伴音，显示屏亮一下变为黑屏幕。

分析与检修：开机时电视机屏幕能亮，说明电视机控制电路等基本正常，故障可能是电源自身保护、主板控制信号异常或屏 LED 背光灯串不良引起保护电路启动。为了判断故障范围，测试 BL-ON 电压和 PWM-DIM 亮度调整电压为 4.5V 正常开机高电平，说明主板输出的控制信号正常，故障应该在电源板或 LED 背光灯串上。

将电源板背光灯输出连接器的 LED 背光灯串插头拔下，接 LED 专用工装替代原 LED 背光灯串，通电试机，还是保护，判断与控制系统和 LED 背光灯串无关。在二次开机的瞬间，测量 IC3 的 14 脚和 6 脚电压，发现 6 脚为 2.2V，比正常值 1.6V 高；开机瞬间测量升压输出电压为 150V，比正常时的 125V 左右高 25V，测量 IC3 的 4 脚电压为 2V 左右基本正常，检查 IC3 外部电路未见异常，怀疑 IC3 内部损坏。更换 IC3 后，故障排除。

【例2】　长虹 3D55B5000I 彩电，开机指示灯亮，黑屏幕。

分析与检修：开机时测量点灯 BL-ON 电压和 PWM DIM 调光电压为 4.6V 正常，将电源板拆下，接到 LED 专用工装上，通电后 LED 工装指示灯不亮，判断故障在电源板背光灯驱动电路。二次开机测量 VLED 输出电压为 70V 左右，与输入的供电 60V 电压相差无几。测量 12V 供电已经送到 IC3 的 11 脚，测量 1 脚电压正常，测量 2 脚电压为 4V 正常，检查 IC3 的外部电路，发现升压开关管 QL1（ME20N20）损坏，S 极取样电阻 RL18（0.1Ω）烧焦开路，更换 QL1 和 RL18 后，工装试机故障依旧。开机瞬间测量 IC3 的 10 脚电压为 0V，不正常，检查 10 脚外部元器件，发现 QL2 不良。更换 QL2 后，故障彻底排除。

第 3 章

康佳 LED 液晶彩电电源 + 背光灯
二合一板维修精讲

3.1 康佳 KIP + L140E06C2-02 电源 + 背光灯二合一板维修精讲

　　康佳 LED 液晶彩电采用的 KIP + L140E06C2-02 电源板，编号先后为 34007562、34007620，版本号为 35015321，是将开关电源和 LED 背光灯电路合二为一的电源板，其中开关电源电路采用 FAN7530 + FSGM300 + FSFR1700 + LM324 组合方案，输出 + 5.1VSB/4A、+ 110V/0.7A、+ 12V/4.5A 电压；LED 背光灯电路采用 BALANCE6P（OZ9906），对 6 路 LED 背光灯串进行均流和调光控制。该二合一板应用于康佳 LED42MS92D、LED42MS11DC、LED4211DCMZ3、LED42IS97N、LED42MS05DC、LED42C3200N 等 LED 液晶彩电中。

　　康佳 KIP + L140E06C2-02 电源 + 背光灯二合一板实物图解如图 3-1 所示，电路组成框图如图 3-2 所示。该二合一板由开关电源电路和 LED 背光灯电路两大部分组成。

　　其中开关电源部分由三个单元电路组成：一是以集成电路 FAN7530（UF901）为核心组成的 PFC 电路，将整流滤波后的市电校正后提升到 380V 为主、副电源供电；二是以集成电路 FSGM300（UB901）为核心组成的副电源，产生 + 5.1VSB 和 VCCP 电压，+ 5.1VSB 电压为主板控制系统供电，VCCP 电压经开/关机控制电路控制后，为 PFC 驱动电路 UF901 和主电源驱动电路 UW902 供电；三是以集成电路 FSFR1700（UW902）为核心组成的主电源，产生 + 100V、+ 12V 电压，为主板和背光灯板供电。

3.1.1 电源电路原理精讲

1. 抗干扰和市电整流滤波电路

　　康佳 KIP + L140E06C2-02 电源 + 背光灯二合一板抗干扰和市电整流滤波电路如图 3-3 上部所示。

　　AC220V 市电经熔丝 F901 和 CX901、CY901 ~ CY904、L901 ~ L903、CX903 组成的三级低通滤波网络，滤除市电中的高频干扰信号后，经 BD901 全桥整流、CF902、LF901、CF903 滤波后，由于 CF902、CF903 的容量较小，输出 100Hz 约 300V 的脉动 VAC 电压，送往 PFC 电路。电路中 Z901 为压敏电阻，市电过高时击穿，烧断熔丝 F901，断电保护。

2. PFC 电路

　　康佳 KIP + L140E06C2-02 电源 + 背光灯二合一板 PFC 电路如图 3-3 上部所示。其中背光灯电路：由两部分组成，一是以集成电路BALANCE6P(N7101)为核心组成的驱动控制电路；二是以储能电感L7101～L7106，MOS开关管Q7101～Q7106、续流管D7101～D7106、输出电容C7111～C7116组成的降压型均流电路。遥控开机后，电源板输出的+110V电压一是直接为LED背光灯串正极供电；二是为降压型均流控制电路供电。+12V电压经Q7001、U7001控制后输出VDD电压从N7001的9脚供电。主板输出的点灯控制BKLT～EN电压和亮度调整PWM/ADIM电压分别送到N701的2脚和27脚，背光灯电路启动工作，N7001从6～8、11～13脚输出DRV11～DRV16均流控制激励脉冲电压，推动流控MOS开关管Q7101～Q7106工作于开关状态，与储能电感和续流管、输出电容配合，控制6条LED背光灯负极回路CH11～CH16，对LED背光灯串回路电流进行控制；Q7101～Q7106的S极电流取样电压，反馈到N7101的15～20脚，对LED背光灯串电流进行监控，依次调整DRV11～DRV16均流控制激励脉肿电压，达到调整6条背光灯亮度平衡的目的

N7101和小型阻容、开关管等贴片元器件安装于电路板下面　　点灯调光连接器　　LED背光灯串连接器

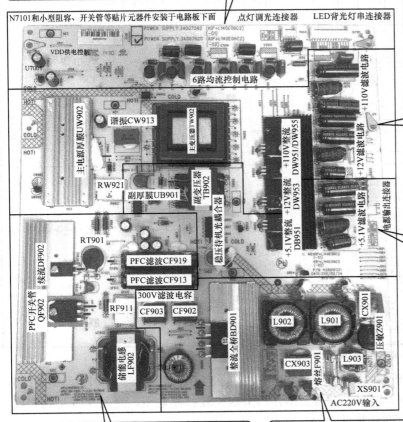

主电源电路：以内含振荡驱动和半桥式输出电路MOS开关管的厚膜电路FSFR1700 (UW902)、变压器TW902、稳压电路误差放大器U952、光耦合器U903为核心组成。遥控开机后，PPC电路输出的+380V电压为UW952的脚内部半桥式输出电路MOS开关管供电，同时开/关电压控制后输出VCC1电压经QW901～QW903控制电路控制后输出VCC2电压，为UW902的7脚内部振荡驱动电路提供工作电压，主电源启动工作，IC内部驱动电路产生激励脉冲，推动内部半桥式输出电路MOS开关管轮流导通和截止，产生的脉冲电流在TW902中产生感应电压，二次感应电压经整流滤波后输出+110V和+12V电压，为主电路板和背光灯板供电

副电源电路：以厚膜电路FSGM300 (UB901)、变压器TB902、稳压电路UB952、光耦合器UB951为核心组成。通电后PFC电路CF913、CF919两端待机状态300V电压为副电源供电，经变压器TB902为UB901的6～8脚内部MOS开关管供电，AC220V市电整流滤波后输出的VAC电压经RB906、RB907降压后为UB901的5脚提供启动电压，副电源启动工作，UB901内部开关管电流在TB902中产生感应电压，二次感应电压经整流滤波后输出+5.1Vsb，为整机控制系统电路供电，一次辅助绕组感应电压经整流滤波、稳压后输出VCCP电压，为待机时控制后，开机时为PFC和主电源驱动电路供电

图 3-1　康佳 KIP＋L140E06C2-02 电源＋背光灯二合一板实物图解

PFC电路：以驱动电路FAN7530(UF901)和大功率MOS开关管QF902、储能电感LF902为核心组成。二次开机后，开/关机控制电路为UF901提供VCC1供电，该电路启动工作，UF901从7脚输出激励脉冲，推动QF902工作于开关状态，与LF902和PFC整流滤波电路DF902、CF913、CF919配合，将供电电压和电流校正为同相位，提高功率因数，减少污染，并将供电电压PFC提升到380V，为主、副电源输出电路MOS开关管供电

抗干扰和市电整流滤波电路：利用电感线圈L901～L903和电容CX901、CX903、CY901～CY904组成的共模、差模滤波电路，一是滤除市市电网干扰信号；二是防止开关电源产生的干扰信号窜入电网。滤除干扰脉冲后的市电通过全桥BD901整流、电容CF902、LF901、CF903滤波后，因滤波电容容量小，产生100Hz脉动300V电压，送到PFC电路。Z901为压敏电阻，市电电压过高时高动300V电压，击断熔丝F901断电保护；R901～R906为泄放电阻，关机时将CX901、CX903两端电荷泄掉

PFC 控制器 UF901 采用 FAN7530，与大功率场效应晶体管 QF902 和储能电感 LF902 等外部元器件，组成并联型 PFC 电路，将220V 交流电压升为 +380V 直流电，同时提高功率因数，抑制谐波电流，使整流桥后大的滤波电解电压将不再随着输入电压的变化而变化，而是一个恒定值，为主、副电源厚膜电路供电。

(1)　FAN7530 简介

FAN7530 有关简介见 2.3.1 节 PFC 电路部分相关内容。FAN7530 引脚功能和维修数据见表 3-1。

(2)　启动校正过程

AC220V 市电经整流滤波后产生的 100Hz 脉动电压，经储能电感 LF902 送到 PFC 电路开

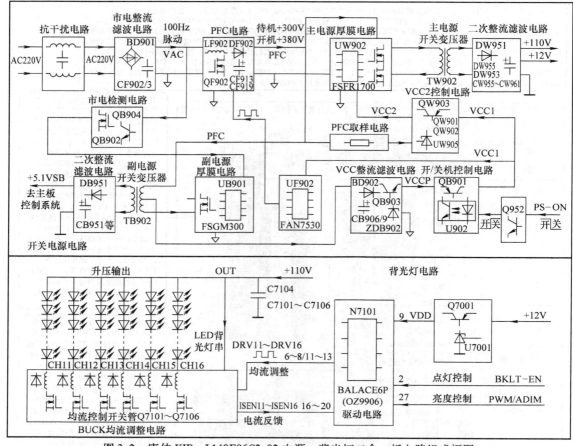

图 3-2　　康佳 KIP＋L140E06C2-02 电源＋背光灯二合一板电路组成框图

关管 QF902 的 D 极。二次开机后，待机控制电路送来的 VCC1 电压，经 RF910 加到 UF901 的 8 脚，为其提供工作电压，UF901 启动工作，产生锯齿波脉冲电压，经内部电路处理后，从 7 脚输出激励脉冲，经 DF903 推动 QF902 工作于开关状态。

当 QF902 饱和导通时，市电电压由整流后的 300V 电压经电感 LF902、QF902 的 D-S 极到地，形成回路；当 QF902 截止时，300V 电压经电感 LF902、DF902、CF913、CF919 到地，对 CF913、CF919 充电，同时，流过 LF902 电流呈减小趋势，电感两端必然产生左负、右正的感应电压。这一感应电压与 100Hz 脉动电压的直流分量叠加，在滤波电容 CF913、CF919 正端形成＋380V 左右的 PFC 直流电压，不但提高了电源利用电网的效率，而且使得流过 LF902 的电流波形和输入电压的波形趋于一致，从而达到提高功率因数的目的。

（3）稳压过程

PFC 电路输出电压的变化经 RF908、RF915、RF917、RF918 与 RF923、RF924 分压后作为取样电压由 UF901 的 1 脚输入。LF902 的二次感应电压经 RF927 送到 UF901 的 2 脚，作为误差信号；经 RF926 送到 UF901 的 5 脚，作为过零检测信号。上述取样和检测电压经内部比较放大后，进行对比与运算，确定输出端 7 脚的脉冲占空比，维持输出电压的稳定。在一定的输出功率下，当输入电压降低时，UF901 的 7 脚输出的脉冲占空比变大，开关管 QF902 的导通时间延长，输出电压升高到正常值；当输入电压升高时，UF901 的 7 脚输出的脉冲占空比变小，开关管 QF902 的导通时间缩短，输出电压降低到正常值。

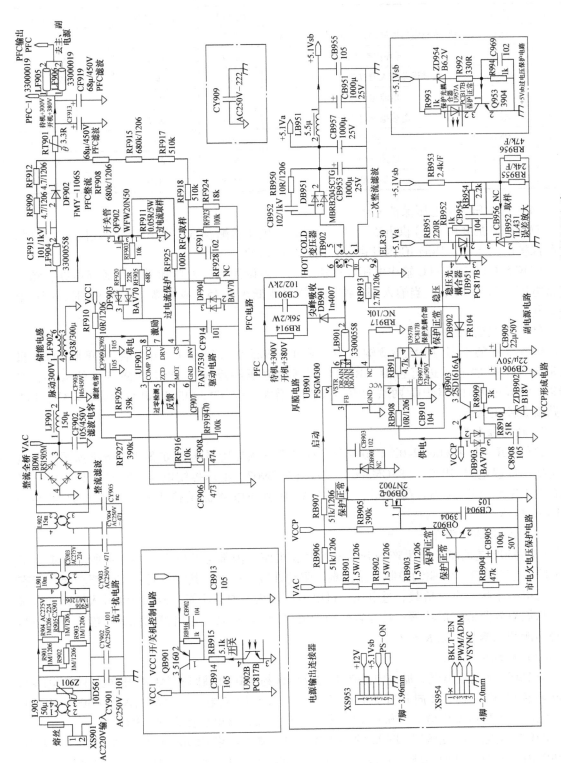

图 3-3 康佳 KIP + L140E06C2-02 电源 + 背光灯二合一板 PFC 和副电源电路

表 3-1　FAN7530 引脚功能和维修数据

引脚	符号	功能	电压/V	正向电阻/kΩ	反向电阻/kΩ
1	INV	PFC 输出电压取样输入，输出过电压保护	2.5	15.6	15.0
2	MOT	开环占空比设置	2.9	58.0	58.2
3	COMP	内部误差放大器输出，相位补偿	1.8	∞	1820
4	CS	电流检测输入	0	0.1	0.1
5	ZCD	电感电流过零检测	3.5	20.2	19.9
6	GND	接地	0	0	0
7	DRV	激励脉冲输出	5.2	8.6	8.5
8	VCC	供电输入	16.8	1100	960

（4）过电压、欠电压保护电路

FAN7530 的 8 脚 VCC 供电输入端，内部设有电压检测电路，当该脚电压过低或过高时，内部保护电路启动，切断 IC 内部供电，达到保护目的。

FAN7530 的 1 脚 PFC 输出电压取样输入端，内设误差放大器和采样点关断电路，该脚正常电压在 2.5V 左右。当输入到 1 脚的取样电压低于 0.45V 或者高于 2.675V 时，PFC 电路关断。

（5）过电流保护电路

FAN7530 的 4 脚为电流检测输入端，通过 RF925 对 MOSFET（开关管）QF902 的 D 极电阻 RF911 两端电压进行检测。RF911 两端的电压降反映了 PFC 电路电流的大小，当 QF902 电流过大时，RF911 两端的电压降随之增大，FAN7530 的 4 脚电压超过 0.8V，PFC 电路就会停止输出。

3. 副电源电路

康佳 KIP＋L140E06C2-02 电源＋背光灯二合一板副电源电路如图 3-3 下部所示。该电路主要由厚膜电路 UB901（FSGM300）、变压器 TB902、稳压控制电路 UB952（TL431）、光耦合器 UB951（PC817B）等组成，为整机控制系统电路提供待机和正常工作所需要的 5.1VSB 电压。

（1）FSGM300 简介

FSGM300 是仙童公司生产的开关电源厚膜电路，内部电路框图如图 3-4 所示，集成了 MOSFET（开关管）和驱动控制电路，直接驱动外接变压器。其特点是：带抖频功能，能有效降低电磁干扰；有过负载、过电压、过电流、过热保护等功能；轻载自动进入间歇工作状态，从而有效降低待机功率；具有软启动功能（15ms）；具有重启模式保护功能。FSGM300 引脚功能和维修数据见表 3-2。

（2）启动供电过程

AC220V 市电经整流、滤波电路产生的 100Hz 约 300V 的脉动 VAC 电压再经 PFC 电路的储能电感 LF902、DF902 向 PFC 滤波电容 CF913、CF919 充电，产生待机状态＋300V 的 PFC 直流电压，为副电源供电。开机后 PFC 电路启动工作，该电压提升到＋380V。

PFC 输出电压经变压器 TB902 的 6-7 绕组加到厚膜电路 UB901 的 6～8 脚，进入集成块 UB901 内部电路后分为两路，一路加到内部 MOSFET（开关管）的 D 极；市电整流滤波后产生的 VAC 电压经 RB906、RB907 为 UB901 的 5 脚提供启动电压，内部的准谐振电路启

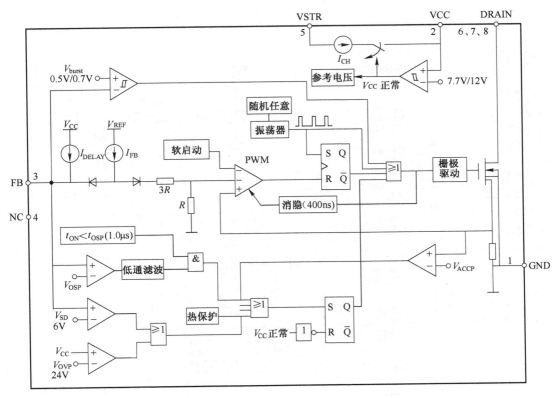

图 3-4　FSGM300 内部电路框图

表 3-2　FSGM300 引脚功能和维修数据

引脚	符号	功能	电压/V	正向电阻/kΩ	反向电阻/kΩ
1	GND	芯片内部控制地	0	0	0
2	VCC	供电输入	15.8	595	275
3	FB	反馈稳压输入	0.6	∞	13670
4	NC	空脚	0	∞	∞
5	VSTR	启动电压输入	194	2276	990
6～8	DRAIN	内部 MOSFET 的 D 极	392	∞	236

动进入振荡状态，产生振荡脉冲信号，内部 MOSFET 工作于开关状态，其脉冲电流在 TB902 中产生感应电压。

其中 TB902 的 9-10 绕组产生的感应电压经 RB913 限流、DB902 整流、CB909、CB906 滤波、QB903、ZDB902 稳压后，产生 VCCP 电压，VCCP 电压分为两路：一路经 RB908 加到 UB901 的 2 脚形成二次供电，UB901 内部得到一个稳定的供电后，持续进行振荡；另一路送到开/关机 VCC1 控制电路 QB901 的 c 极。

TB902 的二次侧冷地端 1-4 绕组产生的感应电压，通过 DB951 整流及 CB953、CB957、LB951、CB951 滤波得到 5.1VSB 电压，为主板控制系统供电。

TB902 的一次 6-7 绕组并联的 DB901、CB901、RB914 组成尖峰脉冲吸收回路，当 UB901 内部开关管截止时，将变压器一次绕组产生的反峰电压吸收泄放掉，保护 UB901 内部的 MOSFET 不被反峰电压击穿。

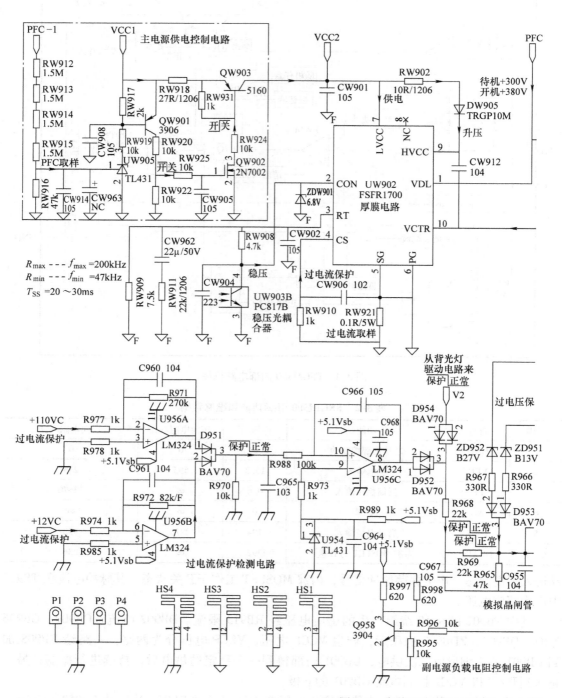

$R_{max}---f_{max}=200kHz$
$R_{min}---f_{min}=47kHz$
$T_{SS}=20\sim30ms$

图 3-5　康佳 KIP + L140E06C2-02 电源

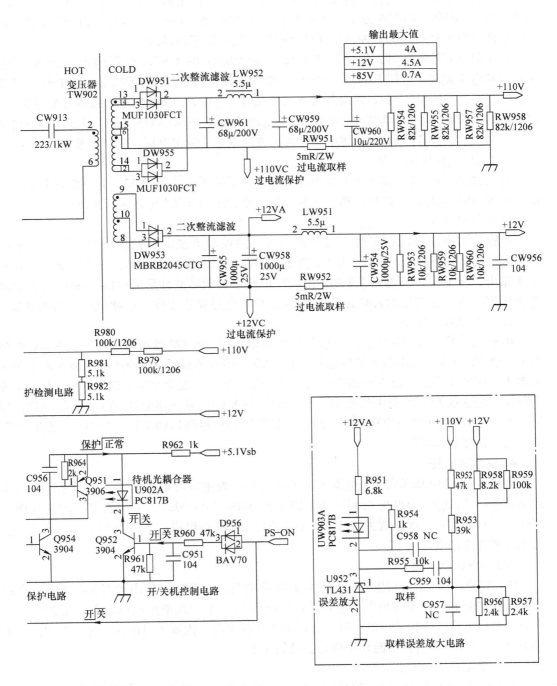

+背光灯二合一板主电源电路

（3）稳压控制电路

稳压控制电路由三端精密稳压器 UB952（TL431）和光耦合器 UB951（PC817B）组成，经 RB953、RB955、RB956 分压，从开关电源输出端 +5.1Vsb 分压取样，对开关电源一次侧 UB901 的 3 脚内部电路的脉冲占空比进行调整，达到稳压的目的。

当 +5V 电压升高时，经电阻 RB951 加到 UB951 的 1 脚的电压同样也升高。同时，+5.1Vsb 电压经取样电阻 RB953、RB955、RB956 分压加到 UB952 的 1 脚，UB952 的 3 端电压下降，流过 UB951 的 1-2 脚内部发光二极管电流变大，UB951 内部晶体管的导通增强，UB901 的 3 脚电压下降，UB901 内部的控制电路控制 MOSFET 提前截止，输出电压下降到正常值。当 +5V 电压降低时，上述电路向相反方向变化，输出电压上升到正常值。

（4）开/关机控制电路

开/关机控制电路如图 3-3 左侧中部和图 3-5 下部所示，由 Q952、光耦合器 U902、PNP 型晶体管 QB901 组成，对 PFC 和主电源驱动电路所需的 VCC1 电压进行控制。

（1）待机状态

电视机工作在待机状态时，信号处理板上的控制系统电路输出的开/待机（PS-ON）控制电压为低电平 0V，Q952、U902 截止，QB901 的 b 极为高电平，QB901 截止，c 极无电压输出，主电源驱动电路 UW902 和 PFC 电路中的激励脉冲形成电路 UF901 因无启动供电电压不工作，无激励脉冲输出，主电源和 PFC 电路停止工作，电视机处于待机状态。

（2）开机收看状态

用遥控器或本机键开机后，信号处理电路输出的开/待机控制电压由低电平 0V 变为高电平，Q952、U902 均由截止转为饱和导通，U902 饱和导通后，QB901 的 b 极由高电平变为低电平，QB901 导通，将副电源产生的 VCCP 电压输出，变为 VCC1 电压。VCC1 电压分为两路：一路送往 PFC 电路中的驱动电路 UF901 的 8 脚；另一路输往 VCC2 控制电路，控制后送入主电源驱动电路 UW902 的 7 脚，主电源和 PFC 电路启动工作，为主板等负载电路供电，进入工作收看状态。

4. 主电源电路

康佳 KIP + L140E06C2-02 电源 + 背光灯二合一板主电源电路如图 3-5 所示，以内含振荡驱动和半桥式输出电路的新型厚膜电路 FSFR1700（UW902）、变压器 TW902、光耦合器 UW903（PC817B）、误差放大器 U952（TL431）为核心组成，产生 + 110V、+ 12V 电压，为主板和背光灯电路供电。

（1）FSFR1700 简介

FSFR1700 是仙童公司生产的开关电源厚膜电路，内部电路框图如图 3-6 所示，集成了振荡驱动控制电路和 MOSFET（开关管）组成的 LLC 半桥式谐振控制电路，通过对频率的控制达到稳定输出电压的目的，可以方便地调节软启动，内置了过电压、过电流、过热保护等功能。FSFR1700 引脚功能和维修数据见表 3-3。

（2）启动供电过程

主电源 UW902 的前置振荡驱动电路由 VCC2 控制电路供电，送到 UW902 的 7 脚，如图 3-5 左上角所示；末级半桥式输出电路由 PFC 电路输出的 +380V 供电，送到 UW902 的 1 脚。二次开机后，PFC 电路启动工作，输出 +380V 的 PFC 电压经 RW912 ~ RW916 分压取

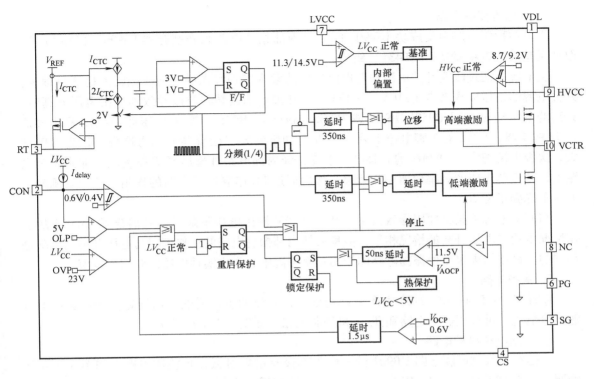

图 3-6　FSFR1700 内部电路框图

表 3-3　FSFR1700 引脚功能和维修数据

引脚	符号	功能	电压/V	正向电阻/kΩ	反向电阻/kΩ
1	VDL	高端门极驱动 D 极供电	395	1540	354.3
2	CON	使能及异常保护	0.45	11.4	11.4
3	RT	内置开关频率及反馈电压控制	1.4	7.5	7.5
4	CS	过电流检测输入	0	1.0	1.0
5	SG	内部信号公共地	0	0	0
6	PG	内部电源公共地	0	0	0
7	LVCC	供电电源输入	15.2	2170	1390
8	NC	空脚	0	—	—
9	HVCC	内置上桥 MOSFET 驱动供电	195	13280	5900
10	VCTR	高端门极驱动浮地	395	10420	5840

样，送到误差放大器 UW905（TL431）的 1 脚，3 脚输出低电平，使 QW901、QW902 导通，迫使 QW903 导通，将 VCC1 电压输出，变为 VCC2 电压，送到 UW902 的 7 脚，主电源启动工作。UW902 内部振荡电路进入振荡状态产生振荡脉冲信号，经集成块内部相关电路处理后，形成相位完全相反（相位差 180°）的两组激励脉冲信号分别驱动内部半桥式输出电路的两个 MOSFET（开关管）进入开关工作状态，在 D 极和 S 极之间形成变化电流。该变化电流流过开关变压器 TW902 的 2-6 绕组，在 TW902 中产生感应电压，经整流滤波后产生 +110V、+12V 电压，为主板和背光灯电路供电。

（3）稳压控制电路

主电源稳压电路由集成块 UW902 的 2 脚内部相关电路和光耦合器 UW903（PC817B）、取样误差放大电路 U952（TL431）组成。

主电源是通过改变开关电源振荡电路的振荡频率实现稳压的。稳压电路的稳压过程为：开关电源的稳压取样来自 +110V、+12V，当开关电源因某种原因导致其输出电压升高时，升高的电压经由电阻 R958、R959 或 R952、R953 与 R956、R957 分压后加到误差放大器 U952 的 1 脚，U952 的 3 脚电位下降，UW903 初级发光二极管导通能力增强，发光强度增大，次级电流增大。UW902 的 2 脚电位下降，经内部电路处理后形成控制电压加到振荡电路上，使振荡电路的频率偏离中心频率，然后通过 LC 串联谐振电路的作用使开关电源输出电压下降到正常值。

当开关电源因某种原因导致其 +110V、+12V 输出电压下降时，光耦合器 UW903 的工作情况虽然与电压升高的情况相反，但集成块内部振荡电路的工作情况与电压升高的情况是相同的。最终结果也是使振荡电路的振荡频率偏离中心频率实现电压回归到正常值。

5. 保护电路

康佳 KIP + L140E06C2-02 电源 + 背光灯二合一板的主、副电源均设有保护电路：主电源的过电流、过电压保护电路和开/关机控制电路，如图 3-5 下部所示。

（1）副电源保护电路

一是在一次侧厚膜电路 UB901 的 3 脚外部设有市电过低保护检测电路，如图 3-3 左下侧所示，由 QB902、QB904 组成，对市电整流滤波后产生的 VAC 电压进行检测，对 UB901 的 3 脚电压进行控制。VAC 电压经 RB901 ~ RB904 分压后送到 QB902 的 b 极。当市电电压正常时，QB902 导通，QB904 截止，对 UB901 的 3 脚电压不产生影响；当市电电压过低时，QB902 由导通变为截止，QB904 导通，将 UB901 的 3 脚电压拉低，UB901 停止工作。

二是在副电源二次侧设有以 ZD954、Q953、U957 为核心的过电压保护电路，如图 3-3 右下侧所示。副电源输出电压过高时，将 6.2V 稳压管 ZD954 击穿，Q953 导通，光耦合器 U957 导通，其光敏晶管导通，向 UB901 的 3 脚注入高电平，UB901 停止工作。

（2）主电源保护电路

在开关电源二次侧设有以模拟晶闸管 Q951、Q954 为核心的过电压、过电流保护电路，如图 3-5 下部所示。Q954 的 b 极外接过电压、过电流保护电路，发生过电流、过电压故障时，检测电路向 Q954 的 b 极注入高电平，Q954、Q951 导通，将开/关机控制电路光耦合器 U902 的 1 脚电压拉低，U902 截止，切断 UF901 和 UW902 驱动电路的 VCC 供电，PFC 电路和主电源停止工作。具体保护电路如下：

一是主电源 24V 和 12V 过电流保护电路：由运算放大器 U956（LM324）的 A/B 两个放大器组成，发生过电流故障时，运算放大器 U956 的 1 脚或 7 脚电压翻转输出高电平，通过隔离二极管 D951 向 U956C 的 10 脚注入高电平，经 U956C 放大后，从 8 脚输出高电平，经 D952 向模拟晶闸管送去高电平保护电压，保护电路启动，开/关机控制电路进入待机保护状态。

二是主电源 24V 和 12V 过电压保护电路：以稳压管 ZD951、ZD952 为核心组成。发生过电压故障时，击穿稳压管 ZD951、ZD952，通过隔离二极管 D953 向模拟晶闸管送去高电平保护电压，保护电路启动，开/关机控制电路进入待机保护状态。

三是背光灯故障检测保护电路：背光灯电路设有故障检测电路，发生故障时输出高电平

V2 检测电压，经隔离二极管 D954 向模拟晶闸管送去高电平保护电压，保护电路启动，开/关机控制电路进入待机保护状态。

过电流保护电路 U956 采用的集成电路 LM324 的引脚功能见表 3-4。

表 3-4　LM324 引脚功能

引脚	符号	功能	应用功能
1	OUTA	信号输出 A	24V 过电流检测输出
2	- INA	反相信号输入 A	24V 过电流检测输入
3	+ INA	正相信号输入 A	24V 过电流检测基准电压
4	VCC	供电输入	VCCS 供电输入
5	+ INB	正相信号输入 B	12V 过电流检测基准电压
6	- INB	反相信号输入 B	12V 过电流检测输入
7	OUTB	信号输出 B	12V 过电流检测输出
8	OUTC	信号输出 C	24V 和 12V 过电流检测输出
9	- INC	反相信号输入 C	24V 和 12V 过电流检测基准电压
10	+ INC	正相信号输入 C	24V 和 12V 过电流检测输入
11	VEE	接地	接地
12	+ IND	空脚，未用	
13	- IND	空脚，未用	
14	OUTD	空脚，未用	

3.1.2　电源电路维修精讲

康佳 KIP + L140E06C2-02 电源 + 背光灯二合一板的开关电源电路发生故障时，主要引起开机三无故障、自动关机故障等，可通过观察待机指示灯是否点亮，测量关键点电压，解除保护的方法进行维修。

1. 待机指示灯不亮

（1）检查熔丝是否熔断

发生三无故障，指示灯不亮，首先检查熔丝是否熔断，如果熔断，首先排除抗干扰电路、市电整流滤波电路、主副电源和 PFC 电路开关管击穿短路故障。

（2）检查副电源 300V 供电

如果熔丝未断，测量大滤波电容 CF913、CF919 两端输出的 PFC 电压，该电压待机状态为 + 300V，开机状态为 + 380V。如果该电压为 0V，则是抗干扰电路和整流滤波电路发生开路故障；如果开机后仅为 + 300V，则是 PFC 电路未启动或发生故障。

（3）检查副电源启动、保护电路

待机状态 CF913、CF919 两端输出的 + 300V 电压正常，而副电源无 + 5.1Vsb 电压输出，故障在副电源电路。首先检查 UB901 的 5 脚启动电压，5 脚无启动电压，检查 5 脚外部的启动电路 RB906、RB907 是否开路；5 脚启动电压正常，测量 UB901 的 3 脚 FB 电压，如果该脚电压过低，多为 3 脚外部的市电过低保护电路启动，如果此时测量市电电压正常，常见为取样电阻阻值变大所致。再查 UB901 的外部电路。如果 UB901 内部开关管击穿，注意检查 6-8 脚外部的尖峰吸收电路是否开路。

检查厚膜电路 UB901 的 2 脚供电是否正常，如果低于正常值，则检测 2 脚外部的 VCCP 产生电路 DB902、CB906、CB909、QB903、ZDB902、CB908 是否发生故障。

另外，二级整流滤波电路二极管和滤波电容发生严重短路故障，也会引起副电源过电流保护，造成副电源无法启动。副电源过电压保护电路启动也会造成副电源不工作，常见为过电压保护稳压管 ZD954 漏电，造成 Q953、U957 误动作。

2. 待机指示灯亮

（1）检查 VCC1 供电电路

发生三无故障，指示灯亮，多为主电源故障。先确定是否进入二次开机状态，检查 QB901 的 c 极或 UF901 的 8 脚是否有 VCC1 供电，无 VCC1 供电，故障在开/关机控制电路。检查以 Q952、U902、QB901 为核心的 VCC1 控制电路。同时注意模拟晶闸管保护电路是否启动。

如果 VCC1 供电正常，PFC 电路输出电压仅为 300V，则是 PFC 电路未工作，检查以 UF901 为核心的 PFC 电路。

（2）检查 VCC2 供电电路

测量厚膜电路 UW902 的 7 脚 VCC2 供电是否正常，该电源电路 PFC 电路输出电压控制主电源驱动电路 UW902 的 VCC2 供电，PFC 电路发生故障，主电源也停止工作。先检查 PFC 电路输出的 380V 电压是否正常，如果 PFC 电路发生故障，输出电压过低，会造成 VCC2 控制电路 QW903 截止，厚膜电路 UW902 的 7 脚无 VCC2 供电而停止工作，所以必须先排除 PFC 电路故障。

（3）检查 UW902 及其外部电路

如果 UW902 的 1 脚 380V 供电电压和 7 脚 VCC2 供电电压正常，主电源仍无电压输出，检查厚膜电路 UW902 及其外部电路、变压器 TW902 及其二次整流滤波电路是否发生短路击穿故障。

3. 自动关机

康佳 KIP+L140E06C2-02 电源+背光灯二合一板电源电路设有完善的保护电路，当开关电源发生过电压、过电流故障时，多会引起保护电路启动，发生自动关机故障。维修时，可采取测量关键点电压，判断是否保护和解除保护，观察故障现象的方法进行维修。

（1）根据故障现象，判断是否保护

发生自动关机故障，多为保护电路启动引起。自动关机时，如果指示灯维持点亮，则是主电源以模拟晶闸管为核心的保护电路启动，维修时测量晶闸管 Q954 的 b 极电压如果大于 0.7V，则是以 Q954、Q951 为核心的保护电路启动；如果发生自动关机故障，指示灯同时熄灭，则是副电源保护电路启动，可采用解除保护、测量输出电压和观察故障现象的方法来判断故障范围。

（2）测量关键点电压，判断哪路保护

在开机的瞬间，测量保护电路 Q954、Q953 的 b 极电压，该电压正常时为低电平 0V。如果开机或发生故障时，Q954 的 b 极电压变为高电平 0.7V 以上，则是以 Q954、Q951 为核心的保护电路启动；如果 Q953 的 b 极电压变为高电平 0.7V 以上，则是副电源过电压保护电路启动。

由于 Q954 的 b 极外接过电压保护和过电流保护两种保护电路，为了确定是哪路保护电路引起的保护；可通过测量 D954、D953、D952 的正极电压确定。如果 D954 的正极电压为高电平，则是相关的背光灯驱动电路发生故障引起的保护；如果 D953 的正极电压为高电平，则是相关的过电压保护电路引起的保护；如果 D952 的正极电压为高电平，则是相关的过电流保护电路引起的保护。

（3）解除保护，观察故障现象

确定保护之后，可采解除保护的方法，开机测量开关电源输出电压和负载电流，观察故障现象，确定故障部位。为了防止开关电源输出电压过高，引起负载电路损坏，建议先接假负载测量开关电源输出电压，在输出电压正常时，再连接负载电路。

全部解除模拟晶闸管保护的方法是将 Q954 的 b 极接地。逐路解除保护的方法是：逐个断开 Q954 的 b 极的隔离二极管，对于背光灯保护，断开 D954；对于过电流保护，断开 D952；对于过电压保护，断开 D953。如果断开哪个二极管后不再保护，则是该隔离二极管所在保护电路引起的保护。

解除副电源市电过低保护的方法是将 QB904 的 G 极接地；解除副电源过电压保护的方法是将 Q953 的 b 极接地。

3.1.3　电源电路维修实例

【例 1】　开机三无，指示灯不亮。

分析与检修： 观察指示灯不亮，测量副电源无 +5.1Vsb 电压输出，判断故障在副电源电路中。测量电源电路熔丝未断，测量大滤波电容 CF913、CF919 两端有 300V 电压，判断副电源未启动。测量副电源厚膜电路 UB901 的 5 脚启动电压，仅为 12V，远低于正常值，检查 5 脚外部的启动电路 RB906、RB907，发现 RB906 阻值变大。更换 RB906 后，故障排除。

【例 2】　开机三无，指示灯不亮。

分析与检修： 通电先测副电源无待机 +5.1Vsb 电压输出，测量副电源集成块 UB901 的 6~8 脚 300V 供电正常，测量 UB901 的 5 脚有约 200V 的启动电压，判断副电源未工作，检查厚膜电路 UB901 的各脚电压，发现 3 脚 FB 电压低于正常值，检查 3 脚外部电路，发现 3 脚不但与稳压控制电路光耦合器相连接，还与 MOSFET QB904 的 D 极相连接，测量 QB904 的 G 极电压为高电平 1.2V，判断市电过低保护电路启动。测量当时的市电电压为 225V，在正常范围内，试将 QB904 的 G 极对地短路，通电试机，电源电路正常启动，判断是市电过低保护电路元器件变质引起的误保护。检查该保护电路，发现分压取样电阻 RB902 阻值变为无穷大。更换 RB902 后，开机故障排除。

【例 3】　开机三无，指示灯亮。

分析与检修： 先测副电源输出的待机 +5.1Vsb 电压正常。拆板脱机维修，模拟开机短接 +5.1Vsb 和 PS-ON，12V 输出端接 12V 摩托车灯泡作为假负载，测量主电源仍无 +110V、+12V 输出。通电测 CF913、CF919 两端电压为 380V，说明 PFC 电路已正常工作。测主电源一次侧 UW902 的工作条件：7 脚无 VCC2 供电。检查 7 脚外部的 VCC2 控制电路，发现 QW903 截止，测量 QW903 的 b 极控制电路，发现取样分压电阻 RB902 阻值变大。更换 RB902 后，电源电路启动正常，主电源各路电压均正常，故障排除。

3.1.4　背光灯电路原理精讲

康佳 KIP+L140E06C2-02 电源 + 背光灯二合一板背光灯电路如图 3-7 所示。该电路由两部分组成：一是以集成电路 BALANCE6P（N7101）为核心组成的驱动控制电路；二是

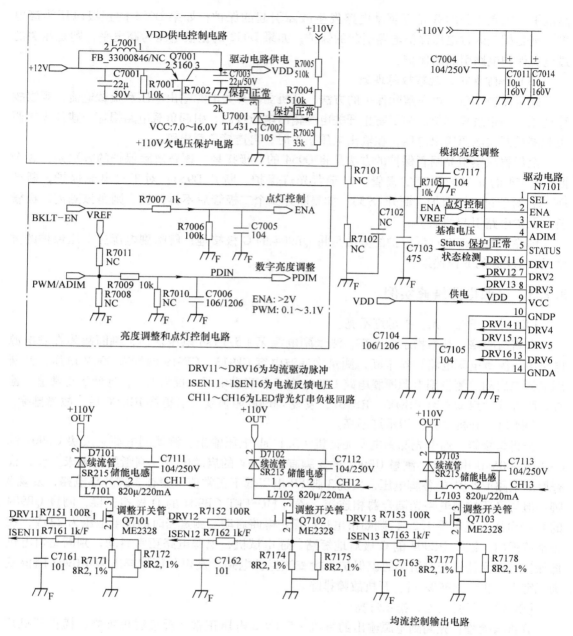

图 3-7 康佳 KIP + L140E06C2-02 电源 +

由储能电感 L7101 ~ L7106、MOSFET（开关管）Q7101 ~ Q7106、续流管 D7101 ~ D7106、输出电容 C7111 ~ C7116 组成的 BUCK 均流控制电路。遥控开机后，电源电路输出的 +110V 直接为 LED 背光灯正极串供电，LED 负极回路经均流电路进行控制，达到调整 6 条背光灯串的亮度平衡的目的。

1. 背光灯驱动控制电路

（1）BALANCE6P 简介

BALANCE6P 是康佳公司在电路图上的命名，通用型号为 OZ9906，是高效率开关型大屏

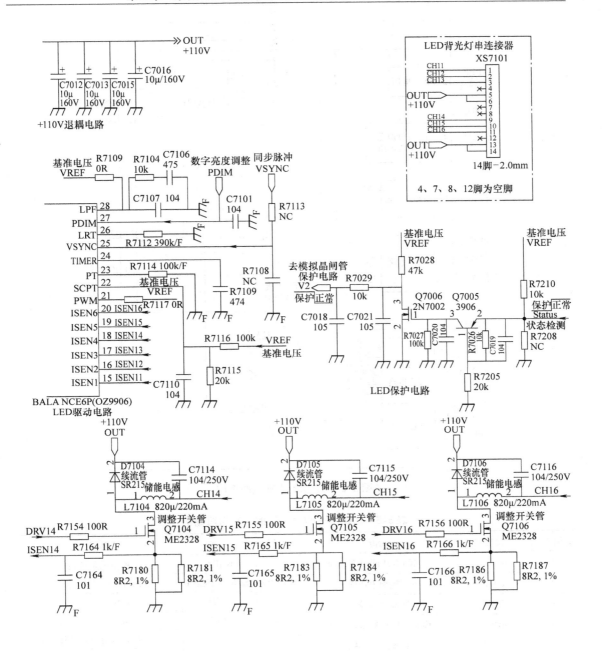

背光灯二合一板背光灯电路

幕 LED 背光控制专用芯片，可同时平衡驱动 6 路独立的 LED 背光灯串回路，可选择 2～6 通道背光灯串，每路都是单独控制，当出现故障时单独关闭这一路，其他路不受影响；具有高效电流调节、支持完毕模拟和 PWM 调光，用户定义移相 PWM 调光，内部 PWM 调光频率可与外部脉冲同步，用户定义过电流保护阈值，故障检测状态输出等功能；设有过电流保护、过功率保护、LED 背光灯串开路保护、短路保护、故障检测输出保护等多种保护功能。BALANCE6P 采用 28 脚封装形式，内部电路框图如图 3-8 所示，引脚功能和维修数据见表3-5。

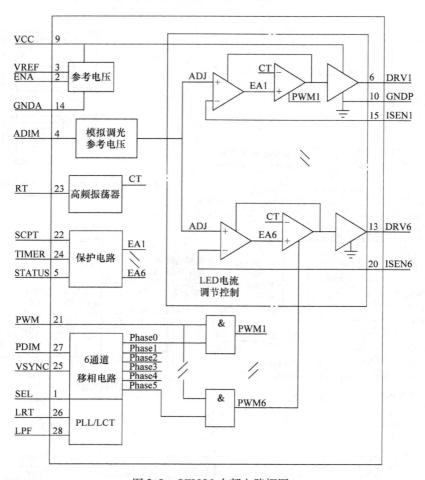

图 3-8　OZ9906 内部电路框图

表 3-5　BALANCE6P（OZ9906）引脚功能

引脚	符号	功能	引脚	符号	功能
1	SEL	内部 PWM 同步率选择	14	GNDA	模拟电路接地
2	ENA	点灯控制电压输入	15 ~ 20	ISEN1 ~ ISEN6	LED 灯串电流检测 1 ~ 6
3	VREF	基准电压输出	21	PWM	数字调光设置
4	ADIM	模拟亮度控制电压输入	22	SCPT	设置短路保护阈值
5	STATUS	状态检测电压输出	23	RT	外接定时电阻设置操作频率
6 ~ 8	DRV1 ~ DRV3	LED 灯串均流控制驱动输出 1 ~ 3	24	TIMER	保护延迟时间设定
9	VCC	芯片工作电压输入	25	VSYNC	内部 PWM 同步信号输入
10	GNDP	数字电路接地	26	LRT	外接电阻设置内部调光频率
11 ~ 13	DRV4 ~ DRV6	LED 灯串均流控制驱动输出 4 ~ 6	27	PDIM	内部 PWM 占空比控制
			28	LPF	内部 PWM 同步低通滤波器

（2）启动工作过程

遥控开机后，电源电路输出的 +110V 电压一是直接为 LED 背光灯正极串供电，二是为 BUCK 均流控制电路供电；+12V 电压经 Q7001、U7001 控制后输出 VDD 电压为 N7101 的 9 脚供电。主板输出的点灯控制 BKLT-EN 电压经 R7007 与 R7006 分压后送到 N7101 的 2 脚，背光灯电路启动工作，N7001 从 6～8 脚、11～13 脚输出 DRV11～DRV16 均流控制激励脉冲电压，推动调流 MOSFET（开关管）Q7101～Q7106 工作于开关状态，与储能电感和续流管、输出电容配合，控制 6 条 LED 背光灯串负极回路 CH11～CH16，对 LED 背光灯串回路电流进行控制；Q7101～Q7106 的 S 极电流取样电压，反馈到 N7101 的 15～20 脚，对 LED 背光灯串电流进行监控，依此调整 DRV11～DRV16 均流控制激励脉冲电压，达到调整 6 条背光灯串的亮度平衡的目的。

（3）BUCK 均流控制电路

BUCK 均流控制电路是一种降压型串联稳压电路，下面以图 3-9 所示的第一路电流控制电路为例，介绍其工作原理。

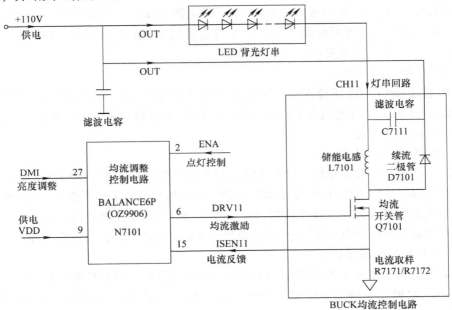

图 3-9　BUCK 均流控制电路示意图

N7101 的 6 脚输出 DRV11 驱动脉冲，推动 MOSFET（开关管）Q7101 工作于开关状态，Q7101 导通时，LED 背光灯串电流 CH11 经储能电感 L7101、开关管 Q7101、R7171//R7172 到地，LED 背光灯串下端 CH11 电压下降，在储能电感 L7101 中产生感应电压并储能，理论上此时背光灯电流最大，发光最亮。

开关管 Q7101 截止时，储能电感 L7101 中的储能电压经续流二极管 D7101 整流、输出电容 C7111 滤波，使得 LED 背光灯串下端 CH11 电压上升，理论上此时背光灯电流最小，发光最暗。由于电感和电容两端电压不能突变，开关管的工作频率较高，在 Q7101 的控制下，维持背光灯串下端 CH11 电压相对稳定。

N7101 输出的均流控制脉冲宽度越宽，Q7101 导通时间越长，CH11 电压相对下降，LED 背光灯变亮；N7101 输出的均流控制脉冲宽度越窄，Q7101 导通时间越短，CH11 电压相对上升，LED 背光灯变暗。

R7171//R7172 为 Q7101 的 e 极电流取样电阻，R7171//R7172 两端电压反映了 Q7101 和 LED 背光灯串电流大小，产生 IS11 电流取样电压，反馈到 N7101 的 15 脚内部控制电路，对开关管 Q7101 的工作电流进行监测，据此对 6 脚输出的 DRV11 脉冲进行控制；当 Q7101

发生过电流故障，N7101 的 15 脚电压达 0.5V 时，N7101 采取保护措施，相应的 6 脚停止输出 DRV11 激励脉冲，并会恢复到正常状态的最低 ON 时间占空比。

据上述分析，BUCK 均流控制电路对 LED 背光灯串下部的电压进行控制，对加在 LED 背光灯串的实际工作电压进行控制和平衡，达到稳定 LED 工作电压和发光亮度的目的。

2. 调整与保护电路

（1）亮度调整电路

主板输出的亮度调整 PWM/ADIM 电压分别送到 N7101 的 27 脚，N7101 的 5 脚输出的基准电压经 R7105 送到 N7101 的 4 脚作为模拟亮度调整电压，两者对 N7101 内部振荡电路的频率和脉宽进行控制，即对 N7101 的 6～8 脚和 11～13 脚输出的均流控制激励脉冲的频率和脉宽进行控制，调整 BUCK 均流控制电路 MOS 开关管 Q7101～Q7106 的导通时间。脉宽增加时，Q7101～Q7106 的导通时间延长，背光灯亮度增加；脉宽变窄时，Q7101～Q7106 的导通时间缩短，背光灯亮度变暗。

（2）电流检测保护电路

N7101 通过 ISEN 端电压检测对 LED 电流平衡电路起到过电流保护作用。当任何 ISEN 端（ISEN1～ISEN6）电压超过 0.5V 时，相应的 DRV 激励脉冲将关闭，并会恢复到正常运作的最低 ON 时间占空比。

（3）状态检测保护电路

N7101 内部电路具有工作状态检测功能，当 N7101 检测到背光灯电路正常时，输出高电平 STATUS 检测电压，迫使 Q7005、Q7006 导通，D 极输出低电平检测电压 V2；当 N7101 检测到背光灯电路发生故障时，从 5 脚输出低电平 STATUS 状态检测电压，Q7005、Q7006 截止，D 极输出高电平检测电压 V2，迫使模拟晶闸管保护电路启动，开关电源停止工作。

（4）+110V 欠电压保护电路

该保护电路以误差放大器 U7001 和 Q7001 为核心组成。+110V 电压经 R7005、R7004 与 R7003 分压取样，送到 U7001 的 1 脚输入端。当 +110V 电压正常时，U7001 导通，将 Q7001 的 b 极电压拉低而导通，向驱动电路 N7101 供电；当 +110V 电压过低时，U7001 截止，迫使 Q7001 截止，停止输出 VDD 电压，背光灯电路停止工作。

3.1.5　背光灯电路维修精讲

康佳 KIP + L140E06C2-02 电源 + 背光灯二合一板的背光灯板发生故障时，一是背光灯板不工作，所有的 LED 背光灯串均不点亮，引起有伴音、无光栅故障；二是个别背光灯串或电流控制电路发生故障或老化，引起显示屏局部不亮或亮度偏暗故障。

由于 6 个 BUCK 均流控制电路的电路相同，维修时可采取测量相同电路、相同部位电压、电阻的方法，将相同部位的测量结果对比分析，找到电压或电阻异常的故障电路，再对该电路元器件进行检测，找到故障元器件。

1. 显示屏黑屏

显示屏背光灯串全部不亮，主要检查供电、控制电路等共用电路，也不排除一个背光灯驱动电路发生短路击穿故障，造成共用的供电电路发生开路等故障。

（1）检查背光灯工作条件

检测输入电压 110V 及 ENA 点灯控制、DIM 亮度控制信号是否正常工作，如果不正常，检测开关电源和主板控制系统。

（2）检查输出电路

检测均流输出电路 MOSFET（开关管）、续流二极管、输出滤波电容是否击穿短路，测量 OUT 输出电压是否与地短路。

（3）检测稳压电路

测量稳压电路输出的 VDD 电压是否正常，如果不正常，检查 VDD 控制电路 U7001、Q7001 是否正常，测量 +110V 降压分压电阻 R7005 ~ R7003 是否烧断或阻值变大。

（4）检查驱动电路

若上述电路正常，检查 N7101 外部电路元器件是否异常，如异常，更换元器件；如正常，更换 N7101。

2. 显示屏局部发暗

显示屏局部发暗，多为 LED 背光灯串或 BUCK 均流控制电路发生故障所致。

（1）测量 LED 背光灯串回路电压

测量连接器 XS7101 的 1 ~ 3、9 ~ 11 脚 LED 背光灯串回路电压，并进行比较，正常时 6 路电压相同，哪个电压高或低于正常值，则是该路 LED 背光灯串或其控制电路发生故障。

（2）测量均流控制电路

根据不亮 LED 背光灯串判断出故障通道后，检测相关联的 BUCK 均流控制电路 MOSFET（开关管）G 极波形是否正常，逐一检测续流二极管、MOSFET 和电感，如果全部正常，还没有输出或输出异常，则是 N7101 上对应的均流通道异常，只能更换 N7101。

3.1.6　背光灯电路维修实例

【例 1】　开机有伴音，无光栅。

分析与检修：遇到显示屏背光灯全部不亮情况，主要检查背光灯板的供电电路、点灯控制和亮度调整电路。测量 +110V 电压正常，测量稳压电路无 VDD 电压输出，检查 Q7001、U7001 组成的 VDD 供电电路，有 +12V 输入，无 VDD 电压输出。

测量误差放大器 U7001 的 3 脚为高电平，1 脚电压低于正常值，检查 1 脚降压分压电路，发现降压电阻 R7005 阻值变大，由正常时的 510kΩ 增大到 2MΩ 左右，且不稳定。更换 R7005 后，通电试机故障排除。

【例 2】　开机有伴音，光栅局部偏暗。

分析与检修：遇到显示屏局部亮度暗的故障，一是 LED 背光灯串发生开路、老化故障；二是均流控制电路发生故障。测量 LED 背光灯连接器灯串回路 XS7101 的 1 ~ 3 脚和 9 ~ 11 脚 CH 电压，发现 3 脚 CH13 电压与其他 CH 引脚电压不同，怀疑故障在该 LED 背光灯串及其控制电路。

检查 XS7201 的 3 脚外部均流控制电路，发现开关管 Q7103 各脚对地电阻与其他均流控制管各脚对地电阻有差异。更换 Q7103 后，故障排除。

3.2　康佳 KIP + L110E02C2-02 电源 + 背光灯二合一板维修精讲

康佳 LED 液晶彩电采用的 KIP + L110E02C2-02 电源板，编号为 34007377，版本号为 35015165，是将开关电源和 LED 背光灯电路合二为一的组合板，其中开关电源电路采用

FAN7530 + FSGM300 + FSQ0765 组合方案，输出 + 5.1VSB、+ 100V、+ 12V 电压；LED 背光灯电路采用 OZ9902，对 2 路 LED 背光灯串进行均流和调光控制。该二合一板应用于康佳 LED32HS11、LED32HS05C、LED32HS1、LED37MS92C、LED32IS95N 等 LED 液晶彩电中。

康佳 KIP + L110E02C2-02 电源 + 背光灯二合一板实物图解如图 3-10 所示，电路组成

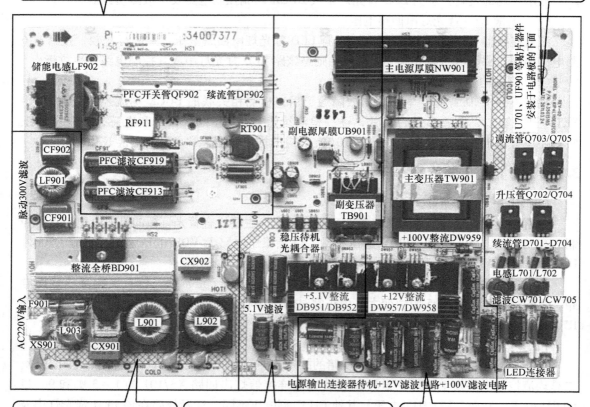

PFC电路：以驱动电路FAN7530(UF901)和大功率MOS开关管QF902、储能电感LF902为核心组成。二次开机后，开/关机控制电路为UF901提供VCC1供电，该电路启动工作，UF901从7脚输出激励脉冲，推动QF902工作于开关状态，与LF902和PFC整流滤波电路DF902、CF913、CF919配合，将供电电压和电流校正为同相位，提高功率因数，减少污染，并将供电电压PFC提升到+380V，为主、副电源厚膜电路供电

LED背光灯电路：由三部分电路组成，一是以OZ9902(U701)为核心组成的升压和恒流控制驱动电路；二是以储能电感L701/L702、开关管Q702/Q704、续流管D701~D704、滤波电容CW701/CW705为核心组成的2个升压输出电路；三是以开关管Q703/Q705为核心组成的2个LED背光灯恒流控制电路。开关电源输出的+100V为升压输出电路供电，+12V为U701供电。遥控开机后BKLT-EN点灯电压送到U701的3脚，亮度调整PWM/ADIM电压送到U701的7、8脚，背光灯电路启动工作，U701从23脚和22脚输出升压激励脉冲，推动Q702/Q704工作于开关状态，与L701/L702和D701~D704、CW701/CW705配合，将+100V电压提升到150V左右，为LED背光灯串供电；同时U701从18、14脚输出调光激励脉冲，控制Q703/Q705的导通时间，对LED背光灯串进行恒流控制，确保LED背光源均匀稳定

抗干扰和市电整流滤波电路：利用电感线圈L901~L903和电容CX901、CX902、CY901~CY904组成的共模、差模滤波电路，一是滤除市电电网干扰信号；二是防止开关电源产生的干扰信号窜入电网。滤除干扰脉冲后的市电通过全桥BD901整流、电容CF901、CF902滤波后，因滤波电容容量小，产生100Hz脉动300V电压，送到PFC电路。RT901为限流电阻，防止开机冲击电流；RV901为压敏电阻，市电电压过高时击穿，烧断熔丝F901断电保护

副电源电路：以厚膜电路FSGM300(NB901)、变压器TB901、稳压控制电路NB952、光耦合器NB951为核心组成。通电后，PFC电路待机状态输出的300V电压经TB901为NB901的6~8脚内部MOS开关管供电，市电整流滤波后产生的VAC脉动电压经RB906、RB907降压后为NB901的5脚提供启动电压，副电源启动工作，NB901内部开关管电流在TB901中产生感应电压，二次感应电压经整流滤波后输出+5.1Vsb，为整机控制系统电路供电，一次辅助绕组感应电压经整流滤波、稳压后输出VCCP电压，经待机电路控制后，开机时为PFC和主电源驱动电路供电

主电源电路：以厚膜电路FSQ0765(NW901)、变压器TW901、稳压电路误差放大器N951、光耦合器N950为核心组成。PFC电路开机状态输出的+380V电压经TW901的一次绕组为NW901的1脚内部开关管供电，遥控开机后，开/关机控制电路为NW901的3脚提供VCC2电压，主电源启动工作，NW901的内部开关管产生的脉冲电流在TW901中产生感应电压，二次感应电压经整流滤波后输出+100V和+12V电压，为主电路板和电源板上的背光灯电路供电

储能电感LF902
PFC开关管QF902　续流管DF902
RF911
RT901
CF902
CF91
PFC滤波CF919
PFC滤波CF913
LF901
CF901
脉动300V滤波
整流全桥BD901
CX902
AC220V输入
F901
L903
L901　　L902
XS901　CX901
HOT!
COLD
副电源厚膜UB901
主电源厚膜NW901
副变压器TB901
稳压待机光耦合器
5.1V滤波
+5.1V整流DB951/DB952
+12V整流DW957/DW958
主变压器TW901
+100V整流DW959
U701、UF901等贴片器件安装于电路板的下面
调流管Q703/Q705
升压管Q702/Q704
续流管D701~D704
电感L701/L702
滤波CW701/CW705
LED连接器
电源输出连接器待机+12V滤波电路+100V滤波电路

图 3-10　康佳 KIP + L110E02C02-02 电源 + 背光灯二合一板实物图解

框图如图 3-11 所示。该二合一板由开关电源电路和 LED 背光灯电路两大部分组成。

　　其中开关电源电路由三个单元电路组成：一是以集成电路 FAN7530（UF901）为核心组成的 PFC 电路，将整流滤波后的市电校正后提升到 380V 为主、副电源供电；二是以集成电路 FSGM300（UB901）为核心组成的副电源，产生 +5.1VSB 是和 VCCP 电压， +5.1VSB 电压为主板控制系统供电，VCCP 电压经开/关机控制电路控制后，为 PFC 驱动电路 UF901 和主电源驱动电路 UW902 供电；三是以集成电路 FSFR1700（UW902）为核心组成的主电源，产生 +100V、 +12V 电压，为主板和背光灯板供电。

　　LED 背光灯电路由三部分电路组成：一是以 OZ9902（U701）为核心组成的升压和恒流控制驱动电路。二是以储能电感 L701/L702、开关管 Q702/Q704、续流管 D701 ~ D704、滤波电容 CW701/CW705 为核心组成的 2 个升压输出电路。三是以开关管 Q703/Q705 为核心组成的 2 个 LED 背光灯恒流控制电路，将 +100V 电压提升到 150V 左右，为 LED 背光灯串供电；同时对 LED 背光灯串进行恒流控制，确保 LED 背光源均匀稳定。

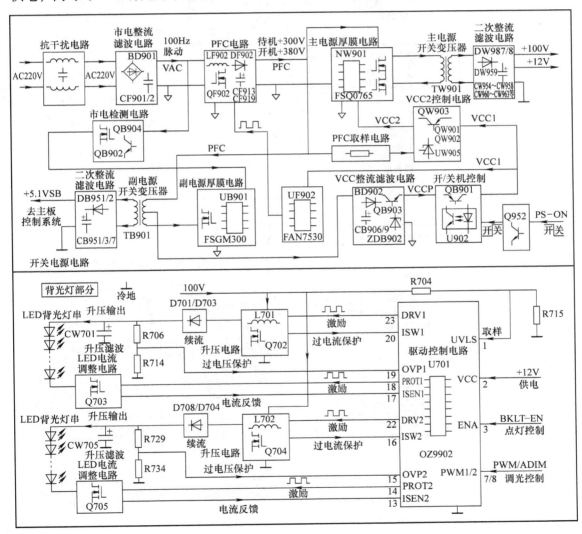

图 3-11　康佳 KIP + L110E02C02-02 电源 + 背光灯二合一板电路组成框图

3.2.1　电源电路原理精讲

1. 抗干扰和市电整流滤波电路

　　康佳 KIP + L110E02C2-02 电源 + 背光灯二合一板的抗干扰和市电整流滤波电路如图 3-12 上部所示。

　　该电源电路中的抗干扰和市电整流滤波电路结构与 3.1.1 节中的抗干扰和市电整流滤波电路相同，只是个别元器件编号和参数不同，可参照阅读和维修。

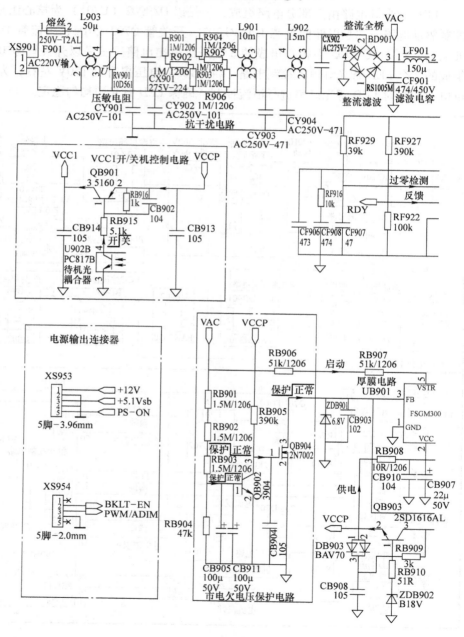

图 3-12　康佳 KIP + L110E02C2-02 电源

2. PFC 电路

康佳 KIP + L110E02C2-02 电源 + 背光灯二合一板 PFC 电路如图 3-12 上部所示，驱动控制电路 UF901 采用 FAN7530。

该电源电路中的 PFC 电路结构与 3.1.1 节中的 PFC 电路相同，只是个别元器件编号和参数不同，可参照阅读和维修。

3. 副电源电路

康佳 KIP + L110E02C2-02 电源 + 背光灯二合一板副电源电路如图 3-12 下部所示。副

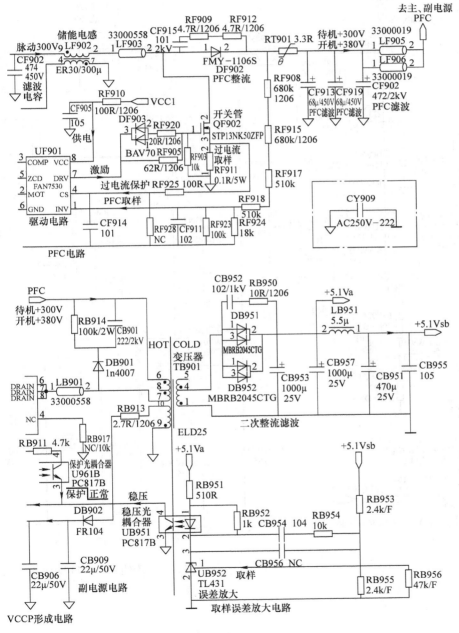

+ 背光灯二合一板 PFC 电路和副电源电路

电源电路采用厚膜电路 UB901（FSGM300）。

该电源电路中的副电源电路结构与 3.1.1 节中的副电源电路相同，只是个别元器件编号和参数不同，可参照阅读和维修。

4. 主电源电路

康佳 KIP + L110E02C2-02 电源 + 背光灯二合一板主电源电路如图 3-13 所示。该电路以厚膜电路 FSQ0765（NW901）、变压器 TW901、稳压电路误差放大器 N951（KA431）、光

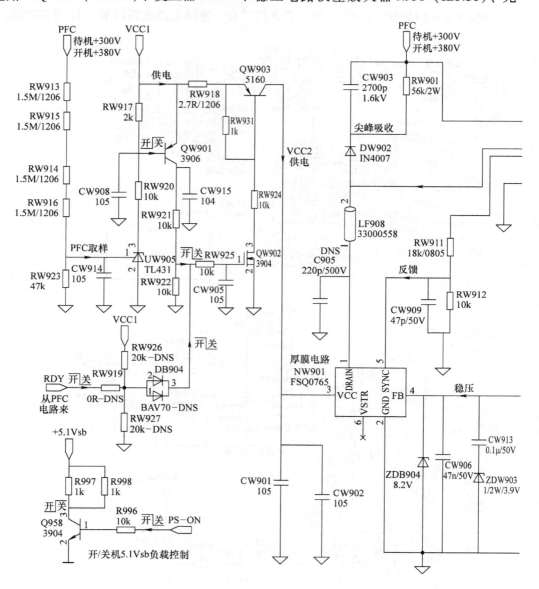

图 3-13　康佳 KIP + L110E02C2-02

耦合器 N950（PC817）为核心组成，遥控开机后启动工作，输出 +100V 和 +12V 电压，为 LED 背光灯电路和主板供电。

（1）FSQ0765 简介

FSQ0765 是 PWM 控制芯片/大功率 MOSFET 的复合厚膜电路，内部电路框图如图 3-14 所示，包括基准电压源、振荡器、PWM 控制器、RS 触发器、驱动级、MOSFET 输出级以及过电流、过电压、欠电压和过热等完善的保护功能。FSQ0765 引脚功能和维修数据见表 3-6。

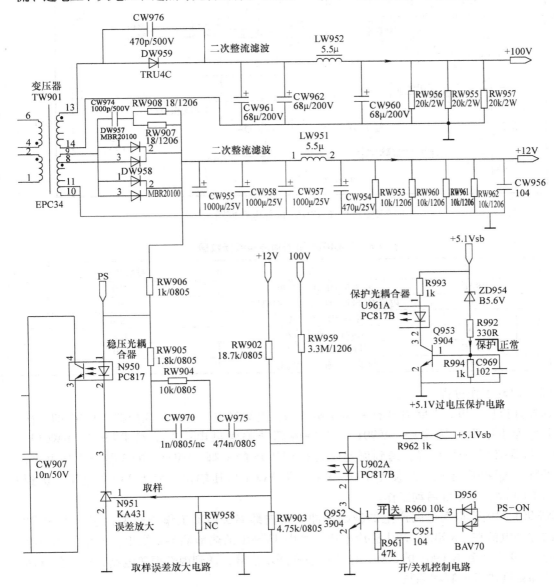

电源 + 背光灯二合一板主电源电路

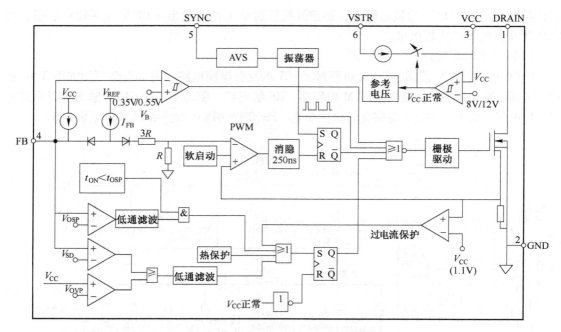

图 3-14　FSQ0765 内部电路框图

表 3-6　FSQ0765 引脚功能和维修数据

引脚	符号	功　　能	对地电压/V
1	DRAIN	内部 MOSFET 的 D 极	300
2	GND	内部 MOSFET 的 S 极，连接热地	0
3	VCC	电源启动和供电	18.0
4	FB	反馈取样电压输入	1.2
5	SYNC	外部同步信号输入	5.0
6	VSTR	启动电压输入（空脚）	—

（2）启动工作过程

遥控开机后，PFC 电路输出的 +380V 电压为主电源供电，一是经变压器 TW901 的一次 6-4 绕组为主电源厚膜电路 NW901 的 1 脚内部开关管供电；二是经 RW913、RW914、RW916 与 RW923 分压取样，送到误差放大器 UW905 的 1 脚，UW905 的 3 脚输出低电平，使 QW901、QW902 导通，迫使 QW903 导通，将 VCC1 电压输出，变为 VCC2 电压，送到 NW901 的 3 脚，主电源启动工作。

NW901 的内部振荡电路产生的激励脉冲驱动内部 MOSFET 工作于开关状态，MOSFET 产生的脉冲电流在 TW901 中产生感应电压。其中 TW901 的热地端 1-2 绕组上产生的感应电压，经 RW911 送到 NW901 的 5 脚，作为反馈和同步信号，送到内部振荡电路，对振荡脉冲的相位和幅度进行控制和调整。

（3）二次整流滤波电路

TW901 的冷地端二次 13-14 绕组感应电压经 DW959 整流、CW961、CW962、LW962、CW960 组成的 π 式电路滤波，产生 100V 电压，为 LED 背光灯升压电路供电；TW901 的二次 8/9-10//11 绕组产生的感应电压经 DW957、DW958 整流、CW955、CW958、CW957、LW951、CW954 组成的 π 式电路滤波后，输出 +12V 电压，为 LED 背光灯电路和主电路板等负载电路供电。

（4）稳压控制电路

稳压控制电路以取样电路分压电路 RW902、RW959、RW903、误差放大器 N951（KA431）、光耦合器 N950（PC817）为核心组成，对 NW901 的 4 脚 FB 电压进行控制，达到稳压的目的。

当开关电源输出的 + 12V 或 + 100V 电压升高时，一是经 RW906 加到 N950 的 1 脚电压升高；二是经过分压取样电路分压，使 N951 的采样输入端 1 脚电压升高，比较放大后 N951 的电流增加，3 脚电压降低，N950 导通电流增加，使 NW901 的 4 脚 FB 电压降低，NW901 内部脉冲变窄，开关管的导通时间变短，开关电源输出电压降低到正常值。当开关电源输出电压降低时，稳压电路向相反的方向变化，输出电压上升到正常值。

（5）尖峰脉冲吸收保护电路

厚膜电路 NW901 的 1 脚内部开关管的 D 极与 DW902、CW903、RW901 组成的尖峰脉冲吸收电路相连接。当 NW901 的 1 脚内部开关管截止时，在 TW901 的一次 6-4 绕组产生较高的反峰电压，该反峰电压经尖峰脉冲吸收电路吸收释放，避免将 NW901 的 1 脚内部开关管击穿。

3.2.2　电源电路维修精讲

康佳 KIP + L110E02C2-02 电源 + 背光灯二合一板的开关电源部分发生故障时，主要引起开机三无故障，可通过观察待机指示灯是否点亮，测量关键点电压，解除保护的方法进行维修。

1. 开机三无，待机指示灯不亮

（1）熔丝熔断

测量熔丝 F901 是否熔断，如果已经熔断，说明开关电源存在严重短路故障，主要对以下电路进行检测：一是检测交流抗干扰电路电容和整流滤波 DB901、CF901、CF902 是否击穿漏电；二是检查副电源厚膜电路 UB902 和主电源厚膜电路 NW901 的内部开关管是否击穿。如果击穿，继续查 TB901 和 TW901 的一次绕组并接的尖峰脉冲吸收电路元器件是否开路失效，避免二次击穿厚膜电路内部开关管。

（2）熔丝未断

如果测量熔丝 F901 未断，指示灯不亮，主要是副电源电路未工作。测量副电源有无电压输出，如果无电压输出，首先测量大滤波电容 CF913、CF919 两端有无 300V 直流电压，无 300V 电压，排除抗干扰电路和市电整流滤波电路开路故障。

如果 300V 电压正常，一是测量 UB901 的 5 脚有无启动电压，如果无启动电压，检查 UB901 的 5 脚外部启动电路 RB906、RB907 是否开路。二是测量 UB901 的 3 脚电压是否正常，如果 3 脚电压过低，则是 QB902、QB904 组成的市电欠电压保护电路启动，造成 UB901 内部保护电路启动；如果 3 脚电压偏高，多为由 Q953、U961 组成的副电源过电压保护电路启动，常见为稳压管 ZD954 漏电。三是测量 UB901 的 2 脚 VCCP 供电，该脚外部 VCCP 供电电路 RB913、DB902、CB906、CB909、QB903、ZDB902 发生故障，会造成 UB901 的 2 脚工作电压过低，副电源不能正常工作。

另外，还要注意变压器 TB901 及其二次整流滤波电路发生开路、短路故障时，会引起厚膜电路 UB901 过电流、过电压保护电路启动，造成副电源停止工作。

2. 开机三无，待机指示灯亮

指示灯亮，说明副电源基本正常，遥控开机发生三无故障，多为主电源和 PFC 电路发生故障。

（1）检测 PS-ON 电压

遥控开机测二合一板与主电路板连接器 XS953 的 5 脚 PS-ON 是否为高电平，如果是低电平，则是主板故障或未进入开机状态。

（2）检查开/关机和 PFC 电路

主电源由 PFC 电路输出的 380V 供电，当 PFC 电路停止工作时，输出电压降低到 300V 左右，会引起 VCC2 控制电路截止，停止输出 VCC2 电压，主电源也会停止工作。

维修时如果 PS-ON 电压为高电平，测量 PFC 电路输出的 380V 是否正常，如果仅为 300V 左右，则是 PFC 电路未工作。此时先测量 PFC 驱动电路 UF901 的 8 脚有无 VCC1 供电，无 VCC1 供电，检查开/关机控制电路 Q952、N902、QB901；VCC1 供电正常，检查 PFC 驱动电路和 PFC 输出电路。

（3）检查主电源电路

如果 380V 供电正常，主电源仍不工作，测量厚膜电路 NW901 的 3 脚 VCC2 供电，如果无 VCC2 供电，检查以 UW905、QW901 ~ QW903 为核心的 VCC2 控制电路。

若 VCC2 供电正常，主电源仍不工作，则原因有：一是厚膜电路 NW901 内部电路发生故障；二是主电源开关变压器 TW901 及其二次整流滤波电路发生开路或短路故障，引起主电源过电压、过电流保护电路启动；三是主电源稳压光耦合器 N950 的 1 脚外接的 PS 背光灯保护电压为低电平，使背光灯保护电路动作。

3.2.3　电源电路维修实例

【例1】　开机三无，指示灯不亮。

分析与检修：测量市电输入电路的熔丝 F901 未断，但测量大滤波电容 CF913、CF919 两端无 300V 电压，说明抗干扰和市电整流滤波电路有开路故障。检查抗干扰电路，发现限流电阻 RT901 烧断开路，说明短路故障在 RT901 之后的电路中。对主、副电源厚膜电路进行检查，发现副电源厚膜电路 UB901 的 6 ~ 8 脚内部开关管击穿，检查 UB901 的外部电路，发现尖峰脉冲吸收电路 CB901 颜色变深。更换 UB901 和 CB901、RT901 后，故障排除。

【例2】　开机三无，指示灯亮。

分析与检修：指示灯亮，说明副电源正常，故障在主电源电路。检查主电源 NW901 的 3 脚无 VCC2 供电电压，测量副电源输出的 VCCP 供电正常，测量 PFC 电路输出的 380V 仅为 300V，判断故障在 PFC 电路。

测量主板经连接器 XS953 的 5 脚送来的 PS-ON 电压为高电平，测量开/关机光耦合器 N902 的 2 脚为低电平正常，但测量 VCC 控制晶体管 QB901 的 3 脚无 VCC1 电压输出。仔细检查开/关机控制电路，发现 N902 的 4 脚为高电平，遥控开/关机电压无变化，而 Q952 的 c 极电压变化正常，判断 N902 内部开路。更换 N902 后，故障排除。

3.2.4　背光灯电路原理精讲

1. 背光灯基本电路

康佳 KIP + L110E02C2-02 电源 + 背光灯二合一板背光灯电路如图 3-15 所示，由三

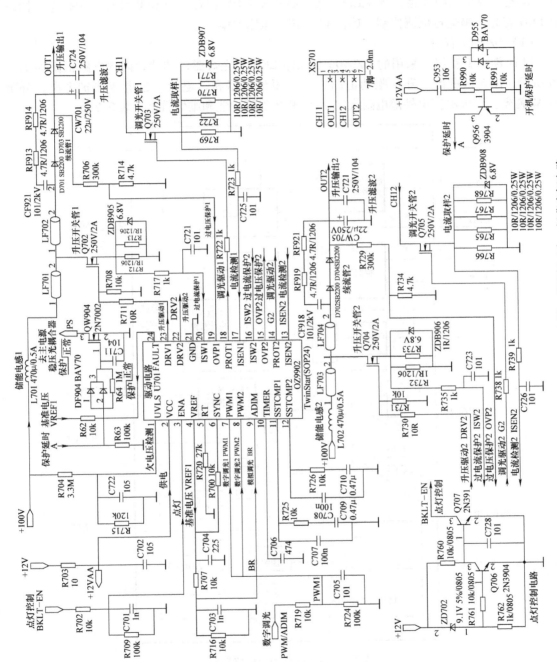

图 3-15　康佳 KIP＋L110E02C2-02 电源＋背光灯二合一板背光灯电路

部分电路组成，一是以 OZ9902（U701）为核心组成的升压和恒流控制驱动电路；二是以储能电感 L701、L702、开关管 Q702 和 Q704、续流管 D701 ~ D704、滤波电容 CW701 和 CW705 为核心组成的 2 个升压输出电路；三是以开关管 Q703 和 Q705 为核心组成的 2 个 LED 背光灯调流控制电路，将 +100V 电压提升到 150V 左右，为 LED 背光灯串供电；同时对 LED 背光灯串进行恒流控制，确保 LED 背光源均匀稳定。

（1）OZ9902 简介

LED 背光驱动部分采用的 OZ9902 是双路 LED 背光灯驱动芯片，内部电路框图如图 3-16 所示，内含振荡器、升压驱动电路、调光驱动电路和过电流、过电压保护电路，外部 PWM 调光，灯串电流由外部电阻设定。OZ9902 引脚功能和维修数据见表 3-7。

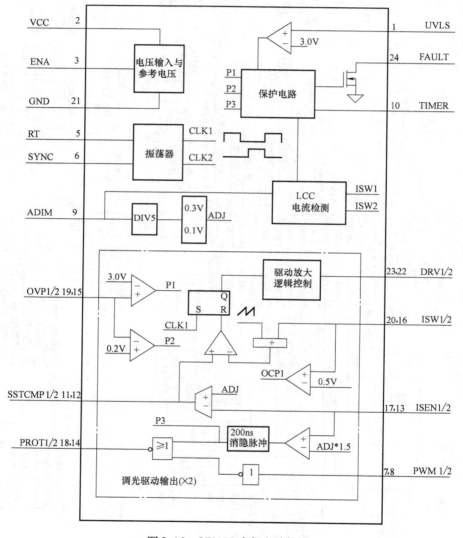

图 3-16　OZ9902 内部电路框图

表 3-7　OZ9902 引脚功能和维修数据

引脚	符号	功能	对地电压/V
1	UVLS	供电电压检测输入	5.1
2	VCC	12V 工作电压输入	12.0
3	ENA	点灯控制 ON/OFF 输入	5.2
4	VREF	基准电压输出	5.0
5	RT	工作频率设定和主辅模式设定	1
6	SYNC	同步信号输入/输出，不用时悬空	0
7	PWM1	第一通道 PWM 调光信号输入	3.5
8	PWM2	第二通道 PWM 调光信号输入	3.5
9	ADIM	模拟调光电压输入，不用时设定为 3V 以上	2.6
10	TIMER	保护延时设定	0
11	SSTCMP1	第一通道软启动和补偿设定	1.8
12	SSTCMP2	第二通道软启动和补偿设定	1.8
13	ISEN2	第二通道 LED 电流取样	0.3
14	PROT2	第二通道 PWM 调光驱动输出	12.0
15	OVP2	第二通道过电压保护检测输入	2.1
16	ISW2	第二通道过电流保护检测输入	0
17	ISEN1	第一通道 LED 电流取样输入	0.3
18	PROT1	第一通道 PWM 调光驱动输出	12.0
19	OVP1	第一通道过电压保护检测输入	2.1
20	ISW1	第一通道过电流保护检测输入	0
21	GND	接地	0
22	DRV2	第二通道升压 MOSFET 驱动输出	3.4
23	DRV1	第一通道升压 MOSFET 驱动输出	3.5
24	FAULT	异常情况下信号输出，未用	0

（2）启动工作过程

开关电源输出的 100V 为升压输出电路供电，同时经 R704 与 R715 分压取样后为 U701 的 1 脚提供 3V 以上高电平检测电压；12V 经 R703 为 U701 的 2 脚供电。遥控开机后主板经连接器 XS954 的 2 脚送来的 BKLT-EN 点灯电压，经 R702 与 R709 分压后，送到 U701 的 3 脚，背光灯电路启动工作，U701 从 23、22 脚输出 DRV1、DRV2 升压激励脉冲，推动升压电路开关管 Q702、Q704 工作于开关状态，与储能电感 L701、L702 和续流管 D701 ~ D704、滤波电容 CW701 和 CW705 配合，将 100V 电压提升到 150V 左右，为 LED 背光灯串供电；同时 U701 从 18、14 脚输出 PROT1、PROT2 调光激励脉冲，控制调流开关管 Q703 和 Q705 的导通时间，对 LED 背光灯串进行恒流控制，确保 LED 背光源均匀稳定。

下面以开关管 Q702 组成的升压电路和 Q703 组成的调光电路为例，介绍其工作原理。

U701 从 23 脚输出 DRV1 激励脉冲为正半周时，Q702 导通，100V 电压经储能电感 L701、Q702 的 D-S 极到地，储能电感 L701 上的电流逐渐增大，开始储能，在电感的两端形成左正右负的感应电动势。

23 脚输出 DRV1 激励脉冲为负半周时，Q702 截止，电感 L701 两端的感应电动势变为左负右正，由于电感上的电流不能突变，与 100V 叠加后通过续流二极管 D701、D703 给输出电容 CW701 充电，二极管负极电压上升到大于 100V，为 130~150V。

DRV1 激励脉冲正半周再次来临时，Q702 再次导通，电感 L701 重新储能，由于二极管不能反向导通，这时负载上的电压仍然大于 100V。正常工作以后，电路重复上述步骤完成升压过程，将 100V 提升到 130~150V，为 LED 背光灯串正极供电。

U701 从 18 脚输出 PROT1 调光激励脉冲为正半周时，Q703 导通，LED 背光灯串点亮；当 PROT1 激励脉冲为负半周时，Q703 截止，LED 背光灯串熄灭。通过控制 LED 背光灯串点亮或者熄灭的时间比来调节 LED 背光灯串电流，一是调整 LED 背光源的亮度；二是保持各 LED 背光灯串之间亮度的一致性。由于调光脉冲频率都在 100Hz 以上，高于人眼的视频临界频率，故看不到背光灯的闪烁现象。

Q703 的 S 极电阻 R769~R772 组成 LED 背光灯电流取样电路，在 S 极产生的电流取样电压，经 R723 反馈到 U701 的 17 脚 ISEN1，U701 根据反馈电压的大小，一是对该路 LED 背光灯串的电流进行控制；二是与 13 脚输入的另一路电流检测 ISEN2 反馈电压进行比较后，产生均流控制电压，对两路 LED 背光灯串的电流进行均流控制，达到 LED 背光源亮度一致均匀的目的。

（3）调光电路

主板经连接器 XS954 的 3 脚送来的 PWM/ADIM 调光控制电压，经 R719 与 R724 分压后送到 U701 的 7、8 脚，输入一个占空比可调的方波信号，对两组调光驱动电路的频率或脉宽进行调整和控制，控制 LED 背光灯串点亮或者熄灭的时间比，达到调整 LED 背光灯串亮度的目的。当该脚电压高于 2V 时，调光 MOSFET（开关管）进入开关工作状态，背光灯点亮；当该脚电压低于 0.8V 时，调光 MOSFET 关断，背光灯熄灭。实际应用时，该脚电压在 3.3~5V 之间。

U701 的 9 脚为模拟调光电压输入端，该脚电压在 0.5~1.5V 之间可调整背光灯亮度，当采用数字脉冲调光方式时，将该脚电压置于最大亮度设置电压 3V 左右。U701 的 4 脚输出的 VREF1 基准电压经 R707、R716 分压后送到 9 脚，作为模拟亮度调整电压。

2. 保护与调整电路

背光灯驱动电路 U701（OZ9902）具有多种保护功能，当背光灯升压电路和调光电路发生过电压、过电流、短路、开路故障时，均会进入保护状态，背光灯电路停止工作。

（1）ISW 升压开关管过电流保护电路

OZ9902 的 20 脚 ISW1 和 16 脚 ISW2 为过电流保护检测输入端，检测电压在芯片内部进行比较，控制升压开关管 Q702 和 Q704 的导通时间。

R712、R713 是 Q702 的 S 极电流检测取样电阻，R732、R733 为 Q704 的 S 极电流检测取样电阻，取样电压分别通过 R717、R735 送入 OZ9902 的 20 脚和 16 脚。当升压开关管 Q702 和 Q704 电流过大，送到 OZ9902 的 20、16 脚过电流保护取样电压 ISW1 或 ISW2 升高到保护设定值时，OZ9902 内部保护电路启动，OZ9902 停止工作。

（2）OVP 升压输出过电压保护电路

OZ9902 的 19 脚 OVP1 和 15 脚 OVP2 为过电压保护检测输入端，R706 与 R714 分压对 CW701 两端输出电压进行取样，送到 OZ9902 的 19 脚；R729 与 R734 分压对 CW705 两端输出电压进行取样，送到 OZ9902 的 15 脚。当升压输出电压过高，取样电压 OVP1 或 OVP2 升高到保护设定值 3V 时，OZ9902 内部保护电路启动，OZ9902 停止工作。正常工作时，该脚电压在 0.2 ~ 3V 之间。

（3）OVP 升压输出短路保护电路

当升压输出电压对地短路时，经 R706 与 R714 或 R729 与 R734 分压取样的 OVP1、OVP2 电压低于 0.2V 时，OZ9902 保护电路也会关断锁死，短路故障排除后，方能重新启动工作。

（4）UVLS 供电欠电压保护电路

OZ9902 的 1 脚 UVLS 为供电电压检测输入端，内设欠电压保护电路。+100V 电压经 R704 与 R715 分压取样后送到 OZ9902 的 1 脚，该脚电压高于 3V 时，OZ9902 正常工作；当 +100V 电压降低，该脚电压低于 3V 时，OZ9902 内部保护电路启动，进入锁死保护状态，OZ9902 停止工作。

（5）LED 灯串短路、开路保护电路

当 LED 背光灯串正负极之间短路时，会造成背光灯电流急剧增加，在调光 MOSFET（开关管）的 S 极产生较高的电流取样电压 ISEN1、ISEN2，当该取样电压达到保护设计值时，内部保护电路启动，进入保护锁死状态，OZ9902 停止工作。当 LED 背光灯串开路或电流检测电路对地短路时，取样电压 ISEN1、ISEN2 为 0V 时，也会进入保护锁死状态，OZ9902 停止工作。

（6）延时保护电路

在 OZ9902 内部设有一个延时保护电路，由 OZ9902 的 10 脚的内部电路和外接电容 C706 组成。当各路保护电路送来起控信号时，保护电路不会立即动作，而是先给 C706 充电。当充电电压达到保护电路的设定阈值时，才输出保护信号，从而避免出现误保护现象，也就是说只有出现持续的保护信号时，保护电路才会动作。

（7）24 脚保护电压输出电路

OZ9902 的 24 脚内设保护输出电路，当背光灯电路正常时，24 脚输出低电平 0V；当背光电路出现故障时，24 脚输出高电平，经 DF904 使 QW904 导通，输出 PS 低电平保护电压，将主电源稳压光耦合器 N950 的 1 脚高电平拉低，迫使主电源停止工作。

U701 的 24 脚外接图 3-15 右下角所示的 Q956 组成的延时保护电路，开机瞬间 +12VAA 电压经 C953、R990 向 Q956 的 b 极充电，Q956 导通，将 U701 的 24 脚电压拉低，防止开机瞬间 LED 驱动电路未正常工作时引起的误保护。

（8）+12V 供电欠电压保护电路

该保护电路如图 3-15 的左下部所示，以稳压管 ZD702、Q706、Q707 为核心组成，对点灯控制 BKLT-EN 电压进行控制。

当 +12V 供电电压正常时，击穿 9.1V 稳压管向 Q706 的 b 极注入高电平，Q706 导通，Q707 截止，对点灯控制 BKLT-EN 电压不产生影响，LED 驱动电路正常工作；当 +12V 供电电压低于 9.1V 时，无法击穿稳压管 ZD702，Q706 截止，Q707 导通，将点灯控制 BKLT-EN 电压拉低，LED 驱动电路停止工作。

3.2.5　背光灯电路维修精讲

背光灯电路发生故障时，主要引起开机黑屏幕故障，可通过观察待机指示灯是否点亮，测量关键点电压，解除保护的方法进行维修。由于该背光灯电路设有两路相同的升压电路和调光电路，维修时可采用相同部位电压、对地电阻比较的方法，判断故障范围和故障元器件。

1. 背光灯始终不亮

（1）检查背光灯电路工作条件

首先检查 LED 驱动电路工作条件。测 LED 驱动电路 OZ9902 的 2 脚 + 12V 电压、3 脚点灯控制电压、7 ~ 9 脚亮度调整电压和 1 脚 100V 检测取样电压是否正常。若供电电压不正常，检查相关供电电路；若点灯和亮度调整电压不正常，检查主板控制系统。

（2）区分故障范围

若 LED 驱动电路工作条件正常，检查 OZ9902 的 22、23 脚有无激励脉冲输出，无激励脉冲输出，则故障在 OZ9902 及其外部电路，否则故障在升压输出电路、调光电路或 LED 背光灯串。

2. 背光灯亮后熄灭

（1）引发故障原因

如果开机的瞬间，有伴音，显示屏亮一下就灭，则是 LED 驱动保护电路启动所致。如果 LED 背光灯灯管亮后马上就灭，伴音正常，则是过电流保护电路启动所致；如果灯管亮 1s 后才灭，同时电视机三无，主电源无电压输出，则是过电压保护电路启动所致。

（2）解除保护方法

解除保护的方法是强行迫使 OZ9902 退出保护状态，进入工作状态，但故障元器件并未排除，因此解除保护通电试机的时间要短，需要测量电压时应提前确定好测试点，连接好电压表，通电时快速测量电压，观察电路板元器件和背光灯的亮度情况，避免通电时间过长，造成过大损坏。

升压电路过电压保护电路解除保护方法是：在过电压分压电路的下面电阻 R714 或 R734 两端并联 1 ~ 4.7kΩ 电阻，降低取样电压。

升压电路过电流保护电路解除保护方法是：在过电流保护取样电阻 R712//R713 或 R732//R733 两端并联 0.5 ~ 1Ω 电阻，降低取样电压。

OZ9902 的 24 脚外部模拟晶闸管保护电路解除保护方法是：一是断开 OZ9902 的 24 脚外部电路；二是将 Q701 的 G 极对地短路，迫使 Q701 截止，解除对主电源电路的控制。

3.2.6　背光灯电路维修实例

【例1】　开机后，屏幕亮一下即灭。

分析与检修： 开机背光灯能亮一下，说明 OZ9902、功率管正常，故障在高压保护电路。当背光灯电路出现故障时，OZ9902 的 24 脚输出高电平，判断背光灯保护电路启动，经 Q701 迫使主电源停止工作。

检测电源板 XS953 上的 5 脚 PS-ON 开机电压一直正常，屏幕灭后测 XS953 的 1 脚 12V 电压在背光熄灭的同时降为 0V，进一步判断背光灯保护电路启动。采取解除保护的方法维修：断开 OZ9902 的 24 脚，开机测量 12V 电压正常，发现屏一边亮、另一边暗，是屏上的背光灯串不能正常点亮引起电源保护。仔细观察发现 LED 连接器 XS701 的 5 脚回路接触不良，将其处理并接触良好后，试机半小时，一切正常，故障排除。

【例 2】　开机黑屏幕，指示灯亮。

分析与检修：指示灯亮，说明开关电源正常，有伴音，但液晶屏不亮，仔细观察 LED 背光灯串根本不亮。检查 LED 驱动电路的工作条件，OZ9902 的 2 脚 12V 电压和 3 脚点灯控制使能端电压正常，检查 OZ9902 的 1 脚 100V 取样电压仅为 1.1V，低于正常值 5.0V，测量 1 脚外部的降压、分压取样电路，发现 R704 阻值变大。用 3.3MΩ 电阻更换 R704 后，故障排除。

3.3　康佳 35016852 主板 + 电源 + 背光灯三合一板维修精讲

康佳新型 LED 液晶彩电采用的版本号为 35016852 电路板，是主板 + 电源 + 背光灯三合一板。版本号为 35016705、35016302、35017209 的三合一板与其基本相同，应用于康佳 LED32F2200C、LED32F2200CE 等液晶彩电中。

由于 LED 液晶彩电背光灯采用 LED 背光灯串，其消耗功率减小，开关电源输出功率和背光灯驱动功率相对下降，减小了开关电源和背光灯驱动电路的元器件体积和电路板面积，为与主板合为一体创造了条件，实现了主板 + 电源 + 背光灯电路三位一体。近几年面世的小型 LED 液晶彩电，逐渐采用主板 + 电源 + 背光灯三合一板。三合一板将三个单元电路合为一体，既省掉了三者之间的导线连接，又使液晶彩电组成的板块减少，增加了电视机的可靠性；同时三合一板功耗大大减小，更加节能、绿色、环保。但是由于三个单元电路合为一体，没有连接器和导线，给维修时测量输出输入电压造成困难，是液晶彩电维修的一个新课题。本节只对开关电源和背光灯驱动电路的原理与维修进行精讲。

康佳 35016852 主板 + 电源 + 背光灯三合一板实物图解如图 3-17 所示，其中开关电源和背光灯电路组成框图如图 3-18 所示。

其中主板由主芯片 MST6M182VG、调谐电路 MT2063、功放电路 HSH9010 等 IC 和其他元器件组成，对 TV、AV、HDMI、VGA、HDTV、USB 等各种信号进行放大和处理，形成图像显示信号送到显示屏，产生音频信号送到扬声器，产生图像和伴音，同时对整机各个系统和单元电路进行调整和控制。开关电源电路采用 FAN6755W，输出 100V 和 12.2Vsb 电压，为主板和背光灯电路供电；LED 背光灯电路采用 OZ9902C，将 100V 电压提升到 150V 左右，为 LED 背光灯串供电。

3.3.1　电源电路原理精讲

康佳 35016852 主板 + 电源 + 背光灯三合一板开关电源电路如图 3-19 所示，由抗干扰和市电整流滤波电路、开关电源主电路、稳压控制电路、开/关机控制电路组成。

1. 抗干扰和市电整流滤波电路

（1）抗干扰电路

交流 220V 电压经过熔丝 F901、压敏电阻 RV701 过电压保护，进入由电感线圈 L901、L701 ~ L703 和电容 CX901、CX902、CY903 ~ CY906 组成的共模、差模滤波电路，一是滤除市电电网干扰信号；二是防止开关电源产生的干扰信号窜入电网。

（2）全桥整流滤波电路

开关电源电路：以驱动控制电路FAN6755W (NW907)、大功率MOSFET(开关管)VW901、变压器TW901为核心组成。通电后，市电整流滤波后形成的+300V电压通过TW901的一次绕组为VW901供电，AC220V经VDW912整流后经RW900、RW907、RW908向NW907的8脚提供启动电压，开关电源启动工作。NW907从5脚输出激励脉冲，其脉冲电流在输出变压器TW901中产生电感电压，二次感应电压经整流滤波后输出+12.2V、+100V电压，+12.2V电压为主板和背光灯电路供电，+100V电压为背光灯升压电路供电

LED背光灯电路：由三部分电路组成，一是以OZ9902C(N701)为核心组成的升压和恒流控制驱动电路；二是以储能电感L701~L703、开关管V701、续流管VD752、滤滤电容C753为核心组成的升压输出电路；三是以开关管V751、VD752为核心组成的LED背光灯恒流控制电路。开关电源输出的+100V电压为升压输出电路供电，+12.2V电压为N701的2脚供电。遥控开机后主板送来的ENA点灯电压送到N701的3脚，数字亮度调整PWM电压送到N701的6脚，模拟亮度调整ADIM电压送到N701的7脚。背光灯电路启动工作，N701从15脚输出升压激励脉冲，推动开关管V701工作于开关状态，与储能电感L701~L703和续流管VD751、VD752，将+100V提升到150V左右，为LED背光灯串供电；同时N701从11脚输出调光激励脉冲，控制开关管V751的导通、截止间隔时间，对LED背光灯串进行恒流控制，确保LED光源均匀稳定

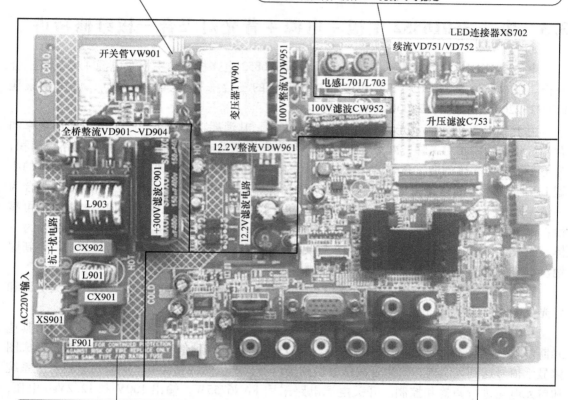

开关管VW901
变压器TW901
100V整流激流VDW951
LED连接器XS702
续流VD751/VD752
电感L701/L703
100V滤波CW952
升压滤波C753
全桥整流VD901~VD904
12.2V整流VDW961
L903
+300V滤波C901
12.2V滤波电路
抗干扰电路
CX902
L901
CX901
AC220V输入
XS901
F901

抗干扰和市电整流滤波电路：利用电感线圈L901、L903和电容CX901、CX902、CY905、CY906组成的共模、差模波波电路，一是滤除市电电网干扰信号；二是防止开关电源产生的干扰信号窜入电网。滤除干扰脉冲后的市电通过全桥VD901~VD904整流、电容C901滤波后，产生+300V的直流电压，送到开关电源电路

主板：由主芯片MST6M182VG、调谐电路MT2063、功放电路HSH9010等和其他元器件组成，对TV、AV、HDMI、VGA、HDTV、USB等各种信号进行放大和处理，形成图像显示信号送到显示屏，产生音频信号送到扬声器，产生图像和伴音；同时对整机各系统进行控制和调整

图 3-17　康佳 35016852 主板+电源+背光灯三合一板实物图解

　　滤除干扰脉冲后，一路通过全桥 VD901~VD751、VD752、电容 C901、C903 将交流市电整流滤波，产生 +300V 的直流电压，经限流电阻 RT901 限制开机冲击电流后，送到开关电源主电路；另一路经 VDW912 整流、电阻 RW901~RW905 与 RW906 降压分压后，获取市电取样电压，送到主电源驱动电路 NW907 的 1 脚。

2. 开关电源主电路

　　康佳 35016852 主板+电源+背光灯三合一板的开关电源主电路以驱动控制电路

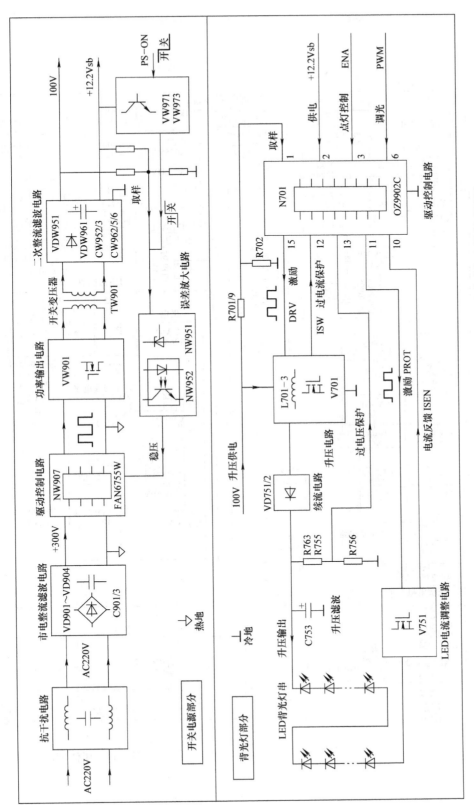

图 3-18　康佳 35016852 主板 + 电源 + 背光灯三合一板开关电源和背光灯电路组成框图

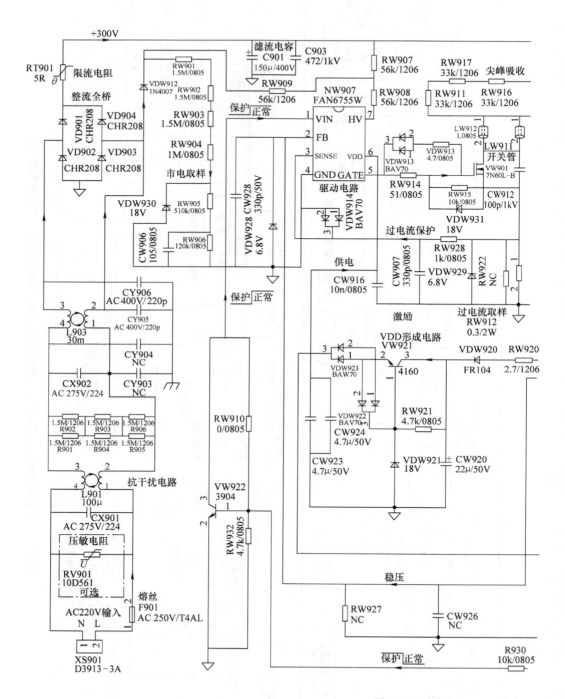

图 3-19 康佳 35016852 主板 +

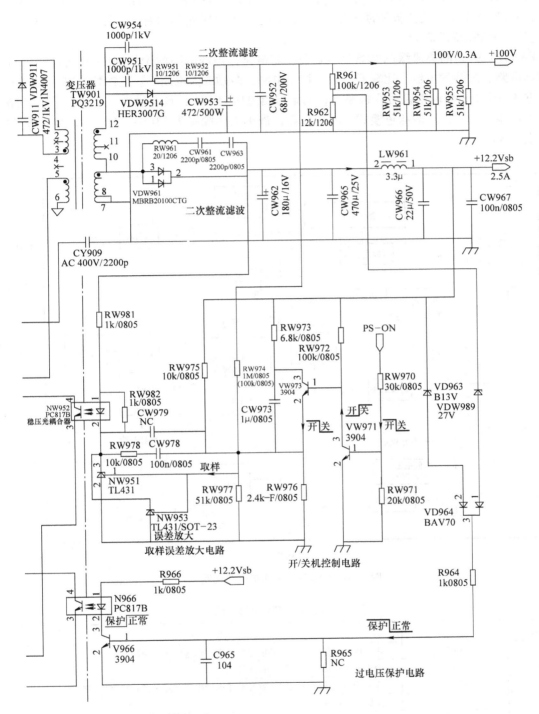

电源＋背光灯三合一板开关电源电路

FAN6755W（NW907）、大功率 MOSFET（开关管）VW901、变压器 TW901、稳压控制电路误差放大器 NW951、NW953（TL431）、光耦合器 NW952 为核心组成，输出 + 12.2Vsb、+ 100V 电压，+ 12.2Vsb 电压为主板和背光灯驱动电路供电，+ 100V 电压为背光灯升压电路供电。

（1）FAN6755W 简介

FAN6755W 是高集成绿色电源专用驱动控制电路，内部电路框图如图 3-20 所示，内含软启动电路、时钟发生器、比较器、电压控制电路、激励放大电路等。它的特点有：固定工作频率为 65kHz；5ms 软启动 G 极驱动；固定输出电压为 18V；具有供电欠电压保护、开路保护等功能；采用自适应绿色模式，减少损耗，最小工作频率为 23kHz。FAN6755W 引脚功能见表 3-8。

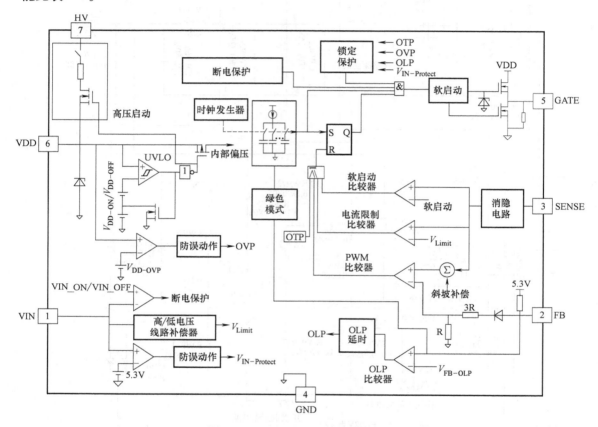

图 3-20　FAN6755W 内部电路框图

表 3-8　FAN6755W 引脚功能

引脚	符　号	功　　　能
1	VIN	线电压检测输入，用于断电保护磁滞，恒定输出功率限制
2	FB	输出电压反馈输入，用于稳压控制
3	SENSE	开关管电流检测输入，内置过电流保护电路和绿色模式控制检测电路
4	GND	集成电路接地
5	GATE	MOSFET 激励脉冲输出
6	VDD	供电电压输入，内设供电电压检测与过电压、欠电压保护功能
7	HV	高压启动电压输入

（2）启动工作过程

220V 交流电压经过整流滤波得到 300V 直流电压经两路为开关电源主电路供电：一路经开关变压器 TW901 的一次侧 1-3 脚为 MOSFET（开关管）VW901 的 D 极供电；另一路经 RW907、RW908 降压后，为 NW907 的 8 脚提供启动电压，该电路启动工作，NW907 从 5 脚输出激励脉冲电压，经 RW914、VDW913、RW913 推动 VW901 工作于开关状态，VW901 产生的脉冲电流在 TW901 中产生感应电压。其中 TW901 的热地端 5-6 绕组上产生的感应电压，经 RW920 限流、VDW920 整流、CW920 滤波后产生直流电压，再经 VW921、VDW921 组成的稳压电路稳压后，产生 17.3V 的 VDD 电压，送到 NW907 的 6 脚，取代 NW907 的 8 脚内 HV 启动电压，为启动后的 NW907 提供稳定的供电。

（3）二次整流滤波电路

TW901 的冷地端二次 7/8-9/10 绕组产生的感应电压经双二极管 VDW961 整流，CW962、CW965、LW961、CW966 组成的 π 式电路滤波后，输出 + 12.2Vsb/2.5A 电压，为主板和背光灯电路供电；TW901 的二次 7/8-12 绕组产生的感应电压经 VDW951 整流，CW953、CW952 滤波后，输出 + 100V 电压，为 LED 背光灯升压电路供电。

（4）稳压控制电路

稳压控制电路以取样电路 RW974、RW975、RW977、误差放大器 NW951、NW953（TL431）、光耦合器 NW952（PC817B）为核心组成，对 NW907 的 2 脚 FB 电压进行控制，达到稳压的目的。

当开关电源输出的 + 100V 和 + 12.2Vsb 电压升高时，经过取样电路分压，使 NW951、NW953 的采样输入端电压升高，比较放大后 NW951、NW953 的电流增加，经过光耦合器 NW952 使 NW907 的 2 脚电压降低，NW907 输出的脉冲变窄，开关管 VW901 的导通时间变短，开关电源输出电压降低到正常值。当开关电源输出电压降低时，稳压电路向相反的方向变化，输出电压上升到正常值。

（5）开关管过电流保护电路

NW907 的 3 脚为开关管电流检测输入端，通过 RW928 对大功率开关管 VW901 的 S 极电压进行检测，当 VW901 的电流过大时，在 S 极电阻 RW912 上产生的电压降增加，通过 RW928 加到 NW907 的 3 脚，经内部检测后，执行保护措施，停止输出激励脉冲。

（6）尖峰吸收保护电路

大功率开关管 VW901 的 D 极与 VDW911、CW911、RW911、RW917、RW916 组成的尖峰脉冲吸收电路相连接。当开关管 VW901 截止时，在 TW901 的一次 1-3 绕组产生较高的反峰电压，该反峰电压经尖峰吸收电路吸收释放，避免开关管截止期间将 VW901 击穿。

（7）市电欠电压保护电路

该保护电路由驱动电路 NW907 的 1 脚内外电路组成。NW907 的 1 脚内设电压检测和保护电路，当 1 脚电压过高或过低时，保护电路启动，NW907 停止工作。市电经 VDW912 整流、RW901～RW906 分压后，送到 NW907 的 1 脚。当市电电压过低，1 脚电压降低到保护设计阈值时，NW907 保护电路启动，开关电源停止工作。

（8）输出过电压保护电路

该电路以 13V 稳压管 VD963、分压电阻 R961、R962、27V 稳压管 VDW989、检测晶体管 V966、光耦合器 N966 为核心组成，对开关电源驱动电路 NW907 的 1 脚电压进行控制。

当开关电源输出的 + 12.2Vsb 电压达到 13V 以上时，击穿 13V 稳压管 VD963，经 VD964

向 V966 的 b 极注入高电平；当 + 100V 电压过高，经 R961、R962 分压后的电压超过 27V 时，击穿 27V 稳压管 VDW989，经 VD964 向 V966 的 b 极注入高电平，迫使 V966 导通，N966 导通，其内部光敏晶体管导通，从 3 脚输出高电平，使 V922 导通，将 NW907 的 1 脚电压拉低，NW907 据此进入保护状态，开关电源停止工作。

3. 开/关机控制电路

康佳 35016852 主板 + 电源 + 背光灯三合一板的开/关机控制电路由 VW971、VW973 组成，对开关电源稳压控制电路的取样电压进行控制，进而控制开关电源的输出电压。主板电路送来的 PS-ON 控制电压送到开关电源电路。

（1）开机状态

开机时，PS-ON 为高电平，VW971 导通，c 极输出低电平，将 VW973 的 b 极电压拉低，VW973 截止，对取样电压不产生影响，开关电源正常输出 + 100V 和 + 12.2Vsb 电压；同时主板送来高电平 ENA 点灯控制电压和 PWM 调光电压到背光灯电路，背光灯点亮，进入开机状态。

（2）待机状态

待机时 PS-ON 变为低电平，VW971 截止，c 极输出高电平，VW973 导通，将误差放大器 NW951、NW953 取样电压提高，根据稳压控制原理，NW951、NW953 的电流增加，经过光耦合器 NW952 使 NW907 的 2 脚电压降低，NW907 输出的脉冲变窄，开关管 VW901 的导通时间变短，开关电源输出电压降低到正常值的 1/2 左右，维持主板控制系统供电。同时主板送来低电平 ENA 点灯控制电压和低电平 PWM 调光电压，背光灯电路停止工作，进入待机状态。

3.3.2　电源电路维修精讲

康佳 35016852 主板 + 电源 + 背光灯三合一板的开关电源部分发生故障时，主要引起开机三无故障，可通过观察待机指示灯是否点亮，测量关键点电压，解除保护的方法进行维修。

1. 开机三无，待机指示灯不亮

（1）熔丝熔断

测量熔丝 F901 是否熔断，如果已经熔断，说明开关电源存在严重短路故障，主要对以下电路进行检测：一是检测交流抗干扰电路电容和整流滤波电路 VD901 ~ VD751、VD752、C901、C903 是否击穿漏电；二是检查电源开关管 VW901 是否击穿，如果击穿，继续查 TW901 的一次绕组并接的尖峰脉冲吸收电路元器件是否开路失效，避免二次击穿 VW901。

（2）熔丝未断

如果测量熔丝 F901 未断，指示灯不亮，主要是开关电源电路未工作，测量开关电源有无电压输出。如果无电压输出，首先测量大滤波电容 C901 两端有无 300V 直流电压，无 300V 电压，排除抗干扰电路和市电整流滤波电路的开路故障。

300V 电压正常，首先测量 NW907 的 8 脚有无启动电压，如果无启动电压，检查 NW907 的 8 脚外部启动电路 RW907 ~ RW909 是否开路。然后测量 NW907 的 1 脚电压是否正常，若该脚电压过低，则原因有：一是 VDW912、RW901 ~ RW906 组成的市电分压取样检测电路元器件变质或开路，造成 NW907 内部保护电路启动；二是由 V966、N966 组成的开关电源过电压保护电路启动，常见为稳压管 VD963 或 VDW989 漏电所致。最后测量 NW907 的 6 脚

VDD 供电，该脚外部 VDD 供电电路发生故障，特别是 CW923、CW924、CW920 容量失效，也会造成 6 脚启动电压过低，开关电源不能启动。

若启动和供电正常，检测 NW907 的 5 脚有无激励脉冲输出，无激励脉冲输出，为驱动电路 NW907 及其外部电路故障；有激励脉冲输出，则是开关管 VW901、变压器 TW901 及其二次整流滤波电路故障。

2. 开机三无，待机指示灯亮

（1）检测 PS-ON 电压

指示灯亮，说明开关电源有电压输出，多为开关电源未进入开机状态所致。此时遥控开机测 VW971 的 b 极是否为高电平，如果是低电平，则是主板故障或未进入开机状态，可遥控开机测量 PS-ON 电压。

（2）检查开/关机控制电路

如果 PS-ON 电压为高电平，测量电源电路输出电压为正常时的一半，检查开/关机控制电路 VW971、VW973。

3.3.3　电源电路维修实例

【例1】　开机三无，指示灯不亮。

分析与检修：测量市电输入电路的熔丝 F901 未断，但测量大滤波电容 C901 两端无 300V 电压，说明抗干扰和市电整流滤波电路有开路故障。检查抗干扰电路，发现限流电阻 RT901 烧断开路，说明短路故障在 RT901 之后的电路中。对滤波电容 C901 和电源开关管 VW901 进行检测，发现 VW901 有漏电现象，正反向电阻均为 100Ω 左右。用电阻法检测其他元器件未见异常，更换 VW901、RT901 后，通电试机出现图像和伴音，但数分钟后再次三无，再检查发现新更换的 VW901 再次击穿漏电，RT901 再次烧断。检查 VW901 外部电路，发现其 G 极电阻 RW914 和 S 极电阻 RW912 阻值变大，造成 VW901 激励不足而损坏。更换 RW914、RW912 和 RT901、VW901 后，故障彻底排除。

【例2】　开机困难，偶尔能开机。

分析与检修：能开机时一切正常，关机一段时间后又不能开机了，估计是某个元器件冷却后不能正常工作，对温度敏感的电容、晶体管等进行检查，未见异常。最后更换驱动控制电路 NW907（FAN6755W）后，故障彻底排除。

3.3.4　背光灯电路原理精讲

康佳 35016852 主板 + 电源 + 背光灯三合一板背光灯电路如图 3-21 所示。该电路主要由两部分组成：一是以振荡与控制电路 OZ9902C（N701）、升压输出电路开关管 V701、储能电感 L701～L703、续流管 VD751、VD752、输出滤波电容 C753 为核心组成的升压电路，将 100V 供电提升到 150V 左右，为 LED 背光灯串正极供电；二是由 N701 的 10、11 脚和外部的开关管 V751 组成的调流控制电路，对 LED 背光灯串的负极电流进行调整和控制，达到调整亮度的目的。

1. 背光灯基本电路

（1）OZ9902C 简介

背光灯驱动电路 N701 采用的 OZ9902C，是 LED 背光灯专用驱动控制电路，内部电路框图如图 3-22 所示。它内设升压输出驱动电路和背光灯电流控制驱动电路，具有升压开关管电流

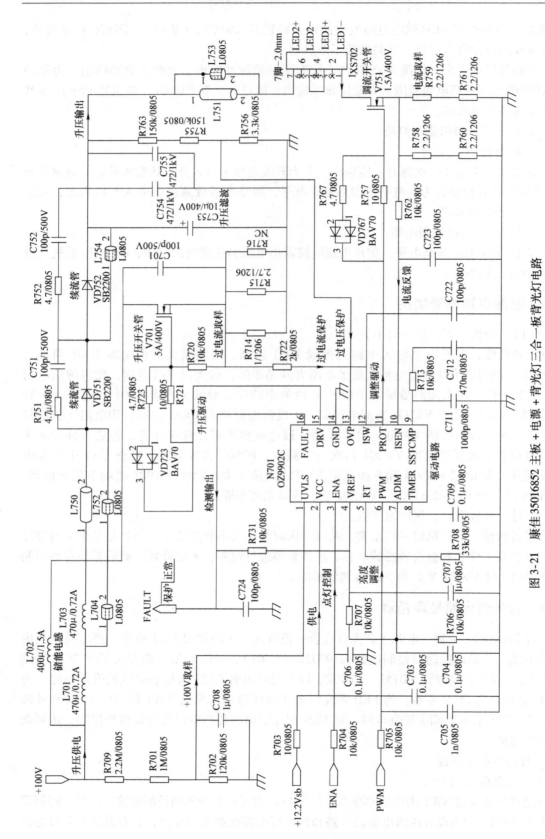

图 3-21 康佳 35016852 主板 + 电源 + 背光灯三合一板背光灯电路

检测保护、输出电压检测保护，电流调整管电流检测保护等功能，其引脚功能见表 3-9。

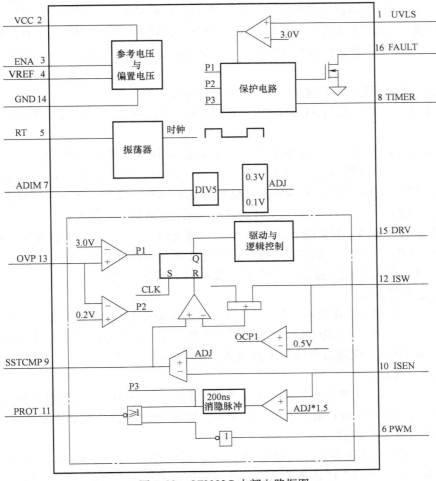

图 3-22　OZ9902C 内部电路框图

表 3-9　OZ9902C 引脚功能

引脚	符　号	功　　　能
1	UVLS	输入电压欠电压保护检测，正常值为 3.3V，低于 3V 保护启动
2	VCC	工作电压输入
3	ENA	芯片开启/关闭控制输入，高电平 2V 以上开启，低电平 0.8V 以下关闭
4	VREF	基准电压输出
5	RT	芯片工作频率设定和主副模式设定
6	PWM	PWM 调光输入
7	ADIM	模拟调光信号输入，不用时设定为 3V 以上
8	TIMER	关断时间延迟设定
9	SSTCMP	软启动和补偿设定
10	ISEN	LED 短路保护输入
11	PROT	调光 MOSFET 驱动输出
12	ISW	升压 MOSFET 电流检测输入
13	OVP	输出过电压检测输入
14	GND	接地
15	DRV	升压 MOSFET 驱动输出
16	FAULT	故障状态输出

（2）启动升压过程

遥控开机后，开关电源电路输出的 + 12.2Vsb 电压为 N701 的 2 脚供电，开关电源电路输出的 100V 电压经储能电感 L701 ~ L703 加到升压开关管 V701 的 D 极，同时经续流二极管 VD751、VD752 向升压滤波电容 C753 充电，主板送来的 ENA 点灯控制电压为高电平，送到 N701 的 3 脚。

当 3 脚 ENA 电压超过 2V 时，4 脚 VREF 基准电压从 0V 上升到 5V，当上升到 4.6V 阈值，同时 1 脚 UVLS 电压超过 3V 时，N701 启动工作，内部振荡电路启动，振荡频率由 5 脚外部 R708 决定。

OZ9902C 启动工作后，从 15 脚输出升压驱动脉冲 DRV，推动 V701 工作于开关状态。V701 导通时，相当于开关短接，100V 电流经 L701 ~ L703、V701 的 D-S 极、S 极电阻到地，在储能电感 L701 ~ L703 中产生感应电压并储能，此时续流二极管 VD751、VD752 正极电压低于负极电压而截止；LED 背光灯由升压滤波电容 C753 两端电压供电。

V701 截止时，相当于开关断开，100V 电压和储能电感 L701 ~ L703 中储存的电压叠加，电流经 L701 ~ L703、续流管 VD751、VD752 向升压电容 C753 充电，将背光灯供电电压提升；同时 C753 两端电压经连接器 XS702 的 7 脚向 LED 背光灯供电。

（3）调流控制电路

N701 内部振荡驱动电路启动工作后，一是从 15 脚输出 DRV 升压驱动脉冲；二是从 11 脚输出调光信号，控制调光 MOSFET（开关管）V751 的导通程度，对连接器 XS702 的 1 脚 LED 背光灯串的回路电流进行调整，达到调整背光灯亮度的目的。

（4）亮度调整电路

主板控制系统输出的数字亮度调整电压 PWM 送到 N701 的 6 脚，7 脚模拟亮度调整电压经外部 R707、R706 对 VREF 基准电压分压获得，对 IC 内部振荡脉冲和调光电路进行调整，达到调整背光灯亮度的目的。

PWM 数码调光的电压要求：高电平大于 2V，低电平小于 1V，频率在 100 ~ 300Hz 之间。如果不采用 7 脚模拟亮度调整电压，可通过分压电阻接基准电压来获得 3V 直流电压即可。N701 的 6、7 脚可通过外接控制电路对振荡频率的占空比进行调整。

2. 背光灯保护电路

（1）供电欠电压保护电路

OZ9902C 的 1 脚外接 100V 供电分压检测取样电路，内含欠电压保护检测电路。当供电电压为 100V 时，1 脚正常电压为 3 ~ 5V；如果 100V 电压下降，OZ9902C 的 1 脚电压就会随之降低到 3V 以下，此时 IC 内部欠电压保护电路启动，停止输出激励脉冲，防止输入电压降低，导致输出电压过低。

（2）升压开关管过电流保护电路

OZ9902C 的 12 脚为 ISW 过电流检测输入端，升压开关管 V701 的 S 极电阻 R714 ~ R716 并联为过电流取样电阻，其上端取样电压通过 R722 送到 OZ9902C 的 12 脚，当 V701 电流过大，反馈到 OZ9902C 的 12 脚电压大于 0.5V 时，IC 内部过电流保护电路启动，关断 DRV 升压脉冲，直到下一个工作周期。

（3）输出电压过电压保护电路

OZ9902C 的 13 脚为 OVP 输出过电压检测输入端，升压电容两端的输出电压，经 R763、R755 与 R756 分压取样，获得 OVP 取样电压，送到 OZ9902C 的 13 脚。当升压电路输出电压过高，反馈到 OZ9902C 的 13 脚 OVP 电压超过 3V 时，内部过电压保护电路启动，停止输出升压脉冲 DRV。

当升压输出负载电路发生短路故障，反馈到 OZ9902C 的 13 脚的 OVP 电压小于 0.2V 时，内部短路保护电路启动，停止输出升压脉冲 DRV。

OZ9902C 的 8 脚外接电容 C709 的大小决定过电压、过电流保护的延迟时间。当发生过电压、过电流等情况时，8 脚开始给 C709 充电，充电电流为 $6.5\mu A$，当该脚电压达到 3V 时，IC 才停止工作。

（4）输出短路保护电路

OZ9902C 的 10 脚为 ISEN LED 短路保护输入端，通过 R762 与调光 MOSFET（开关管）的 S 极取样电阻 R758～R761 相连接。当 LED 背光灯串发生短路时，导致 10 脚电压上升到正常值的 1.5 倍时，11 脚立即停止调光电压输出。8 脚开始向 C709 充电，在 8 脚电压上升到 3V 之前，11 脚以一定频率间歇让 V751 导通，以检查是否处于短路状态，如果短路被移除，IC 恢复正常工作；当 8 脚电压上升到 3V 时，短路持续，IC 停止工作并锁死，则必须重新上电方能启动工作。

（5）故障检测输出电路

OZ9902C 的 16 脚 FAULT 正常时输出为低电平，当出现上述故障时，16 脚则输出高电平，以便与其他控制电路联动。

3.3.5　背光灯电路维修精讲

康佳 35016852 主板＋电源＋背光灯三合一板的背光灯电路发生故障时，一是背光灯板不工作，所有的 LED 背光灯串均不点亮，引起有伴音、无光栅故障；二是个别灯串发生故障或老化，引起显示屏局部不亮或亮度偏暗故障。

1. 有伴音，黑屏

显示屏背光灯串全部不亮，是背光灯板发生故障，主要检查供电、控制电路等共用电路。

1）检测输入电压 12.2Vsb、100V 及 ENA 点灯控制、PWM 亮度控制信号是否正常工作，如果不正常，检测主板控制系统。

2）检测背光灯驱动板是否有严重短路故障，常见为 BOOST 升压输出电路 MOSFET（开关管）V701、续流二极管 VD751、VD752、输出滤波电容 C753 击穿短路，测量 OUT 输出电压是否与地短路。

3）检查 OZ9902C 的外部电路元器件是否异常，如异常，则更换；如正常，则更换 OZ9902C。

2. 背光灯亮后熄灭

背光灯亮后熄灭，多为保护电路启动所致。首先检查过电压保护电路参数是否正常。正常情况下 OZ9902C 的 13 脚 OVP 电压值设定在 0.2～3.0V，高于 3V 时过电压保护，低于 0.2V 时短路保护。引起过电压保护的原因：一是过电压保护取样电路电阻变质；二是升压电路输出电压过高。解除保护的方法是在 R756 两端并联（3～5）kΩ 电阻，降低取样电压。

检查过电流保护电路是否正常，正常时 OZ9902C 的 12 脚 ISW 电压值设定在 0.5V 以下，达到 0.5V 时过电流保护电路启动。引起过电流保护的原因：一是升压滤波电容漏电；二是背光灯串发生短路故障；三是调光电路 MOSFET（开关管）击穿；四是过电流取样电阻烧焦或阻值变大。解除过电流保护的方法是将 OZ9902C 的 12 脚对地短路。

3.3.6　背光灯电路维修实例

【例1】　开机有伴音，无光栅。

分析与检修：遇到显示屏背光灯全部不亮情况，主要检查背光灯板的供电电路、点灯控制和亮度调整电路。测量 100V 电压正常，测量点灯控制和亮度控制电压正常，测量 N701 各脚电压，发现 1 脚电压低于正常值，仅为 1V 左右，造成 N701 欠电压保护启动。检查 1 脚的 100V 分压取样电路，发现 R709 阻值变大，由正常值 $2.2M\Omega$ 变为 $3.5M\Omega$ 左右，且不稳定。更换 R709 后，故障排除。

【例2】　开机有伴音，无光栅。

分析与检修：检查背光灯板的供电电路、点灯控制和亮度调整电路。测量开关电源输出的 100V 和 12.2V 电压正常，测量驱动电路 N701 的 2 脚电压仅为 1.5V 左右，测量 N701 的 2 脚对地电阻仅为几十欧，断开 N701 的 2 脚，发现 N701 的 2 脚对地电阻最小，判断 N701 内部电路短路。更换 N701 和 V912 后，通电试机故障排除。

【例3】　开机有伴音，无光栅。

分析与检修：检查背光灯板的供电电路、点灯控制和亮度调整电路。测量 100V 电压仅为 60V 左右，且不稳定。断开背光灯升压电路，升到 90V 左右，测量开关电源输出的 12.2V 电压正常，判断 100V 整流滤波电路发生故障。检查 100V 整流滤波电路，发现滤波电容 CW952 漏电。更换 CW952 后，100V 电压恢复正常，故障排除。

第 4 章

TCL LED 液晶彩电电源 + 背光灯二合一板维修精讲

4.1　TCL 40-ES2310-PWA1XG 电源 + 背光灯二合一板维修精讲

　　TCL LED 液晶彩电采用的型号为 40-ES2310-PWA1XG 电源板，编号为 08-ES231C1-PW200AA，是将开关电源与背光灯电路合二为一的组合板。开关电源电路采用 FAN6754，输出 24V 和 12V、3.3V 电压，为主板和背光灯电路供电；背光灯电路采用 MAP3204S，将 24V 电压升压后为 4 路 LED 背光灯串供电，并进行均流控制。该二合一板应用于 TCL L32F3270B、L32F3200B、L23F3200B、L23F3220B、L23F3270B 等 26 ~ 32in 液晶彩电中。

　　TCL 40-ES2310-PWA1XG 电源 + 背光灯二合一板实物图解如图 4-1 所示，电路组成框图如图 4-2 所示，分为开关电源和背光灯驱动电路两部分。

　　开关电源电路以驱动控制电路 U201（FAN6754）和大功率 MOSFET（开关管）QW1、变压器 TS2 为核心组成，为负载电路提供 +24V 和 12V、3.3VSB 电压；背光灯电路由以控制电路 MAP3204S（U601）为核心的驱动控制电路、以开关管 QW2、储能电感 L601、续流 D601、滤波 C601、C602 为核心组成的升压电路组成，将 24V 电压提升，为 4 路 LED 背光灯串正极供电，同时对 LED 背光灯串负极电流进行调整和控制。

4.1.1　电源电路原理精讲

　　TCL 40-ES2310-PWA1XG 电源 + 背光灯二合一板开关电源电路如图 4-3 所示，由抗干扰和整流滤波电路及主电源电路两部分组成。

1. 抗干扰和整流滤波电路

　　市电输入和抗干扰电路、整流滤波电路如图 4-3 上部所示。F1 为熔丝，F1 在输入电流过大时熔断，以保护电路；RT1 为热敏电阻，限制开机电流。

　　LF1、CX1、CY3、CY2、LF2 组成抗干扰电路，滤除市电电网干扰信号，同时防止开关电源产生的干扰信号窜入电网。RD1 ~ RD4 为泄放电阻，在交流输入关断时，对电容 CX1 放电，以满足安全电压要求。

　　滤除干扰脉冲的 AC220V 交流电压，通过桥堆 BD1 ~ BD4 和 CE1、CE2 整流滤波，产生 +300V 左右直流电压，为主、副电源电路供电。

2. 主电源电路

　　TCL 40-ES2310-PWA1XG 电源 + 背光灯二合一板主电源电路如图 4-3 所示。该电路以主电源电路：以驱动控制电路FAN6754(U201)、大功率MOSFET(开关管)QW1、变压器TS2、稳压控制电路误差放大器TL431(U401)、光耦合器TLP781(PC1)为核心组成。通电后，市电整流滤波后形成的+300V电压通过TS2的一次6-4绕组为QW1供电，AC220V经R401、R402、D401整流后向U201的4脚提供启动电压，主电源启动工作，U201从8脚输出激励脉冲，推动QW1工作于开关状态，其脉冲电流在输出变压器TS2中产生感应电压，二次感应电压主经整流、滤波、降压后输出24V、12V和3.3VSB电压，为主板和背光灯电路供电

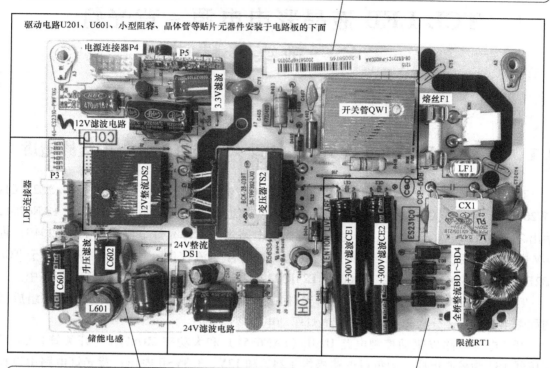

驱动电路U201、U601、小型阻容、晶体管等贴片元器件安装于电路板的下面

LED背光灯电路：由以MAP3204S(U601)为核心的驱动控制电路，以开关管QW2、储能电感L601、续流D601、波波C601、C602为核心组成的升压电路两部分组成。主电源输出的24V电压为升压电路供电，12V电压为U601的1脚供电，遥控开机后，点灯BL ON电压送到U601的8脚，P-DIM调光电压送到U601的7脚，U601启动工作，从15脚输出升压驱动脉冲，推动升压电路将24V电压提升，为4路LED背光灯串正极供电，经P3的5、6脚将背光灯点亮；P3的1~4脚4路LED背光灯串负极电流反馈到U601的9~12脚，U601根据各路反馈电流大小进行比较后，对各路LED背光灯串电流进行均流控制，确保LED背光源均匀稳定

抗干扰和市电整流滤波电路：利用电感线圈LF1、LF2和电容CX1、CY2、CY3组成的共模、差模滤波电路，一是波除市电电网干扰信号；二是防止开关电源产生的干扰信号窜入电网。滤除干扰脉冲后的市电通过全桥BD1~BD4整流、电容CE1、CE2滤波后，产生+300V的直流电压，送到主电源电路。RT1为限流电阻，限制开机冲击电流；F1为熔丝

图 4-1　TCL 40-ES2310-PWA1XG 电源 + 背光灯二合一板实物图解

集成电路 FAN6754（U201）、开关管 QW1、变压器 TS2 为核心组成，遥控开机后启动工作，产生 24V、12V 电压，为主板和背光灯电路供电；12V 电压降压后形成 3.3VSB 电压，为主板控制系统供电。

（1）FAN6754 简介

FAN6754 是开关电源专用驱动控制电路，内部电路框图如图 4-4 所示，内含振荡器、比较器、计数器、供电电压取样电路、取样保护电路、激励放大电路等，固定输出电压为13V。FAN6754 引脚功能见表 4-1。

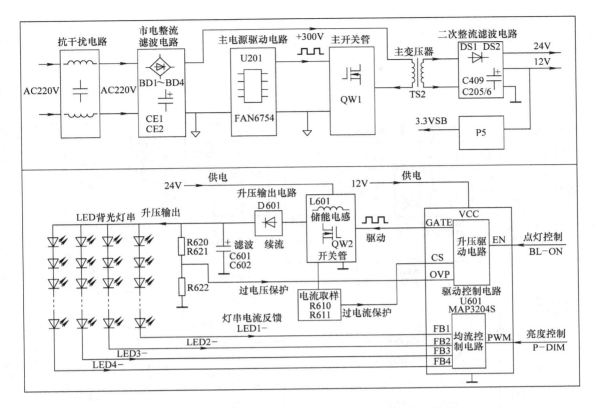

图 4-2　TCL 40-ES2310-PWA1XG 电源 + 背光灯二合一板电路组成框图

（2）启动工作过程

通电后，市电整流滤波后产生的 + 300V 电压经变压器 TS2 的一次 6-4 绕组为开关管 QW1 的 D 极供电，AC220V 市电经 R401、R402 降压，D401 整流后为 U201 的 4 脚提供启动电压，主电源启动工作，U201 从 8 脚输出激励脉冲，推动 QW1 工作于开关状态，其脉冲电流在开关变压器 TS2 中产生感应电压。其中 TS2 的 1-2 绕组感应电压经 D404、R406 整流、限流、C404 滤波后，产生的直流电压经 R407 为 U201 的 7 脚提供 VDD 工作电压，替换下启动电路，为 U201 供电。

开关变压器 TS2 中二次绕组 10 脚输出的感应电压，经 DS1 整流、C409、C424 滤波后，产生 24V 电压，为背光灯升压输出电路供电。TS2 中二次绕组 8/9 脚输出的感应电压，经 DS2 整流、C206、L201、C205、C202 滤波后，产生 12V 电压，为背光灯驱动和主电路板电路供电；12V 电压再经 P5 小电路板降压后，产生 3.3VSB 电压，为主板控制系统供电。

（3）稳压控制电路

稳压控制电路由精密基准电压源 U401（TL431）作为误差放大器，通过光耦合器 PC1（TLP781）对电源一次侧的驱动电路 U201 的 2 脚 FB 内的 PWM 电路进行控制。

电源二次侧输出的 24V、12V 直流电压由 R425、R411 与 R428//R429 分压取样后，加到 U401 的 1 脚控制端，与内部 2.5V 基准电压进行比较得到误差电压，控制 PC1 的 1-2 脚发光二极管流过的电流，进而改变 PC1 的 4、3 脚内部光敏晶体管的内阻，即改变加到 U201

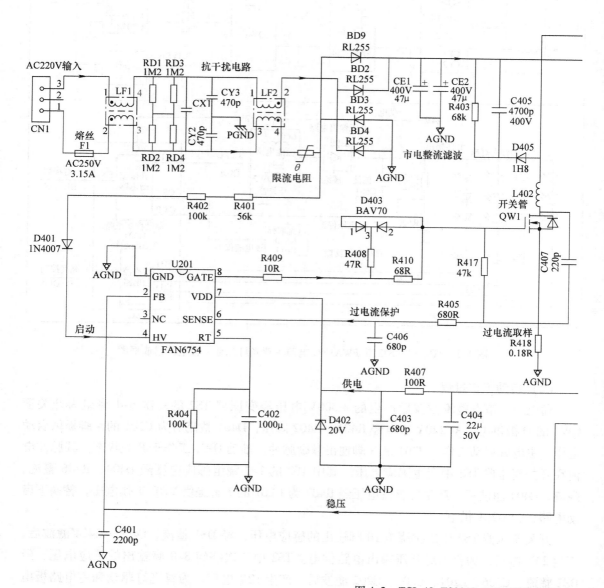

图 4-3　TCL 40-ES2310-PWA1XG 电源 +

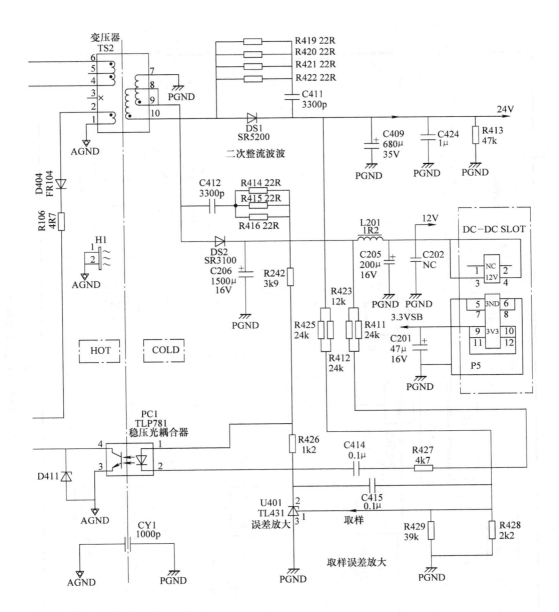

背光灯二合一板开关电源电路

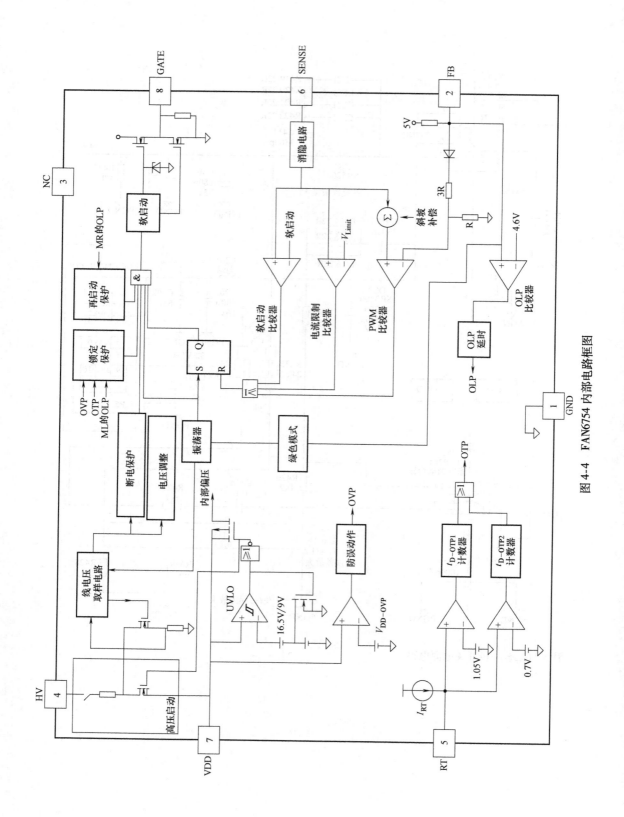

图 4-4 FAN6754 内部电路框图

表 4-1　FAN6754 引脚功能

引脚	符　号	功　　能	引脚	符　号	功　　能
1	GND	接地	5	RT	计数器外接定时电阻
2	FB	稳压反馈输入	6	SENSE	过电流保护输入
3	NC	空脚	7	VDD	电源供电输入
4	HV	启动电压输入	8	GATE	激励脉冲输出

的 2 脚的反馈电压,通过 U201 内部 PWM 作用调整 U201 的 8 脚输出的方波脉冲占空比,从而实现输出电压的稳定。

(4) 浪涌尖峰吸收电路

浪涌尖峰吸收电路由 D405、R403、C405 组成。MOSFET (开关管) QW1 由饱和翻转至截止瞬间,急骤突变的 D 极电流在 TS2 的一次 6-4 绕组产生峰值很高的反向电动势,极性为上负下正,并加到 QW1 的 D-S 极间,这时 D405 正向导通给 C405 充电,随后 C405 又通过 R403 放电,将浪涌尖峰电压泄放,以保护 QW1 不被击穿损坏。

(5) 过电流保护电路

U201 的 6 脚通过 R405 外接电阻 R418,R418 为开关管 QW1 的 S 极电流检测电阻。当 QW1 导通时,D 极电流在 R418 上产生的电压降加到 U201 的 6 脚,对 QW1 的电流进行检测。

如果流过 QW1 的 D 极电流过大,超出安全设定值,则 S 极电流在 R418 上的电压降会升高,加到 U201 的 6 脚电压升高,经内部电路比较控制后,关断 U201 的 8 脚方波激励脉冲输出,QW1 截止,以防过电流击穿开关管。

4.1.2　电源电路维修精讲

TCL 40-ES2310-PWA1XG 电源 + 背光灯二合一板开关电源电路发生故障时,主要引起开机三无故障,维修时可通过电阻测量和电压测量的方法进行,一是测量关键点电压,判断故障范围;二是测量主要元器件的电阻,判断元器件好坏。

为了观察和维修比较直观和方便,可到电工商店购买 24V (功率 60W) 低压灯泡作假负载。

1. 熔丝熔断

测量熔丝 F1 是否熔断,如果已经熔断,说明开关电源存在严重短路故障,主要对以下电路进行检测:一是检查交流抗干扰电路 CX1、CY2、CY3 和整流滤波电路 BD1 ~ BD4、CE1、CE2 是否击穿漏电;二是检查主电源开关管 QW1 是否击穿,如果击穿,进一步检查主电源尖峰吸收电路和稳压控制电路是否正常。

2. 熔丝正常

如果测量熔丝 F1 未断,指示灯不亮,主要是开关电源电路未工作。首先测量大滤波电容 CE1、CE2 两端有无 300V 电压,如果无 300V 电压,检查 AC220V 市电整流滤波电路 CE1、CE2,检查市电输入电路和整流桥 BD1 ~ BD4 是否发生开路故障;如果有 300V 电压,检查 U201 的 4 脚有无启动电压,无启动电压,检测启动电路 R401、R402、D401 是否烧断。

如果 300V 电压和启动电压正常,则检测集成块的其他引脚电压和对地电阻,通过电阻和电压检测判断 U201 是否损坏,必要时,代换 U201 试试。测量 U201 的 7 脚有无 VCC 供电,如果有 VCC 供电,则测 U201 及其外部电路元器件,特别是 8 脚外部开关管 QW1。

另外，主电源的负载电路发生严重短路故障，也会造成无电压输出。主电源二次整流二极管 DS1、DS2 容易损坏，该整流二极管和 CRT 电视机用的整流二极管是有区别的，这里用的整流二极管为肖特基二极管，特点为正向电压降低、电流大。

4.1.3　电源电路维修实例

【例 1】　开机三无，指示灯不亮。

分析与检修：指示灯不亮，说明开关电源电路异常。通电测试开关电源无电压输出，测试大滤波电容 CE1、CE2 两端没有电压，检查熔丝 F1 熔断，说明开关电源有严重短路故障。测量 CE1 和 CE2 两端电阻为 100Ω，测量开关管 QW1 的 D 极和 S 极之间电阻为 0Ω，说明 QW1 击穿，其 S 极电阻 R418 由正常时的 0.18R 增大到 100Ω。更换 F1、QW1 和 R418 后，故障排除。

【例 2】　开机三无，指示灯不亮。

分析与检修：开机测试大滤波电容 CE1、CE2 两端电压 300V 正常，测量开关电源有 24V 和 12V 电压输出，但无 3.3VSB 电压输出，判断故障在 P5 小电路板上。由于无该小电路板电路图，检查 P5 电路元器件未见异常，使用 5V 三端稳压器替换 P5，在输出端串联 2 个二极管降低 1.4V 后，得到 3.6V 电压，再串联 10Ω/1W 电阻，得到 3.3V 左右电压，为主电路板供电，获得成功。

4.1.4　背光灯电路原理精讲

TCL 40- ES2310- PWA1XG 电源＋背光灯二合一板背光灯电路如图 4-5 所示。该电路由驱动控制电路和升压输出电路两部分组成，对 4 条 LED 背光灯串进行供电和电流调整。

1. 驱动控制电路

背光灯板驱动控制电路以集成电路 MAP3204S（U601）为核心组成，一是输出升压激励脉冲，推动升压电路将 24V 供电提升，为 LED 背光灯串供电；二是对 LED 背光灯串的电流进行控制。

（1）MAP3204 简介

MAP3204 是 LED 背光驱动芯片，内部电路框图如图 4-6 所示，内含振荡器、升压驱动电路、调光驱动电路、过电流、过电压检测保护电路，外部 PWM 调光，灯串电流由外部电阻设定。它的输入电压范围为 7～36V，采用 TSSOP 的 16 脚和 SOIC 的 20 脚两种封装方式，TSSOP 的 16 脚封装命名为 MAP3204，SOIC 的 20 脚封装命名为 MAP3204S，两种封装方式引脚功能见表 4-2。本二合一板采用的是 20 脚 SOIC 封装形式。

（2）启动工作过程

遥控开机后，开关电源输出的 24V 电压为升压输出电路供电，12V 电压经 R630 为 U601 的 1 脚提供 VCC 供电。遥控开机后主板经连接器 P4 的 12 脚送来的 BL- ON 点灯电压，经 R616 送到 U601 的 8 脚，背光灯电路启动工作，U601 从 20 脚输出 GATE 升压激励脉冲，推动升压输出电路将供电电压提升，为 4 路 LED 背光灯串正极供电；同时 4 路 LED 背光灯串的负极电流反馈到 U601 的 9～12 脚，对 LED 背光灯串负极电流进行控制。

2. 升压输出电路

（1）升压工作原理

升压输出电路以开关管 QW2、储能电感 L601、续流 D601、滤波 C601、C602 为核心组

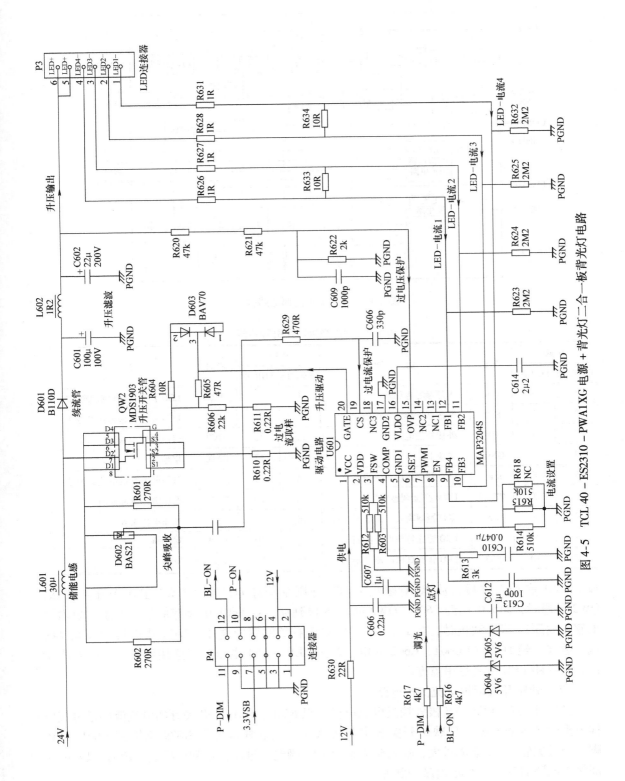

图 4-5　TCL 40－ES2310－PWA1XG 电源 + 背光灯二合一板背光灯电路

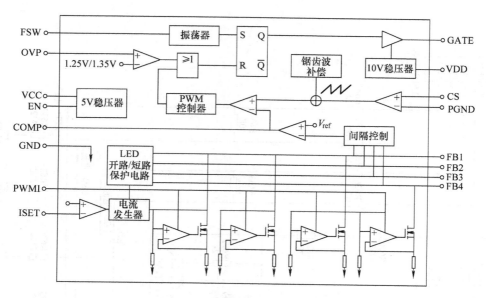

图 4-6　MAP3204 内部电路框图

表 4-2　MAP3204 /S 引脚功能

引脚		符号	功　　能	引脚		符号	功　　能
TSSOP16	SOIC20			TSSOP16	SOIC20		
1	2	VDD	内部参考电压输出	10	11	FB2	LED 背光灯串电流控制 2
2	3	FSW	振荡器外接定时电阻	11	12	FB1	LED 背光灯串电流控制 1
3	4	COMP	外接补偿电路	12	15	OVP	过电压保护检测输入
4	5	GND1	接地 1	13	17	GND2	接地 2
5	6	ISET	LED 背光灯串电流设置	14	19	CS	升压开关管过电流保护输入
6	7	PWMI	PWM 亮度调整电压输入	15	20	GATE	升压激励脉冲输出
7	8	EN	点灯控制输入，高电平开启	16	1	VCC	工作电压输入
8	9	FB4	LED 背光灯串电流控制 4	—	16	VLDO	稳压器
9	10	FB3	LED 背光灯串电流控制 3	—	13、14、18	NC1 ~ NC3	空脚

成。U601 启动工作后，从 20 脚输出 GATE 升压驱动脉冲，推动 QW2 工作于开关状态，QW2 导通时，24V 电压经 L601、QW2 的 D-S 极到地，在 L601 中储存能量，产生左负右正的感应电压；QW2 截止时，在 L601 中产生左正右负的感应电压，L601 中储存电压与 24V 电压叠加，经 D601 向 C601、C602 充电，产生 LED + 输出电压，经连接器 P3 的 5、6 脚输出，将 4 路 LED 背光灯串点亮。

（2）升压开关管过电流保护电路

升压开关管 QW2 的 S 极外接过电流取样电阻 R610、R611，开关管的电流流经过电流取样电阻时产生的电压降反映了开关管电流的大小。该取样电压经 R629 反馈到 U601 的 19 脚，当开关管 QW2 电流过大，输入到 U601 的 19 脚电压过高，达到保护设计值时，U601 内部保护电路启动，停止输出激励脉冲。

（3）输出电压过电压保护电路

升压输出电路 C601、C602 滤波后产生的 LED + 输出电压，经 R620、R621 与 R622 分压取样，反馈到 U601 的 15 脚。当输出电压过高，反馈到 U601 的 15 脚检测电压达到保护设计值时，U601 内部保护电路启动，停止输出激励脉冲。

3. 均流控制电路

（1）均流控制原理

均流控制电路由 U601 的 9～12 脚内外电路组成。LED 背光灯串连接器 P3 的 1～4 脚是 LED 背光灯串的负极回路，产生 LED1 -～LED4 - 反馈电压，分别送到 U601 的 9～12 脚 FB1～FB4 内部均流控制电路。

内部均流控制电路对返回的灯串电流进行检测和比较，对 4 路 LED 背光灯串电流进行调整，确保各个灯串电流大小相等，LED 背光灯串发光均匀稳定。背光灯电流由 U601 的 6 脚外部 R614//R615 决定。

（2）调光电路

主板经连接器 P4 的 11 脚送来的 P- DIM 调光控制电压，经 R617 送到 U601 的 7 脚，输入一个占空比可调的方波信号，对调光驱动电路的频率或脉宽进行调整和控制，控制 LED 点亮或者熄灭的时间比，达到调整 LED 背光灯亮度的目的。

4.1.5　背光灯电路维修精讲

TCL 40- ES2310- PWA1XG 电源 + 背光灯二合一板的背光灯电路发生故障时，主要引起开机黑屏幕故障，可通过观察待机指示灯是否点亮，测量关键点电压，解除保护的方法进行维修。

1. 背光灯始终不亮

（1）检查背光灯电路工作条件

首先检查 LED 驱动电路工作条件。测量升压输出 24V 和驱动电路 12V 供电是否正常，供电不正常，检查开关电源电路；测量 P4 的 12 脚 BL-ON 点灯电压是否为高电平，P4 的 11 脚 P-DIM 控制电压是否正常，点灯和调光电压不正常，检查主板控制电路。

若 24V 和 12V 供电正常，测量 U601 的 1 脚是否有 VCC 供电，无 VCC 供电，1 脚外部降压电阻 R630 烧断，多为 U601 内部电路短路或外部电容 C606 击穿所致；1 脚 VCC 供电正常，测量 U601 的 2 脚 VDD 电压是否正常，无 VDD 电压，多为 U601 内部稳压电路损坏，或 2 脚外部电容 C607 击穿所致。

（2）区分故障范围

若 LED 驱动电路工作条件正常，检查 U601 的 20 脚有无激励脉冲输出，无激励脉冲输出，则故障在 U601 及其外部电路，否则故障在升压输出电路、调光电路或 LED 背光灯串。常见为升压开关管 QW2 损坏，储能电感 L601 局部短路，升压电容 C601、C602 容量减小、击穿等。

2. 背光灯亮后熄灭

（1）引发故障原因

如果开机的瞬间，有伴音，显示屏亮一下就灭，则是 LED 驱动保护电路启动所致。引起升压电路过电压保护的原因多数为升压输出取样电路元器件发生变质。开关电源 24V 供电升高，也会引起过电压保护电路启动；

引起升压开关管过电流保护的原因多数为升压续流管 D601、滤波电容 C601、C602 漏电或 LED 背光灯串内部短路，少数为 QW2 的 S 极过电流保护取样电阻 R610//R611 阻值变大。

（2）解除保护方法

解除保护的方法是强行迫使 U601 退出保护状态，进入工作状态，但故障元器件并未排除，因此解除保护通电试机的时间要短，需要测量电压时可提前确定好测试点，连接好电压表，通电时快速测量电压，观察电路板元器件和背光灯的亮度情况，避免通电时间过长，造成过大损坏。

升压电路过电压保护电路解除保护的方法是：在过电压分压电路的下面电阻 R622 两端并联 4.7kΩ 电阻，降低取样电压。

升压电路过电流保护电路解除保护的方法是：在过电流保护取样电阻 R611∥R610 两端并联 0.1Ω 电阻，降低取样电压。

4.1.6　背光灯电路维修实例

【例 1】　开机黑屏幕，指示灯亮。

分析与检修： 指示灯亮，说明开关电源正常，有伴音，但液晶屏不亮，仔细观察 LED 背光灯串根本不亮。检查 LED 驱动电路的工作条件，测量 24V 和 12V 供电正常，测量 U601 的 1 脚无 VCC 供电，检查 1 脚外部电路，发现限流电阻 R630 烧焦，测量 U601 的 16 脚对地电阻小于正常值，判断 U601 内部电路击穿漏电损坏。更换 R630、U601 后，故障排除。

【例 2】　图像一半暗。

分析与检修： 通电试机，发现开机画面一边较暗，初步定为屏与背光板问题。检查背光板，测量供电电压正常，升压输出电压 LED + 正常，但 P3 的 1～4 脚中的 LED1 － ～ LED4 －电流反馈电压有两路高于正常值，将偏高的 LED － 回路插针与正常的 LED － 插针对调，原来显示屏发暗的一边改变到另一边，判断可能是 U601（MAP3204S）内部均流控制电路发生故障。更换 U601 后试机正常。已发现多例此类故障。

4.2　TCL 81-PBE024-PW4 电源 + 背光灯二合一板维修精讲

TCL LED 液晶彩电采用的型号为 81-PBE024-PW4 电源板，是集开关电源与 LED 背光灯电路合二为一的电路板。其中开关电源部分以驱动控制电路 LD7536（IC1）和大功率 MOS-FET（开关管）QW1 为核心组成，产生 +12V 和 +3.3V 电压，为主板和背光灯电路供电；LED 背光灯电路以驱动控制电路 MP3394（IC5）和开关管 Q603 为核心组成，为 4 条 LED 背光灯串供电，同时对 LED 背光灯串电流进行控制。该二合一板应用于 TCL LED24E5000B、LED24C320、L24E5000B、L24E5070B、L24E09、L24E5080B、乐华 LED24C320、三洋 23CE630 等液晶彩电中。

TCL 81-PBE024-PW4 电源 + 背光灯二合一板上面元器件分布实物图解如图 4-7 所示，下面元器件分布实物图解如图 4-8 所示，电路组成框图如图 4-9 所示，电路原理图如图4-10所示。

背光灯电路：由以MP3394(IC5)为核心的驱动电路、以开关管Q603、储能电感L601、续流D600、D601、滤波C402、C614、C623为核心组成的升压电路、IC5的9～11脚内部均流控制电路三部分组成。主电源输出+12VA为背光灯电路IC5供电。遥控开机后，点灯BL-ON电压送到IC5的2脚，亮度信号送到IC5的3脚，IC5启动工作，一是从14脚输出升压驱动脉冲，推动升压电路将+12V电压提升，为LED背光灯串正极供电，将背光灯点亮，同时IC5的9～11脚对四路LED背光灯串电流进行调整，确保LED背光源均匀稳定

主电源电路：由振荡驱动电路IC1(LD7536)、光耦合器PC1、误差放大器IC3、MOSFET(开关管)QW1、开关变压器TS1组成。开机后，整流滤波后输出的+300V电压通过TS1一次绕组为QW1供电，AC220V市电经整流、滤波、降压后为IC1的5脚提供启动电压，主电源启动工作，产生+12V和+3.3V电压，为主板和背光灯电路供电

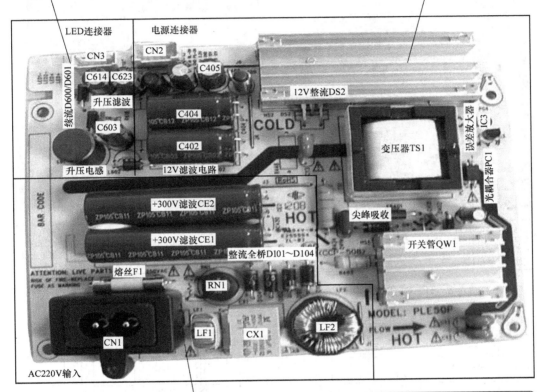

抗干扰和市电整流滤波电路：交流220V电压经过熔丝F1、限流电阻RN1限制开机电流后，进入由电感线圈LF1、LF2和电容CX1、CY1、CY2组成的共模、差模滤波电路，一是滤除市电电网干扰信号；二是防止开关电源产生的干扰信号窜入电网。滤除干扰脉冲后，AC220V市电通过全桥D101～D104、电容CE1、CE2将交流市电整流滤波，产生+300V的直流电压，送到主电源电路

图 4-7　TCL 81-PBE024-PW4 电源 + 背光灯二合一板上面元器件分布实物图解

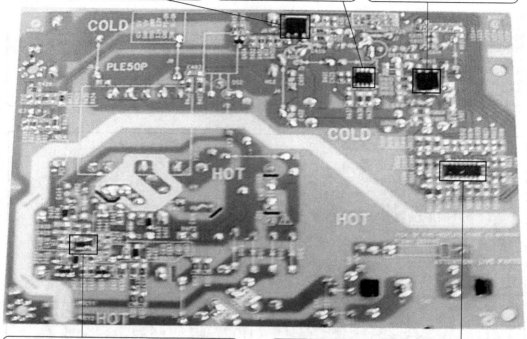

开/关机 +12V/2A 控制电路 MOSFET(开关管) Q403：受 PS-ON 电压和 Q404 控制，开机时导通，输出 +12VA 电压，待机时截止，切断 +12VA 电压

+3.3V 形成电路 IC4(MC34063A)：+12VB 为其 6 脚供电后启动工作，与外部电感、续流、滤波电路配合，输出 +3.3V 电压

背光灯升压 MOSFET(开关管) Q603：在 IC5 的驱动下工作于开关状态，与电感、续流、滤波电路配合，将 +12VA 电压提升

主电源电路 IC1(LD7536)：开机后，5 脚获得启动电压而工作，从 6 脚输出激励脉冲，驱动 MOSFET(开关管)QW1 工作于开关状态，在变压器 TS1 中产生感应电压，经整流滤波后输出 12V 电压

背光灯电路 IC5(MA3394)：开机后 12VB 电压降压后为其 15 脚供电，BL-ON 点灯和 DIM 亮度调整电压送到 IC5 的 2 脚和 3 脚而工作，从 14 脚输出升压脉冲，升压后为 LED 背光灯串正极供电，其 8～11 脚对 4 条 LED 背光灯串负极电流进行调整

图 4-8　TCL 81-PBE024-PW4 电源 + 背光灯二合一板下面元器件分布实物图解

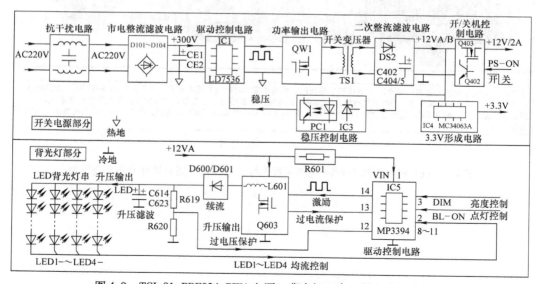

图 4-9　TCL 81-PBE024-PW4 电源 + 背光灯二合一板电路组成框图

该二合一板由电源部分和背光灯电路两部分组成：一是以 IC1（LD7536）为核心组成的开关电源，为背光灯电路和主板电路提供 12V 和 3.3V 电压；二是以 IC5（MP3394）为核心组成的 LED 背光灯电路，将 12V 供电提升后，将 4 条 LED 背光灯串点亮。开/关机控制电路对开关电源输出的 12V/2A 电压和 LED 驱动电路的点灯、亮度电压进行控制。

4.2.1　电源电路原理精讲

TCL 81-PBE024-PW4 电源 + 背光灯二合一板的开关电源电路如图 4-10 的上部所示，由抗干扰和市电整流滤波电路、主电源电路两部分组成。

1. 抗干扰和市电整流滤波电路

TCL 81-PBE024-PW4 电源 + 背光灯二合一板的抗干扰和市电整流滤波电路如图 4-10 的左上部所示。

（1）抗干扰电路

交流 220V 电压经过熔丝 F1、限流电阻 RN1 限制开机电流后，进入由电感线圈 LF1、LF2 和电容 CX1、CY1、CY2 组成的共模、差模滤波电路，一是滤除市电电网干扰信号；二是防止开关电源产生的干扰信号窜入电网。

（2）全桥整流滤波电路

滤除干扰脉冲后，AC220V 市电通过全桥 D101 ～ D104、电容 CE1、CE2 将交流市电整流滤波，产生 +300V 的直流电压，送到主电源电路。

2. 主电源电路

TCL 81-PBE024-PW4 电源 + 背光灯二合一板主电源电路如图 4-10 所示。该电路由振荡驱动电路 IC1（LD7536）、光耦合器 PC1、误差放大器 IC3、MOSFET（开关管）QW1、开关变压器 TS1 组成，产生 +12V 电压，为主板和背光灯板供电。

（1）LD7536 简介

LD7536 是通嘉公司出品的一款绿色电流模式 PWM 控制器，内部电路框图如图 4-11 所示。它内置偏置电压与参考电压发生器、振荡器、斜坡补偿电路、绿色模式控制电路、驱动输出电路等，设有过电压、过电流、过载、欠电压锁定保护电路，具有启动电流小（< 20μA）、成本低、噪声小、防静电能力强的特点；具有输出 300mA 驱动力，工作电压为 11 ～ 24V，工作频率为 65kHz，自动恢复时间为 65ms，启动电阻为 540kΩ ～ 1MΩ。LD7536 采用 DIP-8 和 SOT-6 两种封装形式，引脚功能和维修数据见表 4-3。本二合一板采用的是 SOT-6 封装形式。

表 4-3　LD7536 引脚功能和维修数据

符号	SOT-6 封装	DIP-8 封装	功　能	在路电阻/kΩ 红表笔测	在路电阻/kΩ 黑表笔测	电压/V
GND	1	8	接地	0	0	0
COMP	2	7	电压反馈输入	15.0	3.4	2.3
OTP	3	5	振荡电路外接定时电阻	∞	3.3	4.7
CS	4	4	MOSFET（开关管）电路检测输入	1.0	1.0	01
VCC	5	2	工作电压输入	∞	2.8	16.0
OUT	6	1	驱动脉冲输出	14.0	3.0	2.0
NC	—	3、6	空脚	—	—	—

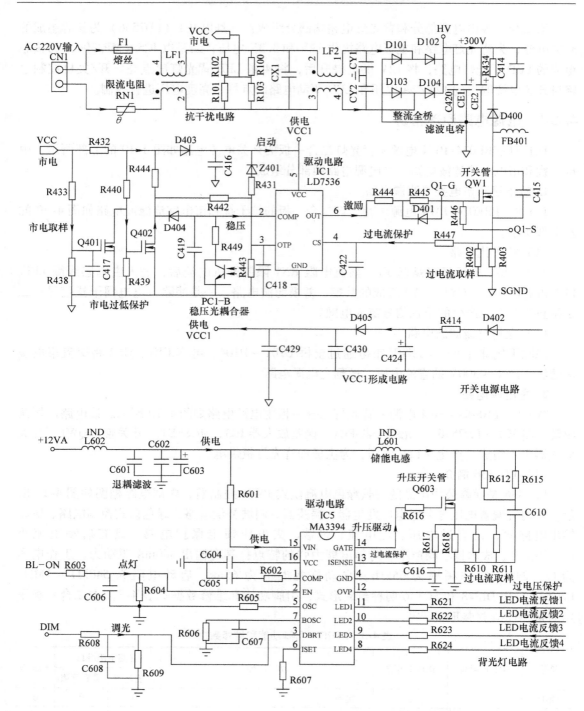

图 4-10　TCL 81-PEB024-PW4

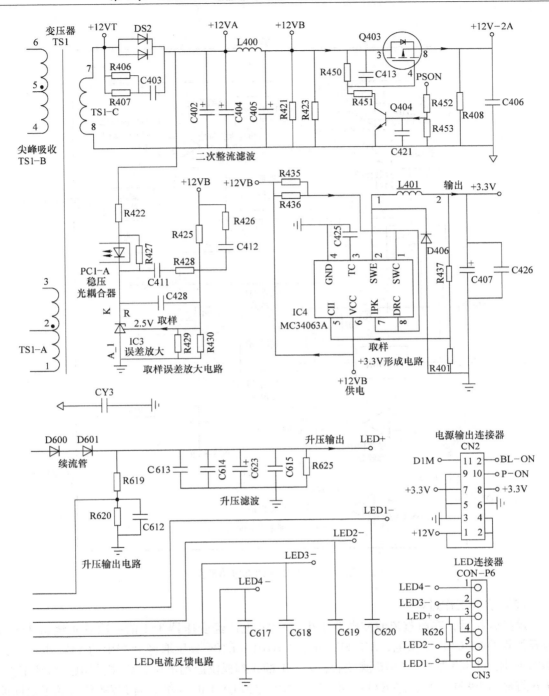

电源 + 背光灯二合一板电路

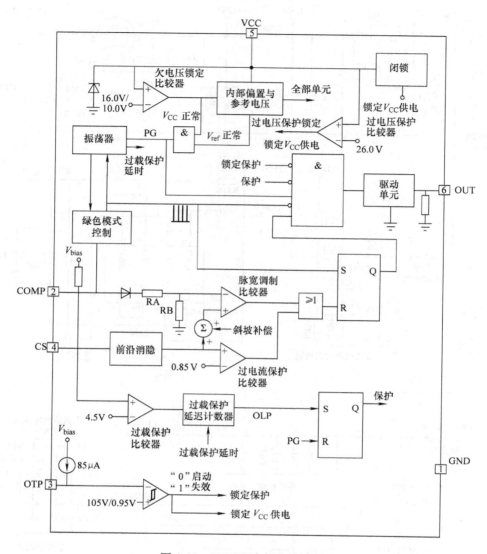

图 4-11　LD7536 内部电路框图

（2）启动工作过程

遥控开机后，市电整流滤波电路输出 + 300V 电压经变压器 TS1 的一次 6-4 绕组 TS1-B 为开关管 QW1 的 D 极供电，AC220V 市电经 R101 ~ R104 分压取样后产生的 VCC 电压，经 R432 降压、D403 整流、C416 滤波后，为 IC1 的 5 脚提供启动电压，IC1 内部电路启动工作，从 6 脚输出 PWM 信号，经 R444、R445、D401 加到 QW1 的 G 极。当 PWM 信号的平顶期前沿出现时，QW1 开始导通，并在变压器 TS1 的一次 6-4 绕组中产生感应电动势，其极性为 6 脚正、4 脚负。当 PWM 信号的平顶期过后，QW1 转为截止，TS1 的一次 6-4 绕组中的感应电动势极性反转，并通过二次绕组向负载泄放。当 PWM 信号的下一个平顶期到来时，QW1 又开始导通，此后随着 PWM 信号的不断变化，QW1、TS1 便进入开关振荡状态，不断地为负载供电。其开关振荡频率主要由 IC1 内部时钟电路决定。

变压器 TS1 热地端的 TS1-A 绕组感应电压，经 D402 整流、R414 限流、C424 滤波，再经 D405 产生 VCC1 电压，为 IC1 的 5 脚提供启动后的工作电压。

（3）整流滤波输出电路

变压器 TS1 二次侧冷地端 TS1-C 的 7 脚感应电压，经二极管 DS2 整流、C402、C404、L400、C405 滤波后，产生 +12VA 和 +12VB 电压，+12VA 电压为电源板上的 LED 背光灯电路供电；+12VB 电压经开/关机控制电路 Q404、Q403 控制后，输出 +12V/2A 电压，为主板等负载电路供电。

（4）稳压控制电路

光耦合器 PC1、误差放大器 IC3、取样电路 R425 与 R429、R430 分压电路组成自动稳压控制电路，对主电源输出的 +12VB 电压进行分压取样，其中 PC1 的 4 脚接至 IC1 的 2 脚，用于反馈控制。

当 +12VB 电压因某种原因上升时，IC3 和 PC1 导通增强，将 IC1 的 2 脚电位下拉，从而使 IC 内部电路控制电源开关 QW1 的导通时间缩短，+12VB 输出电压下降，起到自动稳压的作用。反之，当 +12VB 电压下降时，上述过程相反，也起到自动稳压的作用。

（5）开关管过电流保护电路

该电路由 QW1 的 S 极电阻 R402//R403 和 IC1 的 4 脚 CS 内部电路等组成。在正常状态下，通过 R402//R403 的电流不大于 2A，IC1 的 4 脚电压小于 0.7V，IC 内部的保护电路不动作。当 QW1 的导通电流大于 2A 时，R402//R403 的两端电压降会超过 0.7V，从而使 IC1 的 4 脚电压上升，导致 IC 内部的过电流保护电路动作，IC1 的 6 脚无输出，QW1 处于截止状态，因而起到保护作用。

（6）尖峰脉冲吸收保护电路

该电路由 C414、D400、R434 组成，主要用于吸收 QW1 截止时在 D 极激起的过高反峰脉冲，以避免 QW1 被过高尖峰脉冲击穿。

（7）市电过低保护电路

该电路由 Q401 和 Q402 组成。市电经 R101 ~ R104 分压后产生的 VCC 电压，再经 R433 与 R438 分压为 Q401 提供偏置电压。当市电电压正常时，Q401 导通，Q402 截止，对 IC1 的 2 脚电压不产生影响，开关电源正常工作；当市电电压过低时，Q401 截止，Q402 导通，通过 D404 将 IC1 的 2 脚电压拉低，IC1 据此进入保护状态停止工作。

3. 开/关机控制电路

开/关机控制电路如图 4-10 右上侧所示，由 Q404、Q403 组成 +12V/2A 输出电压控制电路。

（1）开机状态

开机时，PS-ON 控制信号为高电平时，使 Q404、Q403 导通，输出 +12V/2A 电压，为主电路板等负载电路供电。同时主板向电源板送来 BL-ON 点灯高电平和 DIM 亮度调整电压，背光灯驱动电路启动，背光灯点亮。

（2）待机状态

待机时，PS-ON 控制信号变为低电平，使 Q404、Q403 截止，停止输出 +12V/2A 电压。同时主板向电源板送来 BL-ON 点灯低电平和 DIM 亮度调整低电压，背光灯驱动电路停止工作。

4. +3.3V 电压形成电路

+3.3V 电压形成电路以 MC34063A（IC4）为核心组成。+12VB 电压为 MC34063A 的 6

脚供电而使其启动工作, 从 2 脚输出脉冲电压, 在 L401 两端储存和释放能量, 经 C407 滤波后产生 +3.3V 电压, 为主板控制系统供电。

（1）MC34063A 简介

MC34063A 是降压、升压、电压极性反转等多功能集成电路, 内部电路框图如图 4-12 所示。它内置 1.25V 电压基准器、电压比较器、振荡器、反相器、锁存器、驱动级和输出级, 其外部封装形式常见的有 DIP-8（双列直插式）与 SO-8（用于表面贴装的小外形封装）两种, 其引脚功能和维修数据见表 4-4。

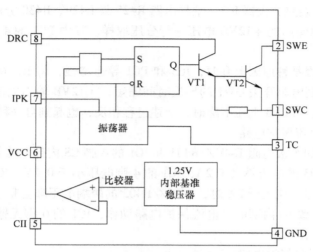

图 4-12　MC34063A 内部电路框图

表 4-4　MC34063A 引脚功能和维修数据

引脚	符号	功能	参考电压/V	引脚	符号	功能	参考电压/V
1	SWC	内部开关管 c 极	12.2	5	CII	电压比较器反相输入	1.4
2	SWE	内部开关管 e 极	3.4	6	VCC	+12V 供电输入	12.0
3	TC	振荡定时电容	0.6	7	IPK	电流检测输入	12.0
4	GND	接地	0	8	DRC	推动管 c 极	12.0

（2）振荡器

MC34063A 的振荡器由 3 脚外接定时电容 C425 及内部电路组成, 其充放电过程由内部振荡器决定。定时电容上的电压波形为频率约为 75kHz 的锯齿波。振荡器工作时, 电容 C425 充电, 形成锯齿波形的上升沿, 振荡器输出高电平; 当电容 C425 放电时, 振荡器输出低电平。图中电阻 R435//R436 的作用是峰值电流检测, 当其上电压大于 300mV, 即通过电阻 R435//R436 的电流超过 1.5A 时, 无论电容是充电还是放电, 振荡器都停止工作。

（3）电压比较器

输出电压 +5V-1 经 R437 和 R401 组成的取样电路分压后, 产生反馈信号送到 MC34063A 的 5 脚, 加至电压比较器的反相输入端。当反馈电压高于同相输入端所加的 1.25V 基准电压时, 比较器输出低电压, 锁存器的置位输入端失去作用, 输出低电平, 直到置位端为高电平时为止。

（4）锁存器

锁存器由与门和 RS 触发器组成, 其作用是在开关周期内保持输出级的工作状态。当锁存器的输出为高电平时，则输出级的开关管 VT2、VT2 导通；反之，开关管截止。锁存器的复位输入端与振荡器输出端相连，且低电平有效，同时振荡器的输出同与非门的输入相接，以保证振荡器输出低电平及 VT1、VT2 的导通。

（5）驱动级和输出级

由集成电路 MC34063A 内部 VT2 和 VT1 两级晶体管复合构成功率输出级，工作于开关状态，开关管的 c 极和 e 极均有引出端，使电路的组成比较灵活。L401 是储能电感，D406 是续流二极管。当 VT2、VT1 饱和导通时，L401 电流增加，将电能转化为磁能储存起来，此时 D406 截止；当 VT2、VT1 截止时，L401 释放磁能，D406 导通，维持电压基本不变。输出电压经 C407 滤波后产生 +3.3V 电压，为主板控制系统供电。

4.2.2　电源电路维修精讲

TCL 81-PBE024-PW4 电源 + 背光灯二合一板的电源部分发生故障时，主要引起无光、无图、无声的三无故障。检修时，可根据熔丝是否熔断、测量开关电源输出电压和电源电路关键点电压的方法，判断故障部位。

1. 熔丝熔断

指示灯由开关电源输出的 3.3V 经微处理器控制后供电。指示灯不亮，对于电源板来说，故障在开关电源电路。

发生开机三无，待机指示灯不亮故障，先查熔丝 F1 是否熔断，如果熔丝熔断，说明电源电路存在严重短路故障，先查市电输入抗干扰电路电容、整流滤波电路 D101 ~ D104、EC1、EC2 是否发生短路漏电故障，再查主电源开关管 QW1 是否击穿。

如果 QW1 击穿，应注意检查 QW1 的 D 极外接尖峰脉冲吸收电路组件是否开路，稳压控制电路的光耦合器 PC1、误差放大器 IC3 是否开路失效，造成主电源输出电压过高，击穿 QW1。

2. 熔丝未断

如果测量熔丝 F1 未断，先查电源供电电路。测量大滤波电容 EC1、EC2 输出的 +300V 电压是否正常，无 +300V 电压，查市电输入电路和整流滤波电路；有 +300V 电压，故障在开关电源电路。测量 IC1 的 5 脚有无启动电压，无启动电压，查 5 脚外部的启动电路 R432、D403 是否开路；查 IC1 的 5 脚外部的 VCC1 形成电路 D402、R414、C424、D405 是否发生开路、短路故障。

有条件的测量 IC1 的 6 脚有无激励脉冲输出，有激励脉冲输出，测量开关管 QW1。若上述检查正常，检查主电源二次整流滤波电路是否发生开路、短路故障。

还应注意测量 IC1 的 2 脚外接的市电过低保护电路是否启动，方法是测量 Q402 的 b 极电压，正常时为低电平，如果变为高电平，则是该保护电路启动，如果 AC220V 市电电压正常，多为降压电阻 R433 阻值变大或开路所致。

3. 无 +3.3V 输出

检查以 MC34063A 为核心的 +3.3V 形成电路：一是检查 6、7 脚的 12V 供电，在无过电流情况下，只要 6 脚电压正常，振荡器就应当产生频率约为 75kHz 的信号；二是检查振荡器是否工作，测量 3 脚电压，正常时为 0.75V，如果为 0V，则振荡器未工作；三是检查 MC34063 及其外部元器件是否正常，必要时更换 MC34063 试之。

4.2.3　电源电路维修实例

【例 1】　开机三无，指示灯不亮。

分析与检修： 接通电源，观察指示灯不亮。检查熔丝 F1 烧黑熔断，说明开关电源存在严重短路故障。先检查市电输入抗干扰电路未见异常，再检查整流滤波电路全桥 D101 ~ D104 和滤波电容 EC1、EC2。查出整流全桥中的二极管 D102 反向击穿。更换 D102 和 F1 后，故障排除。

【例 2】　开机三无，指示灯不亮。

分析与检修： 接通电源，观察指示灯不亮。检查熔丝 F1 熔断，检查市电输入抗干扰电路和整流滤波电路完好，测量开关电源 QW1 的 D 极对地电阻仅几十欧，又查 TS1 的一次绕组并联的尖峰脉冲吸收电路，发现 C414 颜色变深，表明裂纹，估计该电容失效造成 QW1 过电压击穿。更换 C414 和 QW1、F1 后，故障排除。

【例 3】　开机三无，指示灯不亮。

分析与检修： 接通交流电源，观察指示灯不亮。检查熔丝 F1 完好，测量 EC1、EC2 两端输出电压为 295V 正常，但主电源没有 +12V 电压输出。

测量 IC101 的各脚电压，发现 5 脚电压很低，测量 5 脚外部启动电路，发现启动电阻 R423 的阻值变大，达到 2MΩ 以上且不稳定。更换 R423 后，故障排除。

【例 4】　开机三无，指示灯不亮。

分析与检修： 测量电源板输出的 12V 电压正常，但无 +3.3V 电压输出。检查 +3.3V 电压形成电路，测量 MC34063A 的 6 脚有 12V 输入，但 2 脚无电压输出，测量 3 脚电压为 0V，正常时为 0.75V，更换 3 脚外部电容 C425 故障依旧，检查外部其他元器件未见异常。最后更换 MC34063 后，故障排除。

4.2.4　背光灯电路原理精讲

TCL 81- PBE024- PW4 电源 + 背光灯二合一板的 LED 背光灯电路如图 4-10 下部所示。该电路由以 MP3394（IC5）为核心的驱动控制电路、以开关管 Q603、储能电感 L601、续流 D600、D601、滤波 C614、C623 为核心组成的升压电路和 IC5 的 8 ~ 11 脚内部的均流控制电路三部分组成，将 +12VA 电压提升后，为 LED 背光灯串正极供电，将背光灯点亮，并对 LED 背光灯串的电流进行调整，确保 LED 背光源均匀稳定。

1. 驱动控制电路

驱动控制电路以 MP3394（IC5）为核心组成，+12VA 电压经 R601 降压后为 IC5 的 15 脚供电，经内部稳压器稳压后从 16 脚输出 5.8V 电压，为 IC5 内外电路供电。

（1）MP3394 简介

MP3394 是 LED 背光灯驱动控制电路，内部电路框图如图 4-13 所示。它内含稳压器、振荡器、逻辑控制、驱动输出、点灯使能控制、LED 背光灯串电流控制、亮度调整等电路，具有升压电路过电流、过电压保护，背光灯串开路、短路保护，欠电压锁定和热关断功能；LED 背光灯串电流和工作频率由外部电路设定，LED 背光灯串电流调节精度可达到 2.5%；输入电压在 5 ~ 28V 之间。MP3394 采用 TSSOP16EP、SOIC16 和 SOIC20 三种封装方式，16 脚和 20 脚封装的引脚功能见表 4-5。本背光灯驱动采用 16 脚封装形式。

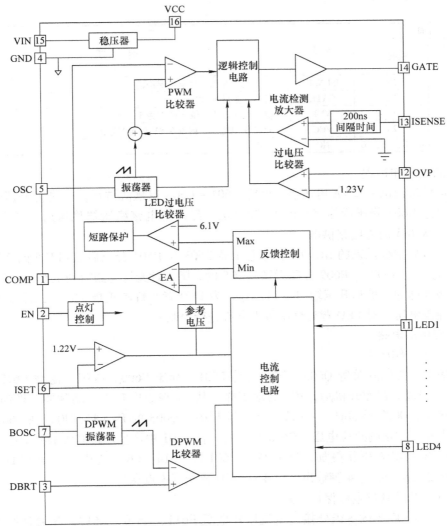

图 4-13　MP3394 内部电路框图

表 4-5　MP3394 引脚功能

引脚		符号	功　　能
TSSOP16EP SOIC16	SOIC20		
1	1	COMP	升压转换器补偿，外接陶瓷电容到地
2	2	EN	点灯控制电压输入，大于 1.8V 时打开，小于 0.6V 时关闭
3	3	DBRT	PWM 亮度调整电压输入，直流电压范围为 0.2～1.2V
4	5	GND	接地
5	7	OSC	振荡器外接定时电阻
6	8	ISET	LED 电流设置
7	9	BOSC	数字脉宽振荡器外接定时电阻，电压 1.22V
8	10	LED4	LED 背光灯串反馈输入 4
9	11	LED3	LED 背光灯串反馈输入 3
10	12	LED2	LED 背光灯串反馈输入 2
11	13	LED1	LED 背光灯串反馈输入 1
12	14	OVP	升压输出电压过电压保护取样电压输入

（续）

引脚		符号	功　能
TSSOP16EP SOIC16	SOIC20		
13	17	ISENSE	升压输出开关管过电流保护输入
14	18	GATE	升压激励脉冲输出
15	19	VIN	供电电压输入，输入范围为 5 ~ 28V
16	20	VCC	VCC 供电电压，内部 5.8V 稳压器输出
	4、6、15、16	NC	空脚

（2）启动工作过程

开关电源输出的 +12VA 电压经 L602、C601 ~ C603 退耦滤波后，一是为升压输出电路供电；二是经 R601 降压后为 IC5 的 15 脚供电，经内部电路稳压器稳压后，产生 5.8V 的 VCC 电压，为 IC5 内外电路供电。

遥控开机后主板送来的 BL-ON 点灯电压经 R603 与 R604 分压后送到 IC5 的 2 脚，亮度调整 DIM 电压经 R608 与 R609 分压后送到 IC5 的 3 脚，背光灯电路启动工作，一是从 14 脚输出升压激励脉冲，推动升压输出电路工作，为 LED 背光灯串正极供电；二是从 8 ~ 11 脚输出均流控制电压，对 LED 背光灯串负极电流进行控制。

2. 升压输出电路

（1）升压工作原理

升压输出电路以开关管 Q603、储能电感 L601、续流 D600、D601、滤波 C613 ~ C615、C623 为核心组成。遥控开机后，IC5 启动工作，从 14 脚输出升压驱动脉冲，推动 Q603 工作于开关状态，Q603 导通时，+12VA 电压经 L601、Q603 的 D-S 极到地，在 L601 中储存能量，产生左负右正的感应电压；Q603 截止时，在 L601 中产生左正右负的感应电压，L601 中储存电压与 +12VA 电压叠加，经 D600、D601 向 C614、C623 充电，产生 LED + 输出电压，经连接器 CN3 的 3、4 脚输出，将 4 路 LED 背光灯串点亮。

（2）升压开关管过电流保护电路

升压开关管 Q603 的 S 极外接过电流取样电阻 R611、R610、R618，开关管的电流流经过电流取样电阻时产生的电压降反映了开关管电流的大小。该取样电压经 R617 反馈到 IC5 的 13 脚，当开关管 Q603 电流过大，输入到 IC5 的 13 脚电压过高，达到保护设计值时，IC5 内部保护电路启动，停止输出激励脉冲。

（3）输出电压过电压保护电路

升压输出电路 C614、C623 两端并联了 R619 与 R620 组成的分压取样电路，对输出电压进行取样，反馈到 IC5 的 12 脚。当输出电压过高，达到保护设计值时，IC5 内部保护电路启动，停止输出激励脉冲。

3. 均流控制电路

（1）均流控制原理

均流控制电路由 IC5 的 8 ~ 11 脚内外电路组成。LED 背光灯串连接器 CN3 的 1、2、5、6 脚是 LED 背光灯串的负极回路 LED1 - ~ LED4 -，分别接 IC5 的 8 ~ 11 脚并与 IC5 内部均流控制电路相连接。内部均流控制电路对返回的灯串电流进行检测和比较，产生误差电压，据此对 4 路 LED 背光灯串电流进行调整，确保各个灯串电流大小相等，LED 背光灯串发光均匀稳定。背光灯电流由 6 脚外部 R607 决定。

（2）LED 背光灯串开路保护过程

背光灯电路驱动 4 条 LED 背光灯串同时工作，当其中一路背光灯串发生开路故障时，相对应的 LED 背光灯串回路电压被拉低到地，MP3394 会增加升压电路的输出电压，直到输出电压达到过电压保护值时，再去检测相对应的 LED 背光灯串电流检测电压是否低于设定值，如果是，就关断对应的 LED 背光灯串。

（3）LED 背光灯串短路保护过程

背光灯电路驱动 4 条 LED 背光灯串同时工作，当其中一条背光灯串 LED 被短路两个时，相对应的 LED 背光灯串回路电压被拉高到 5.5V，MP3394 会计数电流控制电路的振荡电路高频切换周期，然后切断相对应的 LED 背光灯串。

4.2.5　背光灯电路维修精讲

TCL 81-PBE024-PW4 电源 + 背光灯二合一板的 LED 背光灯电路发生故障时，一是背光灯板不工作，所有的 LED 背光灯串均不点亮，引起有伴音、无光栅故障；二是 4 条背光灯串中一条发生故障，引起相应的背光灯串不亮，产生显示屏局部不亮或亮度偏暗的故障；三是保护电路启动，背光灯亮一下即灭。

1. 显示屏全部不亮

显示屏 LED 背光灯串全部不亮，主要检查供电、控制电路等共用电路，也不排除一个背光灯驱动电路发生短路击穿故障，造成共用的供电电路发生开路、熔丝熔断等故障。

（1）检查背光灯板工作条件

显示屏始终不亮，伴音、遥控、面板按键控制均正常，黑屏幕。此故障主要是 LED 背光灯电路未工作引起，需检测以下几个工作条件：

一是检测背光灯电路的 +12VA 供电电压是否正常，测量驱动控制电路 IC5 的 15 脚供电电压和 16 脚的 VCC 电压是否正常，如果无电压，多为 15 脚外部的降压电阻 R601 烧断或 IC5 内部短路、C604、C605 击穿等。+12VA 供电电压不正常，检查为其供电的开关电源电路。

二是测量 CN2 的 12 脚 BL-ON 点灯控制电压是否为高电平；测量 CN2 的 11 脚 DIM 亮度调整电压是否正常。点灯控制和亮度调整电压不正常，检修主板控制系统相关电路。点灯控制和亮度调整电压不正常时，也可在 CN2 的 12 脚和 11 脚与电源供电之间接分压电阻进行分压，获取相应的点灯控制和亮度调整电压。

（2）检修升压输出电路

如果工作条件和 IC5 的 15、16 脚电压正常，背光灯电路仍不工作，则是背光灯驱动控制电路和升压输出电路发生故障。通过测量 IC5 的若 14 脚是否有激励脉冲输出判断故障范围。若 14 脚无激励脉冲输出，则是 IC5 内部电路故障。

如果 IC5 的 14 脚有激励脉冲输出，升压输出电路仍不工作，则是升压输出电路发生故障，常见为储能电感 L601 内部绕组短路、升压开关管 Q603 击穿短路或失效、输出滤波电容击穿或失效、续流管 D600、D601 击穿短路等。通过测量电阻可快速判断故障所在。

2. 开机背光灯一闪即灭

（1）引发故障原因

此种情况可能是触发了过电压、过电流保护电路，请检查过电压、过电流保护电路参数是否正常。发生过电压保护故障时，一是测量输出电压是否过高；二是检查过电压取样电路元器件。

（2）解除保护

解除过电压保护的方法是在 R620 两端并联（5~10）kΩ 电阻，降低过电压保护取样电压。解除过电流保护的方法是将 IC5 的 13 脚对地短路。如果解除过电压保护后，输出电压正常，则是保护检测电路分压取样电阻阻值改变；输出电压过高，则是升压稳压环路发生故障。如果解除过电流保护后，升压电路正常工作，多为过电流取样电阻阻值变大。

（3）维修提示

保护电路维修提示：首先确认显示屏 LED 背光灯开机时是否会亮一下，如果是，表示过电压保护电路设置点太高。如果显示屏 LED 背光灯连闪都不会闪，表示过电压保护电路设置点太低，一是要确认过电压保护电路是否有问题；二是确认 MOSFET（开关管）Q603 的过电流检测电阻是否设计正确，过电流检测电阻太小，开机电流会很大，容易使得前置系统顶到电流限制的顶点；反之，过电流检测电阻太大，输出电流无法调大；三是确认周边元器件是否发生短路或开路、失效等问题；四是确认 LED 驱动电路板与显示屏背光灯串之间的连接线是否松动。

3. 显示屏亮度不均匀

（1）引发故障原因

如果显示屏的亮度不均匀，多为 4 个 LED 背光灯电路之一发生故障。如果只是局部不亮，一是 LED 背光灯串中的个别 LED 背光灯老化；二是整条 LED 背光灯串不亮，多为灯串 LED 灯泡发生故障，或灯串电流反馈、均流控制电路发生故障。

（2）维修提示

可通过测量背光灯串的输出连接器的 LED 背光灯串反馈引脚对地电阻、开机电压进行判断，由于各个灯串的 LED 背光灯个数相同，供电电压相同，正常时连接器的 LED 背光灯串反馈引脚对地电阻、开机电压应相同，如果测量后经过比对，哪个引脚对地电阻和电压不同，则是该引脚对应的 LED 背光灯串或连接器引脚发生故障、对应的 IC5 的 4 路灯串电流控制引脚内外均流控制电路故障。

4.2.6　背光灯电路维修实例

【例1】　开机有伴音，显示屏亮度不均匀。

分析与检修： 遇到显示屏亮度不均匀，多为 4 个背光灯串驱动电路中的一个发生故障。测量背光灯驱动电路 IC5 的 8～11 脚电压，发现 9 脚电压与其他脚电压不同，对 9 脚外部的背光灯串电路进行检查，发现连接器 CN3 的 2 脚接触不良。将 2 脚处理确认连接正常后，故障排除。

【例2】　开机有伴音，无光栅。

分析与检修： 仔细观察显示屏开后始终不亮，直观检查发现储能电感 L601 线圈颜色变深，测量升压开关管 Q603 击穿，L601 线圈的阻值变小，确定内部线圈局部短路。将 Q603、L601 更换后，开机屏幕亮一下即熄灭，判断保护电路启动。考虑到开关管 Q603 击穿可能造成 S 极电阻烧焦或阻值变大，检查其 S 极过电流检测电阻 R611、R610、R618，发现颜色变深，阻值变大。更换 R611、R610、R618 后，故障彻底排除。

4.3　TCL 81- PBE039- PW1 电源 + 背光灯二合一板维修精讲

TCL LED 液晶彩电采用的型号为 81- PBE039- PW1 电源板，是集开关电源与 LED 背光灯电路合二为一的电路板。其中开关电源部分采用新型 PFC 和主电源双重驱动控制电路 TEA1713T（U401），组成 PFC 和主电源电路；副电源电路采用厚膜电路 VIPER17；LED 背光灯电路以驱动控制电路 MP3394（U601）为核心组成，组成升压和均流控制电路。型号为 81-PBE039-PW2 的电源板与其基本相同，两者应用于 TCL 39E29EDS、39D39EDS 等 LED 液晶彩电中。

　　TCL81-PBE039-PW1 电源 + 背光灯二合一板上面元器件分布实物图解如图 4-14 所示，下面元器件分布实物图解如图 4-15 所示，电路组成框图如图 4-16 所示。该二合一板由电源部分和背光灯电路两部分组成。

副电源电路：以厚膜电路 VIPER17(U201)、变压器 TS1、稳压控制电路误差放大器 U202、光耦合器 PC1 为核心组成。通电后 PFC 电路启动待机状态输出的 +300V 的 HV+ 电压，通过变压器 TS1 的一次绕组为 U201 的 7、8 脚内部开关管供电，同时经过内部振荡驱动电路提供启动电压，副电源启动工作，在 TS1 中产生感应电压，经整流滤波后一是形成 3.3V/0.2A 电压，为主板控制系统供电；二是产生 VCC 电压，经开/关机控制后为 PFC 和主电源驱动电路 U401 供电

抗干扰和市电整流滤波电路：利用电感线圈 LF1、LF2 和电容 CX1、CX2、CY1、CY2 组成的共模、差模滤波电路，一是滤除市电网干扰信号；二是防止开关电源产生的干扰信号窜入电网。滤除干扰脉冲后的市电通过全桥 BD1 整流、电容 C101 滤波后，因滤波电容容量小，产生 100Hz 脉动 300V 电压，送到 PFC 电路。RN1 为限流电阻，防止开机冲击电流；F1 为熔丝

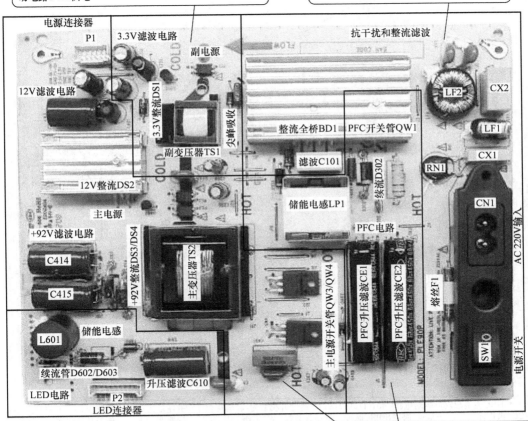

LED 背光灯电路：由以 MP3394(U601) 为核心的驱动控制电路、以开关管 Q603、储能电感 L601、续流管 D602、D603 为核心组成的升压电路和 Q604 ～ Q607 四只开关管组成的均流控制电路三部分组成。主电源输出的 +92V/0.7A 电压为升压电路供电，+12V/3A 电压为驱动电路 U601 供电。遥控开机后，点灯 BL-ON 电压送到 U601 的 2 脚，亮度信号送到 U601 的 3 脚，U601 启动工作，一是从 14 脚输出升压驱动脉冲，推动升压电路将 +92V/0.7A 电压提升到 100V 以上，为 LED 背光灯串正极供电，将 LED 灯点亮，LED 背光灯串的电流经 Q604～Q607 四只开关管调整后，确保 LED 背光源均匀稳定

PFC 电路与主电源电路：以 PFC 和 HBC 双驱动电路 TEA1713T (U401) 为核心构成，遥控开机后，开/关机控制电路为 U401 的 6 脚提供 VCC1 供电，该电路启动工作，一是从 7 脚输出 PFC 驱动脉冲，推动 PFC 开关管 QW1 工作于开关状态，与储能电感 LP1 和 PFC 整流滤波电路 D302、CE1、CE2 配合，将市电整流滤波后的电压和电流的相位校正为同相位，提高功率因数，减少谐波污染，并将市电整流后的电压提升到 380V 左右，一是为主、副电源供电；二是从 10 脚和 13 脚输出低端和高端激励脉冲，驱动半桥式输出电路开关管 QW4 和 QW3 轮流导通截止，其脉冲电流在变压器 TS2 中产生感应电压，二次感应电压经整流滤波后产生 +12V/2A 和 +90V/0.7A 两组电压，为主板和背光灯电路供电

图 4-14　TCL 81-PBE039-PW1 电源 + 背光灯二合一板上面元器件分布实物图解

其中开关电源部分由副电源电路、PFC 电路和主电源电路三个单元电路组成：一是以厚膜电路 VIPER17 为核心组成的副电源电路，通电后首先工作，输出＋3.3V/0.2A 电压，为主板控制系统供电，同时输出 VCC 电压，经开/关机控制电路控制后，为 PFC 和主电源驱动电路供电；二是以双驱动电路 TEA1713T（U401）为核心组成的 PFC 和主电源电路，遥控开机后启动工作，PFC 电路输出＋380V 的 HV＋电压，为主、副电源输出电路供电，主电源电路产生＋12V/2A 和＋92V/0.7A 两组电压，为主板和背光灯电路供电。

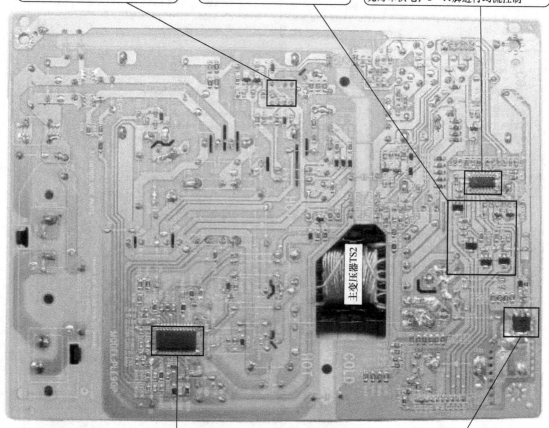

副电源厚膜电路U201(VIPER17)：PFC电路输出HV+电压经变压器TS1为其7、8脚供电，内部开关管脉冲电流在TS1中产生感应电压，整流滤波后产生+3.3V/0.2A电压

LED均流控制开关管Q604~Q607：在MP3394的8~11脚控制下，对4条LED背光灯串电流进行均流控制和调整，达到调整背光灯亮度的目的

背光灯电路U601(MP3394)：+12V/3A电压为其15脚供电，BL-ON和DIM电压送到2、3脚而工作，从14脚输出升压脉冲推动升压电路将92V电压提升，为LED背光灯串供电，8~11脚进行均流控制

主变压器TS2

PFC和HBC主电源双重驱动电路U401(TEA1713T)：遥控开机后为其6脚提供VCC1供电而工作，一是从7脚输出PFC脉冲，推动开关管QW1工作于开关状态，与储能电感LPF1和整流滤波电路配合，为主、副电源提供380V的HV+电压；二是从10、13脚输出高、低驱动脉冲，推动半桥式输出开关管QW3、QW4轮流导通、截止，脉冲电流在TS2中产生感应电压，二次电压经整流滤波后输出+12V/3A和+92V/0.2A电压

升压输出电路开关管Q603：在MP3394的14脚驱动下，工作于开关状态，与储能电感L601和整流滤波电路D602、D603、C610配合，将+92V/0.7A电压提升，为4条LED背光灯串供电

图 4-15　TCL 81-PBE039-PW1 电源＋背光灯二合一板下面元器件分布实物图解

背光灯电路由以集成电路 MP3394（U601）、Q603 为核心组成的升压电路和以 Q604～Q607 为核心组成的均流控制电路两部分组成，遥控开机后启动工作，将＋92V/0.7A 供电提升后，将 4 条 LED 背光灯串点亮；同时对 4 条 LED 背光灯串进行均流控制。

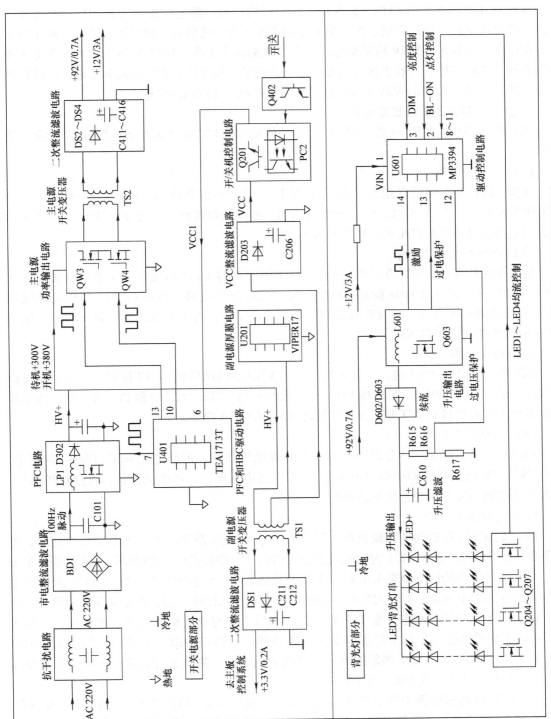

图 4-16　TCL 81 – PBE039 – PW1 电源 + 背光灯二合一板电路组成框图

4.3.1　电源电路原理精讲

TCL 81-PBE039-PW1 电源 + 背光灯二合一板的开关电源电路由抗干扰和市电整流滤波电路、副电源电路、PFC 电路、主电源电路四部分组成。通电后，抗干扰和市电整流滤波电路为副电源电路提供 +300V 启动电压，副电源电路首先工作，输出 3.3V/0.2A 电压为主板控制系统供电；遥控开机后主板向电源板送来高电平开机电压，PFC 电路和主电源电路启动工作，输出 +12V/2A 和 +92V/0.7A 电压，为主板和背光灯电路供电。

1. 抗干扰和市电整流滤波电路

TCL 81-PBE039-PW1 电源 + 背光灯二合一板抗干扰和市电整流滤波电路如图 4-19 左侧所示。

（1）抗干扰电路

交流 220V 电压经过熔丝 F1、限流电阻 RN1 限制开机电流后，进入由电感线圈 LF1、LF2 和电容 CX1、CX2、CY1、CY2 组成的共模、差模滤波电路，一是滤除市电电网干扰信号；二是防止开关电源产生的干扰信号窜入电网。

（2）全桥整流滤波电路

滤除干扰脉冲后，AC220V 市电通过全桥 BD1、电容 C101 将交流市电整流滤波，由于 C101 容量较小，产生 100Hz 脉动 300V 电压，送到 PFC 电路，待机启动时 PFC 电路输出 300V 电压为副电源供电，遥控开机后 PFC 电路启动工作，将供电电压提升到 +380V，输出 HV + 电压为主、副电源供电。

2. 副电源电路

TCL 81-PBE039-PW1 电源 + 背光灯二合一板副电源电路如图 4-17 所示。该电路主要由集成块 VIPER17（U201）、变压器 TS1、稳压控制电路 U202、光耦合器 PC1 等组成，为整机控制系统电路提供待机和正常工作所需要的 +3.3V/0.2A 电压。

（1）VIPER17 简介

VIPER17 是意法半导体公司生产的开关电源稳压模块，内部电路框图如图 4-18 所示，内含 PWM 控制电路和 MOSFET（开关管），具有过电压保护、过电流保护、过热保护功能。VIPER17 引脚功能和维修数据见表 4-6。

（2）启动供电过程

PFC 电路待机和启动状态输出的 +300V 电压，经变压器 TS1 的一次 I 绕组加到厚膜电路 U201 的 7-8 脚，进入 U201 内部电路后分为两路：一路加到内部 MOSFET（开关管）的 D 极；另一路经内部的恒流源充电电路向 2 脚外接电容 C204 进行充电，当 C204 上充得的电压达到启动所需电压以上时，内部的准谐振电路启动进入振荡状态，产生振荡脉冲信号，内部 MOSFET 工作于开关状态，在 TS1 的一次 I 绕组中将有电流通过，产生感应电压。其中 TS1 的热地端辅助绕组 II 产生的感应电压分为两路：一路经 D202、C204 滤波后加到 U201 的 2 脚形成二次供电，U201 内部得到一个稳定的供电后，持续进行振荡；另一路作为反馈电压经 D201、R206 送到 U201 的 3 脚。

TS1 的热地端辅助 III 绕组上产生的感应电压，通过 D203 整流及 C206 滤波，产生 VCC 电压，经开/关机控制电路控制后，为 PFC 和主电源驱动电路提供 VCC1 工作电压。

TS1 的二次 IV 绕组产生的感应电压，通过 DS1 整流、C211、L201、C212、C213 滤波得到 3.3V/0.2A 电压，通过接口电路 P1 送往信号处理板上控制系统电路，作为电视机工作在

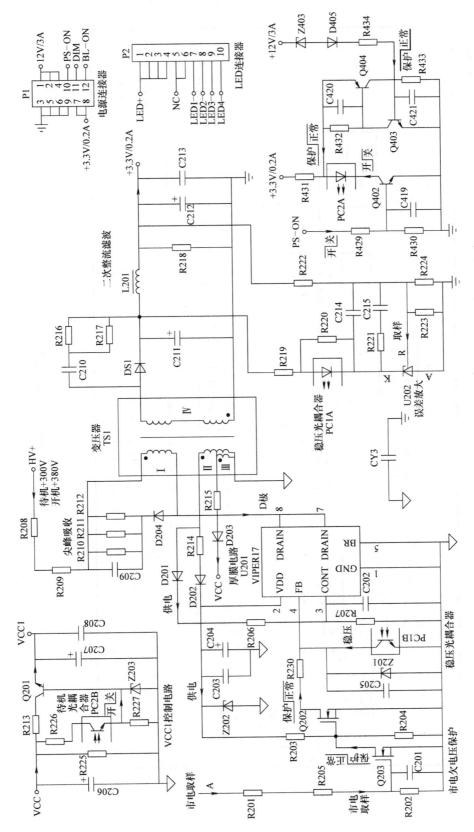

图 4-17　TCL 81 - PBE039 - PW1 电源 + 背光灯二合一板副电源电路

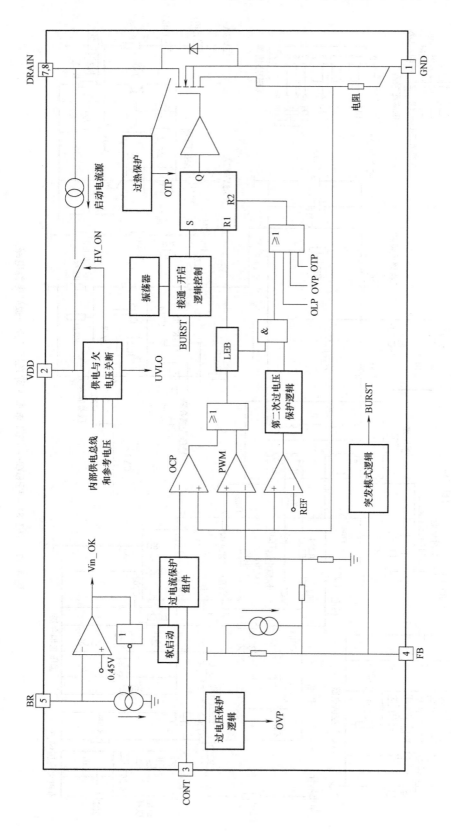

图 4-18　VIPER17 内部电路框图

表 4-6　VIPER17 引脚功能和维修数据

引脚	符号	功　能	参考电压/V	引脚	符号	功　能	参考电压/V
1	GND	接地	0	5	BR	掉电保护输入滞后，接地	0
2	VDD	启动与供电输入	10.5				
3	CONT	电流限制设置、输出电压控制	0.55	6	NC	空脚	—
4	FB	稳压反馈控制输入	0.5	7、8	DRAIN	高压 D 极	305

待机状态时控制系统电路的工作电压。

（3）稳压控制电路

稳压控制电路由三端精密稳压器 U202 和光耦合器 PC1 组成，对副电源输出端 3.3V/0.2A 分压取样，对开关电源一次侧 U201 的 4 脚内部电路的脉冲占空比进行调整，达到稳压的目的。

当 3.3V/0.2A 电压升高时，经电阻 R219 加到 PC1 的 1 脚的电压同样也升高。同时，3.3V/0.2A 电压经取样电阻 R222 与 R223//R224 分压加到 U202 的 R 端，U202 的 K 端电压下降，流过 PC1 的 1-2 脚的电流变大，PC1 内部晶体管导通增强，U201 的 4 脚电压下降，U201 内部的控制电路控制 MOSFET 提前截止，从而使输出电压下降，达到稳压的作用。

（4）市电过低保护电路

该电路由 Q203 和 Q202 组成，市电取样电压 A 经 R201、R205 与 R202 分压后为 Q203 提供偏置电压。当市电电压正常时，Q203 导通，Q202 截止，对 U201 的 4 脚 FB 电压不产生影响，副电源正常工作；当市电电压过低时，Q203 截止，Q202 导通，通过 R230 将 U201 的 4 脚 FB 电压拉低，IC1 据此进入保护状态停止工作。

（5）开/关机控制电路

开/关机控制电路和 VCC1 控制电路如图 4-17 的右下部和左上部所示。

（1）待机状态

电视机工作在待机状态时，信号处理板上的控制系统电路输出的开/待机（P-ON）控制电压为低电平 0V，Q402 因 b 极无偏置电压截止。Q402 截止后，光耦合器 PC2 截止，晶体管 Q201 截止，无电压输出，PFC 和主电源驱动电路 U401 无供电电压不工作，主电源和 PFC 电路停止工作。

（2）开机收看状态

用遥控器或本机键开机后，信号处理电路输出的开/待机控制电压由低电平变为高电平，Q402、PC2 均由截止转为饱和导通，Q201 导通，将 VCC 电压变为 VCC1 电压送到 PFC 和 HBC 双驱动电路 U401 的 6 脚，PFC 电路启动工作，将整流滤波后的市电校正后提升到 +380V 为主、副电源供电，HBC 主电源启动工作，为整机提供 +12V/3A 和 +92V/0.7A 电压，进入开机状态。

3. PFC 电路

PFC 电路是插在整流电路和滤波电路之间的新型电路，实际上是一个 AC-DC 变换器，它提取整流后的直流电流中的高次谐波分量，将其校正为正弦波或接近正弦波，一方面抑制了整流后的高次谐波分量，减少高次谐波对电源的干扰；另一方面充分利用了电网电能，提供了电源的使用效率。

TCL 81-PBE039-PW1 电源 + 背光灯二合一板 PFC 电路如图 4-19 所示，以 PFC 和 HBC 双驱动控制电路 TEA1713T 的 1~4、7、24 脚内外电路、储能电感 LP1、MOSFET（开关管）

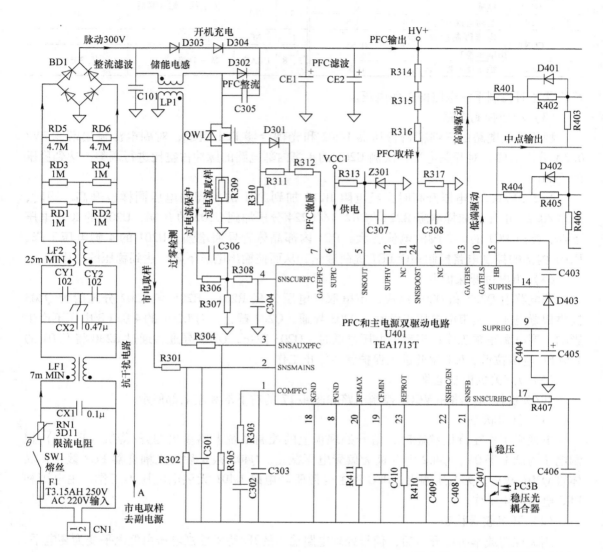

图 4-19　TCL 81-PBE039-PW1

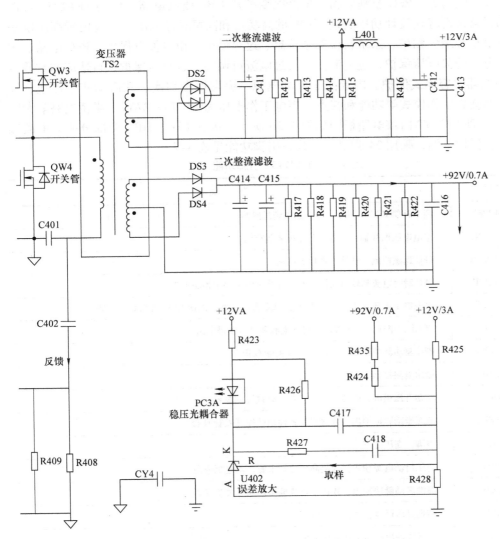

电源 + 背光灯二合一板 PFC 和主电源电路

QW1 和续流管 D302、升压滤波电容 CE1、CE2 为核心组成。

（1）TEA1713T 简介

TEA1713T 中集成了 PFC 控制器和半桥谐振变换器 HBC 驱动电路。使用 TEA1713 仅需很少的外部元器件可轻松设计功率高达 100W 的高功效和高可靠性电源。具有内置高压电平转换、可调最小和最大频率、系统错误安全重启、过热保护、市电掉电保护、PFC 电路、IC 供电和输出电压的欠电压保护、过电流保护及过电流可调整、过电压保护、自适应非重叠时间、HBC 控制器电容模式保护、内置高压启动电源、突发模态切换、软启动和软停止、导通时间控制的临界工作模式等功能和特点，市电工作电压为 AC 70～276V，半桥电路最大频率为 500kHz。TEA1713T 内部电路框图如图 4-20 所示，内含 PFC、HBC 两部分驱动电路和共用的供电、保护电路，采用 24 脚封装形式，引脚功能见表 4-7。

表 4-7　TEA1713T 引脚功能

引脚	符号	功　　　能
1	COMPPFC	频率补偿 PFC 控制器，外部连接到过滤器
2	SNSMAINS	市电电压取样输入，外接分压电阻到市电
3	SNSAUXPFC	PFC 退磁检测，外接过零检测电路
4	SNSCURPFC	PFC 瞬时电流和软启动控制器，外接过电流保护检测电阻
5	SNSOUT	电源输出电压检测，本电源外接 VCC 供电电路，内接 HBC 和 PFC 控制器
6	SUPIC	VCC1 供电输入，内置高压启动电源和供电管理电路
7	GATEPFC	PFC 驱动脉冲输出，外接 PFC 开关管 G 极
8	PGND	输出电路接地
9	SUPREG	驱动升压供电，内接升压稳压器，外接缓冲电容
10	GATELS	低端激励脉冲输出，外接半桥式输出低端开关管 G 极
11	NC	空脚，高压隔离
12	SUPHV	高压启动电源输入，内接高压启动电源，本电源未用
13	GATEHS	高端激励脉冲输出，外接半桥式输出高端开关管 G 极
14	SUPHS	高端升压供电，外接自举电容
15	HB	半桥式输出电路中点电压输出
16	NC	空脚，高压隔离
17	SNSCURHBC	末级输出电压检测信号输入，外接反馈电路
18	SGND	信号电路接地
19	CFMIN	最低频率设置，外接设置电容
20	RFMAX	最高频率设置，外接设置电阻
21	SNSFB	输出电压调节反馈输入，外接稳压光耦合器
22	SSHBC/EN	PFC 和 HBC 软启动时间设定，外接软启动电容
23	RCPROT	保护定时器超时并重启设置，外接定时阻容
24	SNSBOOST	PFC 输出电压取样输入，外接分压电阻

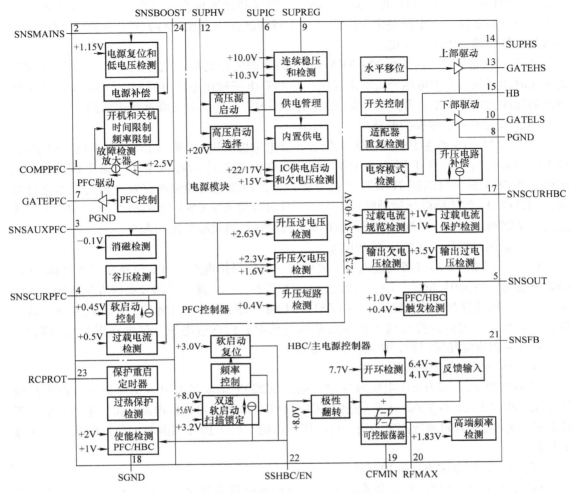

图 4-20　TEA1713T 内部电路框图

（2）启动工作过程

遥控开机后，待机控制电路送来的 VCC1 电压加到 TEA1713T 的 6 脚，TEA1713T 启动工作，内部振荡电路产生的激励脉冲经 TEA1713T 内部乘法器中的逻辑处理、推挽放大后，从 TEA1713T 的 7 脚输出 PFC 开关脉冲，经 R312、R311、D801 加到 MOSFET（开关管）QW1 的 G 极，驱动 QW1 工作在开关状态。

当 QW1 饱和导通时，由 BD1 整流后的 300V 脉动电压经电感 LP1、QW1 的 D-S 极、R309 到地，形成回路，在电感 LP1 中产生感应电压；当 QW1 截止时，流过 LP1 的一次电流呈减小趋势，电感两端必然产生左负右正的感应电压，这一感应电压与 BD1 整流后的直流分量叠加，在滤波电容 CE1、CE2 正端形成 380V 左右的直流电压 HV +，不但提高了电源利用电网的效率，而且使得流过 LP1 一次绕组的电流波形和输入电压的波形趋于一致，从而达到提高功率因数的目的。

（3）稳压控制电路

PFC 电路输出电压经 R314 ~ R316 与 R317 分压，将取样电压送到 TEA1713T 的 24 脚，作为输出直流电压误差信号；储能电感变压器 LP1 的二次感应电压，作为交流过零检测信号，经 R304 送到 TEA1713T 的 3 脚，上述直流取样和交流检测电压经 TEA1713T 内部比较放大、对比与运算，产生误差调整电压，对 7 脚的脉冲占空比进行调整，控制 QP801 的导通时间，维持输出电压的稳定。

当 PFC 电路输出电压降低时，TEA1713T 的 7 脚输出的脉冲占空比变大，开关管 QW1 的导通时间延长，输出电压升高到正常值；当 PFC 电路输出电压升高时，TEA1713T 的 7 脚输出的脉冲占空比变小，开关管 QW1 的导通时间缩短，输出电压降低到正常值。

（4）开关管过电流保护电路

TEA1713T 的 4 脚为 PFC 部分开关管的 S 极电流检测端。QW1 的 D 极电流从 S 极输出，经 R309 接地，在 R309 上形成与 QW1 的 S 极电流成正比的检测电压。该电压经 R306、R307、R308 分压后反馈到 TEA1713T 的 4 脚内部，内部电流检测电路及逻辑处理电路自动调整 TEA1713T 的 7 脚输出激励脉冲的大小，从而自动调整 QW1 的 S 极电流。当 QW1 电流过大，反馈到 4 脚电压达到保护设计值时，7 脚调整输出激励脉冲的大小。

（5）输出过电压、欠电压保护电路

TEA1713T 的 24 脚内部设过电压、欠电压、短路保护电路。PFC 电路在滤波电容 CE1、CE2 正端输出的 380V 电压，经分压后送入 TEA1713T 的 24 脚。当 PFC 电路发生故障，造成输出的开关脉冲升高或降低时，调整 TEA1713T 的 7 脚输出的开关脉冲，使其恢复到正常范围；当 PFC 电路发生故障使输出电压过高或过低时，内部过电压、欠电压保护电路启动，经 1 脚外部阻容电路延时后，进入保护状态。

（6）市电欠电压保护电路

TEA1713T 的 2 脚为市电电压取样输入端，AC220V 市电经 RD1 ～ RD4 分压后产生的取样电压，再经 R301 与 R302 分压，送到 TEA1713T 的 2 脚，对内部电源复位、电源补偿和工作频率、开/关机时间进行控制，当市电电压过低时，经 1 脚外部阻容电路延时后，进入保护状态。

（7）VCC1 供电欠电压保护电路

TEA1713T 的 6 脚为 VCC1 供电输入端，内设供电管理和欠电压保护电路，当 VCC1 供电电压过低，不能保证 TEA1713T 正常工作时，保护电路启动。

4. 主电源电路

TCL 81- PBE039- PW1 电源 + 背光灯二合一板主电源电路如图 4-19 所示，以 PFC 和 HBC 双驱动控制电路 TEA1713T 的 5、8、10、13 ～ 15、17、19 ～ 22 脚内外电路、半桥式输出电路 QW3、QW4 和开关变压器 TS2 等为核心组成，向主板和背光灯驱动电路提供 + 12V/ 3A 和 +92V/0. 7A 电压。

（1）启动振荡过程

遥控开机后，PFC 电路 CE1、CE2 两端输出的 380V 电压为半桥式输出电路 QW3、QW4 供电，开/关机控制电路为 TEA1713T 的 6 脚提供 VCC1 供电，主电源启动工作，TEA1713T 内部振荡电路便启动进入振荡状态产生振荡脉冲信号。该脉冲信号经集成块内部相关电路（门限电路、驱动器等）处理后，形成相位完全相反（相位差180°）的两组激励脉冲信号分别从集成块 10、13 脚输出，加到 QW4、QW3 的 G 极，开关管 QW4、QW3 在驱动电路输出的脉冲信号作用下，进入开关工作状态，在 D 极和 S 极之间形成变化电流。该变化电流流过开关变压器 TS2 的一次绕组，在 TS2 的一次绕组中产生周期性的变化磁场，此变化磁场通过变压器 TS2 的互感作用，在开关变压器的二次侧产生感应脉冲电压。经整流滤波后，产生

+12V/3A 和 +92V/0.7A 电压，为负载电路供电。

（2）升压供电电路

TEA1713T 的 14 脚是驱动输出电路高端升压供电端，TEA1713T 的 9 脚内接连续稳压和检测电路，9 脚输出电压经 C405、C406 稳压后，通过 D403 为 14 脚内部驱动电路进行供电。

（3）稳压控制电路

主电源的稳压控制电路由光耦合器 PC3、取样误差放大电路 U402 组成，对 TS2 二次侧输出的 +12V/3A 和 +92V/0.7A 电压进行取样，通过调整 TEA1713T 的 21 脚电压进行稳压控制。

稳压控制电路的稳压过程为：当开关电源因某种原因导致其输出 +12V/3A 和 +92V/0.7A 电压升高时，升高的电压经分压后加到误差放大器 U402 的 R 端，经内部比较放大后，U402 的 K 端电位下降，PC3 初级发光二极管发光强度增大，次级光敏晶体管电流增大，将 TEA1713T 的 21 脚电位拉低，经内部稳压控制处理后，形成控制电压加到振荡电路上，调整 TEA1713T 的 10、13 脚输出的 MOSFET（开关管）激励方波变窄，末级推挽输出电路 MOSFET（开关管）QW4、QW3 导通时间缩短，开关电源输出电压下降到正常值；当主电源输出的 +12V/3A 和 +92V/0.7A 电压降低时，上述电路工作过程相反，末级推挽输出电路 QW4、QW3 导通时间延长，主电源输出电压上升到正常值。

（4）反馈与过载保护电路

TEA1713T 的 17 脚为末级输出电压检测信号输入端，用来检测主电源末级推挽输出电路的输出情况。TS2 的一次绕组下端 C401 右侧的脉冲电压，经 C402、R407 送到 TEA1713T 的 17 脚，当该脚电压超过保护设定值时，内部保护电路启动，关断 10、13 脚的激励脉冲。

（5）欠电压、过电压保护电路

TEA1713T 的 5 脚内设输出欠电压、输出过电压检测电路，本电源未对输出电压进行检测，而是通过 R313 对 VCC1 供电进行检测，当 VCC1 供电过高或过低时，保护电路启动，主电源停止工作。

（6）输出过电压保护电路

输出过电压保护电路如图 4-17 的右下侧所示，以模拟晶闸管 Q403、Q404 和 13V 稳压管 Z403 为核心组成，对开/关机控制电路光耦合器 PC2 的 1 脚供电进行控制。

主电源输出的 +12V/3A 电压过高达到 13V 时，击穿稳压管 Z403，经 D405、R434 向 Q403 的 b 极送去高电平，模拟晶闸管电路 Q403、Q404 导通，将开/关机控制电路光耦合器 PC2 的 1 脚电压拉低，PC2 截止，迫使 Q201 截止，切断 PFC 和 HBC 驱动电路 U401 的 VCC1 供电，PFC 电路和 HBC 主电源停止工作。

（7）过热保护电路

在 TEA1713T 内部设有温度检测电路，当某种原因造成 TEA1713T 内部温度升高到 150℃ 保护设定值时，内部过热保护电路启动，开关电源停止工作。

4.3.2　电源电路维修精讲

TCL 81-PBE039-PW1 电源 + 背光灯二合一板电源电路发生故障时，主要引起不开机、开机三无、开机黑屏幕故障，可通过观察待机指示灯是否点亮，测量关键点电压，解除保护的方法进行维修。

1. 待机指示灯不亮

（1）熔丝熔断

测量熔丝 F1 是否熔断，如果已经熔断，说明开关电源存在严重短路故障，主要对以下电路进行检测：一是检测交流抗干扰电路电容 CX1、CX2 和整流滤波电路 BD1、C101，PFC 滤波电容 CE1、CE2 是否击穿漏电。二是检查 PFC 电路开关管 QW1 和主电源开关管 QW3、QW4 是否击穿。三是检查副电源集成块 U201 是否击穿，如果击穿，继续查 TS1 的一次绕组并接的尖峰脉冲吸收电路元器件 D204、C209、R210 ~ R212；检查 U201 的 4 脚外部稳压控制电路 PC1、U202。

（2）熔丝未断

如果测量熔丝 F1 未断，但指示灯不亮，主要是副电源电路未工作，主要对以下电路进行检测。首先测量副电源有无电压输出，如果有 +3.3V/0.2A 电压输出，查电源板与控制板之间的连接器和主板 3.3V 负载控制系统。

如果测量副电源无电压输出，测量 U201 的 7、8 脚有无 300V 电压，如果无 300V 电压，检查 AC220V 市电整流滤波电路和 PFC 滤波电容 CE1、CE2 输出端有无 300V 电压输出，无 300V 电压输出，检查市电输入电路和整流桥 BD1 是否发生开路故障。测量 U201 的 2 脚有无启动和 VDD 电压，无电压，检查 2 脚外部的 D202、C204、C203、Z302 是否击穿短路。如果测量 U201 的 7、8 有 300V 电压，则检测 U201 的 2 ~ 4 脚电压和对地电阻，判断 U201 是否损坏，必要时，代换 U201 试试。另外，副电源输出端的负载电路发生严重短路故障，也会造成副电源无电压输出。

另外，U201 的 4 脚外部市电欠电压保护电路启动，副电源也会停止工作。判断该保护电路是否启动的方法是测量 Q202 的 G 极电压，正常时为低电平，如果变为高电平 1V 以上，则是该保护电路启动。如果测量 AC220V 市电电压正常，多为欠电压降压电阻阻值变大或开路所致。解除保护的方法是将 Q202 的 G 极对地短路。

2. 待机指示灯亮

（1）测量开/关机电压

指示灯亮，说明副电源正常。可按遥控器上的 "POWER" 键，测 ON/OFF 有无开机高电平，判断是微处理器控制系统故障，还是开关电源电路故障。如果有开机高电平，故障在主电源电路。

（2）检测开/关机控制电路

先测主电源开关变压器 TS2 的二次侧有无 12V 和 92V 直流电压输出。如果测量主电源始终无电压输出，说明主电源未工作，测量 U401 的 6 脚有无 VCC1 供电，如果 6 脚有 VCC1 供电，则测 U401 相关引脚电压和外部元器件；如果 6 脚无 VCC 供电，检查 6 脚外部的 Q402、PC2、Q201 组成的开/关机控制电路，查副电源提供的 VCC 电压产生电路 R215、D203、C206 等。

（3）检测 PFC 电路和主电源

检测 PFC 电路输出电容 CE1、CE2 两端开机状态输出电压，该电压正常时待机和启动状态下为 300V，遥控开机后上升到 380V，如果仅为 300V，则是 PFC 电路未启动，首先排除 PFC 电路故障，测量 U401 的 6 脚 VCC1 供电正常，则检查 7 脚外部的 QW1 和升压电路电感 LP1、D302、CE1、CE2 等。

测量 380V 供电正常，主电源不工作，有条件的测量 U401 的 10、13 脚是否有激励脉冲输出，无激励脉冲输出，检测 U401 与主电源相关的引脚外部电路元器件；有激励脉冲输出，检测半桥式输出电路 QW4、QW3、TS2 和二次整流滤波电路。

3. 开机后自动关机

TCL 81- PBE039- PW1 电源 + 背光灯二合一板电源电路在主电源的一次侧和二次侧设有过电压、欠电压保护电路，当开关电源发生过电压、欠电压故障时，多会引起保护电路启动，进入保护状态，开关电源停止工作，看不到真实的故障现象，给维修造成困难。

（1）检查保护电路

如果自动关机时，指示灯亮， +12V 和 +92V 主电源开机的瞬间有电压输出，然后输出电压降为 0V，说明主电源保护电路启动。先测量过电压保护电路 Q403 的 b 极电压，正常时该电压为 0V，如果自动关机的瞬间有零点几伏的上升，则是过电压保护电路启动，一是测量过电压保护电路稳压管 Z403 的稳压值是否改变；二是测量取样误差放大电路 U402 和光耦合器 PC3 元器件是否变质。

如果测量 Q403 的 b 极电压始终为 0V，则是主电源一次侧以 U401 为核心的保护电路启动，一是测量 PFC 保护电路 2 脚市电取样电压、24 脚 PFC 输出取样电压、4 脚过电流保护电压和相关电路元器件；二是测量主电源 6 脚供电和 17 脚反馈电路、9 脚升压供电电压和相关元器件；三是去掉负载电路，接假负载进行开机试验，判断是否为负载电路短路引起的过电流保护。

（2）解除保护观察故障现象

确定保护之后，可采取解除保护的方法，开机测量开关电源输出电压和负载电流，观察故障现象，确定故障部位。为了防止开关电源输出电压过高，引起负载电路损坏，建议先接假负载测量开关电源输出电压，在输出电压正常时，再连接负载电路。

解除保护方法：对于主电源过电压保护，将 Q403 的 b 极对地短路，或将 Q404 的 c 极与开/关机光耦合器 PC2 的 1 脚之间导线断开；对于副电源市电欠电压保护，将 Q202 的 G 极对地短路。解除保护后开机不再保护，则是该保护电路引起的保护，重点对相关电路进行检测。

4.3.3　电源电路维修实例

【例 1】　开机三无，指示灯亮，开机瞬间有 +12V 和 +92V 电压输出，然后降为 0V。

分析与检修：根据故障现象，指示灯亮，判断主电源保护电路启动。开机的瞬间测量过电压保护电路的 Q403 的 b 极电压果然为高电平 0.7V。

采取解除保护的方法维修，将 Q403 的 b 极与 e 极短接后，开机不再出现自动关机故障，测 +12V 和 +92V 有稳定的输出，说明 +12V 过电压保护电路本身损坏。在路测量过电压保护电路元器件未见异常，怀疑稳压管 Z403 漏电，稳压值下降造成误保护。用 13V 稳压管更换 Z403 后，故障排除。

【例 2】　开机三无，指示灯亮，无 +12V 和 +92V 电压输出。

分析与检修：测 +3.3V 待机电压正常，用导线把 +3.3V 接到开/关机控制电路强行开机，测 PFC 输出电容 CE1、CE2 两端电压只有 +300V，说明 PFC 电路未工作。

测 PFC 电路和主电源集成电路 U401 的 15 脚无 VCC1 电压，这个电压是从副电源变压器负载绕组输出的 VCC 电压，经开/关机电路控制后产生的。检查开/关机控制电路待机电路，发现晶体管 Q201 的 c 极有电压，但 e 极无电压输出，测量 Q201 正常，检查 Q201 外部电路，发现 b 极外接的 27V 稳压管 Z203 击穿。更换 Z203 后，故障排除。

【例 3】 开机三无，指示灯不亮，无 + 3.3V 电压输出。

分析与检修： 测量电源板副电源无 + 3.3V 电压输出，对副电源厚膜电路 U201 的各脚电压进行测量，发现 7、8 脚无 300V 供电，向前测量 300V 供电电路，发现限流电阻 RN1 烧焦断路，说明副电源有严重短路故障。对副电源电路元器件进行测量，发现 U201 的 7、8 脚对地线之间短路，内部 MOSFET（开关管）击穿。更换 U201 后，故障排除。

4.3.4　背光灯电路原理精讲

TCL 81-PBE039-PW1 电源 + 背光灯二合一板背光灯电路如图 4-21 所示。该电路由以 MP3394（U601）为核心的驱动控制电路、以开关管 Q603、储能电感 L601、续流 D602、D603、滤波 C610 为核心组成的升压电路和 U601 的 8 ~ 11 脚内部电路、外部 Q604 ~ Q607 组成的均流控制电路三部分组成，将 + 92V/0.7A 电压提升后，为 4 条 LED 背光灯串正极供电，将背光灯点亮，并对 LED 背光灯串的电流进行调整，确保 LED 背光源均匀稳定。

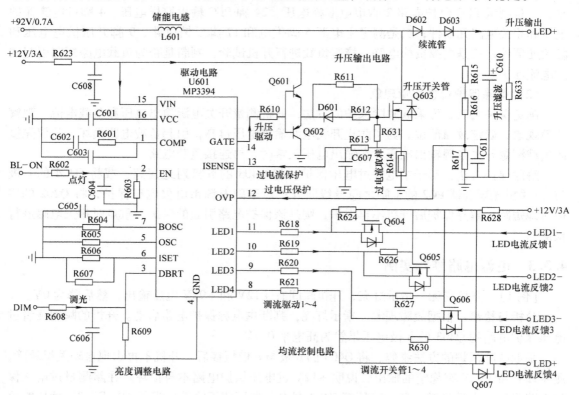

图 4-21　TCL 81-PBE039-PW1 电源 + 背光灯二合一板背光灯电路

1. 驱动控制电路

（1）MP3394 简介

MP3394 是 LED 背光灯驱动控制电路，有关介绍见本章 4.2.4 节相关内容。

（2）启动工作过程

开关电源输出的 + 92V/0.7A 电压经 L601 为升压输出电路供电；+ 12V/3A 电压经 R623 降压后为 U601 的 15 脚供电，经内部电路稳压器稳压后，产生 5.8V 的 VCC 电压，为 U601

内外电路供电。

遥控开机后主板送来的 BL-ON 点灯电压经 R602 与 R603 分压后送到 U601 的 2 脚，亮度调整 DIM 电压经 R608 与 R609 分压后送到 U601 的 3 脚，背光灯电路启动工作，一是从 14 脚输出升压激励脉冲，推动升压输出电路工作，为 LED 背光灯串正极供电；二是从 8 ~ 11 脚输出均流控制电压，对 Q604 ~ Q607 的导通时间进行控制，达到对 LED 背光灯串负极电流进行控制的目的。

U601 的工作频率由 5 脚外部 R605 决定，数字调光频率由 7 脚外部的 R604、C605 决定。

2. 升压输出电路

（1）升压工作原理

升压输出电路以开关管 Q603、储能电感 L601、续流 D602、D603、滤波 C610 为核心组成。遥控开机后，U601 启动工作，从 14 脚输出升压驱动脉冲，经灌流电路 Q601、Q602 推动 Q603 工作于开关状态，Q603 导通时，+92V/0.7A 电压经 L601、Q603 的 D-S 极、R614 到地，在 L601 中储存能量，产生左负右正的感应电压；Q603 截止时，在 L601 中产生左正右负的感应电压，L601 中储存电压与 +92V/0.7A 电压叠加，经 D602、D603 向 C610 充电，产生 LED + 输出电压，经连接器 P2 的 1 ~ 4 脚输出，将 4 条 LED 背光灯串点亮。

（2）升压开关管过电流保护电路

升压开关管 Q603 的 S 极外接过电流取样电阻 R614，开关管的电流流经过电流取样电阻时产生的电压降反映了开关管电流的大小。该取样电压经 R613 反馈到 U601 的 13 脚，当开关管 Q603 电流过大，输入到 U601 的 13 脚电压过高，达到保护设计值时，U601 内部保护电路启动，停止输出激励脉冲。

（3）输出电压过电压保护电路

升压输出电路 C610 两端并联了 R615、R616 与 R617 分压取样电路，对输出电压进行取样，反馈到 U601 的 12 脚。当输出电压过高，达到保护设计值时，U601 内部保护电路启动，停止输出激励脉冲。

3. 均流控制电路

（1）均流控制原理

均流控制电路由 U601 的 8 ~ 11 脚内部电路和外部 Q604 ~ Q607 组成。LED 背光灯串连接器 2 的 7 ~ 10 脚是 LED 背光灯串的负极回路 LED1 - ~ LED4 -，分别接 Q604 ~ Q607 的 D 极，Q604 ~ Q607 的 S 极接 U601 的 8 ~ 11 脚与 U601 内部均流控制电路相连接，Q604 ~ Q607 的 G 极经 R628 接 +12V/3A 电压。内部均流控制电路的 8 ~ 11 脚对 Q604 ~ Q607 的 S 极电压进行控制，进而控制 Q604 ~ Q607 的导通时间，进而对 4 条 LED 背光灯串电流进行调整，确保各个灯串电流大小相等，LED 背光灯串发光均匀稳定。背光灯电流由 6 脚外部 R606、R607 决定。

（2）LED 背光灯串开路保护

背光灯电路驱动 4 条 LED 背光灯串同时工作，当其中一条背光灯串发生开路故障时，相对应的 LED 背光灯串回路电压被拉低到地，MP3394 会增加升压电路的输出电压，直到输出电压达到过电压保护值时，再去检测相对应的 LED 背光灯串电流检测电压是否低于设定值，如果是，就切断对应的 LED 背光灯串。

（3）LED 背光灯串短路保护

背光灯电路驱动 4 条 LED 背光灯串同时工作，当其中一条背光灯串中的 LED 背光灯被短路两个时，相对应的 LED 背光灯串回路电压被拉高到 5.5V，MP3394 会计数电流控制电路的振荡电路高频切换周期，然后切断相对应的 LED 背光灯串。

4.3.5　背光灯电路维修精讲

TCL 81-PBE039-PW1 电源 + 背光灯二合一板的 LED 背光灯电路发生故障时，一是背光灯板不工作，所有的 LED 背光灯串均不点亮，引起有伴音、无光栅故障；二是 4 条背光灯串中一条发生故障，引起相应的背光灯串不亮，产生显示屏局部不亮或亮度偏暗故障；三是保护电路启动，背光灯亮一下即灭。

1. 显示屏全部不亮

显示屏 LED 背光灯串全部不亮，主要检查供电、控制电路等共用电路，也不排除一个背光灯驱动电路发生短路击穿故障，造成共用的供电电路发生开路、熔丝熔断等故障。

（1）检查背光灯板工作条件

显示屏始终不亮，伴音、遥控、面板按键控制均正常，黑屏幕。此故障主要是 LED 背光灯电路未工作，需检测以下几个工作条件：

一是检测背光灯电路的 +12V/3A 和 +92V/0.7A 供电电压是否正常，测量驱动控制电路 U601 的 15 脚供电和 16 脚的 VCC 电压是否正常，如果无电压，多为 15 脚外部的降压电阻 R623 烧断或 U601 内部短路、C608、C601 击穿等。+12V/3A 和 92V/0.7A 供电电压不正常，检查为其供电的开关电源电路。

二是测量 P1 的 12 脚 BL-ON 点灯控制电压是否为高电平；测量 P1 的 11 脚 DIM 亮度调整电压是否正常。点灯控制和亮度调整电压不正常，检修主板控制系统相关电路。点灯控制和亮度调整电压不正常时，也可将 P1 的 12、11 脚与 7、8 脚 +3.3V/0.2A 电源供电相连接，获取点灯控制和亮度调整电压。

（2）检修升压输出电路

如果工作条件和 U601 的 15、16 脚电压正常，背光灯电路仍不工作，则是背光灯驱动控制电路和升压输出电路发生故障。通过测量 U601 的 14 脚是否有激励脉冲输出判断故障范围。14 脚无激励脉冲输出，则是 U601 内部电路故障。

如果 U601 的 14 脚有激励脉冲输出，升压输出电路仍不工作，则是升压输出电路发生故障，常见为储能电感 L601 内部绕组短路、升压开关管 Q603 击穿短路或失效、输出滤波电容 C610 击穿或失效、续流管 D602、D603 击穿短路等。通过测量电阻可快速判断故障所在。

2. 开机背光灯一闪即灭

（1）引发故障原因

此种情况可能是触发了过电压、过电流保护电路，请检查过电压、过电流保护电路参数是否正常。发生过电压保护故障时，一是测量输出电压是否过高；二是检查过电压取样电路元器件。

（2）解除保护

解除过电压保护的方法是在 R617 两端并联（5~10）kΩ 电阻，降低过电压保护取样电压。解除过电流保护的方法是将 U601 的 13 脚对地短路。如果解除过电压保护后，输出电压正常，则是保护检测电路分压取样电阻阻值改变；输出电压过高，则是升压稳压环路发生故障。如果解除过电流保护后，升压电路正常工作，多为过电流取样电阻阻值变大。

（3）维修提示

保护电路维修提示：首先确认显示屏 LED 背光灯开机时是否会亮一下，如果是，表示过电压保护电路设置点太高。如果显示屏 LED 背光灯连闪都不会闪，表示过电压保护电路设置点太低，一是要确认过电压保护电路是否有问题。二是确认 MOSFET（开关管）Q603的过电流检测电阻是否设计正确，过电流检测电阻太小，开机电流会很大，容易使得前置系统顶到电流限制的顶点；反之，过电流检测电阻太大，输出电流无法调大。三是确认周边元器件是否发生短路或开路、失效等问题。四是确认 LED 驱动电路板与显示屏背光灯串之间的连接线是否松动。

3. 显示屏亮度不均匀

（1）引发故障原因

如果显示屏的亮度不均匀，多为 4 个 LED 背光灯电路之一发生故障。如果只是局部不亮，一是 LED 背光灯串中的个别 LED 背光灯老化；二是整条 LED 背光灯串不亮，多为灯串 LED 背光灯发生故障，或灯串电流反馈、均流控制电路发生故障。

（2）维修提示

可通过测量背光灯串的输出连接器的 LED 背光灯串反馈引脚对地电阻、开机电压进行判断，由于各个灯串的 LED 背光灯个数相同，供电电压相同，正常时连接器的 LED 背光灯串反馈引脚对地电阻、开机电压应相同，如果测量后经过比对，哪个引脚对地电阻和电压不同，则是该引脚对应的 LED 背光灯串或连接器引脚发生故障，对应的 U601 的 8 ~ 11 脚和外部 Q604 ~ Q607 的 4 路灯串电流控制电路、内外均流控制电路故障。

4.3.6　背光灯电路维修实例

【例 1】　开机有伴音，显示屏亮度不均匀。

分析与检修： 遇到显示屏亮度不均匀，多为 4 个背光灯串驱动电路有一个发生故障。测量背光灯驱动电路 U601 的 8 ~ 11 脚电压和连接器 P2 的 7 ~ 10 脚电压，发现 P2 的 7 脚电压与其他脚电压不同，对 7 脚外部的背光灯串电路进行检查，发现 P2 的 7 脚接触不良。将 7 脚处理确认连接正常后，故障排除。

【例 2】　开机三无，指示灯亮。

分析与检修： 仔细观察指示灯亮，测量主电源无电压输出，测量 VCC1 供电正常，检查双驱动电路外部电路未见异常，测量二次整流滤波电路对地电阻，发现 92V 输出端对地电阻仅为 500Ω 左右，明显小于正常值。断开 92V 负载电路背光灯升压电路储能电感 L601，92V 输出端电阻恢复正常，判断背光灯升压电路发生短路故障，测量升压开关管 Q603 击穿，其 S 极电阻 R614 烧焦开路。将 Q603、R614 更换后，故障排除。

第 5 章

海信 LED 液晶彩电电源 + 背光灯
二合一板维修精讲

5.1 海信 RSAG7.820.2264 电源 + 背光灯二合一板维修精讲

海信 LED 液晶彩电采用的 RSAG7.820.2264 电源板，是新型 LED 液晶彩电专用电源 + 背光灯二合一板，配合 HE420CF-D01 或 HE420EF-B27 等显示屏。开关电源电路采用 STR-A6059H + NCP33262 + NCP1396 组合方案，输出 100V、12V 电压，为主板和背光灯电路供电；背光灯电路采用 OZ9902，将开关电源输出的 100V 电压转换为 170 ~ 200V 直流高压，为 LED 背光灯供电。该二合一板应用于海信 LED42K11P、LED42K01P、LED46K11P 等 LED 大屏幕液晶彩电中。

海信 RSAG7.820.2264 电源 + 背光灯二合一板上面元器件实物图解如图 5-1 所示；二合一板下面元器件实物图解如图 5-2 所示；二合一板电路组成框图如图 5-3 所示；二合一板开关电源完整电路如图 5-4（见全文后插页）所示。

该二合一板开关电源电路由三个单元电路组成：一是以厚膜电路 STR-A6059H（N831）、变压器 T901 为核心组成的副电源，为主板提供 5VS 工作电压，同时输出 20V 电压，经开/关机电路控制后，为 PFC 和主电源驱动电路供电；二是以集成电路 NCP33262（N810）为核心组成的 PFC 电路，将供电电压和电流的相位校正为同相位，提高功率因数，并将市电整流后的电压提升到 380V 左右，产生 PFC 电压，为主电源电路供电，并将副电源供电提升到 380V；三是以驱动电路 NCP1396（N802）为核心组成的主电源，产生 12V 和 100V 电压，为主板、伴音功放和背光灯升压电路供电。

5.1.1 电源电路原理精讲

海信 RSAG7.820.2264 电源 + 背光灯二合一板的电源电路由抗干扰和市电整流滤波电路、副电源电路、PFC 电路、主电源电路组成。

1. 抗干扰和市电整流滤波电路

（1）抗干扰电路

抗干扰和市电整流滤波电路如图 5-5 所示。交流 220V 电压经过熔丝管 F802，压敏电阻 RV801 过电压保护，进入由 C807、L807、C802、C803、C804、L806 等组成的进线抗干扰电路，滤除高频干扰信号。

（2）全桥整流滤波电路

滤除干扰脉冲的交流电压通过 VD801、C807、L805、C808 整流滤波后，由于滤波电容 C807、C808 容量较小，得到一个 100Hz 约 300V 左右的脉动直流电压，送到 PFC 电路。

副电源：以厚膜电路STR-A6059H(N831)、变压器T901为核心组成。通电后AC220V市电经VD843整流、R897、R899、R823与R901降压、分压，C823滤波后，为N831的2脚提供启动电压BR，PFC电路待机状态输出的+300V电压经变压器T901一次侧为N831的7、8脚内部开关管D极供电，副电源启动工作，在T901中产生感应电压，经整流滤波后一是形成5VS电压，为主板控制系统供电；二是产生+20V电压，经开/关控制后为PFC和主电源驱动电路提供VCC1供电，同时为N831的5脚提供VCC供电

主电源：以振荡驱动电路NCP1396(N802)和半桥式推挽输出电路V839、V840、变压器T902为核心组成。遥控开机后，开/关机电路为N802的12脚提供VCC1供电，PFC电路输出的+380V电压为半桥式输出电路供电，主电源启动工作，N802的11、15脚输出激励脉冲，推动开关管V839、V840工作于开关状态，轮流导通，在T902中产生感应电压，经整流滤波后转换为12V和100V电压，为主板和背光灯电路供电

抗干扰和市电整流滤波电路：
一是利用电感线圈和电容组成的共模滤波电路，滤除市电电网干扰信号；二是通过全桥式整流VD801、C807、L805、C808滤波，对AC220V市电整流滤波，由于滤波电容容量较小，产生100Hz脉动直流电压，送到PFC电路

电源输出连接器

C839　L831

滤波C838

膜压待机光耦合器

M

整流VD833

整波T901

变压器T901

厚膜N831

开关管V839/V840

熔丝F802

C801

XP803
市电输入

主电源滤波

整流VD852

主电源滤波

L803

变压器T902

整流VD853

C865

L804

C802

电源部分

背光灯部分

升压滤波电容　储能电感

储能电感

PFC滤波C813

PFC滤波C812

LED连接器

驱动电路和MOS开关管等贴片器件未用，在电路板下面

储能电感

100V滤波C848

储能电感L811

VD811

整流全桥VD801

升压滤波电容

R825　C808　C807

LED连接器

升压滤波电容

储能电感

R849

滤波电容

升压滤波电容

PFC整流VD812　　PFC开关管V810

背光灯电路：由两个背光灯驱动电路OZ9902（N905/N906）和升压输出电路8个MOS开关管、4个储能电感、4个整流管、4个滤波电容组成两个相同的LED驱动电路。遥控开机后，开关电源输出的12V电压为N905/N906供电，输出的100V电压为升压输出电路供电，主板送来的点灯控制SW电压送到N905/N906的3脚，12V电压分压后为N905/N906的9脚提供调光高电平，背光灯电路启动工作，N905/N906从22、23脚输出激励脉冲，推动相连的4个MOS开关管工作于开关状态，与4个储能电感和4个整波滤波电路配合，将100V电压升压后，为4串LED背光灯串供电。同时N905/N906的18、14脚也输出激励脉冲，对LED回路的4个MOS开关管进行控制，即对LED灯串电流进行控制，达到调整背光灯亮度的目的，电流异常时保护电路启动停止工作

PFC电路：以集成电路NCP33262（N810）、开关管V810、V811（未安装）、储能电感L811为核心组成。开机后副电源的20V电压经开/关机电路控制后，为N810的8脚提供VCC1供电，N810启动工作从7脚输出激励脉冲，驱动V810、V811工作于开关状态，与储能电感L811和PFC整流滤波电路VD812、C812、C813配合，将供电电压和电流的相位校正为同相位，提高功率因数，并将市电整流后的电压提升到380V左右，产生PFC电压，为主电源电路供电，并将副电源供电提升到380V。

图 5-1　海信 RSAG7. 820. 2264 电源 + 背光灯二合一板上面元器件实物图解

主电源驱动电路NCP13961（N802），是安森美公司生产的半桥LLC谐振模式控制器，内部集成电压控制振荡器，输出高端和低端激励脉冲，推动功放电路，具有多重保护功能。遥控开机后，开/关机控制电路为N802的12脚提供VCC1供电，N802启动工作，从11脚输出低端激励脉冲，从15脚输出高端激励脉冲，推动主电源半桥式输出电路开关管V839、V840轮流导通/截止

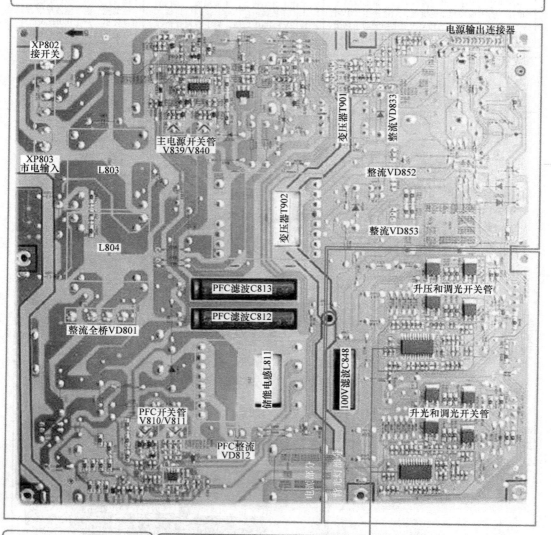

PFC驱动电路：MC33262（N810）是PFC电路专用集成控制芯片。工作在临界模式，采用升压电路方式工作。遥控开机后，开/关机控制电路为N810的8脚提供VCC1供电，N810启动工作，从7脚输出PFC激励脉冲，推动PFC开关管V810、V811工作于开关状态

背光灯驱动电路：OZ9902（N905/N906）是LED背光灯专用驱动电路，提供2个驱动输出通道。遥控开机后，主电源输出的12V电压为N905/N906提供工作电压，主板送来的SW点灯高电平送到N905/N906的3脚，调光电压送到9脚，100V检测取样电压送到1脚后，N905/N906启动工作，从22、23脚输出升压激励脉冲，推动升压MOS开关管工作于开关状态，与储能电感和整流滤波电路配合，将100V供电提升到150～180V，为LED背光灯供电；同时N905/N906从14、18脚输出调光脉冲，推动调光MOS开关管导通或截止，对LED灯管电流进行调整，达到调整背光灯亮度的目的

图 5-2　海信 RSAG7.820.2264 电源＋背光灯二合一板下面元器件实物图解

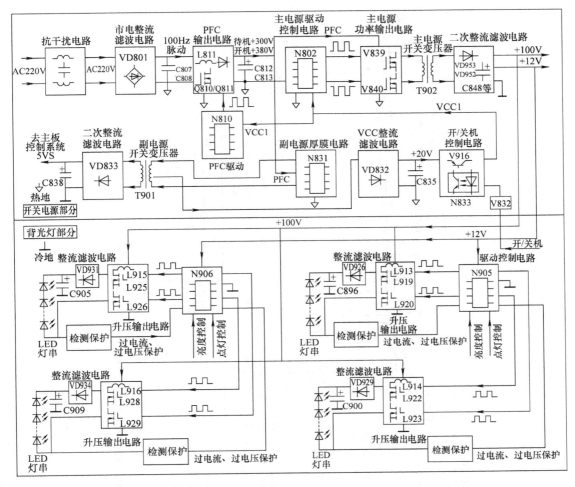

图 5-3　海信 RSAG7.820.2264 电源 + 背光灯二合一板电路组成框图

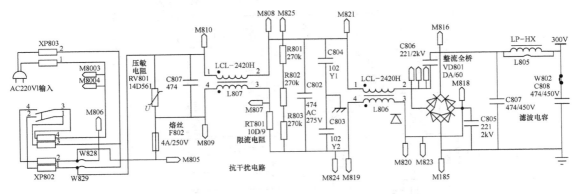

图 5-5　海信 RSAG7.820.2264 电源 + 背光灯二合一板抗干扰和整流滤波电路

2. 副电源电路

海信 RSAG7.820.2264 电源 + 背光灯二合一板副电源电路如图 5-6 所示。它由厚膜电路 STR-A6059H（N831）、开关变压器 T901、取样误差放大电路 N903、光耦合器 N832 等组成。副电源变压器 T901 在冷接地端和热接地端有两组电压输出：一是在冷接地端输出 5VS

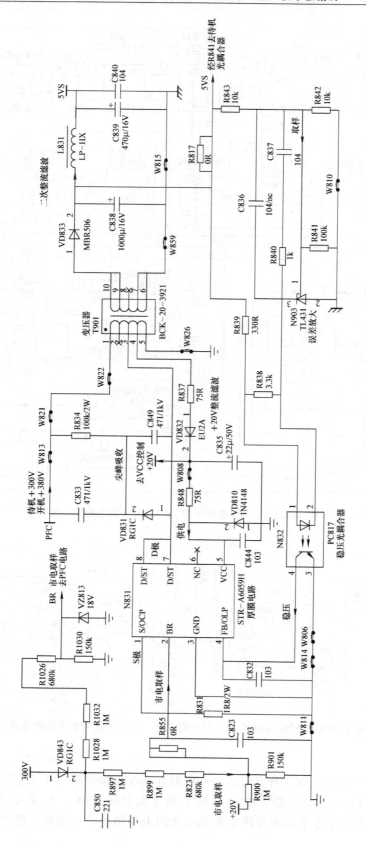

图 5-6 海信 RSAG7.820.2264 电源 + 背光灯二合一板副电源电路

电压，为主板上的微处理器控制系统供电；二是在热接地端输出 + 20V 电压，不但为 N831 提供开机后的 VCC 电压，还为开/关机控制电路供电。

（1）STR- A6059H 简介

STR- A6059H 是三肯公司生产的 STR- A6000 系列开关电源厚膜电路之一，该系列还有 STR- A6051、STR- A6052、STR- A6053、STR- A6059、STR- A6079。其内部电路框图如图 5-7 所示。它具有体积小、功耗低的特点，通常应用于电源板的副电源电路中。STR- A6059H 引脚功能和维修数据见表 5-1。

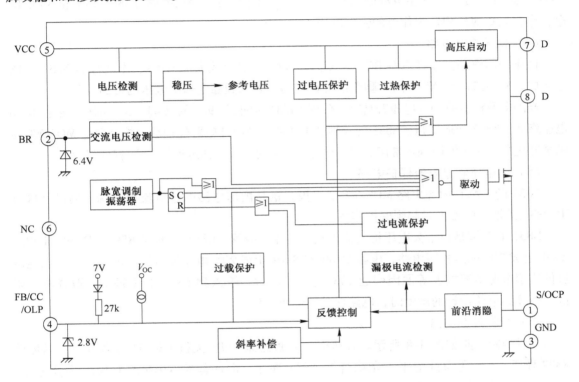

图 5-7　STR- A6059H 内部电路框图

表 5-1　STR- A6059H 引脚功能和维修数据

引脚	符号	功　能	参考电压/V	引脚	符号	功　能	参考电压/V
1	S/OCP	内部 MOSFET 的 S 极	0	5	VCC	电源供电输入	18
2	BR	掉电欠电压检测输入	6.3	6	NC	未用	0
3	GND	接地	0	7、8	D	内部 MOSFET 的 D 极	380
4	FB/CC/OLP	反馈电压输入	1.1				

（2）启动工作过程

通电后，PFC 电路待机状态输出的 + 300V 电压经变压器 T901 一次 1-3 绕组为 N831 的 7、8 脚内部开关管 D 极供电，并通过 7、8 脚内部的启动电路为振荡电路供电，副电源启动工作，内部振荡驱动电路产生的激励脉冲，推动开关管工作于开关状态，其脉冲电流在 T901 中产生感应电压。

（3）整流输出电路

在 T901 二次侧冷地端绕组产生的感应电压，经过 VD833 整流，C838、L831、C839 组成的 T 形滤波器滤波后，形成 5VS 电压，为主板控制系统供电。T901 热地端绕组产生的感应电压，经 R837 限流、VD832 整流、C835 滤波后，得到 20V 电压，一是经开/关机晶体管 V832 控制后，为 PFC 和主电源驱动电路提供 VCC1 供电；二是为 N831 的 5 脚提供 VCC 供电，作为该集成块稳定工作时的供电电压。

（4）稳压控制电路

稳压控制电路由取样电路 R843 ~ R841、N903、误差放大器 N903、光耦合器 N832 为核心组成，对厚膜电路 N831 的 4 脚电压进行控制，以达到稳定输出电压的目的。

当副电源输出的 5VS 电压升高时，分压后的电压加到 N903 的 R 端，经内部放大后使 K 端电压降低，N832 导通增强，N831 的 4 脚电压降低，经内部电路处理后，控制内部 MOSFET 激励脉冲变窄，使 5VS 降到正常值。当输出电压降低时，其工作过程与电压升高时相反。

（5）欠电压和过电流保护电路

N831 的 1 脚是内部电路 MOSFET 的 S 极，也是内部电路的过电流检测端，通过外接电阻 R831 接地，电流大时起到保护作用。

N831 的 2 脚是掉电欠电压检测输入端。整流二极管 VD843 和电阻 R897、R899、R823、R901 组成市电电压检测电路，电阻 R900 和 R901 组成 20V 电压掉电检测电路，当市电电压过低或副电源负载加大等原因引起 20V 电压下降时，输入到 N831 的 2 脚检测取样电压降低，当降到电路设计的阈值时，电路保护，停止工作。

（6）待机控制电路

待机控制电路如图 5-8 所示。开机时，主板送来的开/关机 PS-ON 为高电平，晶体管 V832 导通，c 极变为低电平，光耦合器 N833 导通，向晶体管 V916 的 b 极送去高电平，V916 导通，将副电源输出的 +20V 电压从 e 极输出，为 PFC 驱动电路 N810 和主电源驱动电路 N802 提供 VCC1 电压，PFC 电路和主电源启动工作，输出 +12V 和 +100V 电压，为主板和背光灯电路供电，整机进入开机状态。

遥控关机时，PS-ON 变为低电平，V832、N833、V916 截止，V916 无 VCC1 电压输出，PFC 电路和主电源停止工作。

3. PFC 电路

海信 RSAG7.820.2264 电源＋背光灯二合一板 PFC 电路如图 5-9 所示。它以集成电路 NCP33262（N810）、晶体管 V805、V806、开关管 V810、V811（未安装）、储能电感 L811、整流滤波电路 VD812、C812、C813 为核心组成。它将供电电压和电流的相位校正为同相位，提高功率因数，并将市电整流后的电压提升到 380V 左右，产生 PFC 电压，为主电源电路供电，并将副电源供电提升到 380V。

（1）NCP33262 简介

NCP33262 是 PFC 电路专用集成控制芯片，其内部电路框图如图 5-10 所示。NCP33262 引脚功能和维修数据见表 5-2。

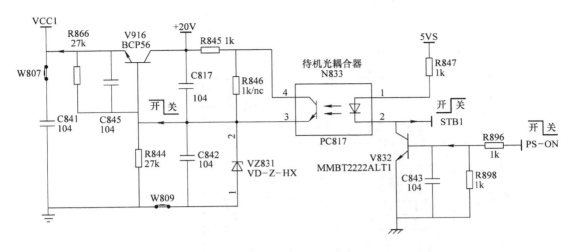

图 5-8　海信 RSAG7. 820. 2264 电源 + 背光灯二合一板待机控制电路

（2）启动工作过程

主机发出开机信号后，VCC1 经过 R815 限流、VZ812 稳压，C814、C816 滤除杂波加到 N810 的 8 脚后，经内部电路给 2 脚外接电容充电，电压升高后 PFC 电路启动，N810 的 7 脚输出的斩波激励脉冲经过灌流电路加到斩波管 V811、V810 的 G 极。在激励脉冲的正半周，V810、V811 导通，能量被储存在 L811 中；在激励信号的负半周，V805、V806 导通，MOS-FET 的 G 极电压被快速释放，斩波管截止。VZ814 和 VZ811 是斩波管 G 极过电压保护二极管。R1034、R902 两只电阻的作用是在关机时泄放掉 MOSFET 的 G-S 极间的电荷。

R811 ~ R814 组成分压电路，得到的正弦波取样电压加到 N810 的 3 脚，用于校正 7 脚输出的脉冲波形。

储能电感 L811 二次 11-13 绕组感应的电压经 R816 和 R868 分压后为 N810 的 5 脚提供过零检测信号，通过该信号控制 PFC 电路内部斩波信号的开启和关断，使其工作在 DCM 状态。

PFC 电路中的 MOSFET V810、V811 截止时，储存在 L811 中的能量通过 D812 向 C812、C813 泄放，在 C812、C813 上获得约 380V 电压。

（3）PFC 稳压电路

电阻 R826 ~ R830、R805 组成 PFC 电压取样反馈电路，分压后的取样电压送到 N810 的 1 脚，经内部误差放大电路比较后，调整 7 脚激励脉冲的输出占空比，控制斩波管的导通时间，以达到稳定 PFC 电压的目的。

（4）PFC 过电流保护电路

电阻 R849、R825 为 PFC 电路过电流检测电阻。如果出现电源负载异常过大时，MOS-FET 过大的电流使 R825、R849 上的电压降升高，升高的电压经过 R822 加到 N810 的 4 脚，N810 停止工作，起到保护作用。

（5）PFC 市电欠电压保护电路

N810 的 2 脚是软启动端，晶体管 V804 接市电欠电压保护电路，当市电电压过低时，如图 5-6 左上部所示，市电整流滤波后的 100Hz 脉动 300V 电压，经 VD843 整流、R1028、R1032、R1026 与 R1030 分压取样后的电压 ER 为低电平，V804 导通，使 N810 的 2 脚为低

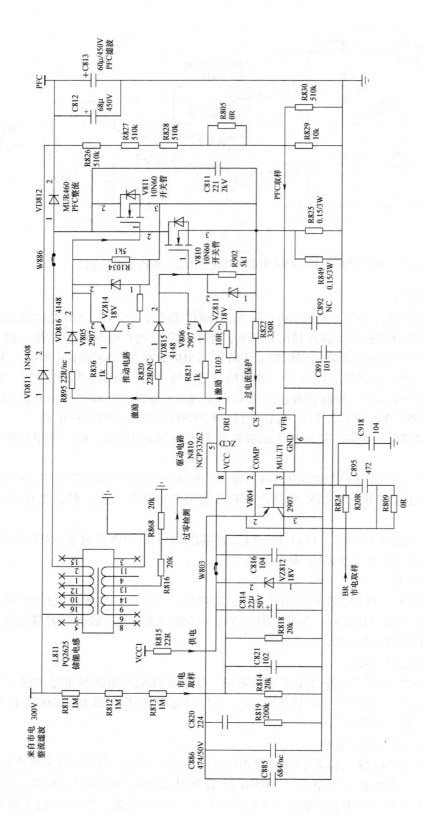

图 5-9　海信 RSAG7.820.2264 电源 + 背光灯二合一板 PFC 电路

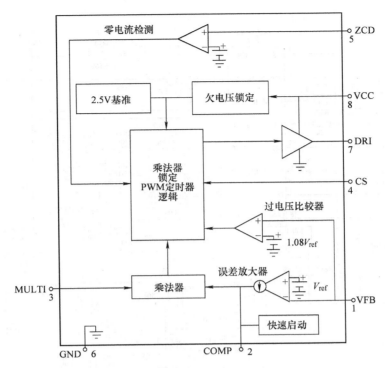

图 5-10　NCP33262 内部电路框图

表 5-2　NCP33262 引脚功能和维修数据

引脚	符号	功　能	参考电压/V	引脚	符号	功　能	参考电压/V
1	VFB	PFC 反馈电压输入	2.5	5	ZCD	零电流检测输入	3.6
2	COMP	软启动，外接补偿电路	2.1	6	GND	接地	0
3	MULTI	市电脉动电压检测输入	1.4	7	DRI	激励脉冲输出	4.4
4	CS	过电流保护输入	0	8	VCC	电源供电输入	17

电平，此时芯片停止工作。

4. 主电源电路

海信 RSAG7.820.2264 电源 + 背光灯二合一板主电源电路如图 5-11 所示。它以驱动电路 NCP1396 (N802)、半桥式输出电路开关管 V839、V840、开关变压器 T902、稳压电路误差放大器 N841、光耦合器 N840 为核心组成。遥控开机后启动工作，产生 12V 和 100V 电压，为主板、伴音功放和背光灯升压电路供电。

（1）NCP1396 简介

NCP1396 是安森美公司生产的半桥 LLC 谐振模式控制器，其内部电路框图如图 5-12 所示。它的内部集成电压控制振荡器，输出高端和低端激励脉冲，推动功放电路，具有多重保护功能。NCP1396 引脚功能和维修数据见表 5-3。

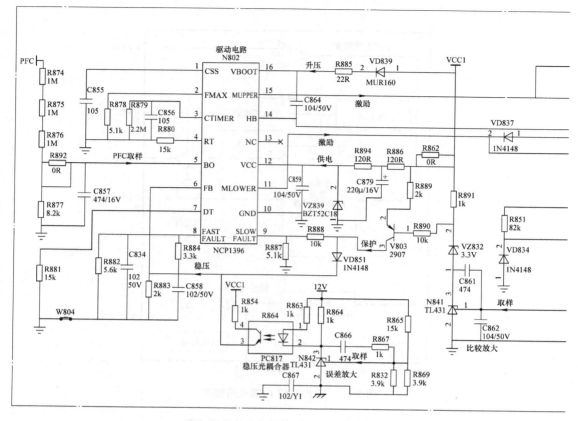

图 5-11　海信 RSAG7. 820. 2264 电

（2）启动工作过程

　　220V 交流电压经过整流滤波，进行 PFC 后得到 380V 左右的直流电压送入由 N802（NCP1396）组成的 DC-DC 变换电路。PFC 电压经过 R874 ~ R877 分压后送入 N802 的 5 脚进行欠电压检测，经运算放大输出跨导电流。同时，12 脚得到 VCC1 供电，软启动电路工作，内部控制器对频率、驱动定时等设置进行检测，正常后输出振荡脉冲。

表 5-3　NCP1396 引脚功能和维修数据

引脚	符号	功　　能	对地电压/V	引脚	符号	功　　能	对地电压/V
1	CSS	软启动时间设定	3.6	9	SLOW FAULT	延迟保护控制	0.07
2	FMAX	外接频率钳位电阻	1.4	10	GND	接地	0
3	CTIMER	时间延迟	0.12	11	MLOWER	低边 MOSFET 驱动输出	5.6
4	RT	外接定时电阻	2.0	12	VCC	电源供电输入	14.2
5	BO	低压检测输入	1.3	13	NC	空脚	—
6	FB	反馈电压输入	4.0	14	HB	半桥连接	189.7
7	DT	死区时间宽度调整	0.7	15	MUPPER	高边 MOSFET 驱动输出	194.7
8	FAST FAULT	快速故障检测	0.7	16	VBOOT	自举升压	200.4

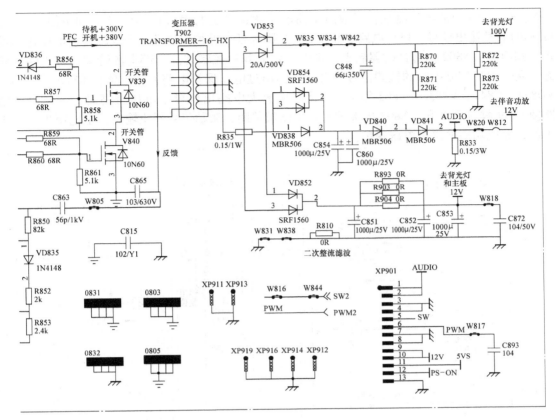

源 + 背光灯二合一板主电源电路

当 N802 的 12 脚得到供电，5 脚的欠电压检测信号也正常时，N802 开始正常工作。VCC1 加在 N802 的 12 脚的同时，还经过 VD839、R885 供给 N802 的 16 脚，C864 为倍压电容，经过倍压后的电压为 195V 左右。

从 N802 的 11 脚输出的低端驱动脉冲通过电阻 R860 送入 V840 的 G 极，VD837、R859 组成灌流电路；15 脚输出的高端驱动脉冲通过电阻 R857 送入 V839 的 G 极，VD836、R856 组成灌流电路。

当 V839 导通时，380V 的 PFC 输出电压流过 V839 的 D-S 极、T902 一次绕组、C865 形成回路，在 T902 一次绕组形成下正上负的电动势；同理，当 V840 导通，V839 截止时，在 T902 一次绕组形成上正下负的感应电动势，感应电压由变压器耦合给二次侧。其中一路电压经过 VD853、C848 整流滤波后得到 100V 直流电压送往 LED 背光灯电路，作为其工作电压；另一路电压经过 R835、VD838、VD854、C854、C860 整流滤波后得到 12V 电压给主板伴音部分提供工作电压；还有一路电压经过 VD852、C851～C853 整流滤波后得到 12V 电压。

（3）稳压控制电路

为了确保开关电源输出电压的稳定，还设计了误差放大器 N842（TL431）、光耦合器 N840（PC817）组成的稳压反馈电路。当由于某种原因导致 12V 输出电压升高时，分压后加到 N842 控制端的电压也随之升高，引起 N842 导通程度加大，再通过 N840 将反馈电流送入 N802 的 6 脚，对 N802 内部振荡频率进行控制，使其次级输出的各路电压稳定。

（4）反馈保护电路

为了防止电源出现过电压工作情况，NCP1396 设计了两个保护控制引脚，分别是 8 脚和

9 脚。8 脚为快速故障检测端，当故障反馈电压达到设定的阈值时，N802 立即关闭 15 脚和 11 脚的激励输出信号，LLC 电路停止工作。9 脚为延迟保护控制端，当故障反馈电压达到设定的阈值时，N802 内部计时器启动，延迟一定时间后控制芯片内部电源管理器进入保护状态。两个保护控制引脚的检测信号来自功率输出过电压保护电路，该电路由 C863、VD835、VD834、N841、VZ832、V803 等组成。当功率放大电路出现异常电压升高时，通过以上电路使 8、9 脚电压上升，N802 内部的激励电路被关闭，激励信号停止输出，主电源也就不再工作，完成功率输出过电压保护。

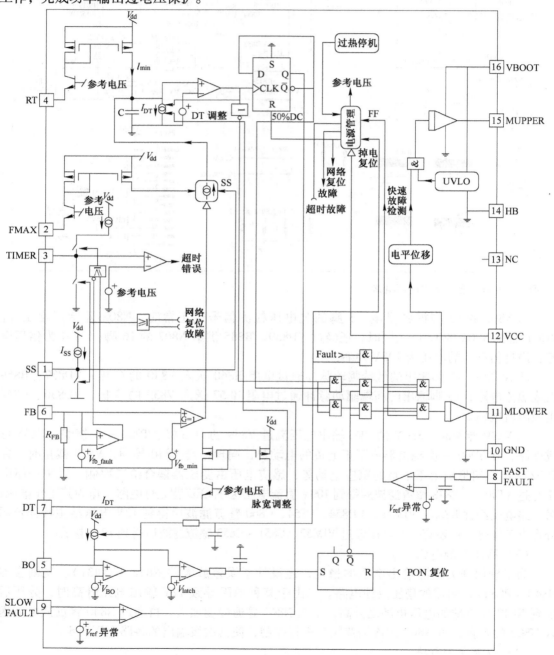

图 5-12　NCP1396 内部电路框图

5.1.2　电源电路维修精讲

海信 RSAG7.820.2264 电源 + 背光灯二合一板开关电源电路发生故障时，主要引起三无故障。如果指示灯不亮，故障在副电源和市电整流滤波 300V 电压形成电路；如果指示灯亮，故障在开/关机控制电路和主电源；如果有伴音、黑屏幕，故障在 LED 驱动电路。

1. 开机三无，待机指示灯不亮

（1）熔丝熔断

测量熔丝 F802 是否熔断，如果已经熔断，说明开关电源存在严重短路故障，主要对以下电路进行检测：一是检测主电源交流抗干扰电路电容和整流滤波电路 VD801、C807、C808 是否击穿漏电；二是检查 PFC 电路开关管 V810、V811 是否击穿；三是检查 PFC 滤波电容 C812、C813 和主电源开关管 V839、V840 是否击穿；四是检查副电源厚膜电路 N831 的 7、8 脚与 1 脚之间的内部 MOSFET（开关管）是否击穿，如果击穿，继续查 T901 的一次绕组并接的尖峰吸收电路元器件 VD831、C833、R834、C849 是否开路失效，避免二次击穿 N831。

（2）熔丝未断

如果测量熔丝 F802 未断，指示灯不亮，主要是副电源电路未工作，测量副电源有无电压输出。如果测量副电源无电压输出，首先测量 N831 的 7、8 脚有无 300V 电压，如果无 300V 电压，检查 AC220V 市电整流滤波电路和 PFC 整流滤波电路是否发生开路故障；如果有 300V 电压输出，则检测 N831 的 5 脚有无 VCC 供电电压。如果无 VCC 电压，查 5 脚外部的 VCC 整流滤波电路 R837、VD832、C835；如果有 VVC 电压，检查 N831 及其外部电路，必要时，代换 N831 试试。

副电源二次滤波电容 C838、C839 易变质失效，造成 + 5VS 电压低，VD833 击穿，会引起副电源停止振荡，无电压输出。

2. 开机三无，待机指示灯亮

指示灯亮，说明副电源正常。遥控开机测电源板与主电路板连接器 XP901 的 12 脚 PS-ON 为高电平，则是主电源电路故障。测主电源开关变压器 T902 的二次侧有无 + 12V 和 + 100V 直流电压输出。如果测量主电源始终无电压输出，说明主电源未工作。

（1）检查开/关机电路

首先检查主电源 N802 的 12 脚有无 VCC1 电压输入，如果无 VCC1 电压，故障在开/关机控制电路，检查 V832、N833、V916。

（2）检查主电源电路

如果有 VCC1 电压供电，先查主电源驱动电路 N802 的 11、15 脚有无激励脉冲输出，无激励脉冲输出，则 N802 及其外部电路故障；有激励脉冲输出，检查开关管 V839、V840 组成的半桥式推挽输出电路，检查 T902 及其二次整流滤波电路。

（3）检查 PFC 电路

如果测量 PFC 大滤波电容 C812、C813 两端电压为 + 300V，则是 PFC 电路未工作，一查 N810 的 8 脚 VCC1 供电；二查 N810 的 7 脚有无激励脉冲。如果无激励脉冲，查 N810 及其外部电路；如果有激励脉冲，查开关管 V810、V811 和整流滤波电路 VD812、C812、C813。

5.1.3　电源电路维修实例

【例 1】　不定时三无。

分析与检修：该机不定时出现三无现象，大部分时间可以正常工作，无规律可循，有时几天出现一次。当故障出现时，测得无 5VS 电压，确定故障在副电源 5V 产生电路。检测副电源电路 N831（STR-A6059H）的各脚电压，实测数据如下：1 脚：0V；2 脚：6.2V；3脚：0V；4 脚：开机瞬间有摆动随后 0V；5 脚：8 ~ 10V 摆动；7、8 脚：300V。从检测结果可知，N831 启动后因 4 脚电压降低进入保护状态，副电源停止工作。引起 4 脚电压降低进入保护状态的原因只有 5VS 稳压控制电路和 4 脚外围元器件，对稳压控制电路相关元器件在路检测正常，怀疑 4 脚外接电容 C832 不稳定漏电所致。试更换 C832 后，长时间试机未见异常，故障排除。

【例 2】　开机三无，指示灯不亮，无 5VS 输出。

分析与检修：指示灯不亮，说明 5VS 待机副电源电路异常。首先通电测试，发现无 5VS电压。首先测试待机电路 N803 的 7、8 脚，没有电压，而正常机器待机状态应该有 300V 左右的电压，开机后上升到 380V。检测熔丝 F802 未断，检查市电抗干扰电路和整流滤波电路，发现限流电阻 RT801 烧断，说明电源板有短路击穿故障，检查后发现整流全桥 VD801中一只二极管击穿。更换 VD801 后，故障排除。

【例 3】　开机三无，指示灯亮，12V 无输出。

分析与检修：开机测试，PFC 电路的输出电压在 300V 左右，测量主电源无 12V 和 100V电压输出，判断问题在主电源电路。测量主电源 N802 的 12 脚和 PFC 电路 N810 的 8 脚无VCC1 电压，判断故障在开/关机控制电路。检查开/关机控制电路，测量 PS-ON 为高电平，遥控开/关机，测量 V832 的 c 极有高低电压变化，但 V916 的 e 极始终无 VCC1 供电输出，而其 c 极的 20V 电压正常，检查相关电路发现光耦合器 N833 失效。更换 N833 后，故障排除。

5.1.4　背光灯电路原理精讲

1. 背光灯基本电路

海信 RSAG7.820.2264 电源 + 背光灯二合一板背光灯电路由 2 个集成电路 OZ9902（N905/N906）为核心的背光灯驱动控制电路和 8 个 MOSFET（开关管）、4 个储能电感、4个整流管、4 个滤波电容组成的升压输出电路组成。背光灯电路的完整电路如图 5-13 所示。本节以图 5-14 所示的其中一个 OZ9902（N905）为核心的背光灯电路为例，介绍其工作原理。

（1）OZ9902 简介

OZ9902 有关简介见 3.2.4 节中的背光灯基本电路部分相关内容。

（2）启动工作过程

遥控开机后，开关电源输出的 12V 电压为 N905 供电，输出的 100V 电压为升压输出电路供电，主板送来的点灯控制 SW 电压送到 N905 的 3 脚，12V 电压分压后为 N905 的 9 脚提供调光高电平。同时 N905 的 1 脚检测到有 4V 以上的高电平时，背光灯电路启动工作，N905从 22、23 脚输出激励脉冲，推动 V922、V919 工作于开关状态。由于 V919、V920 和 V922、V923 组成的升压输出和电流调整电路相同，下面以前者 V919、V920 组成的升压输出和电流调整电路为例，介绍其工作原理。

激励脉冲为正半周时，V919 导通，VIN 的 100V 供电经储能电感 L909、L913、V919 的 D-S 极到地，储能电感 L909、L913 上的电流逐渐增大，开始储能，在电感的两端形成左正右负的感应电动势。

激励脉冲为负半周时，V919 截止，电感两端的感应电动势变为左负右正，由于电感上的电流不能突变，与 VIN 的 100V 叠加后通过续流二极管 VD926 给输出电容 C896 充电，二极管负极电压上升到大于 VIN 电压，为 170～200V。

正半周再次来临，V919 再次导通，储能电感 L909、L913 重新储能，由于二极管不能反向导通，这时负载上的电压仍然高于 VIN 上的电压。正常工作以后，电路重复上述步骤完成升压过程。

2. 保护与调整电路

（1）保护检测电路

R919、R923、R929 组成电流检测网络，检测到的信号送入 N905 的 20 脚，在芯片内部进行比较，控制 V919 的导通时间。

R909、R911、R914 和 R924 是升压电路的过电压检测电阻，连接至 N905 的 19 脚。19 脚内接基准电压比较器，当升压驱动电压升高时，其内部电路也会切断 PWM 信号的输出，使升压电路停止工作。

在 N905 内部还有一个延时保护电路，由 N905 的 10 脚的内部电路和外接电容 C899 组成。当各路保护电路送来起控信号时，保护电路不会立即动作，而是先给 C899 充电。当充电电压达到保护电路的设定阈值时，才输出保护信号，从而避免出现误保护现象，也就是说只有出现持续的保护信号时，保护电路才会动作。

（2）PWM 调光控制电路

PWM 调光控制电路由 V920 等组成，V920 受控于 N905 的 7 脚的 PWM 调光控制，当 7 脚为低电平时，18 脚 PROT1 信号也为低电平，V920 不工作。当 7 脚为高电平时，18 脚的 PROT1 信号不一定为高电平，因为假如输出端有过电压或短路情形发生，内部电路会将 PROT1 信号拉为低电平，使 LED 与升压电路断开。

R920、R926、R1025 组成电流检测网络，检测到的信号送入芯片的 17 脚 ISEN1，检测到的 ISEN1 信号在芯片内部进行比较，以控制 V920 的工作状态。

11 脚外接补偿网络，也是传导运算放大器的输出端。此端也受 PWM 信号控制，当 PWM 调光信号为高电平时，放大器的输出端连接补偿网络。当 PWM 调光信号为低电平时，放大器的输出端与补偿网络被切断，因此补偿网络内的电容电压一直被维持，一直到 PWM 调光信号再次为高电平时，补偿网络才又连接放大器的输出端。这样可确保电路工作正常，以及获得非常良好的 PWM 调光反应。

5.1.5　背光灯电路维修精讲

背光灯电路发生故障时，主要引起开机黑屏幕故障，可通过观察待机指示灯是否点亮，测量关键点电压，解除保护的方法进行维修。

1. 背光灯始终不亮

首先检查 LED 背光灯电路工作条件。测 LED 背光灯电路 OZ9902 的 2 脚＋12V 供电、3 脚点灯控制电压、7～9 脚亮度调整电压和 1 脚 100V 电压是否正常。如果 LED 背光灯电路

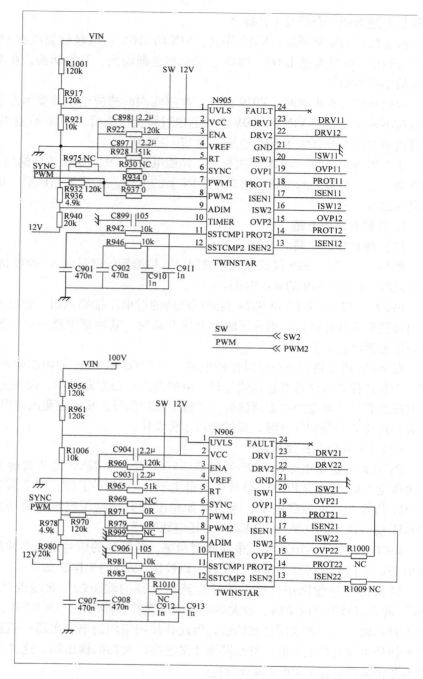

图 5-13　海信 RSAG7.820.2264 电源 +

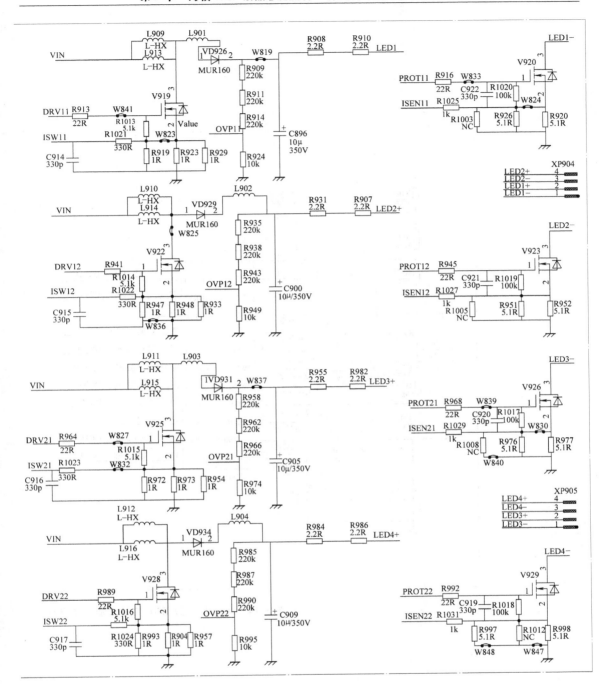

背光灯二合一板背光灯电路

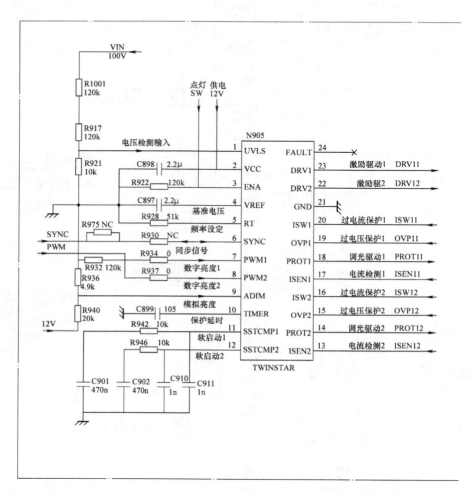

图 5-14　海信 RSAG7. 820. 2264 电源 + 背光灯

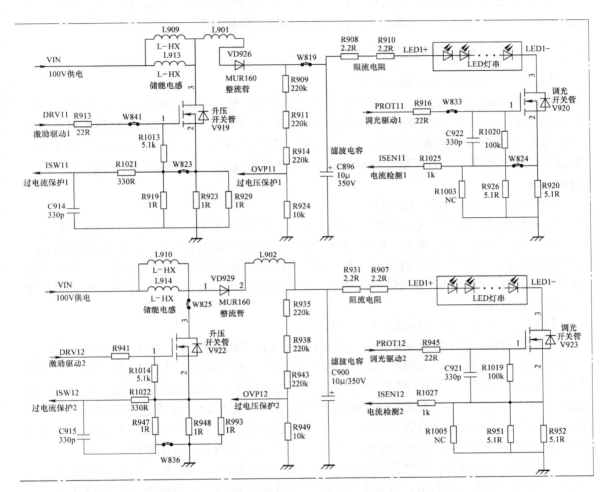

二合一板背光灯电路之一工作原理与信号流程

工作条件正常，检查 OZ9902 的 22、23 脚有无激励脉冲输出，无激励脉冲输出，则故障在 OZ9902 及其外部电路；否则故障在升压输出电路。

2. 背光灯亮后熄灭

如果开机的瞬间，有伴音，显示屏亮一下就灭，则是 LED 背光灯保护电路启动所致。如果 LED 背光灯灯管亮后马上就灭，伴音正常，则是过电流保护电路启动所致；如果灯管亮 1S 后才灭，同时电视机三无，主电源无电压输出，则是过电压保护电路启动所致。

5.1.6　背光灯电路维修实例

【例1】　开机黑屏幕，指示灯亮。

分析与检修：指示灯亮，说明开关电源正常，有伴音，但液晶屏不亮，仔细观察 LED 灯串根本不亮。检查 LED 背光灯电路的工作条件，OZ9902 的 2 脚 12V 供电和 3 脚点灯控制使能端电压正常，检查 OZ9902 的 1 脚 100V 取样电压仅为 1.1V，低于正常值 5.0V，测量 1 脚外部的降压、分压取样电路，发现 R917 阻值变大。用 120kΩ 电阻更换 R917 后，故障排除。

【例2】　开机黑屏幕，指示灯亮。

分析与检修：指示灯亮，说明开关电源正常，有伴音，但液晶屏不亮，仔细观察背光灯在开机的瞬间点亮，然后熄灭。检查 LED 背光灯电路的工作条件正常，判断保护电路启动。根据维修经验，当 LED 背光灯串之一损坏或接触不良，由于灯管电流发生变化，容易引起保护电路启动。检查 LED 背光灯串连接器，发现 XP904 的一只引脚接触不良，将引脚刮净处理后，故障排除。

【例3】　开机 1min 后屏幕 1/2 处发黑。

分析与检修：由于故障现象是半面亮光发黑，因此判断是一组背光驱动电路异常所致。开机检查，测得 LED4＋、LED4－输出端电压为 195V，而 LED3＋、LED3－输出端电压只有 108V。通过分析可知，V925 和 V926 这组输出未能正常升压形成 LED 所需的电压要求，造成该故障的原因：一是未有正常的驱动信号送至 V925，使 V925 处于截止状态而形成不了升压；二是开机瞬间已有驱动信号驱动 V925，并形成升压过程，但由于 LED 负载异样使反馈信号异常迫使驱动块保护而停止输出驱动信号，而使 V925 截止，升压停止。

为了验证这个问题，再次监测 LED3＋、LED3－电压时，发现其开机电压瞬间会达到 300V！从欧姆定律不难看出，当负载减小时，电流则会减小，电源此时处于空载状态，电压自然会上升。由此判断此故障是由于 LED 灯串断路而使输出电压过高引起的保护，更换屏后故障排除。

5.2　海信 RSAG7.820.4555 电源＋背光灯二合一板维修精讲

海信 LED 液晶彩电采用型号为 RSAG7.820.4555（HLL2637WB）电源板，为开关电源与背光灯二合一板，把开关电源和 LED 背光灯电路集中放置到一块印制电路板上，降低了整机成本和体积，具有设计新颖、绿色节能的特点，消耗功率小于 75W。该电源板中开关电源电路采用 NCP1271，LED 背光灯电路采用 AP3843，采用此方案的电源板较多，常见的有 RSAG7.820.5023、RSAG7.820.4800、RSAG7.820.4885、RSAG7.820.4737 等，应用于中小屏幕 LED 液晶彩电中。

海信 RSAG7.820.4555 电源＋背光灯二合一板应用于海信 LED32K10、LED32K200、LED32K300、LED32K100N、LED32H310、LED39H130 等 LED 液晶彩电中。

海信 RSAG7.820.4555 电源＋背光灯二合一板实物图解如图 5-15 所示，电路组成框图如图 5-16 所示。该二合一板由两部分组成：一是以驱动电路 NCP1271 为核心组成的开关电源电路，输出 60V（39in 机型输出 100V 电压）和 12V 电压，60V 电压为背光灯驱动升压电路供电，12V 电压为主板等负载电路供电，同时经点灯电路控制后，为背光灯驱动电路供电；二是以 AP3843 为核心组成的背光灯电路，将 60V 电压提升到 100V 以上，为 LED 背光灯串供电，同时对灯串电路进行调整。

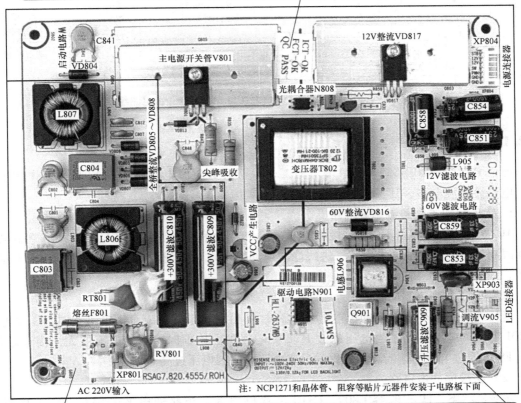

开关电源电路：以集成电路 NCP1271(N801)、开关管 V801、变压器 T802、稳压电路光耦合器 N808、误差放大器 N807 为核心组成。通电后，AC 220V 市电整流滤波后的＋300V 电压经 T802 的一次绕组为 V801 供电，AC 220V 市电经 VD804 整流、C841 滤波、R810 降压后为 N801 的 8 脚提供启动电压，开关电源启动工作，N801 从 5 脚输出激励脉冲，推动 V801 工作于开关状态，其脉冲电流在 T802 中产生感应电压，经整流滤波后，一是产生 12V 电压，为主板控制系统和小信号处理电路供电；二是产生 60V 电压，为背光灯电路供电。遥控点灯后输出 12VCC 电压，为背光灯电路供电

注：NCP1271 和晶体管、阻容等贴片元器件安装于电路板下面

抗干扰和市电整流滤波电路：利用电感线圈 L806、L807 和电容 C801～C804 组成的共模、差模滤波电路，一是滤除市电电网干扰信号；二是防止开关电源产生的干扰信号窜入电网。滤除干扰脉冲后的市电通过全桥 VD805～VD808 整流、电容 C809、C810 滤波后，产生＋300V 的直流电压，送到开关电源电路。RT801 为限流电阻，限制开机冲击电流；RV801 为压敏电阻，市电电压过高击穿，烧断熔丝 F801 断电保护；R801～R803 为泄放电路，关机时泄放抗干扰电路电容两端电压

LED 背光灯电路：由以驱动控制电路 AP3843(N901)、升压开关管 V902、储能电感 L906、续流管 VD902、升压滤波电容 C909 为核心组成的升压和调流控制电路及开关管 V905 组成。开机后开关电源输出的 60V 电压为升压输出电路供电，开/关机控制电路输出的 12VCC 电压为驱动电路 N901 供电，主板送来的 SW 点灯高电平和亮度 DIM 电压控制 LED 背光灯电路启动工作，N901 从 6 脚输出升压脉冲，推动 V902 工作于开关状态，与储能电感、续流管、升压滤波电路配合，输出 130V 左右的直流电压，为 LED 背光灯串正极供电；LED 背光灯串负极回路电流经 V905 控制，对背光灯亮度进行调整

图 5-15　海信 RSAG7.820.4555 电源＋背光灯二合一板实物图解

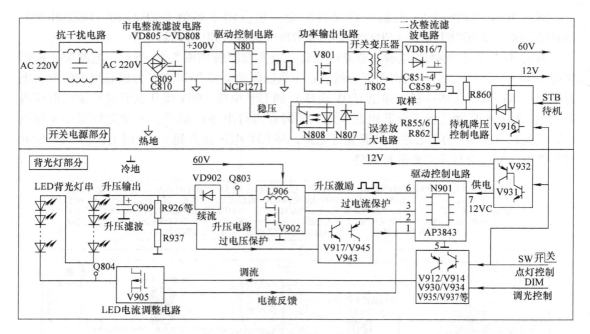

图 5-16　海信 RSAG7. 820. 4555 电源 + 背光灯二合一板电路组成框图

5. 2. 1　电源电路原理精讲

海信 RSAG7. 820. 4555 电源 + 背光灯二合一板开关电源电路如图 5-17 所示，由抗干扰和市电整流滤波电路、开关电源电路组成。

1. 抗干扰和市电整流滤波电路

AC220V 市电经电源开关控制后，首先进入抗干扰和市电整流滤波电路。该电路由电压过高限制电路、防浪涌冲击电路、进线滤波电路、市电整流滤波电路组成，如图 5-17 左侧所示。

（1）电压过高限制电路

当从连接器 XP801 输入的市电电压过高时（相线和零线）或有雷电进入时，压敏电阻 RV801 的两端电压升高，当电压超过 RV801 的保护电压值时，漏电电流增大，接近短路。熔丝 F801 因过电流而熔断，从而保护后级电路不会因电压过高而损坏。

（2）防浪涌冲击电路

在冷机状态，滤波电容 C809、C810 未存储电荷。当接通电源开关后，交流电压经 RT802 限流、VD805 ~ VD808 桥式整流后，向大滤波电容 C809、C810 充电。RT802 的接入，限制了 C809、C810 的最大充电电流，避免因开机冲击电流过大，损坏元器件。因为 RT802 为负温度系数元件，所以随着充电的进行，RT802 自身阻值会随温度的上升而变小，最后几乎变成直通，不再额外消耗能源，降低了开机冲击电流。

（3）进线滤波电路

进线滤波电路由 L806、L807 及外围电路组成。L806 和 L807 是共模线圈，组成两级共模滤波网络，滤除电网或电源产生的对称干扰信号。在差模干扰时，干扰电流在共模线圈内产生的磁通相反，使线圈电感几乎为零，对差模信号没有抑制作用。电路中 C803、C804 组成不平衡滤波网络，滤除电网或电源产生的不对称干扰信号。C802、C801 是安全电容，对电器漏电电流大小有很大影响。

（4）市电整流滤波电路

滤除干扰脉冲的 AC220V 市电，通过全桥 VD805 ~ VD808、电容 C809、C810 将交流市电整流滤波，产生 +300V 的直流电压，为后面的开关电源供电。

2. 开关电源电路

开关电源电路如图 5-17 所示，以驱动控制电路 NCP1271（N801）、大功率 MOSFET（开关管）V801、变压器 T802、稳压电路误差放大器 N807、光耦合器 N808 为核心组成，一是输出 +60V 电压，为背光灯升压电路供电；二是输出 +12V 电压，为主板电路供电；三是输出受控的 12V-VCC 电压，为背光灯驱动电路供电。

（1）NCP1271 简介

NCP1271 是安森美公司推出的新一代固定频率小型开关电源专用控制电路，内部电路框图如图 5-18 所示，内含振荡器、高压软启动电路、稳压控制电路、驱动电路等，VCC 最大额定电压为 20V；采用频率抖动技术，具有结构简单、外围元器件减少的特点，待机时进入周期模式，降低了待机功耗。NCP1271 引脚功能和维修数据见表 5-4。

（2）启动工作过程

市电整流滤波后，产生 +300V 的直流电压，送到开关电源电路，通过 T802 的一次 3-1 绕组为 V801 供电，AC220V 经 VD804 整流、C841 滤波、R810 降压后为 N801 的 8 脚提供启动电压，通过内部电流源给 6 脚外部的电容 C861 充电，当充电电压达到 12.6V 时，主电源启动工作，N801 从 5 脚输出激励脉冲，推动 V801 工作于开关状态。其脉冲电流在输出变压器 T802 中产生感应电压，二次绕组感应电压一是经 VD816 整流、C859、C853 滤波，产生 +60V 电压，为背光灯升压输出电路供电；二是经 VD817 整流、C851、C858、L805、C854 滤波，产生 +12V 电压，经连接器 XP804 的 5/6 脚为主板等负载电路供电，同时经开/关机电路控制后，输出 12V-VCC 电压，为背光灯驱动电路供电。

T802 热地端 5-6 绕组感应电压，经 R813//R817 限流、VD822 整流、C856、C866 滤波后产生 VCC 电压，经 V800、VZ801 稳压后，经 VD831 为 N801 的 6 脚提供启动后的工作电压。

（3）稳压控制电路

误差放大器 N807、光耦合器 N808 组成 +12V 稳压取样电路，误差信号反馈回 N801 的 2 脚。当电源输出电压升高时，分压后的电压加到 N807 的 1 端，经内部放大后使 3 端电压降低，N808 导通增强，N801 的 2 脚反馈控制端电压降低，经内部电路处理后，5 脚输出的激励脉冲变窄，开关管 V801 导通时间变短，使输出电压降到正常值。当输出电压降低时，其工作过程与电压升高时相反。

（4）过电流保护电路

过电流保护电路由 N801 的 3 脚内外电路组成，R847 是开关管 V801 的 S 极电阻，R847 两端的电压降反映了主电源电流大小，N801 的 3 脚通过 R845、R844 对 R847 两端的电压降进行检测。

当 R847 两端的电压降增大，使 N801 的 3 脚电压升高到保护设定值时，N801 会立即关闭脉冲输出，达到保护的目的。

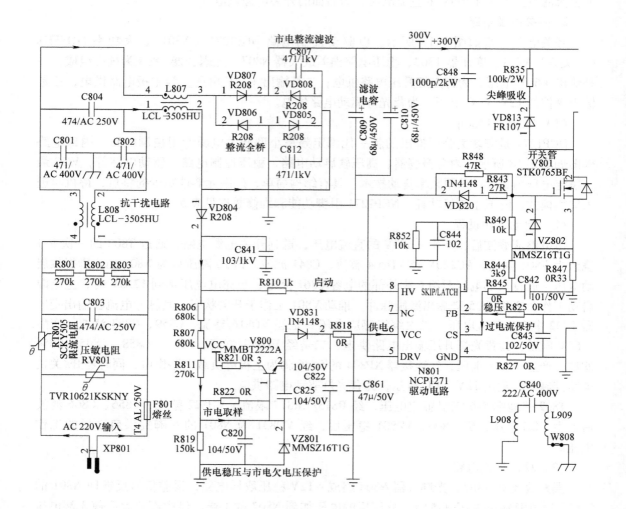

图 5-17 海信 RSAG7. 820. 4555 电源 +

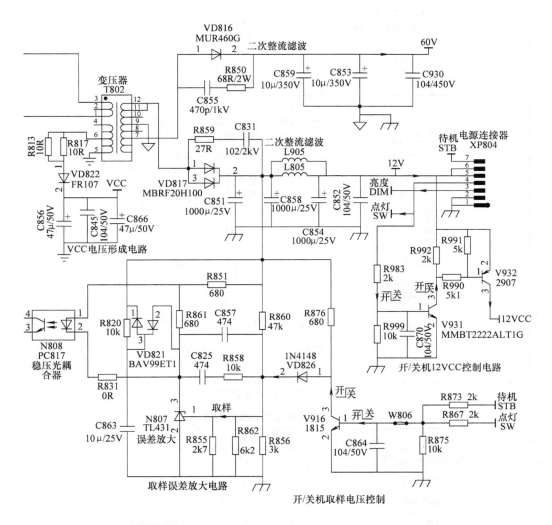

背光灯二合一板开关电源电路

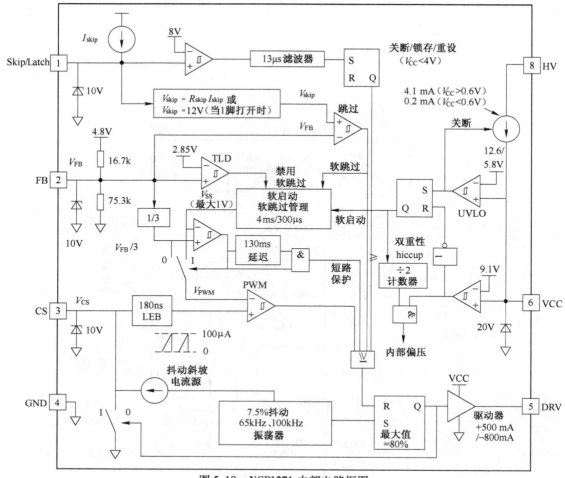

图 5-18　NCP1271 内部电路框图

表 5-4　NCP1271 引脚功能和维修数据

引脚	符号	功能	参考电压/V	引脚	符号	功能	参考电压/V
1	Skip/Latch	峰值电流起跳控制调整	0.4	5	DRV	激励脉冲输出	1.6
2	FB	稳压反馈输入	1.6	6	VCC	二次电源供电输入	14.5
3	CS	过电流检测保护输入	0.02	7	NC	空脚	—
4	GND	接地	0	8	HV	启动电压输入	190

（5）市电过低保护电路

市电过低保护电路由 VCC 稳压电路 V800 的 b 极外部偏置电路组成。AC220V 市电经 VD804 整流、C841 滤波后的电压，经 R806、R807、R811 与 R819 分压取样，为 V800 的 b 极提供偏置电压。当市电电压过低，不足以为 Q800 提供足够的偏置电压时，Q800 截止或导通程度降低，N801 的 6 脚供电不足，N801 内部欠电压保护电路启动，开关电源停止工作。

（6）V801 保护电路

V801 保护电路有：一是在 V801 的 D 极设有 VD813、R835、C848 组成的尖峰脉冲吸收电路，当 V801 截止时，会在 T802 的一次绕组产生反峰电压，尖峰脉冲吸收电路将反峰电压泄放掉，防止较高的反峰电压将 V801 击穿。二是在 V801 的 G 极设有 VD820、VZ802 泄放电路，当 V801 截止时，VD820 导通，将 G 极电压泄放，快速进入截止状态，减少损耗；VZ802 限制 G 极的激励脉冲幅度。

3. 开/关机控制电路

开/关机控制电路由两部分组成：一是由 V931、V932 组成的 12VCC 控制电路，对背光灯驱动电路 N901 的 2 脚 VCC 供电进行控制；二是由 V916、VD826 组成的取样电压控制电路，对误差放大器 N807 的 1 取样电压进行控制。

（1）开机状态

开机时，主板送来的开/关机 STB 和点灯 SW 电压为高电平，一是使 12VCC 控制电路的晶体管 V931、V932 导通，将电源输出的 +12V 电压输出，产生受控 12VCC 电压，为背光灯驱动电路 N901 的 2 脚供电；同时使取样电压控制电路 V916 导通，VD826 截止，对取样电压不产生影响，开关电源正常工作。

（2）待机状态

待机时，主板送来的开/关机 STB 和点灯 SW 电压变为低电平，一是使 12VCC 控制电路的晶体管 V931、V932 截止，切断背光灯驱动电路 N901 的 12VCC 电压，背光灯板驱动电路停止工作；同时使取样电压控制电路 V916 截止，VD826 导通，将 R876 并入取样电路，提高 N807 的 1 脚取样电压，根据稳压控制原理，光耦合器 N808 导通增强，N801 的 2 脚电压拉低，芯片工作模式变为跳周期模式，开关电源输出电压降低，减小待机功耗。

5.2.2　电源电路维修精讲

海信 RSAG7. 820. 4555 电源 + 背光灯二合一板开关电源电路引起的故障主要有两种：一是熔丝熔断，多为开关电源一次电路元器件发生严重短路故障；二是熔丝未断，多为主电源电路故障。

1. 熔丝熔断

如果熔丝 F801 熔断，说明电源板存在严重短路故障。

1）检查市电输入、抗干扰电路、整流滤波电路是否发生击穿故障。

2）检查主电源开关管 V801 是否击穿短路，如果 V801 击穿短路，应排除引起开关管击穿的原因：一是检查尖峰脉冲吸收电路 VD813、C848、R835 是否发生开路、失效故障；二是检查主稳压控制电路，避免更换后造成再次损坏；三是检查限流电阻 RT801 和 V801 的 S 极电阻 R847 是否连带损坏。

2. 熔丝未断

如果测量熔丝未断，且指示灯不亮，电源无电压输出，则是开关电源电路未工作，主要对以下电路进行检测：

1）首先测量电源大滤波电容 C809//C810 两端是否有 +300V 电压输出，无 +300V 电压输出，检查抗干扰电路电感 L806、L807、整流滤波电路全桥 VD805 ~ VD808 是否发生开路故障。

2）C809//C810 两端 300V 电压正常，测量 N801 的 8 脚有无启动电压，无启动电压，检查 8 脚外部的启动电阻 R810、C841、VD804 是否开路或阻值变大。

3）检测 N801 的 5 脚有无激励脉冲输出，有激励脉冲输出，检查开关管 V801、变压器 T802 及其二次整流滤波电路；无激励脉冲输出，检查 N801 及其外部电路元器件。

4）检测有无受控的 +12V 电压输出，无受控的 +12V 电压输出，测量 XP804 的 4 脚

SW 和 7 脚 STB 是否为高电平，如果为低电平，则是主板控制系统故障或未进入开机状态；如果为高电平，检查 V931、V932 组成的开/关机控制电路。

3. 电源输出电压不稳定

开关电源有电压输出，但输出电压不稳定，输出电压过高或过低。

1）首先检测取样误差放大电路 N807、光耦合器 N808 和 N801 的 2 脚外部电路元器件。

2）检查二次整流滤波后的电容是否容量变小或失效。检查负载电路是否有短路漏电故障，造成过电流、过载，进入保护状态。

3）如果检测 N801 的 5 脚供电在 11V 左右抖动，除了检测 5 脚外部启动电路外，还应检测 N801 的 6 脚外部 VCC 供电电路。

4）如果开关电源输出电压始终为低电平，且稳定不变，多为处于待机状态，检查 V916、VD826 组成的取样控制电路。

5.2.3　电源电路维修实例

【例1】　开机三无，指示灯不亮。

分析与检修：指示灯不亮，说明开关电源故障。检查整流滤波后无 +300V 电压，测量市电输入熔丝 F801 熔断，说明电源板有故障。用 R×1 档逐个测量电源板的整流全桥、开关管 V801 对地电阻，发现主电源开关管 V801 的 D 极对地电阻最小，接近 0Ω。拆下 V801 测量，已经击穿。更换 V801 后，光栅暗淡不稳定，数分钟后再查发生三无故障，再查开关电源电路，发现开关管 V801 的 S 极电阻 R847 烧焦，阻值变大。更换 R847 后，故障彻底排除。

【例2】　开机三无，指示灯不亮。

分析与检修：检查整流滤波 C809//C810 两端有 +300V 电压，测量开关管 V801 的 D 极也有 +300V 电压，测量驱动电路 N801 的 8 脚无启动电压，测量 8 脚外部的启动电阻 R810 阻值变大。更换 R810 后，主电源启动工作，故障排除。

5.2.4　背光灯电路原理精讲

海信 RSAG7.820.4555 电源 + 背光灯二合一板背光灯电路如图 5-19 所示。该电路由以驱动控制电路 AP3843（N901）、升压开关管 V902、储能电感 L906、续流管 VD902、升压滤波 C909 为核心组成的升压和调流控制电路及开关管 V905 组成，输出 100V 以上直流电压，为 LED 背光灯串供电，并对 LED 背光灯串电流进行控制和调整。

1. 背光灯驱动基本电路

（1）AP3843 简介

AP3843 是一款高性能、固定频率的电流模式 LED 背光灯驱动控制电路，该系列还有 AP3842、AP3844、AP3845。AP3843 内部电路框图如图 5-20 所示，内含偏置电路、参考电压检测逻辑控制电路、振荡器、驱动输出电路、电流检测电路等。它的最高工作电压为 36V，输出基准电压为 5V，输出电流为 ±0.7A，误差放大器输出反向电流为 10mA，耗散功率为 1.25W，振荡频率为 52kHz，采用 PDIP-8L 和 SOP-8L 封装形式。AP3842 和 AP3844 工作电压为 16V 开启，低于 10V 关闭；AP3843 和 AP3845 工作电压为高于 8.4V 开启，低于 7.6V 关闭。AP3842/3/4/5 引脚功能和维修数据见表 5-5。

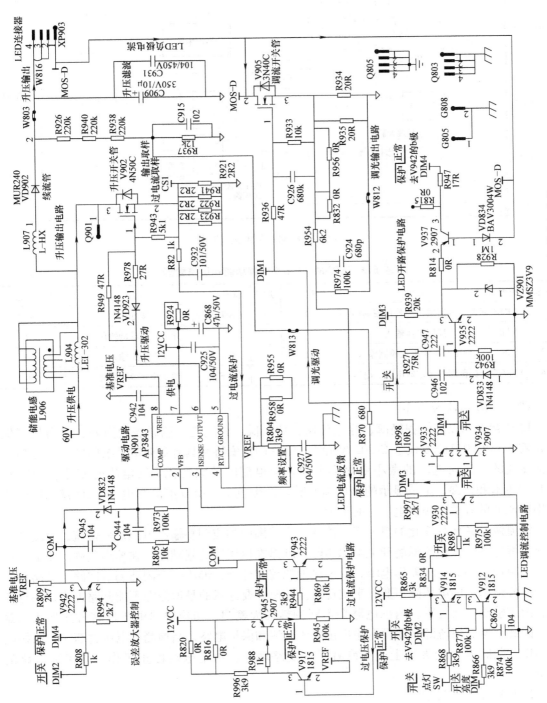

图5-19　海信 RSAG7.820.4555 电源 + 背光灯二合一板背光灯电路

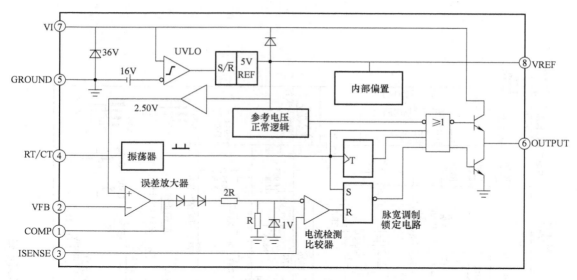

图 5-20　AP3843 内部电路框图

表 5-5　AP3842/3/4/5 引脚功能和维修数据

引脚	符号	功能	参考电压/V	引脚	符号	功能	参考电压/V
1	COMP	误差放大器输出与外部控制输入	2.4	5	GND	接地	0
2	VFB	反馈电压输入	2.4	6	DRI	升压激励脉冲输出	3.8
3	CS	升压开关管电流检测输入	0.1	7	VCC	工作电压输入	12.1
4	RT/CT	振荡器外接定时电阻、电容	2.5	8	VREF	参考电压 5V 输出	5.0

（2）LED 恒流源简介

LED 背光源以其体积轻薄、绿色环保、功耗低、亮度高、色彩表现力好、寿命长等优点在液晶彩电中已经取代了 CCFL 背光源。LED 的伏安特性具有负温度系数的特点，是随温度而变化的，正向电压的微小变化会引起正向电流的较大变化。其电流的变化会影响到 LED 的色谱和色温，造成显示的彩色画面随之产生色差，所以液晶彩电中 LED 背光灯必须采用恒流源的开关电源供电，有时称为恒流板。

恒流源是在负载变化的情况下，能在一定范围内相应调整输出电压，使得流过负载的电流保持恒定不变。恒流源的开关电源实际上就是在恒压源的基础上，在输出负载回路上，加上一个阻值较小的电流取样电阻，反馈给电源控制部分，形成一个闭环调节回路，电路保证这个取样电阻上的电压降不变，来实现恒流输出；要注意的是恒流源不能开路工作，一旦开路，由于输出电流为零，内部电路会不断调整加大输出，造成输出电压过高击穿某些元器件。因此，所有恒流源必须设有输出过电压检测和保护电路，当检测到电压过高时，保护电路动作，限制电压的继续上升；或者保护电路动作，锁定电路停止工作，以保证电路的安全。

（3）启动工作过程

电源板输出的 60V 电压为背光灯驱动电路升压输出电路供电，经储能电感 L906 加到升压开关管 V902 的 D 极。遥控开机，当主板发出的背光开启 SW 信号和亮度 PWM 控制 DIM 信号同时送到电源 + 背光灯二合一板时，SW 信号使开/关机控制电路 V931、V932 导通，输出 12VCC 电压, 为 LED 驱动电路 N901 及其外部电路供电。

背光开启 SW 信号和亮度 PWM 控制 DIM 信号高电平还使与非门电路的 V914、V912 导通, 输出受控的低电平 DIM2 控制电压, 迫使 V942 导通减弱, 其 c 极输出电压上升, 输出高电平的 COM 控制电压, 通过 VD832 控制 AP3843 (N901) 进入正常工作状态。

正常工作时 AP3843 产生频率固定、脉宽可调的激励脉冲, 从 6 脚输出, 推动升压 MOSFET (功率管) V902 的导通和截止, 当 6 脚的激励脉冲为高电平时, 通过灌流电阻 R979 加到 V902 的 G 极, V902 导通, 60V 电压通过储能电感 L906 及导通的 V902 流通到地, 此时电感处于储能状态, L906 上的自感电动势极性为左正右负; 当 6 脚的激励脉冲为低电平时, 通过灌流电路的 VD923、R978 迅速拉低 V902 的 G 极电压使 V902 进入截止状态, 因电感中的电流不能突变, 此时电感中的自感电动势极性变为左负右正, 与 60V 电压相叠加, 经过升压隔离二极管 VD902 整流, C909、C931 滤波后得到 100V 以上的直流电压, 为 LED 背光灯串供电。

另外, 背光供电升压电路和亮度控制电路都在 PWM 亮度控制脉冲的控制下同步工作。DIM2 控制电压控制 V930 导通减弱, 输出高电平 DIM3 控制电压, 并经 V933、V934 组成的图腾柱电路放大后, 输出 DIM1 调流控制电压, 控制调流控制开关管 V905 的导通时间, 对 LED 背光灯串电流进行调整, 达到恒流控制的目的。电流形成回路时, 背光电路也处于正常工作状态; 反之, 则背光电路处于停止工作状态。这样设计一是恒流源在正常工作时负载不允许开路, 另一个也是做到了节能。

(4) LED 恒流控制电路

调流控制 Q905 的 S 极电阻 R934、R935 是恒流检测电阻, 这两个电阻上的电压降经 R954、R974 分压反馈到 N901 (AP3843) 的 2 脚反馈电压输入端, N901 根据 LED 电流反馈电压的高低, 与内部的 2.5V 基准电压进行比较, 来调整 6 脚输出脉冲的占空比, 在一定范围内调整 LED 背光灯串供电电压的高低, 达到 LED 背光灯串恒流的目的。可以通过调整这两个电阻的大小, 来设计调整 LED 背光灯串恒流电流的大小。

2. 背光灯驱动保护电路

(1) 升压开关管过电流保护电路

N901 的 3 脚内设过电流保护电路, 通过 R823 接 R921 ~ R922、R941 组成升压回路中电流检测电阻。当电路电流过大时, 检测电阻上的电压降也相应增大, 这个电压送到 N901 的 3 脚, 当这个电压大于 1V 时, 芯片内保护电路动作, 减小输出 PWM 脉冲波的占空比, 使输出电压降低, 电流减小。

(2) 升压输出过电压保护电路

当 LED 背光灯串开路或插座接触不良, 以及 V905 变质损坏造成回路出现异常时, 输出电压会出现异常升高, 当达到设定的最高值时, 经电阻 R926、R940、R938 与 R937 分压后的取样电压, 也随之升高到 5.6V, V917 由截止状态变为导通, V917 的 c 极电压降低导致 V945、V943 也随之饱和导通, 把 COM 端电压拉低至 0V, N901 的 1 脚 COMP 端电压降低为 0.7V, 芯片停止工作。当电压降至最高电压保护值以下时, V917 截止, 芯片再次进入工作状态, 使输出电压保持在设置的最高电压值上, 限制电压继续上升。

(3) LED 背光灯串开路保护电路

该保护电路由图 5-19 下部 V935、V937、VD834 组成。调流控制电路输出的高电平 DIM3 经 R939 降压、VZ901 稳压, 将 3.9V 电压加到 V937 的 e 极, V937 的 b 极通过 VD834

接 LED 背光灯串的负极 MOS-D，正常时 MOS-D 电压高于 3.9V（约 5V），V937 截止。

当 LED 背光灯串开路时，MOS-D 电压为 0V，V937 导通，输出高电平的 DIM4 电压，迫使 V942 导通，将 N901 的 1 脚外部 COM 电压拉低至 0V，N901 的 1 脚 COMP 端电压降低为 0.7V，芯片停止工作。

电路中 V935 及其外部电路组成保护延时电路，开机的瞬间 DIM3 电压通过 R927、C947、C946 向 V935 的 b 极充电，V935 导通，将 V937 的 e 极电压拉低，V937 无电压不工作，避免开机瞬间 LED 背光灯串不工作，负极回路 MOS-D 电压未建立引起的误保护。

5.2.5　背光灯电路维修精讲

海信 RSAG7.820.4555 电源＋背光灯二合一板中的 LED 背光灯电路发生故障时，引起 LED 背光不亮或者 LED 背光闪一下就黑屏的故障。对于 LED 背光闪一下就黑屏的故障，多为保护电路启动，背光灯电路停止工作所致。对于这样的故障，很难判定是屏内灯串出现问题还是背光恒流供电部分出现问题，如果判断错误，造成误开屏检查内部灯串，带来风险。

为了降低维修风险，建议采用脱板维修的方式，由于恒流源 LED 驱动电路，无负载电路会造成供电电压升高，脱板维修时必须接与 LED 背光灯串相当的负载电路，方能对背光灯驱动电路进行通电测试和维修，厂家维修往往采用工装代替 LED 背光灯串。无厂家工装可以自己制作简易的假负载来代替工装，配合万用表方便直观地进行故障部位的判断和恒流板的脱机维修。

LED 背光假负载，可用照明用的 LED 背光灯串串联 100W/1500Ω 可调电阻代替 LED 背光灯串，为了维修多路输出的 LED 背光恒流板的需要，建议多做几个相同的假负载。维修时根据所修 LED 背光灯串的电流，粗略计算出负载电阻的大小，通过调整可调电阻的大小，与 LED 背光灯板相匹配。如果遇到电压、电流参数不相符的恒流板，还可以灵活运用串并联的方法解决。

具体使用方法：在遇到故障机时，首先查看 LED 背光板上或者图样给出的恒流电流和电压参考值，根据电路板上的电压参考值，再根据自己所备的灯串正常工作时的电压降，通过简单的计算，来调节可调电阻的阻值（此值不一定要精确，允许有误差），代替 LED 液晶彩电的灯串来进行故障部位判断和脱机维修。

背光灯电路发生故障时，主要引起开机黑屏幕故障，可通过观察待机指示灯是否点亮，测量关键点电压，解除保护的方法进行维修。由于该背光灯电路设有两路相同的升压电路和调光电路，维修时可采用相同部位电压、对地电阻比较的方法，判断故障范围和故障元器件。

1. 背光灯始终不亮

（1）检查背光灯电路工作条件

首先检查 LED 驱动电路工作条件。测 LED 驱动电路点灯控制 SW 电压 4V 和亮度调整 DIM 电压 3V 左右是否正常；测量开/关机控制 V932 的 c 极是否有 12VCC 电压输出，如果无 12VCC 电压输出，检查 V931、V932 组成的开/关机 12VCC 控制电路。测量升压供电 60V 电压是否正常，如果不正常，检查 60V 整流滤波电路。

背光灯板 60V 和 12VCC 供电以及点灯控制 SW 和亮度调整 DIM 电压正常，背光灯电路仍不工作，测量 N901 的 1 脚电压是否为正常的 2.4V，如果过低，检查 V912、V914、V942 组成的点灯控制电路和 V917、V945、V943 组成的过电压保护电路是否启动，将 COM 电压拉低，造成 N901 不工作。

（2）检查驱动控制电路

N901 的 1 脚电压正常，测量 8 脚有无 5V 基准电压，无基准电压，则是 N901 内部稳压电路发生故障或 C942 漏电。测量 6 脚有无激励脉冲输出，无激励脉冲输出，故障在 N901 及其外部电路；有激励脉冲输出，故障在 V902、L906、VD902、C909 组成的升压输出电路和 V930、V933、V934、V905 组成的调流电路。

2. 背光灯亮后熄灭

（1）引发故障原因

如果开机的瞬间，有伴音，显示屏亮一下就灭，则是 LED 驱动保护电路启动所致。故障原因有：一是 LED 背光灯串发生开路、短路故障；二是升压输出电路发生过电压、过电流故障；三是保护电路取样电阻变质，引起的误保护。

保护电路均通过拉低 N901 的 1 脚电压达到保护的目的。检修时首先测量 N901 的 1 脚电压，该脚电压正常时为 2.4V，如果低于正常值，达到 0.7V 以下，则是与 1 脚相关的保护电路启动所致。

（2）解除保护方法

解除保护的方法是强行迫使 N901 退出保护状态，进入工作状态，但故障元器件并未排除，因此解除保护通电试机的时间要短，需要测量电压时提前确定好测试点，连接好电压表，通电时快速测量电压，观察电路板元器件和背光灯的亮度情况，避免通电时间过长，造成过大损坏。

升压电路过电压保护电路解除保护的方法是：在过电压分压电路的下面电阻 R937 两端并联 10kΩ 电阻，降低取样电压；也可将 V917 的 b 极对地短路。

升压电路过电流保护电路解除保护的方法是：在过电流保护取样电阻 R921 ~ R923、R941 两端并联 0.5 ~ 1Ω 电阻，降低取样电压。

解除 LED 背光灯串开路保护的方法是：将 V937 的 e 极对地的稳压管 VZ901 短接，切断保护电路的供电。

5.2.6　背光灯电路维修实例

【例 1】　开机声音正常，背光灯不亮。

分析与检修：开机观察背光灯有时闪光。检测背光灯 SW 点灯电压为 4.1V 和 DIM 亮度控制电压为 3V 左右正常，测量 N901（AP3843）的 7 脚 12VCC 供电仅为 8.5V 左右，且不稳定。测量开关电源输出的 12V 电压正常，测量 V932 输出的 12VCC 电压不正常，判断故障在 V931、V932 组成的 12VCC 控制电路。对该电路进行检查，发现 V931 的 b 极电压低于正常值 0.7V，且不稳定，检查 V931 的 b 极元器件，更换 C870 后，故障排除。

【例 2】　开机声音正常，背光灯不亮。

分析与检修：检测背光灯 SW 点灯电压为 4.1V 和 DIM 亮度控制电压为 3V 左右正常，测量 N901（AP3843）的 7 脚 12VCC 供电和 60V 供电正常，测量升压输出 LED + 电压为 60V 左右，说明升压电路不正常。检查 N901 的各脚电压，发现 1 脚电压仅为 0.7V，判断保护电路启动，将 1 脚电压拉低。

测量 1 脚外部的 DIM2 为高电平，检查 DIM2 相关电路 V912、V914，发现 V912 的 b-e 结电压降增大且不稳定，更换 V912 后开机，屏幕亮度正常，故障排除。

【例3】　开机屏幕微闪一下，声音正常。

分析与检修：开机检测 N901（AP3843）的 7 脚 12VCC 供电和为升压电路供电 60V 电压均正常，测试二次升压电压，在开机瞬间有上升，随即降为 60V，判断为过电压保护电路动作。

采用脱板接假负载的方法维修。首先判断是否因灯串不良引起的过电压保护，参考图样，估算并调整假负载电阻阻值，接入电路，开机灯串亮度正常，测试电压为稳定的 130V，断定问题出在屏内 LED 背光灯串。小心拆屏后，发现底部灯串挨近插座的第一颗灯珠变黑。因手头无合适的灯串和灯珠更换，考虑只有一颗灯珠损坏并且其所处位置对屏亮度影响不明显，于是采取应急修理将第一颗灯珠用导线短接后，接通电源板试机，灯串点亮装机交付使用。

【例4】　开机背光闪一下后黑屏，声音正常。

分析与检修：首先测量 12VCC 电压和背光供电 60V 电压均正常，主板送来的 SW 和 PWM 电压也正常，背光闪一下就黑屏，说明 LED 背光恒流供电电路部分能够瞬间工作，后因电路不正常造成进入保护状态；测试 V943 的 b 极电压为 0.6V，显然是过电压保护电路动作导致电路停止工作，证明判断正确。接下来判断是升压电路部分引起的过电压还是屏内灯串异常引起的电压升高。

按照上述方法，查看电路板标示输出电压范围，估算调整可调电阻值，制作两路相同假负载接电源板开机（注意连接极性），假负载的 LED 背光灯串依然是闪亮一下就灭，确定故障在电源板上，接下来对升压电路的过电压保护取样部分进行检测，在路测试发现 R926 阻值不稳定。用风枪将其吹下后测试阻值正常，更换 R926，通电两路假负载的灯串全部点亮。拆除假负载并将电源板装机测试，故障排除。

【例5】　开机黑屏幕，指示灯亮。

分析与检修：指示灯亮，说明开关电源正常，有伴音，但液晶屏不亮，仔细观察背光灯在开机的瞬间点亮，然后熄灭。检查 LED 驱动电路的工作条件正常，判断保护电路启动。

采用外接假负载的方法维修，通电试机假负载中的 LED 背光灯串点亮，说明 LED 驱动电路正常，故障在 LED 背光灯串。根据维修经验，当 LED 背光灯串之一损坏或接触不良时，由于灯管电流发生变化，容易引起保护电路启动。检查 LED 背光灯串连接器，发现一只引脚接触不良，将引脚刮净处理后，故障排除。

5.3　海信 RSAG7.820.5482 电源 + 背光灯二合一板维修精讲

海信 LED 液晶彩电采用的 RSAG7.820.5482 电源板，又称 RSAG2.908.5482，板上标注 HLL-4655WA，是将开关电源与背光灯电路合二为一的组合板，其中开关电源电路采用 NCP1608 + FSL116 + NCP1396 组合方案，输出 12V、12V（最大 3A）、18V（最大 2A）、200V（最大 0.45A）电压，能为整机提供最高 150W 的驱动功率；背光灯电路采用 MAP3201，将 200V 电压提升后为 LED 背光灯串供电，同时对 LED 背光灯串电流进行调整。

RSAG7.820.5482 电源 + 背光灯二合一板派生有 RSAG7.820.5482-2、RSAG7.820.5482-1、RSAG7.820.5482-3 三种类型，区别主要是主电源电路的 T801 二次输出电压不同，以适应不同的背光灯串需求，其次是亮度设置电阻 R732、R733 在路状况不同，具体见表 5-6，换板维修时应注意。该系列二合一板应用于海信 LED48K20JD、LED50K20JD、

LED55K20JD、LED48EC280JD、LED50EC280JD 等主板采用 RSAG2.908.5277 的 LED 智能液晶彩电中。

表 5-6　RSAG7.820.5482 及其派生系列电源＋背光灯二合一板区别

组件号	T801 型号	LED 电流/mA	R732 阻值/kΩ	R733 阻值/kΩ	XP803	跨接线 W808、W811
RSAG7.820.5482	BCD-04TQ	430	20	空	无	有
RSAG7.820.5482-1	BCD-04TK	350	15	空	无	有
RSAG7.820.5482-2	BCD-04TQ	430	20	空	有	无
RSAG7.820.5482-3	BCD-04TK	380	20	100	有	无

　　海信 RSAG7.820.5482 电源＋背光灯二合一板实物图解如图 5-21 所示，电源板电路组成框图如图 5-22 所示。该二合一板由开关电源部分和背光灯电路两部分组成。

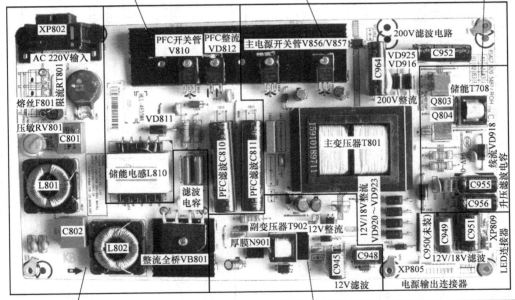

图 5-21　海信 RSAG7.820.5482 电源＋背光灯二合一板实物图解

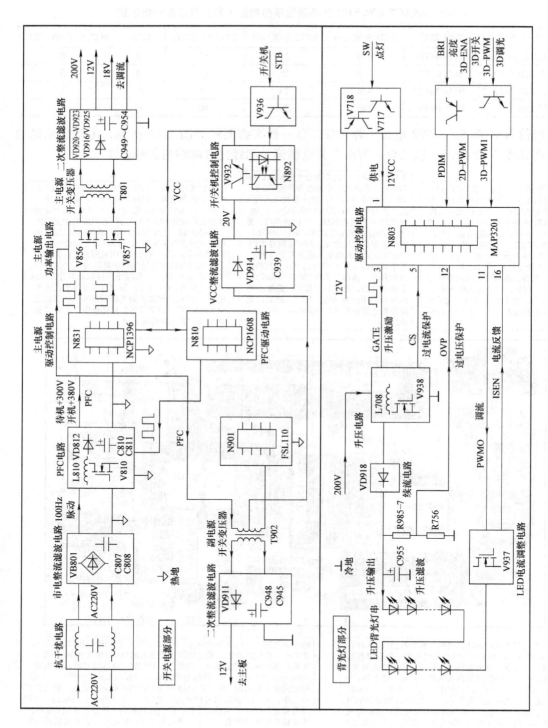

图 5-22 海信 RSAG7.820.5482 电源 + 背光灯二合一板电路组成框图

开关电源部分由三个单元电路组成：一是以集成电路 NCP1608（N810）为核心组成的 PFC 电路，将整流滤波后的市电校正后提升到 380V，为主、副电源供电；二是以集成电路 FSL116（N901）为核心组成的副电源，产生 12V 和 20V 电压，其中 12V 电压为主板供电，20V 电压经待机电路控制后产生 VCC 电压，为 PFC 和主电源驱动电路供电；三是以集成电路 NCP1396（N9011）为核心组成的主电源，产生 200V、18V、12V 电压，为主板和背光灯驱动等负载电路供电。

LED 背光灯电路由以 MAP3201（N803）为核心的驱动控制电路、以开关管 V943、储能电感 T708/T709、续流 VD918、滤波 C955、C956 为核心组成的升压电路和以 V937 为核心组成的调光电路三部分组成，遥控开机后启动工作，将 200V 电压提升，为 LED 背光灯串正极供电，并对 LED 背光灯串负极回路进行调整，确保 LED 背光源均匀稳定。

5.3.1　电源电路原理精讲

海信 RSAG7.820.5482 电源 + 背光灯二合一板开关电源电路由抗干扰和市电整流滤波电路、PFC 电路、副电源电路、主电源电路组成。

1. 抗干扰和市电整流滤波电路

海信 RSAG7.820.5482 电源 + 背光灯二合一板抗干扰电路、市电整流滤波电路如图 5-23 所示。

（1）抗干扰电路

利用电感线圈 L801、L802 和电容 C801 ~ C804 组成的共模抑制电路，一是滤除市电电网干扰信号；二是防止开关电源产生的干扰信号窜入电网。RT801 为负温度系数热敏电阻，限制开机瞬间的充电电流；RV801 为压敏电阻，市电电压过高时击穿，烧断熔丝 F801 断电保护；R801 ~ R806 为泄放电阻，关机后泄放掉 C801、C802 的高压电荷。

（2）市电整流滤波电路

滤除干扰脉冲后的市电，通过全桥 VB801 整流、电容 C807、C808 滤波后，因滤波电容容量小，产生 100Hz 脉动 300V 电压，送到 PFC 电路。

2. PFC 电路

海信 RSAG7.820.5482 电源 + 背光灯二合一板 PFC 电路如图 5-24 所示。其中 PFC 控制器 N810 采用 NCP1608，与大功率场效应晶体管 V810 和储能电感 L810/L811 等外部元器件，组成并联型 PFC 电路。

（1）NCP1608 简介

NCP1608 和 NCP1606、NCP1607 是新型 PFC 控制器，三种类型引脚功能和内部电路基本相同，内部电路框图如图 5-25 所示，内部集成有基准电压源、启动定时器、误差放大器、模拟乘法器、电流检测放大器、MOSFET 驱动级和保护电路等。NCP1608 引脚功能和维修数据见表 5-7。

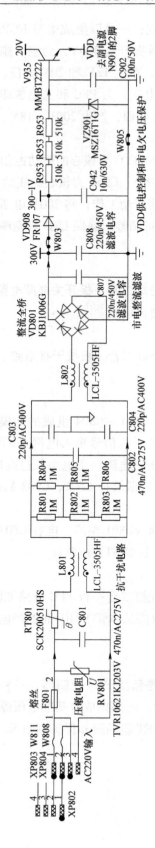

图 5-23　海信 RSAG7.820.5482 电源＋背光灯二合一板抗干扰和市电整流滤波电路

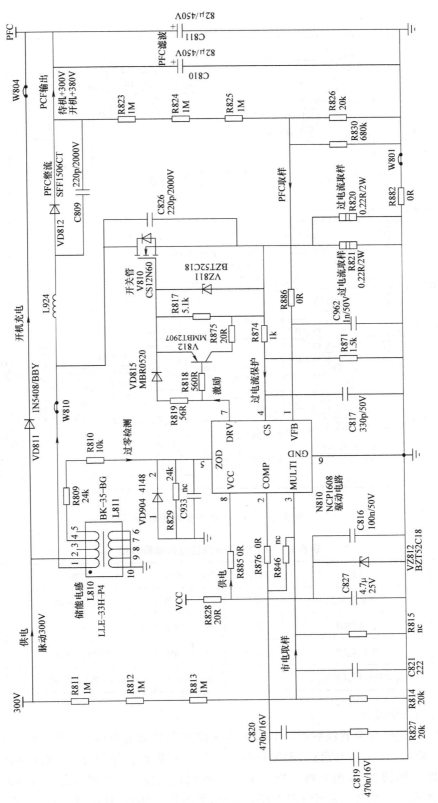

图 5-24　海信 RSAG7.820.5482 电源 + 背光灯二合一板 PFC 电路

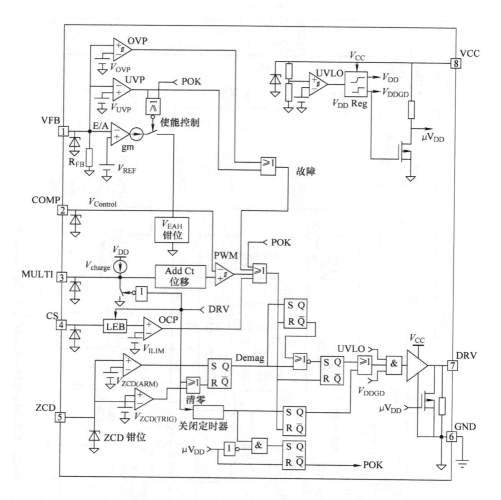

图 5-25　NCP1608 内部电路框图

表 5-7　NCP1608 引脚功能和维修数据

引脚	符号	功能	对地电压/V	引脚	符号	功能	对地电压/V
1	VFB	反馈信号输入	2.5	5	ZCD	零电流检测	0.9
2	COMP	启动控制	2.4	6	GND	地	0
3	MULTI	定时电容	0.01	7	DRV	驱动信号输出	0.06
4	CS	过电流保护检测输入	0	8	VCC	8.8~20V 电压输入	15.2

（2）启动工作过程

AC220V 市电经整流滤波后产生 100Hz 的 + 300V 脉动直流电压，经储能电感 L810/L811 送到大功率 MOSFET（开关管）V810 的 D 极；二次开机后，开/关机控制电路输出的 VCC 电压，经 R828 加到 N810 的 8 脚，N810 内部电路启动工作，从 7 脚输出脉冲调制信号，激励 V810 工作在开关状态。由于 L810/L811 的储能作用，300V 脉动电压和 L810/L811 储能电压经 VD812 整流、大滤波电容 C810、C811 滤波，获得约 +380V 的 PFC 直流电压，为主、副电源电路供电。

储能电感 L810/L811 二次绕组感应的脉冲经 R809、R810 限流后加到 N810 的零电流检测端 5 脚，控制驱动脉冲从 7 脚输出的脉冲相位，从而控制 V810 的导通/截止时间，校正输出电压相位，减小 V810 的损耗。

（3）防止 V810 峰谷状态饱和损坏

100Hz 脉动直流电压经 R811 ~ R814 分压取样后加到 N810 的 3 脚，为内部的误差放大器提供一个电压波形信号，与 5 脚输入的过零检测信号一起，使 7 脚输出的脉冲调制信号占空比随 100Hz 电压波形信号改变，实现了电压波形与电流波形同相，防止 V810 在脉冲的峰谷来临时处于导通状态而损坏。

（4）稳压控制电路

PFC 电路输出的 380V 的 PFC 电压，经 R823 ~ R826、R830 分压后，送到 N810 的 1 脚内部的乘法器第二个输入端，经内部电路比较放大后，控制 7 脚输出的脉冲，达到稳定输出电压的目的。

（5）过电流保护电路

N810 的 4 脚为开关管过电流保护检测输入脚，R820、R821 是取样电阻，通过 R886 连接 IC 内部电流比较器，对大功率 MOSFET（开关管）V810 的 S 极电流进行检测。

正常工作时 V810 的 S 极电流在 R820、R821 上形成电压降很低，反馈到 N810 的 4 脚的电压接近 0V。当某种原因导致 V810 的 D 极电流增大时，则 R820、R821 上的电压降增大，送到 N810 的 4 脚的电压升高，内部过电流保护电路启动，关闭 7 脚输出的驱动脉冲，PFC 电路停止工作。

3. 副电源电路

海信 RSAG7.820.5482 电源 + 背光灯二合一板开关电源电路如图 5-26 上部所示。该电路以内含驱动电路和 MOSFET（开关管）的厚膜电路 FSL116（N901）、变压器 T902、稳压电路误差放大器 TL431BCDBZR（N902）、光耦合器 N894 为核心组成，通电后首先工作，一是产生 12V 电压，为主板控制系统供电；二是在热地端产生 20V 电压，经开/关机控制电路控制后为 PFC 和主电源驱动电路提供 VCC 工作电压。

（1）FSL116 简介

FSL116 是仙童公司生产的一款绿色模式小型开关电源专用控制电路，内部电路框图图 5-27 所示，内含偏置电压和参考电压发生器、振荡器、软启动电路、消隐电路、驱动输出电路和耐压 650V 的 MOSFET（开关管），设有过电压、功率、过热保护电路，适应输入电压范围为 AC 85 ~ 265V，输出功率为 11 ~ 16W，工作频率为（45.5 ~ 54.5）kHz，软启动时间为 15 ~ 25ms。FSL116 引脚功能见表 5-8。

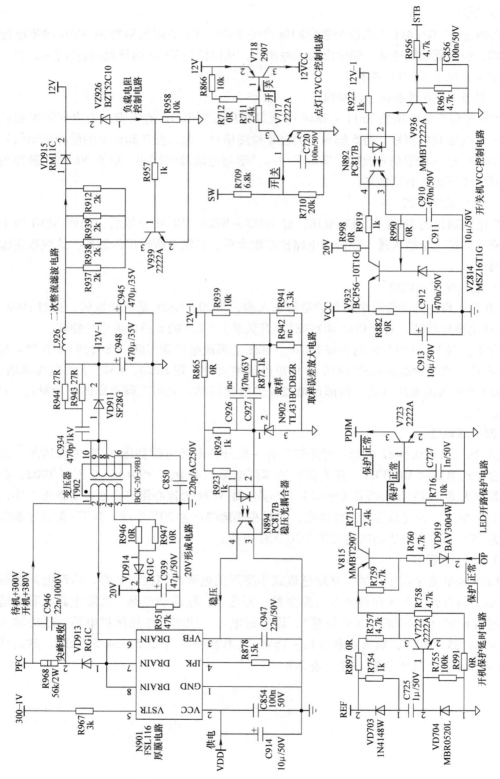

图 5-26 海信 RSAG7.820.5482 电源 + 背光灯二合一板副电源电路

表 5-8　FSL116 引脚功能

引脚	符号	功　　能
1	GND	接地，内部 MOSFET 的 S 极
2	VCC	供电电压输入，12V 以上启动工作
3	VFB	稳压反馈输入，外接稳压电路光耦合器，内接 PWM 比较器
4	IPK	峰值电流限制，调整 MOSFET 的峰值电流
5	VSTR	启动电压输入，交流电整流后的电压输入，达到 12V 启动工作
6～8	DRAIN	内部 MOSFET 的 D 极，最大可实现 650V 开关电压

（2）启动工作过程

通电后，PFC 滤波电容 C810、C811 两端待机和启动状态产生的 + 300V 电压通过 T902 的一次绕组为 N901 的 6～8 脚内部 MOSFET 的 D 极供电，同时 AC220V 市电经整流、滤波产生的 300-1V 脉动直流电压，经 R967 为 N901 的 5 脚提供启动电压，N901 启动工作，N901 内部电路产生的激励脉冲，推动内部 MOSFET 工作于开关状态，其脉冲电流在输出变压器 T902 中产生感应电压，二次绕组感应电压经整流滤波后输出 12V 电压为主板控制系统和小信号处理电路供电。同时 T902 一次辅助绕组感应电压经 R946 限流、VD914 整流、C939 滤波后产生 20V 电压，一是经图 5-23 中的 V935 控制后，输出 VDD 电压，为 N901 的 2 脚提供启动后的 VCC 工作电压；二是送到开/关机 VCC 控制电路 V932 的 c 极，控制后为 PFC 和主电源驱动电路供电。

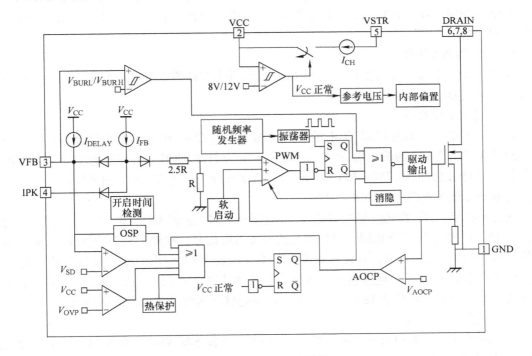

图 5-27　FSL116 内部电路框图

（3）稳压控制电路

以误差放大器 TL431BCDBZR（N902）、光耦合器 N894 为核心组成 12V 稳压取样电路，误差信号反馈回 N901 的 3 脚。当电源输出电压升高时，分压后的电压加到 N902 的 2 脚，经内部放大后使 1 脚电压降低，N894 导通增强，N901 的 3 脚反馈控制端电压降低，经内部电路处理后，内部脉冲变窄，开关管导通时间变短，使输出电压降到正常值。当输出电压降低时，其工作过程与电压升高时相反。

（4）尖峰吸收电路

N901 的 6～8 脚开关管 D 极外接 VD913、R968、C946 组成尖峰脉冲吸收电路，防止 MOSFET 在关断时，T902 产生的自感脉冲将 MOSFET 击穿。

（5）开/关机控制电路

开/关机 VCC 控制电路如图 5-26 左下部所示，由 V936、光耦合器 N892、V932 等组成。

1）开机收看状态：用遥控器或本机键开机后，主板输出的开/待机控制电压 STB 由低电平 0V 变为高电平，使 V936、N892、V932 导通，将副电源 20V 电压输出，变为 VCC 电压，送到 PFC 驱动电路 N810 的 8 脚和主电源驱动电路 N831 的 12 脚，PFC 电路和主电源启动工作，为主板和 LED 背光灯供电。

2）待机状态：待机状态时，主板输出的开/待机控制电压 STB 为低电平 0V，使 V936、N892、V932 截止，切断 PFC 驱动电路 N810 的 8 脚和主电源驱动电路 N831 的 12 脚 VCC 供电，PFC 电路和主电源停止工作。

4. 主电源电路

海信 RSAG7.820.5482 电源 + 背光灯二合一板主电源电路如图 5-28 所示。该电路由振荡驱动电路 N831（NCP1396）、半桥式推挽电路开关管 V856、V857、开关变压器 T801 和稳压控制电路光耦合器 N893、误差放大器 N802 组成，遥控开机后启动工作，输出 200V 和 12V、18V 电压。

（1）NCP1396 简介

NCP1396 是安森美公司生产的半桥 LLC 谐振模式控制器，有关简介见 5.1.1 节中主电源部分相关内容。

（2）启动工作过程

在本电源中，开关变压器 T801 的一次绕组和电容 C841 组成一个串联谐振电路，与功率输出管 V856、V857 的输出端连接。而振荡部分 N831 和功率输出部分看成一个"他激型振荡器"。电路设计时将 T801 和 C841 的谐振频率设计为约等于 N831 内部振荡器的工作频率，更好地保证了电源电路的输出功率。

遥控开机后，开/关机控制电路的 VCC 电压经 R843 送到 N831 的 12 脚，N831 启动工作，从 15、11 脚输出频率相同、相位相反的开关激励信号，推动上桥开关管 V856 和下桥开关管 V857 工作于开关状态，其脉冲电流在开关变压器 T801 输出的是近似正弦波，在 T801 的二次侧产生感应电压，经过整流、滤波后，产生 200V 和 12V、18V 电压，200V 电压为 LED 背光灯串供电，12V 和 18V 电压为主板和背光灯驱动电路等负载电路供电。

（3）稳压控制电路

为了确保开关电源输出电压的稳定，还设计了光耦合器 N893（PC817B）、误差放大器 N802（TL431BCDBZR）组成的稳压反馈电路。

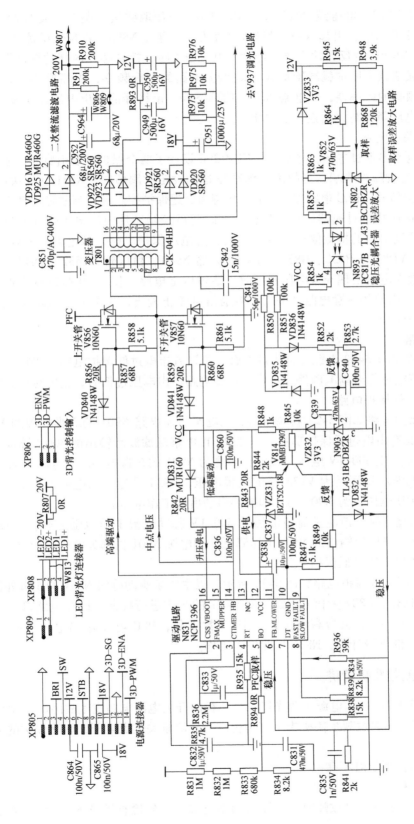

图 5-28　海信 RSAG7.820.5482 电源＋背光灯二合一板主电源电路

主电源输出的 12V 电压经 R945 与 R948//R868 分压取样送到误差放大器 N802 的控制端，当 12V 电压升高时，引起 N802 导通程度加大。再通过 N893，将反馈电流送入 N831 的 6 脚。6 脚为 NCP1396 的反馈输入脚，当输入电流增大时，控制芯片内部的振荡器提高其振荡频率。由于振荡频率原本就高于负载 LLC 谐振电路的谐振频率，提高振荡频率进一步拉大了其与谐振频率的频率差，使电路的输出功率下降，最终降低输出电压，实现稳压控制。当 ISEN1 取样电压降低时，其控制过程相反。

（4）反馈保护电路

为了防止电源出现过电压工作情况，NCP1396 设计了两个保护控制引脚，分别是 8 脚和 9 脚。8 脚为快速故障检测端，当故障反馈电压达到设定的阈值时，N831 立即关闭 15 脚和 11 脚的激励输出信号，LLC 电路停止工作。9 脚为延迟保护控制端，当故障反馈电压达到设定的阈值时，N831 内部计时器启动，延迟一定时间后控制芯片内部电源管理器进入保护状态。两个保护控制引脚的检测信号来自功率输出过电压保护电路，该电路由 C842、R850//R851、VD835、VD836、R852、R853、误差放大器 N903、稳压管 VZ832、V814、VD832 等组成。当功率放大电路出现异常电压升高时，通过以上电路，使 8、9 脚这两个保护检测端电压上升，N831 内部的激励电路被关闭，激励信号停止输出，主电源也就不再工作，完成功率输出过电压保护。

5. 保护电路

海信 RSAG7.820.5482 电源 + 背光灯二合一板设有市电过低保护电路、PFC 输出电压过低保护电路。市电过低时副电源停止工作，PFC 电路输出电压过低时，主电源停止工作。

（1）市电过低保护电路

市电过低保护电路如图 5-23 右端所示。副电源驱动电路 N901 的 2 脚外部的 VDD 控制电路 V935，还具有市电过低保护功能，AC220V 市电整流滤波后输出的 300V 脉动直流电压经 VD908、C942 产生 300-1V 电压，该电压一是为 N901 的 5 脚提供启动电压；二是经 R953 ～ R955 降压、VZ901 稳压后为 V935 提供偏置电压，V935 导通。副电源产生的 20V 电压，经 V935 产生 VDD 电压，为 N901 的 2 脚提供启动后的工作电压。

当市电电压过低时，市电整流滤波后的 300-1V 脉动直流电压也随之降低，造成 V935 的 b 极电压降低，稳压后输出的 VDD 电压降低，副电源 N901 内部欠电压保护电路启动。

（2）PFC 输出电压过低保护电路

PFC 输出电压过低保护电路如图 5-28 所示，以主电源驱动电路 N831 的 5 脚外部分压取样电路 R831 ～ R833、R834 为核心组成，对 N831 的 5 脚进行控制。PFC 电路输出电压正常时，加到 N831 的 5 脚电压为高电平，N831 正常工作；PFC 电路输出电压过低时，加到 N831 的 5 脚电压低于设计值，N831 据此停止工作。

5.3.2　电源电路维修精讲

海信 RSAG7.820.5482 电源 + 背光灯二合一板的开关电源电路发生故障时，主要引起三无和黑屏幕故障，可通过观察待机指示灯是否点亮，测量关键点电压，解除保护的方法进行维修。

1. 开机三无，指示灯不亮

（1）熔丝熔断

该电源发生指示灯不亮故障时，主要检测副电源，首先检查熔丝 F801 是否熔断，如果熔断，一是检查市电输入抗干扰电路、整流滤波电路、主副电源和 PFC 电路大功率开关管是否发生击穿短路故障；二是检查市电输入附近的压敏电阻是否击穿烧焦，如果击穿，则很可能是市电输入电压过高引起。

（2）检查副电源

如果熔丝未断，再检查副电源电路，一是检查 N901 的 5 脚启动电压和 2 脚 VCC 电压，无启动电压，检查 5 脚外部启动电阻 R967，无 VCC 电压或电压过低，检查 2 脚外部的 + 20V 整流滤波电路 R946、VD914、C939、VDD 电压控制电路 V935、VZ901 和降压电阻 R953 ~ R955；二是检查 N901 及其外部电路。

如果测量 N901 的 5 脚有启动电压，副电源仍不工作，则检测 N901 的各脚电压和对地电阻，并与正常数据对比，判断 N901 是否损坏。必要时，代换 N901 试试。

如果测量 N901 正常，则检查二次整流滤波电路是否发生短路、开路故障，如果整流滤波电路和负载电路发生严重短路故障，也会造成副电源无电压输出。

2. 开机三无，指示灯亮

（1）检修开/关机控制电路

如果发生指示灯亮，主电源无电压输出，首先确定 STB 是否为开机高电平，V932 是否导通输出 VCC 电压；然后检查主电源驱动电路 N831 及其外部电路，检查 5 脚的 PFC 取样启动电压和 12 脚 VCC 电压是否正常，外部元器件是否正常，末级半桥式推挽输出电路开关管 V856、V857 是否击穿损坏。

（2）检修 PFC 检测电路

由于主电源设有 PFC 电压检测和欠电压保护电路，当 PFC 电路发生故障，输出电压降低时，主电源也会停止工作。维修 PFC 电路时，首先测量 PFC 电路输出电压是否在 380 ~ 400V 之间，如果过低，仅为 300V，则是 PFC 电路未工作，测量驱动电路 N810 的 8 脚 VCC 电压是否正常，如果无 VCC 电压，检查由 V936、光耦合器 N892、V932 组成的开/关机 VCC 控制电路和副电源输出的 + 20V 电压；如果 VCC 电压正常，检查 N810 及其外部电路元器件。如果 PFC 电路输出电压过高，则是 PFC 取样稳压环路发生故障，常见为取样分压电阻 R823 ~ R825 出现阻值变大、开路故障。

（3）检查主电源

如果 N831 的 12 脚有 VCC 电压，PFC 电路的 + 380V 输出电压正常，则测 N831 的 11、15 脚有无 PWM 驱动脉冲，如果有 PWM 驱动脉冲，查 N831 的 11 脚和 15 脚外部的半桥式推挽输出电路和二次整流滤波电路。

测量 N831 的 8、9 脚电压达 1V，应检查 8、9 脚外部的反馈电路，此电路误差放大器 N903 的输入端电压正常时在 2.5V 以下，如果超过 2.5V，N903 导通，VZ832 击穿，V814 导通，将高电平注入 N831 的 8、9 脚达 1V 以上时，造成 N831 内部保护电路启动。如果谐振电容 C841 损坏，应用优质容量相同的电容代换。

注意：测量 N831 的 2、4、7 脚电压，会改变振荡频率，导致主电源不工作，严重时损坏开关管 V856、V857。

3. 保护电路维修

（1）市电过低保护电路维修

该保护电路易发生取样降压电阻 R953 ~ R955 变质，阻值变大故障，造成加到 V935 的 b 极电压降低，引起副电源 N901 保护电路启动，副电源无法启动工作。判断该保护电路是否启动的方法是：测量 V812 的 b 极电压或 N901 的 2 脚电压，如果由正常时的 15.3V 降低到 10V 以下，则是该保护电路启动。如果测量市电输入电压正常，则是该保护电路元器件变质引起的误保护。

（2）PFC 输出电压过低保护电路维修

如果测量 PFC 电路输出电压达到 370V 以上，而主电源 N831 的 5 脚电压在 1V 以下，则是该保护电路故障，多为取样分压电阻 R831 ~ R833 变质，阻值变大所致。

5.3.3　电源电路维修实例

【例 1】　开机三无，指示灯亮。

分析与检修：接通电源，测量待机电压 12V 正常，二次开机再测量主电源无电压输出，背光灯不亮。随后检测开/待机控制 STB 信号为高电平，测量控制晶体管 V936 饱和导通，测量开/关机控制光耦合器 N892 的初级发光二极管已经导通，其次级光敏晶体管本应导通增强，但实测次级光敏晶体管 e 极（3 脚）电压为低电平，致使晶体管 V932 的 b 极没有正向偏置电压而截止，PFC 电路 N810（NCP1608）、主电源形成电路 N831（NCP1396）由于没有 VCC 供电而停止工作。将 N892 焊下进行检测，发现 3-4 脚之间已开路，更换后输出电压正常。

【例 2】　开机三无，指示灯亮。

分析与检修：测量待机电压 12V 正常，二次开机再测量主电源无电压输出。随后检测开/待机控制 STB 信号为高电平，测量 PFC 驱动电路 N810 的 8 脚 VCC 供电为 15V 正常，测量 PFC 电路输出端 C810、C811 两端电压仅为 + 300V，判断 PFC 电路发生故障未工作。测量 N810 的 7 脚输出驱动脉冲信号 0.05V 正常。直接测量 MOSFET V810 的工作状态，发现 V810 已开路，更换相同型号 V810 后，输出电压恢复正常，故障排除。

【例 3】　开机三无，指示灯不亮。

分析与检修：测量副电源无 12V 电压输出，判断故障在副电源。测量 PFC 电路滤波电容 C810、C811 两端 300V 电压正常，测量厚膜电路 N901 的 5 脚无启动电压，检查 5 脚外部启动电路发现 R967 烧焦，更换后再次冒烟，判断驱动电路 N901 内部损坏。更换 R967 和 N901 后，故障排除。

5.3.4　背光灯电路原理精讲

海信 RSAG7.820.5482 电源 + 背光灯二合一板背光灯电路如图 5-29 所示。该电路由两部分组成：一是以振荡与控制电路 MAP3201（N803）、升压输出电路开关管 V938、储能电感 T708/T709、续流管 VD918、输出滤波电容 C955、C956 为核心组成的升压电路，将 200V 电压提升后，为 LED 背光灯串正极供电；二是由 N803 的 11 脚和外部的开关管 V937 组成的调流控制电路，对 LED 背光灯串的负极电流进行调整和控制，达到调整亮度的目的。

1. 背光灯基本电路

（1）MAP3201 简介

背光灯驱动电路 N803 采用的 MAP3201，是 LED 背光灯专用驱动控制电路，内设升压输出驱动电路和背光灯电流控制驱动电路，具有升压开关管电流检测保护、输出电压检测保护、电流调整管电流检测保护等功能。MAP3201 引脚功能见表 5-9。

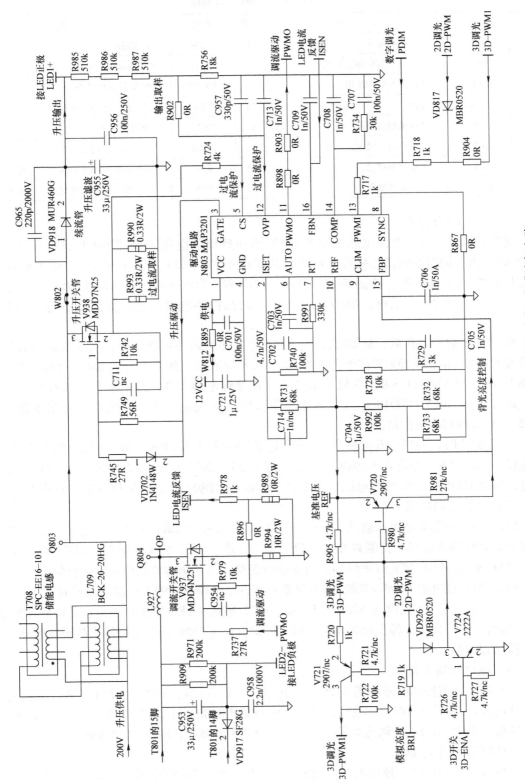

图 5-29　海信 RSAG7.820.5482 电源 + 背光灯二合一板背光灯电路

表 5-9　MAP3201 引脚功能

引脚	符号	功　　能	引脚	符号	功　　能
1	VCC	供电电压输入	9	CLIM	电流限制设置
2	ISET	LED 背光灯串短路检测	10	REF	5V 参考电压输出
3	GATE	升压驱动脉冲输出	11	PWMO	PWM 调光驱动输出
4	GND	接地	12	OVP	过电压、短路保护输入
5	CS	过电流检测输入	13	PWMI	PWM 调光输入
6	AUTO	保护启动方式设定	14	COMP	误差放大器输出补偿
7	RT	工作频率设定	15	FBP	LED 背光灯串短路保护正相输入
8	SYNC	同步信号输入	16	FBN	LED 背光灯串短路保护反相输入

（2）启动升压过程

遥控开机后，开关电源电路输出的 200V 电压经储能电感 T708/T709 加到升压开关管 V938 的 D 极，同时经续流二极管 VD918 向升压滤波电容 C955、C956 充电，主板送来的 SW 点灯控制电压为高电平，使图 5-26 右侧的 V717 和 V718 导通，输出的 12VCC 电压送到 N803 的 1 脚，为 N803 供电，N803 启动工作，内部振荡电路启动，振荡频率与 7 脚外部 R991 有关。

MAP3201 启动工作后，从 10 脚输出 5V 参考电压为内外电路供电，从 3 脚输出升压驱动脉冲 GATE，推动 V938 工作于开关状态。V938 导通时，相当于开关短接，200V 电压经 T708/T709、V938 的 D-S 极、S 极电阻到地，在储能电感 T708/T709 中产生感应电压并储能，此时续流二极管 VD918 正极电压小于负极电压而截止。LED 背光灯由升压滤波电容 C955、C956 两端电压供电。

V938 截止时，相当于开关断开，200V 电压和储能电感 T708/T709 中储存的电压叠加，电流经 T708/T709、续流管 VD918 向升压电容 C955、C956 充电，将 200V 背光灯供电电压提升；同时 C955、C956 两端电压经连接器 XP808 或 XP809 的 2 脚向 LED 背光灯供电。

（3）调流控制电路

N803 内部振荡驱动电路启动工作后，一是从 15 脚输出 DRV 升压驱动脉冲；二是从 11 脚输出 PEMO 调光信号，控制调光 MOSFET（开关管）V937 的导通程度，对连接器 XP808 或 XP809 的 1 脚 LED 背光灯串的回路电流进行调整，达到调整背光灯亮度的目的。

V937 的 S 极电阻 R994//R989 为电流取样电阻，R994//R989 两端电压反映了 V937 电流的大小，通过 R978 反馈到 N803 的 16 脚，N803 据此对 LED 背光灯电压进行检测和判断，与 15 脚电压进行比较，输出误差电压，对 3 脚的升压驱动脉冲和 11 脚输出的调流驱动脉冲进行控制和调整。

（4）亮度控制电路

背光灯的亮度控制电路如图 5-29 的左侧所示，由 V724、V721、V720 组成。主板送来的 BRI 电压经 R719 和 V724 控制后，输出 2D-PWM 调光电压，经 VD817 送到 N803 的 13 脚；主板送来的 3D-PWM 调光电压，经 V721、V724 控制后，输出 3D-PWM1 控制电压，经 R904 送到 N803 的 13 脚。

主板送来的 3D-ENA 控制电压，送到 V724 的 b 极，3D 模式时为高电平，V724 导通，一是经 VD926 将 2D-PWM 调光电压拉低；二是将 V720 和 V721 的 b 极电压拉低而导通，

V721 导通后输出 3D-PWM1 调光电压到 N803 的 13 脚，V720 导通后向 N803 的 15 脚输入高电平，N803 内部受 3D 调光电压控制，背光灯亮度提升。主板送来的 3D-ENA 控制电压，为低电平时，V724 截止，一是使 VD926 截止，2D-PWM 调光电压正常输出，送到 N803 的 13 脚；二是使 V720 和 V721 的 b 极电压提升而截止，V721 截止后停止输出 3D-PWM1 调光电压，V720 截止后将 N803 的 15 脚电压拉低，N803 内部受 2D 调光电压控制，背光灯亮度适当降低。

2. 背光灯保护电路

（1）供电欠电压保护电路

MAP3201 的 1 脚为供电电压输入端，内含稳压和欠电压保护电路。当供电电压过低，MAP3201 的 1 脚电压就会随之降低，降低到内部保护设计值时，IC 内部欠电压保护电路启动，停止输出激励脉冲，防止输入电压降低，导致输出电压过低。

（2）升压开关管过电流保护电路

MAP3201 的 5 脚为过电流检测输入端。升压开关管 V938 的 S 极电阻 R993、R990 并联为过电流取样电阻，其上端取样电压通过 R724 送到 MAP3201 的 5 脚，当 V938 电流过大，反馈到 MAP3201 的 5 脚电压达到保护设计值时，IC 内部过电流保护电路启动，关断升压脉冲。

（3）输出电压过电压、短路保护电路

MAP3201 的 12 脚为过电压、短路保护输入端，升压电容两端的输出电压，经 R985 ～ R987 与 R756 分压取样，获得过电压保护取样电压，送到 MAP3201 的 12 脚。当升压电路输出电压过高，反馈到 MAP3201 的 12 脚电压超过保护设计值时，内部过电压保护电路启动，停止输出升压脉冲。

当升压输出负载电路发生短路故障，反馈到 MAP3201 的 12 脚电压小于保护设计值时，内部短路保护电路启动，停止输出升压脉冲。

（4）LED 背光灯串短路保护电路

MAP3201 的 16 脚为 LED 背光灯串短路保护 ISEN 输入端，通过 R978 与调光 MOSFET（开关管）的 S 极取样电阻 R994//R989 相连接。当 LED 背光灯串发生短路时，导致 ISEN 电压上升到正常值的 1.5 倍时，PWMO 脚立即停止调光电压输出。短路保护由 2 脚外部电压设置。

（5）LED 背光灯串开路保护电路

该保护电路由图 5-26 左下部 V722、V815、V723、VD919 组成。N803 输出的 5V 参考电压 REF 经 R757 加到 V815 的 e 极，V815 的 b 极通过 VD919 接调流开关管 V937 的 D 极 OP，正常时 OP 电压高于 5V，VD919 和 V815 截止。

当 LED 背光灯串开路时，OP 电压为 0V，VD919 和 V815 导通，输出高电平迫使 V723 导通，将 N803 的 13 脚亮度调整电压拉低，背光灯亮度调整到最低。

电路中 V722 及其外部电路组成保护延时电路，开机的瞬间 5VREF 通过 R754、C725 向 V722 的 b 极充电，V722 导通，将 V815 的 e 极电压拉低，V815 无电压不工作，避免开机瞬间 LED 背光灯串未工作，负极回路 OP 电压未建立引起的误保护。

5.3.5　背光灯电路维修精讲

海信 RSAG7.820.5482 电源 + 背光灯二合一板的背光灯电路发生故障时，一是背光灯电路不工作，所有的 LED 背光灯串均不点亮，引起有伴音、无光栅故障；二是个别灯串发生故障或老化，引起显示屏局部不亮或亮度偏暗的故障。

1. 有伴音，黑屏

显示屏背光灯串全部不亮，是背光灯电路发生故障，主要检查供电、控制电路等共用电路。

1）检测输入电压 12VCC、200V 及 SW 点灯控制、BRI 亮度控制、3D-ENA 的 3D 模式控制、3D-PWM 的 3D 模式亮度调整信号是否正常，如果不正常，检测主板 TCON 板控制系统。

2）检测背光灯驱动板是否有短路故障，常见为 BOOST 升压输出电路 MOSFET（开关管）V938、续流二极管 VD918、输出滤波电容 C955、C956 击穿短路；测量 OUT 输出电压是否与地短路。

3）检查 MAP3201 的外部电路元器件是否异常，如异常，则更换故障元器件；如正常，则更换 MAP3201。

2. 背光灯亮后熄灭

背光灯亮后熄灭，多为保护电路启动所致。首先请检查过电压保护电路参数是否正常。正常情况下 MAP3201 的 12 脚电压值设定在 0.2 ~ 3.0V，高于 3V 时过电压保护，低于 0.2V 时短路保护。引起过电压保护的原因：一是过电压保护取样电路电阻变质；二是升压电路输出电压过高。解除过电压保护的方法是在 R756 两端并联（3 ~ 5）kΩ 电阻，降低取样电压。

检查过电流保护电路是否正常，正常时 MAP3201 的 5 脚电压值设定在 0.5V 以下，达到 0.5V 时过电流保护电路启动。引起过电流保护的原因：一是升压滤波电容漏电；二是背光灯串发生短路故障；三是调光电路 MOSFET（开关管）击穿；四是过电流取样电阻烧焦或阻值变大。解除过电流保护的方法是将 MAP3201 的 5 脚对地短路。

5.3.6 背光灯电路维修实例

【例 1】 开机有伴音，无光栅。

分析与检修： 遇到显示屏背光灯全部不亮情况，主要检查背光灯电路的供电电路、点灯控制和亮度调整电路。测量 200V 电压正常，测量点灯控制和亮度控制电压正常，测量 N803 各脚电压，发现 1 脚电压低于正常值，仅为 6V 左右，造成 N803 欠电压保护电路启动。检查 1 脚 12VCC 供电电路，发现开关电源输出的 12V 电压正常，但 V718 输出的电压不足。检查 V717 和 V718 控制电路，发现 V718 不良，发射结正向电阻变大，导通能力不足。更换 V718 后，故障排除。

【例 2】 开机有伴音，无光栅。

分析与检修： 检查背光灯电路的供电电路、点灯控制和亮度调整电路。测量开关电源输出的 200V 和 12VCC 电压正常，测量驱动电路 N803 的 10 脚输出的参考电压仅为 1.5V 左右，测量 N803 的 10 脚对地电阻仅为几十欧，断开 N803 的 2 脚，发现 N803 的 2 脚对地电阻最小，判断 N803 内部电路短路。更换 N803 后，通电试机故障排除。

第 6 章

创维 LED 液晶彩电电源 + 背光灯
二合一板维修精讲

6.1 创维 168P-P32EWM-04 电源 + 背光灯二合一板
维修精讲

　　TCL LED 液晶彩电采用的型号为 168P-P32EWM-04 电源板，是集开关电源与 LED 背光灯电路合二为一的电路板。该二合一板待机功耗低于 0.5W，额定输入电压为 AC 100 ~ 240V，适用市电输入范围为 AC 90 ~ 264V，具有成本低、保护功能齐全的特点，应用于创维 LED32E61HR、LED32E600Y、LED32E600F、LED32E55HM、LED32E82RD、LED32E82RE、LED32E15HM 等 8M50 机心 LED 液晶彩电中。

　　创维 168P-P32EWM-04 电源 + 背光灯二合一板实物图解如图 6-1 所示，电路组成框图如图 6-2 所示。该二合一板由电源部分和背光灯电路两部分组成：一是以 IC100（TEA1733P）为核心组成的开关电源，为背光灯电路和主板电路提供 24V、12V、5V 电压；二是以 IC400（OZ9967GN）为核心组成的 LED 背光灯电路，将 24V 供电提升到 60V 后，将 4 ~ 6 条 LED 背光灯串（本二合一板为 4 条）点亮。开/关机控制电路对开关电源输出的 12V 电压和 LED 背光灯电路的点灯、亮度进行控制。

6.1.1 电源电路原理精讲

　　创维 168P-P32EWM-04 电源 + 背光灯二合一板开关电源电路图如图 6-3 所示，由抗干扰和市电整流滤波电路、主电源电路、开/关机控制电路、5V 电压形成电路四个单元电路组成。其中主电源电路以振荡驱动电路 TEA1733P（IC100）、开关管 Q201、变压器 T101 和稳压控制光耦合器 IC101、误差放大器 IC300 为核心组成，产生不受控的 + 24V、5V 电压和受控的 12V 电压。

1. 抗干扰和市电整流滤波电路

　　（1）抗干扰电路

　　抗干扰和市电整流滤波电路如图 6-3 左侧所示。利用电感线圈 LF101、LF102 和电容 CX101、CX102、CY101、CY102 组成的共模、差模滤波电路，一是滤除市电电网干扰信号；二是防止开关电源产生的干扰信号窜入电网。其中 TH101 为限流电阻，限制开机冲击电流；TNR101 为压敏电阻，市电电压过高时击穿，烧断熔丝 F101 断电保护；R101 ~ R104 为泄放电路，关机时泄放抗干扰电路电容两端电压。

抗干扰和市电整流滤波电路：利用电感线圈LF101、LF102和电容CX101、CX102、CY101、CY102组成的共模、差模滤波电路，一是滤除市电电网干扰信号；二是防止开关电源产生的干扰信号窜入电网。滤除干扰脉冲后的市电通过全桥D101～D104整流、电容C103、C104滤波后，产生+300V的直流电压，送到开关电源电路。TH101为限流电阻，限制开机冲击电流；TNR101为压敏电阻，市电电压过高击穿，烧断熔丝F101断电保护；R101～R104为泄放电路，关机时泄放抗干扰电路电容两端电压

主电源电路：以振荡驱动电路TEA17339(IC400)、开关管Q201、变压器T101为核心组成。通电开机后，市电整流滤波后形成的+300V电压经T101一次电路为Q201供电，同时AC220V电压经R201降压后为IC400的1脚提供VCC供电，主电源启动工作，IC400的7脚输出激励脉冲，推动开关管Q201工作于开关状态，在T101中产生感应电压，其中二次感应电压经整流滤波后转换为+24V、+12V电压，为主板和背光灯电路供电

LED背光灯电路：由三部分电路组成，一是以OZ9967(IC400)为核心组成的升压和恒流控制驱动电路；二是以储能电感L401、开关管Q411、Q412、续流管D401、D402、滤波电容C401、C401A为核心组成的升压输出电路；三是以开关管Q400～Q405为核心组成的LED背光灯恒流控制电路。开关电源输出的24V电压为升压输出电路供电，12V电压为IC400的18脚供电。遥控开机后主板送来的ON/OFF点灯电压送到IC400的19脚，亮度调整DIM电压送到IC400的23脚，背光灯电路启动工作，IC400从13脚输出升压激励脉冲，推动开关管Q411、Q412工作于开关状态，与储能电感L401和续流管D401、D402、滤波电容C401、C401A配合，将24V电压提升后，为6路LED背光灯串供电；同时IC400从2、3、5、7、9、11脚输出调光激励脉冲，控制开关管Q400～Q405的导通/截止间隔时间，对6路LED背光灯串进行恒流控制，确保LED背光源均匀稳定。部分机器采用4路LED背光灯串，调流管Q400、Q401未安装

图 6-1　创维 168P-P32EWM-04 电源＋背光灯二合一板实物图解

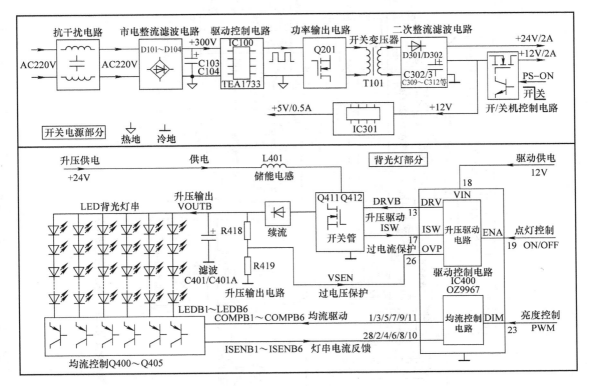

图 6-2　创维 168P-P32EWM-04 电源 + 背光灯二合一板电路组成框图

（2）市电整流滤波电路

滤除干扰脉冲后的市电通过全桥 D101 ~ D104 整流、电容 C103、C104 滤波后，产生 +300V 的直流电压，送到开关电源电路。

2. 主电源电路

（1）TEA1733P 简介

TEA1733P 是一个低成本开关模式电源（SMP）控制电路，适用于功耗不超过 75W 的系统，应用于反激变换器开关电源中；高输出功率下的固定频率操作结合低输出功率下的降频运行可以提高整个负载范围内的工作效率，支持断续导通模式（DCM）和连续导通模式（CCM）；VCC 通过启动电阻的电流充电，无需高电压启动电路；当 VCC 达到 20.6V 左右时开始动作；具有功率过载保护（OPP）、过电流保护（OCP）、欠电压保护（UVP）和过电压保护（OVP）、输出 OVP 和超温保护（OTP）功能。TEA1733P 的待机功率不超过 100mW，如果提供外部"运行/省电"信号指示待机模式，待机功耗降至 30mW 以下，工作频率为 65kHz，工作电压范围为 12 ~ 30V，启动电流为 10μA，工作电流为 0.5mA。TEA1733P 内部电路框图如图 6-4 所示，引脚功能见表 6-1。

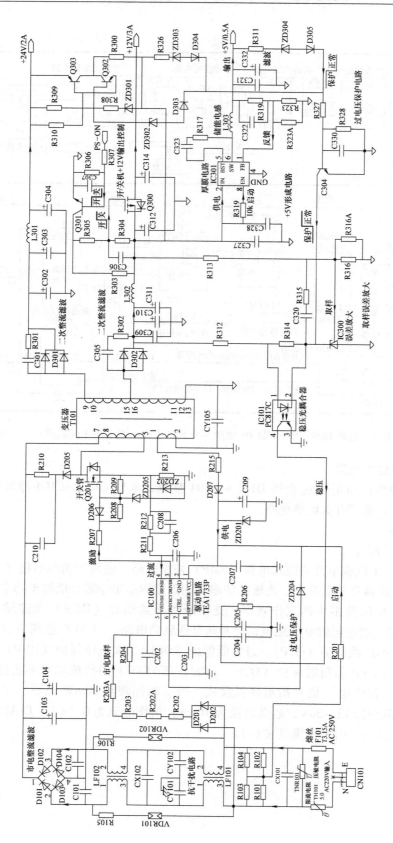

图 6-3 创维 168P-P32EWM-04 电源 + 背光灯二合一板开关电源电路

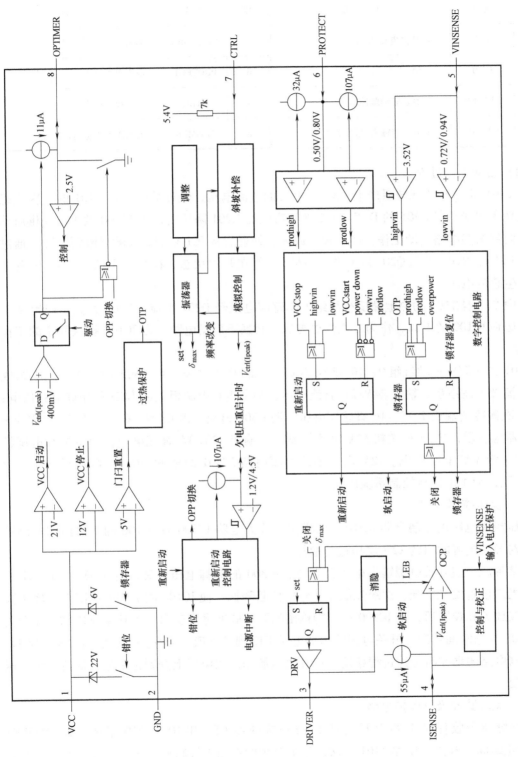

图 6-4 TEA1733P 内部电路框图

表 6-1　TEA1733P 引脚功能

引脚	符号	功　　能	引脚	符号	功　　能
1	VCC	VCC 供电输入	5	VINSENSE	输入电压检测保护
2	GND	接地	6	PROTECT	通用保护输入
3	DRIVER	开关管驱动脉冲输出	7	CTRL	稳压控制输入
4	ISENSE	电流反馈输入/过电流保护	8	OPTIMER	欠电压保护重启计时器

（2）启动工作过程

AC220V 市电整流滤波后产生 +300V 左右的直流电压，经开关变压器 T101 的一次绕组加到大功率 MOSFET Q201 的 D 极；AC220V 市电经 R201 降压后，为 IC100 的 1 脚提供启动电压，内部振荡电路启动工作，经比较、放大、处理后从 IC100 的 3 脚输出激励脉冲，通过 R207、D206、R208 送到 Q201 的 G 极，Q201 工作在开关状态，在开关变压器 T101 的各个绕组产生感应电压。

其中变压器 T101 的热地端反馈绕组 1 脚感应电压经 D207 整流、C209 滤波，产生 VCC 电压，送到 IC100 的 1 脚，作为二次供电电压，替换下启动电路，为 IC100 提供稳定的工作电压。

T101 二次侧冷地端绕组 9、10 脚感应电压，经 D301 整流、由 C302～C304、L301 组成的 π 式滤波器滤波后，输出 24V/2A 直流电压，为主板和电源板上的 LED 背光灯电路供电；T101 二次侧冷地端绕组 15、16 脚感应电压，经 D302 整流、由 C309～C312、L302 组成的 π 式滤波器滤波后，再经开/关机控制电路控制后，输出 12V/3A 直流电压，为主板和电源板上的 LED 背光灯电路供电。12V 电压还经厚膜电路 IC301 组成的 DC-DC 降压后产生 5V/0.5A 电压，为主电路板控制系统供电。

（3）稳压控制过程

稳压控制电路由光耦合器 IC101、取样误差放大电路 IC300 及 IC100 的 7 脚内部电路等组成，对开关电源输出的 12V 电压进行取样。

当某种原因使开关电源输出电压升高时，IC300 的 1 脚电压升高，电流增大，IC101 的内部发光二极管发光增强，次级光敏晶体管的内阻降低，使 IC100 的 7 脚电压降低，经 7 脚内部比较放大和控制后，使 IC100 的 3 脚输出的开关脉冲宽度变窄，大功率 MOSFET（开关管）Q201 导通时间缩短，开关电源输出的电压下降到正常值。当开关电源输出电压下降时，稳压控制电路的动作与上述过程相反，使开关电源输出的电压上升到正常值，保持输出电压稳定不变。

（4）尖峰脉冲吸收保护电路

尖峰脉冲吸收保护电路由开关管 D 极外接的 D205、R210、C210 组成。在 MOSFET Q201 截止瞬间，开关变压器 T101 一次绕组上产生的浪涌尖峰脉冲电压，通过 D205、R210、C210 泄放，防止尖峰脉冲电压将 Q201 击穿。

（5）过电流保护电路

过流保护电路由取样电路 R213 及 IC100 的 4 脚内部电路组成，对大功率 MOSFET（开关管）Q201 的 S 极电流进行检测。

IC100 的 4 脚内部设有过电流保护电路，IC100 的 4 脚通过 R211、R212 外接 Q201 的 S 极电阻 R213。正常工作时 Q201 电流在 R213 上形成电压降很低，反馈到 IC100 的 4 脚的电压接近 0V。当某种原因导致 Q201 的 D 极电流增大时，则 R213 上的电压降增大，送到 IC100 的 4 脚的电压升高，当升高至保护启动设计值时，内部过电流保护电路启动，IC100 将关闭 3 脚输出的 PWM 驱动脉冲，开关电源停止工作，达到过电流保护的目的。

（6）VCC 过电压保护电路

IC100 的 6 脚内设保护监测电路，IC100 的 1 脚 VCC 电压经 ZD204 与 6 脚相连接。当开关电源输出电压过高，产生的 VCC 电压超过 ZD204 的稳压值时，击穿 ZD204，向 6 脚送去高电平，IC100 内部保护电路启动，开关电源停止工作。

（7）市电检测保护电路

IC100 的 5 脚内置市电检测电路，AC220V 市电经 D201、D202 整流、R202、R202A、R203、R203A 与 R204 分压取样后，送到 IC100 的 5 脚。当市电电压过低或过高达到保护设计值时，内部保护电路启动，IC100 停止工作。

（8）输出过电压保护电路

输出过电压保护电路如图 6-3 的右下侧所示，以 Q304 和稳压管 ZD302～ZD304 为核心组成，对开关电源输出的 24V、12V、5V 电压进行检测。当 24V 输出电压超过 ZD302 的稳压值时，击穿 ZD302，经隔离二极管 D303 向 Q304 的 b 极送去高电平；当 12V 输出电压超过 ZD303 的稳压值时，击穿 ZD303，经隔离二极管 D304 向 Q304 的 b 极送去高电平；当 5V 输出电压超过 ZD304 的稳压值时，击穿 ZD304，经隔离二极管 D305 向 Q304 的 b 极送去高电平。当 Q304 的 b 极获取高电平而导通时，将稳压电路光耦合器 IC101 的 2 脚电压拉低，IC101 导通增强，IC100 的 7 脚电压被拉低，IC100 停止工作。

3. 开/关机控制电路

开/关机控制电路以 Q301、Q300 为核心组成。＋12V 电压经 R303 为 Q300 的 G 极和 Q301 的 c 极供电。

（1）开机状态

遥控开机时，主板送来的 PS-ON 电压为高电平，Q301 导通，将 Q300 的 G 极电压拉低，Q300 导通，输出 12V/3A 电压，为伴音功放等负载电路供电。同时主板送来的 BL-ON 点灯高电平和 DIM 亮度调整电压送到电源板上的 LED 背光灯电路，背光灯电路工作，进入开机状态。

（2）关机状态

遥控关机时，主板送来的 P-ON 电压变为低电平，Q301 截止，Q300 的 G 极变为高电平，Q300 截止，切断 12V/3A 电压，伴音功放等负载电路停止工作。同时主板送来的 BL-ON 和 DIM 亮度调整电压变为低电平，背光灯电路停止工作，进入待机状态。

4. 5V 电压形成电路

5V 电压形成电路以 IC301 为核心组成。

（1）启动工作过程

12V 电压为 IC301 的 2 脚提供电源，同时经 R319 为 6 脚提供启动电压，IC301 启动工作，内部振荡电路产生的激励脉冲推动内部开关管工作于开关状态，从 6 脚输出脉冲电压，在 L303 两端储存和释放能量，经 C321、C322 滤波后产生 5V/0.5A 电压，为主板控制系统供电。

（2）稳压控制过程

C321、C322 两端输出电压经 R319 与 R323//R323A 分压取样，反馈到 IC301 的 1 脚 FB 输入端，经内部电路比较后，产生误差电压，对内部激励脉冲进行调整，稳定输出电压。

6.1.2　电源电路维修精讲

创维 168P-P32EWM-04 电源 + 背光灯二合一板开关电源发生故障时，主要引起开机三无、指示灯不亮和黑屏幕的故障，可通过测量熔丝是否熔断、测量关键点电压的方法进行维修。电源板的输出、输入电压可通过测量连接器的引脚电压进行判断，连接器 CN300 引脚功能见表 6-2。该二合一板应用时，为了适应背光灯升压电路的需要，有的机型 24V 输出改为 12V 输出。

表 6-2　连接器 CN300 引脚功能

引脚	符号	功　　能	引脚	符号	功　　能
1	+24V/12V	+24/12V 直流电压输出	8	GND	接地
2	+24V/12V	+24/12V 直流电压输出	9	+5VSB	+5VSB 直流电压输出
3	GND	接地	10	GND	接地
4	GND	接地	11	ON/OFF	开/关机控制，高电平开机
5	+12V	+12V 直流电压输出	12	GND	接地
6	+12V	+12V 直流电压输出	13	ADJ	背光灯亮度调整
7	GND	接地	14	ENA	点灯控制，高电平点灯

1. 熔丝熔断

测量熔丝 F101 是否熔断，如果已经熔断，说明开关电源存在严重短路故障，主要对以下电路进行检测：

1）检测 AC220V 市电输入电路的 CX101、CX102、CY101、CY102 和整流滤波电路的 D101~D104、C103、C104 是否击穿漏电。

2）检查电源开关管 Q201 是否击穿，如果击穿，进一步检查 IC100 的 7 脚外部的稳压控制电路 IC300、IC101；检查 Q201 的 D 极外接的 D205、R210、C210 组成的尖峰脉冲吸收保护电路是否开路失效；检查 Q201 的 S 极电阻 R213 是否连带损坏等，避免更换 Q201 后，再次损坏。

2. 熔丝未断

如果测量熔丝 F101 未断，说明开关电源不存在严重短路故障，主要是开关电源电路未工作，可对以下电路进行检测：

1）测量开关电源有无电压输出。如果有 24V、12V 和 5V 电压输出，查电源板与主电路板之间的连接器连线和主板负载电路。

2）如果测量开关电源无电压输出，则故障在主电源。首先测量 Q201 的 D 极有无 300V 电压，无 300V 电压，排除市电输入和整流滤波电路开路故障。

3）测量 IC100 的 1 脚有无启动电压，无启动电压，检查 1 脚外部的启动电阻 R201 和 VCC 整流滤波产生电路 R215、D207、C209、ZD201 组成的二次供电电路。

4）测量 IC100 的 3 脚有无激励脉冲输出。如果无激励脉冲输出，则是以 IC100 为核心的驱动控制电路故障，测量 IC100 及其外部元器件；如果有激励脉冲输出，则检查 3 脚外部的 Q201 及其外部电路。

5）检查 T101 二次整流滤波电路是否发生开路故障，造成无输出；检查整流滤波电路 D301、D302 和滤波电路是否发生短路漏电故障，造成开关电源过电流保护电路启动。

3. 无 5V 输出

检查以 IC301 为核心的 5V 形成电路：一是检查 IC301 的 2 脚 12V 供电；二是检查 IC301 的 8 脚启动电压。在 5V 输出端无过电流情况下，只要 5 脚和 6 脚电压正常，振荡器就应启动工作。如果仍不启动工作，多为 IC301 损坏。

4. 自动关机

发生自动关机故障的原因：一是开关电源接触不良；二是保护电路启动。如果自动关机故障与电路板振动有关，多为接触不良；如果开机的瞬间有电压输出，然后降为 0V，则是保护电路启动所致。

判断保护电路是否启动的方法是：开机的瞬间测量过电压保护电路 Q304 的 b 极电压，如果由正常时的 0V 变为 0.7V，则是该过电压保护电路启动；如果为 0V，则是开关电源一次侧 6 脚过电压保护电路启动或开关管过电流保护电路启动。解除过电压保护的方法是：将 Q304 的 b 极对地短路。

6.1.3　电源电路维修实例

【例 1】　开机三无，指示灯不亮。

分析与检修：检测开关电源无 24V、12V 和 5V 电压输出，检查熔丝 F101 未断，测量 Q201 的 D 极无 300V 电压，检查 AC220V 市电整流滤波电路，发现防浪涌电阻 TH101 烧断，说明开关电源存在严重短路故障。测量 Q201 的 D 极对地电阻为 0Ω，判断 Q201 发生短路击穿故障，检测 Q201 的外围电路，发现 R213 连带烧焦，其 D 极的尖峰脉冲吸收电路 C210 裂纹变色，拆下测量已经无容量。更换 Q201、R213、C210 后，开机故障排除。

【例 2】　开机三无，指示灯不亮。

分析与检修：检测开关电源无 24V、12V 和 5V 电压输出，测量 AC220V 整流滤波后输出的 300V 电压正常，测量 Q201 的 D 极电压为 300V，测主电源一次侧集成块 IC100 的工作条件：1 脚无启动电压，检查 1 脚外部的启动电路，发现 R201 阻值变大。换新后开机，主电源各路电压均正常，故障排除。

【例 3】　开机三无，指示灯不亮。

分析与检修：检测开关电源有 24V 和 12V 电压输出，但无 5V 电压输出。测量 DC-DC 变换电路 IC301，2 脚供电电压 +12V 正常，先检查 IC301 外围电路未见异常，判断是 IC301 内部损坏。由于无 IC301 原型号集成电路更换，用三端稳压器 7805 代替 IC301 后，故障排除。

【例 4】　开机三无，指示灯亮。

分析与检修：检测开关电源有 +5V 电压输出，无 +12V 电压输出。检查开/关机控制电路 Q300 切换 MOSFET 之前的 +12V 电压正常，重点检查 Q301、Q300 组成的切换电路部分元器件，发现 Q301 的 c 极电压始终为高电平，而 b 极随着开/关机控制有高低电压变化，判断 Q301 损坏。更换后，故障排除。

【例 5】　开机三无，指示灯不亮。

分析与检修：检测开关电源，测量市电整流滤波后 C103、C104 两端 300V 电压正常，测量 IC100（TEA1733P）的各脚电压，1 脚 15V 正常，5 脚 2.4V 正常，6 脚电压为 1.7V，高于正常值 0.5V，怀疑 6 脚外部过电压检测稳压管 ZD204 漏电。用 30V 稳压管更换 ZD204 后，故障排除。

6.1.4　背光灯电路原理精讲

创维 168P-P32EWM-04 电源 + 背光灯二合一板背光灯电路如图 6-5 所示。该电路由三部分组成：一是以 OZ9967GN（IC400）为核心组成的升压和恒流控制驱动电路；二是以储能电感 L401、开关管 Q411、Q412、续流管 D401//D402、滤波电容 C401//C401A 为核心组成的升压输出电路；三是以开关管 Q400 ~ Q405 为核心组成的 LED 背光灯恒流控制电路，将 24V 供电提升到 60V 左右，为 4 ~ 6 个通道 LED 背光灯串供电。均流控制电路对 LED 背光灯串的电流进行调整，达到调整屏幕亮度和均衡亮度的目的。

1. 背光灯基本电路

（1）OZ9967GN 简介

OZ9967GN 是凹凸公司生产的 6 通道 LED 控制芯片，本背光灯板只采用了 4 个通道，第 1、2 通道调流电路闲置未用。OZ9967GN 内部电路框图如图 6-6 所示，含升压驱动电路和均流控制电路两部分，设有参考电压发生器、升压驱动高频振荡器、升压驱动电路、调光低频振荡器、均流控制电路、逻辑控制保护电路等，具有升压过电流、过电压保护和 LED 背光灯串开路、短路保护等功能，输入电压范围为 6 ~ 33V。OZ9967GN 采用 28 脚封装，引脚功能见表 6-3。

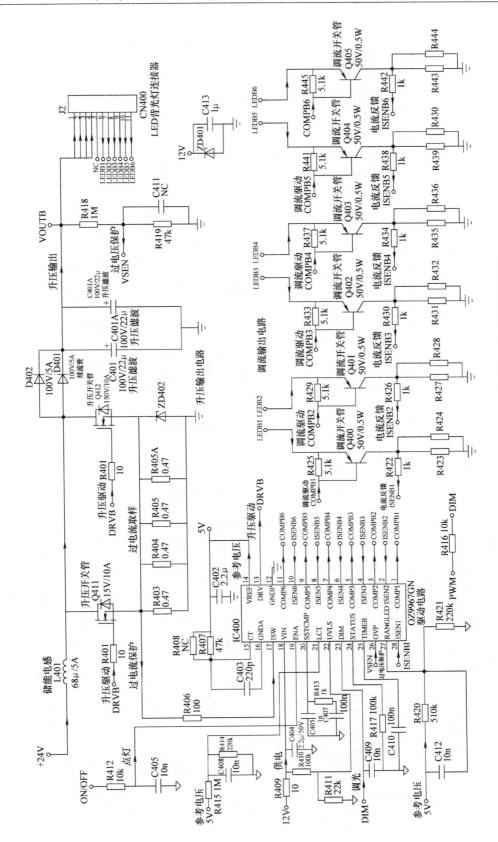

图 6-5　创维 168P-P32EWM-04 电源＋背光灯二合一板背光灯电路

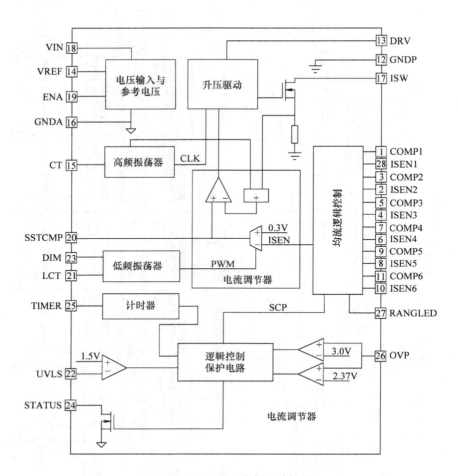

图 6-6　OZ9967GN 内部电路框图

表 6-3　OZ9967GN 引脚功能

引脚	符号	功　能	引脚	符号	功　能
1	COMP1	开关信号控制 1 通道	14	VREF	基准电压 5V 输出
2	ISEN2	电流信号检测 2 通道	15	CT	高频振荡器定时电阻和电容
3	COMP2	开关信号控制 2 通道	16	GNDA	信号电路接地
4	ISEN3	电流信号检测 3 通道	17	ISW	过电流检测输入
5	COMP3	开关信号控制 3 通道	18	VIN	供电电压输入，供电范围为 6 ~ 40V
6	ISEN4	电流信号检测 4 通道			
7	COMP4	开关信号控制 4 通道	19	ENA	开关信号控制，高于 2V 启动，低于 0.8V 停止工作
8	ISEN5	电流信号检测 5 通道			
9	COMP5	开关信号控制 5 通道	20	SSTCMP	软启动以及环路补偿
10	ISEN6	电流信号检测 6 通道	21	LCT	低频振荡器定时电阻和电容，内部调光频率设定
11	COMP6	开关信号控制 6 通道			
12	GNDP	电源供电接地			
13	DRV	升压 MOSFET 驱动信号输出			

（续）

引脚	符号	功　　能	引脚	符号	功　　能
22	UVLS	供电检测输入，低于 1.4V 停止工作，高于 1.5V 启动工作	26	OVP	过电压、短路保护输入，过电压时该脚电压超过 2.37V 停止工作，低于 2.27V 重新启动；欠电压时该脚电压低于 0.1V 停止工作，上升到 0.1V 重新启动
23	DIM	调光控制信号输入，可接受线性直流电压，实现内部 PWM 调光			
24	STATUS	故障检测输出，正常时该脚输出高电平，当 LED 出现开路或短路故障时，该脚输出低电平，送到主板或保护电路	27	RANGLED	LED 通道短路保护设定，当任一通道 COMP1 ~ COMP6 电压高于该脚电压 4 倍时，则该 LED 通道将会被关闭，其他通道正常工作
25	TIMER	外接电容延迟，充电至 3V 时，均流控制关闭，同时该脚开始放电，当放电至 0.1V 时，均流控制重新开始工作	28	ISEN1	电流信号检测 1 通道

（2）启动工作过程

开关电源输出的 +24V 电压为升压输出电路供电，12V 电压为 IC400 的 18 脚供电。遥控开机后主板送来的 ON/OFF 点灯电压送到 IC400 的 19 脚，亮度调整 PWM 电压送到 IC400 的 23 脚，背光灯电路启动工作，IC400 从 13 脚输出升压激励脉冲，推动开关管 Q411、Q412 工作于开关状态，与储能电感 L401 和续流管 D401//D402、滤波电容 C401//C401A 配合，将 24V 电压提升到 60V 左右，为 LED 背光灯串供电。

（3）升压输出电路

IC400 从 13 脚输出升压激励脉冲，推动开关管 Q411、Q412 工作于开关状态，Q411、Q412 导通时，相当于开关短接，24V 电压产生的电流经 L401、Q411、Q412 的 D-S 极、R403 ~ R405/R405A 到地，电流在储能电感 L401 中产生感应电压并储能，此时续流二极管 D401//D402 正极电压低于负极电压而截止。LED 背光灯由升压滤波电容 C401//C401A 两端电压 VOUTB 供电。

Q411、Q412 截止时，相当于开关断开，24V 电压和储能电感 L401 中储存的电压叠加，电流经 L401、续流管 D401//D402 向升压电容 C401//C401A 充电，充电后的电压提升到 60V 左右。

（4）均流控制电路

背光灯点亮后，IC400 从 1、3、5、7、9、11 脚输出调光激励脉冲，控制开关管 Q400 ~ Q405 的导通/截止间隔时间，对 LED 背光灯串进行恒流控制，确保 LED 背光源均匀稳定。本二合一板仅有 4 条 LED 背光灯串，Q400、Q401 未安装。

由于 OZ9967GN 利用其外置的功率晶体管实现电流稳定和平衡并吸收多余的功耗，芯片本身工作温度很低，这样就确保芯片能长时间安全稳定的工作。经过测试，该芯片设计出的驱动板各项性能全部达到设计要求，可实现 PWM 调光，屏幕无闪烁。

（5）亮度调整电路

主板控制系统输出的调光 PWM 信号经 R416 变为 DIM 信号，送到 IC400 的 23 脚；调光 PWM 频率由 IC400 的 21 脚内外电路设定，如果要实现外部 PWM 调光，则只需设定 21 脚电压为 1V 左右，23 脚输入 0 ~ 3.3V 的 PWM 信号即可实现外部 PWM 调光，亮度跟随所输入

的 PWM 占空比改变，控制外部调光开关管 Q400 ~ Q405 的导通、截止占空比，即可调整
LED 背光灯通道的点亮、截止时间，达到调整屏幕亮度的目的。

2. 背光灯保护电路

（1）供电欠电压保护电路

OZ9967GN 的 22 脚 UVLS 为供电检测输入端，外接 24V 供电分压检测取样电路 R410 和
R411，内含欠电压保护电路。当该脚电压低于 1.4V 时，芯片停止工作；当电压超过 1.5V
时，芯片恢复工作状态，可通过电阻分压网络对输入电压进行设定，防止输入电压降低，导
致芯片停止工作。

（2）升压开关管过电流保护电路

OZ9967GN 的 17 脚 ISW 为过电流检测输入端，升压开关管 Q411、Q412 的 S 极电阻
R403 ~ R405/R405A 并联为过电流取样电阻，其上端取样电压通过 R406 送到 OZ9967GN 的
17 脚，当 Q411、Q412 电流过大，反馈到 OZ9967GN 的 17 脚电压达到 0.5V 时，芯片会认为
MOSFET（升压开关管）过电流，同时关闭驱动信号直到下一个周期重新恢复。正常工作条
件下，该脚电压为 0.2 ~ 0.3V。

（3）输出过电压、欠电压保护电路

OZ9967GN 的 26 脚为过电压、短路保护输入端，升压电容两端的输出电压，经 R418 与
R419 分压取样，送到 OZ9967GN 的 26 脚。当升压电路输出电压过高，反馈到 26 脚电压超
过 2.37V 时，升压驱动信号关闭，如果 LED 通道全部连接好，25 脚将开始充电，充电至 3V
时，LED 均流控制电路将关闭同时该脚开始放电，当放电至 0.1V 时，均流控制电路重新开
始工作。在任何时候，当该脚电压下降至 2.27V 时，升压驱动信号重新启动恢复正常工作。
如果至少一个 LED 通道开路，当该脚电压升至 2.37V 时，驱动信号关闭，25 脚不动作，当
输出电压下降使该脚电压降至 2.27V 时，驱动信号恢复并且忽略掉开路的 LED 通道继续正
常工作。当输出电压短路到地或者肖特基二极管开路，输出电压下降，使该脚电压下降至
0.1V 时，芯片将关闭驱动信号；当该脚电压恢复至 0.1V 以上时，芯片恢复工作。

（4）输出短路保护电路

OZ9967GN 的 27 脚为 LED 通道短路保护设定端，该脚电压通过电阻网络设定，当任何
一路 LED 电流检测的补偿脚（COMP1 ~ COMP6）电压高于该脚电压的 4 倍时，则该 LED 通
道将会被关闭，其他通道正常工作。

（5）故障检测输出电路

OZ9967GN 的 24 脚 STATUS 为故障检测输出端。正常工作条件下，该脚为高阻抗状态，
输出高电平；当 LED 出现开路或短路等故障时，该脚将输出一个低电平信号，可作为给主
板的异常报警信号或者作为保护动作信号。本二合一板未采用该功能。

6.1.5　背光灯电路维修精讲

创维 168P-P32EWM-04 电源 + 背光灯二合一板的背光灯电路发生故障时，一是背光灯
板不工作，所有的 LED 背光灯串均不点亮，引起有伴音、无光栅故障；二是个别灯串发生
故障或老化，或相关均流控制开关管发生故障，引起显示屏局部不亮或亮度偏暗故障。

由于背光均流控制电路各个通道结构相同，维修时可采取测量相同电路、相同部位电
压、电阻的方法，将相同部位的测量结果对比分析，找到电压或电阻异常的故障电路，再对
该电路元器件进行检测，找到故障元器件。

背光灯电路的输出连接器 CN400 连接 LED 背光灯串，测量 CN400 的液晶电源，可判断升压输出电压是否正常，LED 背光灯串回路电压是否正常和平衡。CN400 引脚功能见表 6-4 所示。

表 6-4　CN400 引脚功能

引脚	符号	功　　能	引脚	符号	功　　能
1 ~ 4	LED +	升压后 + 60V 输出，接 LED 灯串正极	6、7	LEDB1、LEDB2	接 LED 灯串负极，空脚未用
5	NC	空脚	8 ~ 11	LEDB3 ~ LEDB6	接 LED 灯串负极

1. 黑屏幕

显示屏背光灯串全部不亮，主要检查供电、控制电路等共用电路，也不排除一个背光灯驱动电路发生短路击穿故障，造成共用的供电电路发生开路等故障。

1）检测输入电压 24V、12V 及 ON/OFF 点灯控制、PWM 调光控制信号是否正常，如果不正常，检测电源板和主板控制系统。

2）检测背光灯驱动板是否有短路故障，常见为 BOOST 升压输出电路 MOSFET（开关管）、续流二极管、输出滤波电容击穿短路；测量 OUT 输出电压是否与地短路。

3）检测 OZ9967GN 的 22 脚供电欠电压保护电压是否正常，如果低于正常值 1.5V，而 24V 供电正常，多为 22 脚外部供电分压取样电路电阻发生变质、开路所致。

4）检查 OZ9967GN 的外部电路元器件是否异常，如异常，则更换故障元器件；如正常，则更换 OZ9967GN。

2. 个别灯串不亮或偏暗

由于背光灯板有 6 个相同的背光灯驱动电路，出现个别灯串偏暗现象，多为背光灯 LED 背光灯串或均流控制电路发生故障，根据不亮 LED 背光灯串判断出故障通道后，检测相关联的均流控制开关管、连接器是否正常，如果全部正常，则是因为 OZ9967GN 对应的均流通道异常，只能更换 OZ9967GN。

3. 背光灯亮后熄灭

背光灯亮后熄灭，多为保护电路启动所致。首先请检查过电压保护电路参数是否正常。正常情况下 OZ9967GN 的 26 脚电压值设定在 0.2 ~ 2.3V，高于 2.37V 时过电压保护，低于 0.1V 时短路保护。引起过电压保护的原因：一是过电压保护取样电路电阻变质；二是升压电路输出电压过高。

检查过电流保护电路是否正常，正常时 OZ9967GN 的 17 脚电压值设定在 0.5V 以下，达到 0.5V 时过电流保护电路启动。引起过电流保护的原因：一是升压滤波电容漏电；二是背光灯串发生短路故障；三是调光电路开关管击穿；四是过电流取样电阻烧焦或阻值变大。

6.1.6　背光灯电路维修实例

【例 1】　开机有伴音，无光栅。

分析与检修：遇到显示屏背光灯全部不亮情况，主要检查背光灯板的供电电路、点灯控制和亮度调整电路。测量 24V 电压正常，测量 OZ9967GN 的 18 脚无 12V 电压，检查 12V 供电电路 R409 烧断，说明 18 脚内外电路有严重短路故障。

测量驱动控制电路 IC400 的 18 脚，对地电阻仅为几十欧，断开 IC400 的 18 脚外接退耦电容 C404，18 脚对地电阻升到正常值，测量 C404 严重漏电。更换 C404 后，通电试机故障排除。

【例 2】 开机有伴音，光栅局部偏暗。

分析与检修： 遇到显示屏局部亮度暗的故障，一是 LED 背光灯串发生开路、老化故障；二是调光控制电路发生故障。测量 LED 背光灯连接器灯串回路 Q400 ~ Q405 的 e 极 LEDB1 ~ LEDB6 回路电压，发现只有 LEDB5 电压偏高，怀疑 LEDB5 相关联的背光灯串或调光电路 Q404 故障。检查并更换 Q404 后，故障排除。

【例 3】 开机有伴音，LED 背光灯不亮。

分析与检修： 测量 24V 和 12V 供电正常，测量点灯 ON/OFF 和亮度控制 PWM 电压也正常，测量升压输出电路输出电压只有 24V，判断升压电路未工作。检查相关升压电路，升压开关管 Q411、Q412、续流管 D401、D402、储能电感 L401、升压滤波电容 C401//C401A 均正常。测量驱动电路 IC400 的 18 脚有 12V 供电输入，但测量 14 脚无 5V 基准电压输出，判断 IC400（OZ9967GN）损坏。更换 IC400 后，故障排除。

6.2　创维 715G4581-P02-W30-003M 电源 + 背光灯二合一板维修精讲

创维 LED 液晶彩电采用的 715G4581-P02-W30-003M 电源 + 背光灯二合一板，其开关电源电路采用 STR-A6069H + LD7591GS + SSC9512S 组合方案，输出 +5.2V、+24V、+12V 电压；背光灯电路采用 SSC9512S + PF7004 组合方案。它的特点是不再采用传统的升压电路，而是采用 LLC 半桥式输出电路开关电源，直接输出背光灯需要的 57 ~ 77V 直流电压，为 6 路 LED 背光灯供电。该系列二合一板还有 715G4581-P01-W30-003M、715G4581-P02-W30-003S、715G4581-P01-W31-003S，电路基本相同，只是背光灯供电电压不同，应用于创维 40E19HM、飞利浦 32PFL3390/T3、32PFL3500/T3、32PFL3380/T3、32PFL3360/T3、先锋 LED32V600、LED40V600、LED42V600 等液晶彩电中。

创维 715G4581-P02-W30-003M 电源 + 背光灯二合一板实物图解如图 6-7 所示，电路组成框图如图 6-8 所示。该二合一板由开关电源电路和背光灯电路两部分组成。

6.2.1　电源电路原理精讲

创维 715G4581-P02-W30-003M 电源 + 背光灯二合一板的开关电源由三部分组成：一是以集成电路 LD7591GS（IC9801）为核心组成的 PFC 电路，将整流滤波后的市电校正后提升到 +390V 为主、副电源供电；二是以集成电路 STR-A6069H（IC9301）为核心组成的副电源，产生 +5.2V 和 VCC 电压，+5.2V 电压为主板控制系统供电，VCC 电压经开/关机控制电路控制后为 PFC 和主电源驱动电路供电；三是以集成电路 SSC9512S（IC9201）为核心组成的主电源，产生 +24V、+12V 电压，为主板等负载电路供电。开/关机采用控制 PFC 和主电源驱动电路 VCC 供电和背光灯点灯、亮度调整的方式。

1. 抗干扰和市电整流滤波电路

创维 715G4581-P02-W30-003M 电源 + 背光灯二合一板的抗干扰和市电整流滤波电路如图 6-9 所示。AC220V 市电电压经熔丝 F9901 输入到由 C9901、L9902、C9902、C9911、

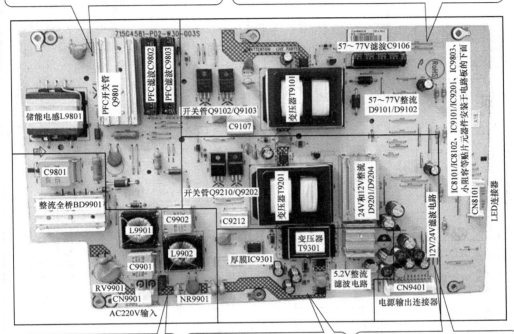

PFC电路：以驱动电路 LD7591GS (IC9801)、大功率MOS开关管Q9801、储能电感L9801为核心组成。二次开机后，开/关机控制电路为IC9801提供VCC1供电，该电路启动工作，IC9801从7脚输出激励脉冲，推动Q9801工作于开关状态，与IC9801和PFC整流滤波电路D9802、C9802、C9803配合，将供电压和电流校正为同相位，提高功率因数，减少污染，并将主、副电源供电电压B+提升到+390V

背光灯电路：由两部分组成，一是以振荡驱动电路SSC9512S(IC9101)和半桥式推挽输出电路Q9102、Q9103、开关变压器T9101为核心组成的背光灯供电电源，遥控开机后，启动工作，根据LED背光灯组件的需要，产生57~77V电压，为LED背光灯串供电；二是由2个相同的驱动电路PF7004(IC8102、IC8101)和6个复合MOSFET(开关管)厚膜电路IC8101~IC8106组成的调光电路，两个驱动电路分别控制6个复合MOSFET的导通程度，对灯串电流进行均流控制，确保背光均匀稳定

715G4581-P02-W30-003S

PFC开关管Q9801

PFC滤波C9802

PFC滤波C9803

开关管Q9102/Q9103

储能电感L9801

变压器T9101

57~77V滤波C9106

57~77V整流D9101/D9102

IC8101/IC8102、IC9101/IC9201、IC9803、小阻容等贴片元器件安装于电路板的下面

C9107

C9801

开关管Q9210/Q9202

变压器T9201

24V和12V整流D9201/D9204

LED连接器

整流全桥BD9901

C9902

C9212

变压器T9301

12V/24V滤波电路

L9901

L9902

厚膜IC9301

5.2V整流滤波电路

CN8101

C9901

CN9401

RV9901

CN9901

NR9901

AC220V输入

电源输出连接器

抗干扰和市电整流滤波电路：利用电感线圈L9902、L9901和电容C9901、C9902、C9911、C9914组成的共模、差模滤波电路，一是滤除市电电网干扰信号；二是防止开关电源产生的干扰信号窜入电网。滤除干扰脉冲后的市电电通过全桥BD9901整流、电容C9801滤波后，因滤波电容容量小，产生100Hz脉动300V电压，送到PFC电路。NR9901为限流电阻，防止开机冲击电流；RV9901为压敏电阻，市电电压过高时击穿，烧断熔丝F9901断电保护

副电源电路：以厚膜电路STR-A6059H(IC9301)、变压器T9301、稳压控制电路IC9303、光耦合器IC9302为核心组成。通电后PFC电路待机状态输出的+300V电压通过T9301为IC9301供电，AC220V市电整流、降压后为IC9301的2脚提供检测电压，副电源启动工作，IC9301内部开关管电流在T9301中产生感应电压，二次感应电压经整流滤波后，为整机控制系统电路提供待机和正常工作所需要的5.2V电压

主电源电路：以振荡驱动电路SSC9512S(IC9201)和半桥式推挽输出电路Q9201、Q9202、开关变压器T9201为核心组成。遥控开机后，开/关机控制电路为IC9201的2脚提供VCC1供电，PFC电路输出的+390V电压为半桥式电路供电，主电源启动工作，IC9201的11、16脚输出低端和高端激励脉冲，推动开关管Q9201、Q9202工作于开关状态，轮流导通、截止，在T9201中产生感应电压，经整流滤波后转换为+24V和+12V电压，为主板和背光灯电路供电

图 6-7　创维 715G4581-P02-W30-003M 电源＋背光灯二合一板实物图解

C9914、L9901 组成的两级滤波电路，利用它滤除市电中的高频干扰脉冲，并防止电视机内部产生的脉冲污染市电电网。AC220V 市电滤除高频干扰信号后，送到市电整流滤波电路。

RV9901 为压敏电阻，市电电压过高时将 RV9901 击穿，烧断熔丝 F9901 断电保护；NR9901 为限流电阻，限制大滤波电容开机瞬间的冲击电流。

2. PFC 电路

创维 715G4581-P02-W30-003M 电源＋背光灯二合一板 PFC 电路如图 6-10 所示。其中 PFC 控制器 IC9801 采用 LD7591GS，与大功率场效应晶体管 Q9801 和变压器储能电感 L9801、整流滤波电路 D9802、C9802、C9803 等外部元器件，组成并联型 PFC 电路。遥控开机后 PFC 电路输出 B＋电压为＋390V，待机时 PFC 电路未启动，输出 B＋电压为＋300V。

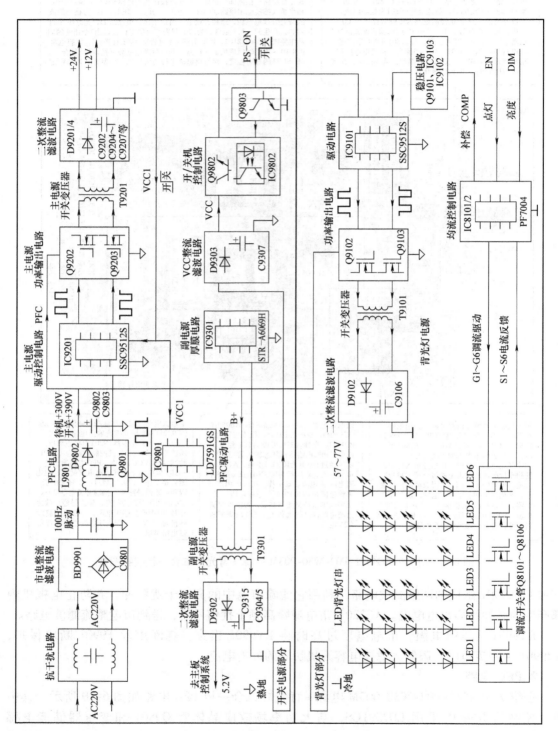

图 6-8 创维 715G4581-P02-W30-003M 电源＋背光灯二合一板电路组成框图

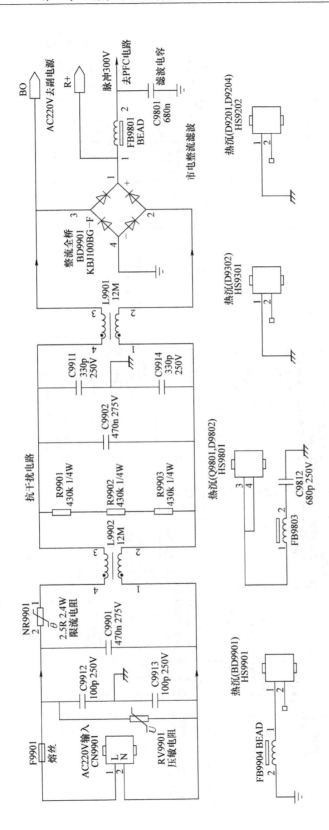

图6-9　创维 715G4581-P02-W30-003M 电源＋背光灯二合一板抗干扰和市电整流滤波电路

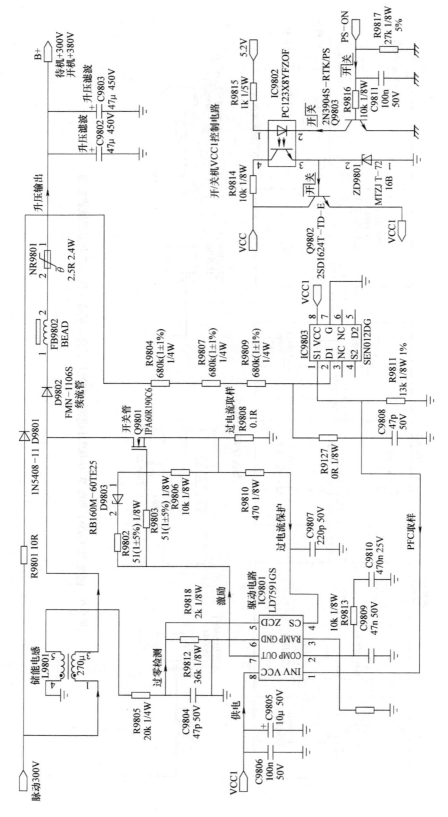

图 6-10　创维 715G4581-P02- W30-003M 电源 + 背光灯二合一板 PFC 电路

（1）LD7591GS 简介

LD7591GS 与 LD7591 功能完全相同，有关简介见 2.4.1 节中 PFC 电路相关内容。

（2）启动工作过程

AC220V 市电经抗干扰电路低通滤波网络，滤除市电中的高频干扰信号后，经 BD9901 全桥整流、C9801 滤波后，输出约 300V 的脉动电压。该电压送往 PFC 电路，一路经 D9801 向 PFC 滤波电容 C9802、C9803 充电，形成 300V 电压，待机状态为副电源供电；一路经储能电感 L9801 加到开关管 Q9801 的 D 极。

用遥控器开机后，开/关机控制电路输出 VCC1 电压，加到 IC9801 的 8 脚时，其内部电路启动工作，并由 7 脚输出 PWM 脉冲，通过 R9803、R9802、D9803 加到 Q9801 的 G 极，使 Q9801 导通或截止。由 BD9901 全桥整流输出的 300V 脉动电压通过 L9801 的一次 4-5 绕组、开关管 Q9801 的 D-S 极、R9808 到地构成回路。在 Q9801 导通期间，L9801 储能，并在一次 4-5 绕组中产生感应电动势，其极性为左正右负，同时 D9802 截止，C9802、C9803 两端储存的电压为负载电路供电。

当 Q9801 截止时，L9801 的一次 4-5 绕组中产生的电动势极性反转，并与全桥整流输出的 300V 脉动电压叠加，经 D9802 整流、C9802、C9803 滤波后形成 +390V 的提升电压B +，为主、副电源电路供电。待 Q9801 再次导通时，D9802 又截止，此时由 C9802、C9803 为负载继续供电。

（3）稳压控制电路

当 PFC 电路输出的 B + 电压升高时，通过 R9804、R9807、R9808、R9127 与 R9811 分压的取样电压也升高，通过 IC9801 的 1 脚使内部误差放大器动作，并对 7 脚输出的 PWM 脉冲进行调整，使加到 Q9801 的 G 极的脉冲占空比下降，从而使 Q9801 的导通时间缩短，PFC 电路输出的 B + 电压下降，起到稳压控制作用。当 PFC 电路输出的 B + 电压下降时，上述过程相反，也起到稳压控制作用。

（4）过零检测电路

储能电感 L9801 的二次 1-3 绕组感应电压，经 R9805 与 R9812 分压送到 IC9801 的 5 脚 ZCD 输入端，IC9801 据此对 7 脚输出的激励脉冲相位进行调整，保证与市电相位同步，减少干扰和 Q9801 的损耗。

（5）过电流保护电路

IC9801 的 4 脚为过电流保护输入端。当 Q9801 严重过电流时，在其 S 极电阻 R9808 两端形成的电压降升高，通过 R9810 使 IC9801 的 4 脚电压也升高，从而使 IC 内部的过电流保护电路动作，切断 7 脚输出信号，形成过电流保护。当 R9808 阻值增大时，会引起过电流保护电路误动作，使 B + 电压表现为 300V。

3. 副电源电路

创维 715G4581-P02-W30-003M 电源 + 背光灯二合一板副电源电路如图 6-11 所示。该电路以厚膜电路 STR-A6069H（IC9301）、变压器 T9301、稳压控制电路 AS431AZTR-E1（IC9304）、光耦合器 PC123X8YFZOF（IC9303）为核心组成，一是输出 +5V 电压，为整机控制系统电路供电；二是输出 VCC 电压，经待机电路控制后输出 VCC1 电压，为 PFC 和主电源驱动电路供电。

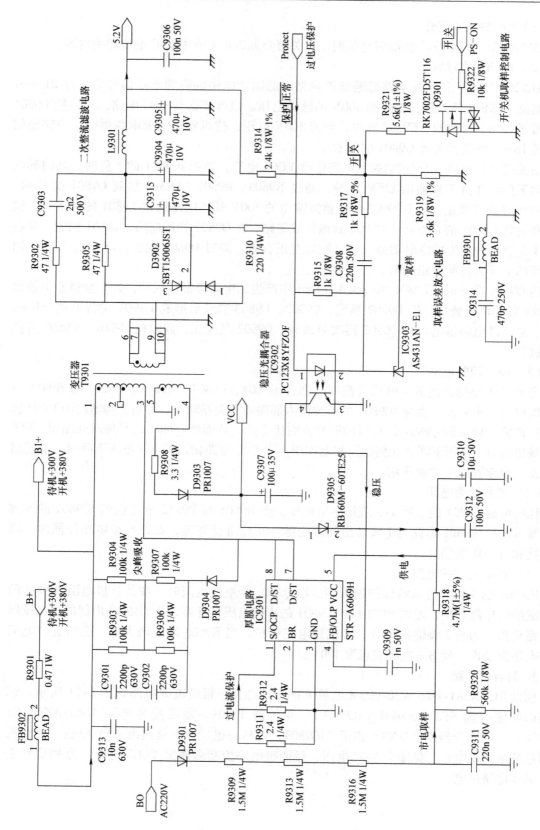

图 6-11　创维 715G4581-P02-W30-003M 电源 + 背光灯二合一板副电源电路

（1）STR- A6069H 简介

STR- A6069H（简称 A6069H）是小型开关电源厚膜电路，与 STR- A6059H 同属一个系列，其内部电路框图可参考图 5-7。它具有体积小、功耗低的特点，通常应用于电源板的副电源电路中。STR- A6069H 引脚功能和维修数据见表 6-5。

表 6-5　STR- A6069H 引脚功能和维修数据

引脚	符号	功能	参考电压/V	引脚	符号	功能	参考电压/V
1	S/OCP	内部 MOSFET 的 S 极	1.0	5	VCC	工作电压输入	16.3
2	BR	市电检测输入	6.0	6	NC	空脚	—
3	GND	接地	0	7、8	D/ST	内部 MOSFET 的 D 极	385
4	FB/OLP	稳压控制电路输入	0.8				

（2）启动供电过程

通电后，PFC 电路 C9802、C9803 两端形成的 B + 的 + 300V 电压为副电源供电，通过 T9301 的 1-2-3 一次绕组加到 IC9301 的 7、8 脚 [即 IC 内部 MOSFET（开关管）的 D 极]，同时抗干扰电路输出的 AC220V（BO）市电经 D9301 整流、R9309、R9313、R9316 与 R9320 分压后加到 IC9301 的 2 脚 BR 端，对市电电压进行检测，市电电压正常时 IC9301 内部振荡电路启动工作，推动内部 MOSFET 工作于开关状态，其脉冲电流在 T9301 中产生感应电压，T9301 的热地端辅 4-5 绕组感应电压经 D9303 整流、C9307 滤波形成 VCC 电压，一是经 D9305 为 IC9301 的 5 脚供电，使 IC9301 进入工作状态；二是送到 VCC 开/关机控制电路，控制后为 PFC 和主电源驱动电路提供 VCC 电压。

（3）整流滤波输出电路

副电源变压器 T9301 的二次侧冷地端 6/7-9/10 绕组感应电压经双整流二极管 D9308 整流，C9315、C9304、L9301、C9305 组成滤波电路滤波后，输出 + 5.2V 直流电压，为主板控制系统和电源板开/关机控制电路供电。

（4）稳压控制电路

稳压控制电路以误差放大器 AS431AN- E1（IC9303）、光耦合器 PC123X8YFZOF（IC9302）为核心组成，对副电源厚膜电路 IC9301 的 4 脚内部振荡电路进行控制。当副电源输出 + 5.2V 因某种原因上升时，IC9303 和 IC9302 的导通电流会增大，将 IC9301 的 4 脚电压下拉，IC9301 内部的电源开关管导通时间缩短， + 5.2V 输出电压下降到正常值。当 + 5.2V 输出电压下降时，上述过程相反，起到自动稳压的作用。

（5）过电流保护电路

IC9301 的 1 脚内接开关管的 S 极和过电流保护电路，外接过电流保护电阻 R9311// R9312。R9311//R9312 两端的电压降反映了开关管电流的大小，当 IC9301 内部开关管电流过大时，R9311//R9312 两端的电压降随之增大，IC9301 的 1 脚电压升高，当 1 脚电压超过保护设定值时，1 脚内部保护电路启动，副电源停止工作。

（6）开关管过脉冲保护电路

该电路由 C9301、C9302、D9304、R9303、R9304、R9306、R9307 组成，主要用于吸收厚膜电路 IC9301 内部开关管截止时在 D 极激起的过高反峰脉冲，以避免 IC9301 被过高尖峰脉冲击穿。

（7）开/关机控制电路

开/关机控制电路如图 6-10 和图 6-11 右下侧所示，由两部分组成：一是以 Q9803、光耦合器 IC9802（PC123X8YFZOF）、Q9802 为核心构成，控制 PFC 电路 IC9801 和主电源驱动电路 IC9201、背光灯电源驱动电路 IC9101 的 VCC1 供电；二是由 Q9301、R9321 组成，对副电源取样电压进行控制，从而控制副电源输出电压。

开机时，PS-ON 控制信号为高电平，该电压分为两路：一是使 Q9803、IC9802、Q9802 导通，副电源产生的约 20V 的 VCC 电压经过 Q9802 输出 VCC1 电压，为 PFC 电路 IC9801 和主电源驱动电路 IC9201、背光灯电源驱动电路 IC9101 供电；二是使 Q9301 导通，R9321 并入副电源取样电路下端，取样电压降低，根据稳压原理，副电源输出电压上升到正常值，整机进入工作状态。

遥控关机时，PS-ON 控制信号为低电平，该电压分为两路：一是使 Q9803、IC9802、Q9802 截止，切断 VCC1 供电，PFC 电路和主电源、背光灯电源停止工作；二是使 Q9301 截止，R9321 与取样电路断开，取样电压上升，副电源输出电压适当降低，减少待机损耗，整机进入等待状态。

4. 主电源电路

创维 715G4581-P02-W30-003M 电源＋背光灯二合一板主电源电路如图 6-12 所示。该电路以振荡驱动电路 SSC9512S（IC9201）和半桥式推挽输出电路 Q9201、Q9202、开关变压器 T9201 为核心组成，遥控开机后，启动工作，产生 +24V 和 +12V 电压，为主板等负载电路供电。

（1）SSC9512S 简介

SSC9512S 是由 Sanken 公司开发的高性能 SMZ 的电流模式控制器，专为离线和 DC-DC 变换器应用而设计。它属于电流型单端 PFM 控制器，可精确地控制占空比，实现稳压输出，还拥有自动调节死区时间、共振偏离检测和众多保护功能。SSC9512S 内部电路框图如图 6-13 所示，内置软启动功能，具有输入欠电压保护、输出过电压保护、过电流保护、过负载保护和过热保护等功能。SSC9512S 引脚功能见表 6-6。

（2）启动供电过程

经 PFC 电路产生的 390V 的 B+ 电压，一路加到半桥式推挽输出电路 Q9201、Q9202；另一路经 R9214~R9216 与 R9218 分压后，加到 IC9201 的 1 脚。遥控开机后，开/关机控制电路 Q9802 输出的 VCC1 电压加到 IC9201 的 2 脚，IC9201 内部振荡电路便启动进入振荡状态产生振荡脉冲信号。该脉冲信号经集成块内部相关电路处理后，IC9201 的 11、16 脚就会输出极性相反的 PWM 脉冲，分别驱动 Q9201 和 Q9202 进入开关工作状态。在 IC9201 的 16 脚输出高电平时（即 PWM 脉冲的平顶期出现时），Q9201 导通，同时，IC9201 的 11 脚输出低电平，故 Q9202 截止。Q9201 导通时，B+ 电压通过 Q9201 的 D-S 极、T9201 的一次绕组、C9212 到地构成回路，并在 T9201 的一次绕组中产生 1/2 脚正、4/5 脚负的感应电动势。在 IC9201 的 16 脚输出低电平时（即 PWM 脉冲的平顶期过后），Q9201 截止，同时，IC9201 的 11 脚输出高电平，故 Q9202 转为导通，从而使 T9201 的一次绕组中感应电动势极性反转，又通过 C9112、Q9202 的 D-S 极构成回路，形成 LC 振荡，并通过 T9201 的二次绕组向负载供电。

当 IC9201 的 11 脚和 16 脚不断输出极性相反的 PWM 脉冲时，Q9201 和 Q9202 就不断推挽输出，从而使主电源工作在开关振荡状态。

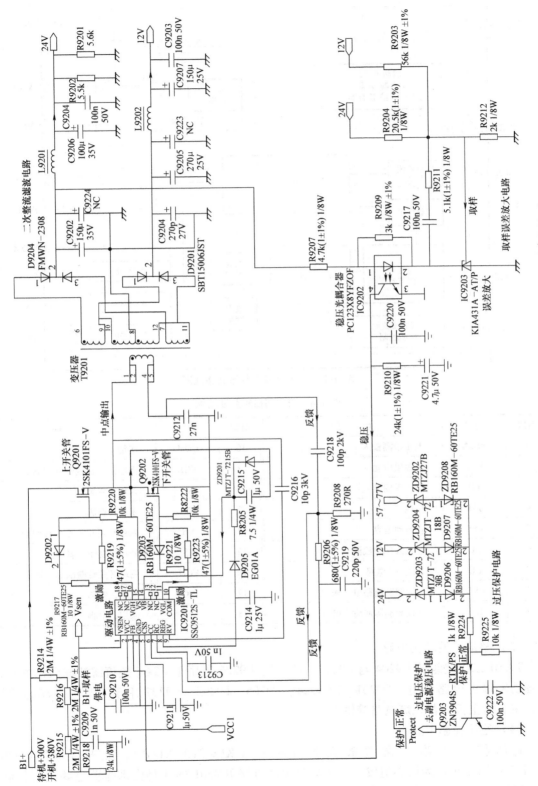

图 6-12 创维 715G4581-P02-W30-003M 电源＋背光灯二合一板主电源电路

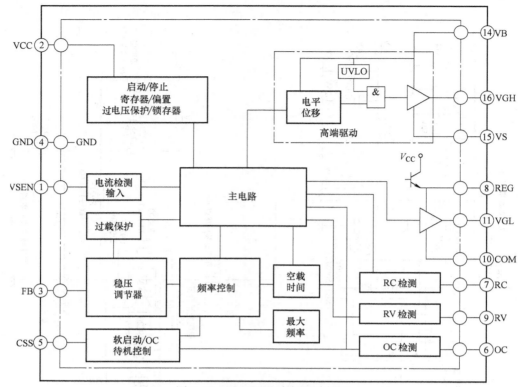

图 6-13　SSC9512S 内部电路框图

表 6-6　SSC9512S 引脚功能

引脚	符号	功　　能	引脚	符号	功　　能
1	VSEN	电压检测输入	10	COM	接地
2	VCC	电源供电输入	11	VGL	低端开关管激励脉冲输出
3	FB	稳压反馈输入	12	NC	未用，空脚
4	GND	接地	13	NC	未用，空脚
5	CSS	软启动电容	14	VB	内部高端开关管 G 极驱动
6	OC	过电流保护检测	15	VS	外接推挽驱动管中点
7	RC	外接 RC 电路	16	VGH	高端开关管激励脉冲输出
8	REG	门极驱动电路电压输出	17	NC	未用，空脚
9	RV	外接驱动脉冲输入电容	18	NC	未用，空脚

（3）整流滤波输出电路

T9201 二次绕组的 D9204 与 C9202、L9201、C9206 等用于 ＋24V 整流滤波输出，主要为伴音功率输出电路供电；D9201 与 C9204、C9205、L9202、C9207 用于 ＋12V 整流滤波输出，主要为主板和背光灯电路等供电。

（4）稳压控制电路

稳压控制电路以误差放大器 IC9203（KIA431A-AT/P）、光耦合器 IC9202（PC123X8YFZOF）为核心组成，对主电源驱动电路 IC9201 的 3 脚内部振荡电路进行控制。当 ＋12V 或 ＋24V 电压出现波动时，通过 IC9203、IC9202 将波动电压的差值信号反馈到

IC9201 的 3 脚，由 IC9201 的 3 脚内电路控制 IC9201 的 11、16 脚输出脉冲的占空比，以调整 Q9201、Q9202 的导通与截止时间，从而实现自动稳压的目的。

当＋12V 或＋24V 电压升高时，IC9203 的导通增强，IC9202 的导通电流增大，IC9201 的 3 脚电压下降，IC9201 的 11、16 脚输出脉冲占空比减小，Q9201、Q9202 导通时间缩短，从而使二次整流输出电压下降，起到自动稳压的作用。当＋12V 或＋24V 电压下降时，上述过程相反，也起到自动稳压的作用。

（5）过电压保护电路

该电源板设有以 Q9203 为核心的过电压保护电路，如图 6-12 左下部所示，当主电源输出的＋24V、＋12V 电压和背光灯电源输出的 57～77V 电压过高时，会击穿各自检测电路的稳压二极管 ZD9202～ZD9204，通过隔离二极管 D9206～D9208 向 Q9203 的 b 极送去高电平，Q9203 导通，将副电源稳压电路光耦合器 IC9302 的 1 脚电压拉低，IC9303 导通减弱或截止，IC9301 的 4 脚反馈电压提高，IC9301 进入保护状态，停止工作，主电源和 PFC 电路因无 VCC 供电，也会停止工作。

6.2.2　电源电路维修精讲

创维 715G4581-P02-W30-003M 电源＋背光灯二合一板开关电源电路发生故障时，主要引起开机三无故障，可通过观察待机指示灯是否点亮，测量关键点电压，解除保护的方法进行维修。

1. 三无，指示灯不亮

（1）熔丝熔断

发生开机三无，待机指示灯不亮故障，先查熔丝是否熔断，如果熔丝熔断，说明电源板存在严重短路故障，先查市电输入电路和整流滤波电路是否发生短路漏电故障，再查 PFC 电路、主电源和副电源开关管是否击穿。

由于该开关电源在副电源和背光灯电源 B＋供电电路中设有限流电阻，当限流电阻 R9301 烧焦开路时，是副电源厚膜电路发生短路击穿故障；当限流电阻 R9115 烧焦开路时，是背光灯电源输出电路发生短路击穿故障；当这两个限流电阻均未烧焦开路时，则是主电源输出电路发生短路击穿故障。

（2）熔丝未断

如果测量熔丝未断，故障在副电源电路，测量 PFC 电路待机时输出的＋300V 是否正常，无＋300V 电压输出，查市电输入电路和整流滤波电路。如果有＋300V 电压输出，测量副电源 IC9301 的 2 脚有无启动电压，无启动电压，查 2 脚外部的启动电路 D9301、R9309、R9313、R9316 是否开路；查 IC9301 的 5 脚有无 VCC 电压，无 VCC 电压，查 5 脚外部的 R9308、D9303、C9307、D9305、C9310、C9312 等。如果副电源 IC9301 内部开关管击穿，注意检查 T9301 一次侧并联的尖峰脉冲吸收电路元器件是否开路。最后检查 IC9301 外围元器件是否正常，必要时再更换 IC9301。

2. 三无，指示灯亮

（1）查 PFC 和开/关机电路

发生开机三无，待机指示灯亮故障，多为主电源故障引起。二次开机后，测量 PS-ON 是否为高电平，如果为高电平，首先测量 PFC 电路提供的 390V 供电和 IC9201 的 2 脚 VCC1 供电，如果 390V 供电仅为 300V，则是 PFC 电路未工作，首先检修 PFC 电路；如果无 VCC1 供电，查开/关机控制电路 Q9803、IC9802、Q9802 组成的 VCC1 控制电路。

（2）查主电源电路

若上述供电正常，测量 IC9201 的 11、16 脚有无激励脉冲输出，无激励脉冲输出，查 IC9201 及其外部电路；有激励脉冲输出，查 11、16 脚外接的半桥式推挽输出电路 Q9201、Q9202 和 T9201 二次整流滤波电路。更换 IC9201 时，一定注意不要损坏印制电路，拆卸时应小心周围元器件不被弄丢。

主电源 IC9201 的 1 脚为 PFC 电路输出的 B + 电压检测输入端，当 PFC 电路发生故障，输出的 B + 电压降低到 300V 或 IC9201 的 1 脚外部分压取样电阻发生开路或阻值变大故障时，主电源也会停止工作，维修时应注意检测 1 脚电压是否正常。

3. 指示灯亮后熄灭

如果待机状态指示灯亮，副电源输出电压正常，而遥控开机后，副电源停止工作，指示灯熄灭，则是主电源过电压保护电路启动所致，一是主电源稳压环路发生故障，造成主电源输出电压过高，过电压保护电路启动；二是过电压保护电路稳压二极管漏电，造成误保护，可代换稳压管 ZD9302 ~ ZD9304 试之。解除保护的方法是将 Q9203 的 b 极对地短路。

6.2.3　电源电路维修实例

【例 1】　电源指示灯不亮，不能开机。

分析与检修：电源指示灯不亮，不能开机，一般是 + 5.2V 电源电路有故障或电源熔丝熔断。测量熔丝 F9901 开路，说明电源板有短路击穿元器件。测量抗干扰电路和市电整流滤波电路元器件未见异常，测量 IC9301 已击穿损坏，但检查其他元器件未见异常。根据检修经验，将 IC9302 与 IC9301 一起换新后，故障彻底排除。

【例 2】　指示灯不亮，+ 5.2V 电压为 0V。

分析与检修：首先检查 + 300V 电压正常，再检查 IC9301 各脚电压，发现 IC9301 的 4 脚电压始终为 0V，再改用万用表 R × 100 电阻档检测，其对地正、反向电阻值均为 0Ω。本着先易后难的原则，首先检查 4 脚外接元器件，结果是稳压光耦合器 IC9302 的 3-4 脚内部击穿损坏。更换 IC9302 后，故障排除。

【例 3】　通电后指示灯亮，遥控开机后自动关机。

分析与检修：该机待机状态指示灯亮，说明副电源正常，判断主电源发生故障，遥控开机后造成保护电路启动所致。测量过电压保护电路 Q9302 的 b 极电压，待机状态为 0V，遥控开机瞬间为 0.6V 以上后，指示灯熄灭，进一步判断是该保护电路启动。采用脱板维修方法，将开/关机 PS-ON 通过电阻接 5.2V 输出端提供开机高电平，12V 和 24V 输出端接摩托车灯泡作假负载，将保护电路 Q9203 的 b 极接地，解除保护后，通电测量电源板主电源输出电压，三个输出电压均正常，判断是保护电路稳压管漏电所致。更换稳压管 ZD9202 ~ ZD9204 后，故障排除。

6.2.4　背光灯电路原理精讲

创维 715G4581-P02-W30-003M 电源 + 背光灯二合一板 LED 背光灯电路如图 6-14 和图 6-15 所示，由两部分电路组成，一是图 6-14 所示的由振荡驱动电路 SSC9512S（IC9101）和半桥式输出电路为核心组成的背光灯电源电路，遥控开机后启动工作，为 LED 背光灯串供电；二是图 6-15 所示的由 2 个 PF7004 和 6 个双 MOSFET（开关管）组成 LED 背光灯串电流控制电路，对 LED 背光灯串的负极电流进行控制，达到调整背光灯亮度和稳定背光灯串电流的目的。

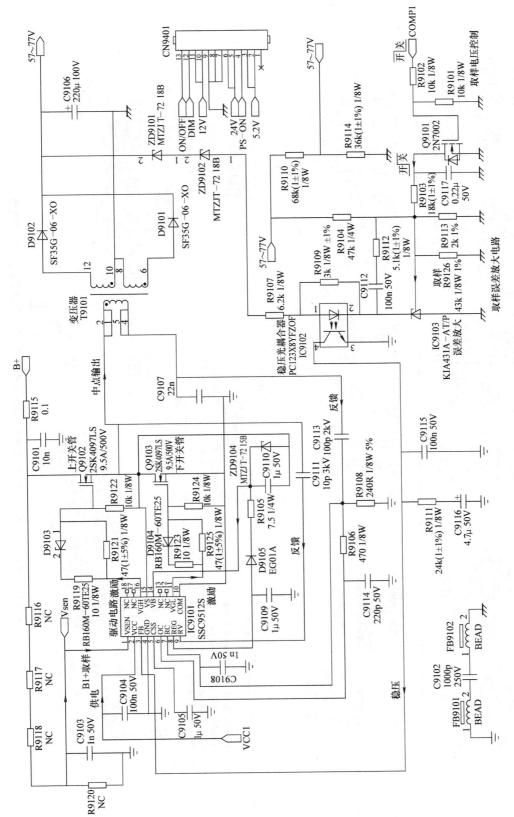

图 6-14 创维 715G4581-P02-W30-003M 电源 + 背光灯二合一板背光灯电源电路

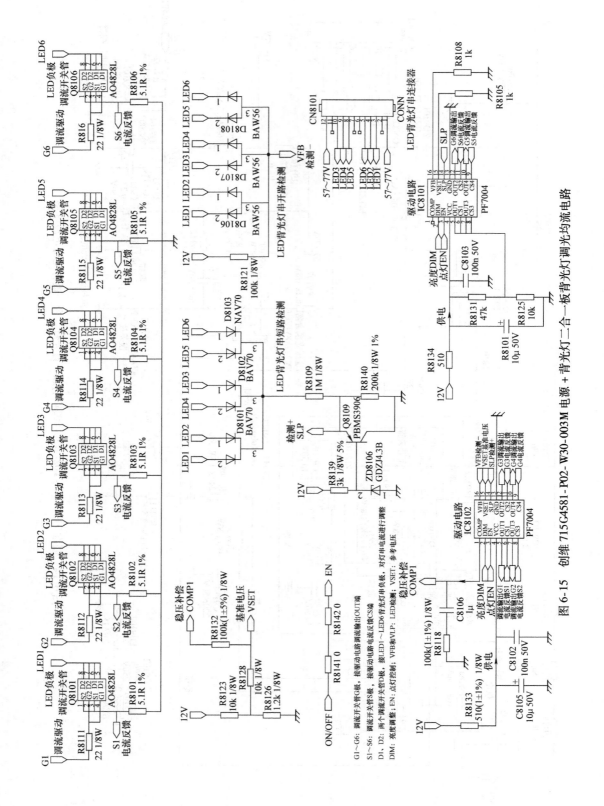

图 6-15　创维 715G4581-P02-W30-003M 电源 + 背光灯二合一板背光灯调光均流电路

该背光灯驱动电路的特点是采用半桥式开关电源直接输出 LED 背光灯组件需要的 LED + 电压，不再采用传统的升压电路，确保供电电压稳定，输出功率大；背光灯调流电路采用双 MOSFET（开关管）厚膜电路，适用于大屏幕 LED 背光灯供电和调流的需求。

1. 背光灯电源电路

创维 715G4581-P02-W30-003M 电源 + 背光灯二合一板背光灯电源电路如图 6-14 所示。该电路以振荡驱动电路 SSC9512S（IC9101）和半桥式推挽输出电路 Q9102、Q9103、开关变压器 T9101 为核心组成，遥控开机后，启动工作，根据 LED 背光灯组件的需要，产生 57 ~ 77V 电压，为 LED 背光灯串供电。

（1）SSC9512S 简介

SSC9512S 是由 Sanken 公司开发的高性能 SMZ 的电流模式控制器，相关介绍见本节的主电源电路部分内容。SSC9512S 内部电路框图如图 6-13 所示，其引脚功能见表 6-6。

（2）启动供电过程

该电源的电路结构和工作原理与主电源的电路结构和工作原理相同，只是元器件的编号不同，二次整流滤波后输出的电压不同，主电源输出的是 + 24V 和 + 12V 电压，而背光灯电源输出的是 57 ~ 77V 电压，可参照主电源电路进行电路工作原理分析。

（3）稳压控制与补偿电路

稳压控制电路以误差放大器 IC9103（KIA431A-AT/P）、光耦合器 IC9102（PC123X8YFZOF）为核心组成，对主电源驱动电路 IC9101 的 3 脚内部振荡电路进行控制。稳压工作原理与主电源相同，不同的是在取样电路设有 Q9101、R9103 组成的补偿电路，受背光灯均流控制电路 IC8102 的 1 脚控制，对背光灯电源取样电压进行控制，进而调整和稳定背光灯电源输出电压，保证 LED 背光灯组件的供电需求。

（4）过电压保护电路

背光灯电源输出过电压保护电路与主电源输出过电压保护电路合为一体，具体的工作原理可参见主电源过电压保护电路的工作原理。

2. 调光均流电路

调光均流电路如图 6-15 所示，由 2 个相同的集成电路 PF7004（IC8102、IC8101）和 6 个双 MOSFET（开关管）厚膜电路 IC8101 ~ IC8106 组成，背光灯连接器 CN8101 的 3 ~ 5 脚和 8 ~ 10 脚为 LED 背光灯串的负极回路连接端，分别与 IC8101 ~ IC8106 的 5 ~ 8 脚两个并联运行的 MOSFET 的 D 极相连接，对灯串电流进行均流控制，确保背光均匀稳定。

（1）PF7004 简介

PF7004 是 LED 背光灯和 LED 照明均流控制专用控制芯片，内部电路框图如图 6-16 所示，内含点灯控制电路、欠电压保护电路、偏置电路、编程控制电路、调光电路和 4 路调流驱动输出电路及 4 路 LED 电流反馈输入检测电路，设有背光灯短路检测和背光灯开路检测电路。PF7004 引脚功能见表 6-7。

（2）AO4828L 简介

AO4828L 是内置两个相同的 MOSFET（开关管）的厚膜电路，V_{DS} 最高耐压为 60V，I_D 最大电流为 4A（$V_{GS} = 10V$），$R_{DS(ON)} < 56m\Omega$（$V_{GS} = 10V$），$R_{DS(ON)} < 77m\Omega$（$V_{GS} = 4.5V$），最大输出功率为 2W。该二合一板应用时，将两个 MOSFET 并联运行，增大电流控制范围。

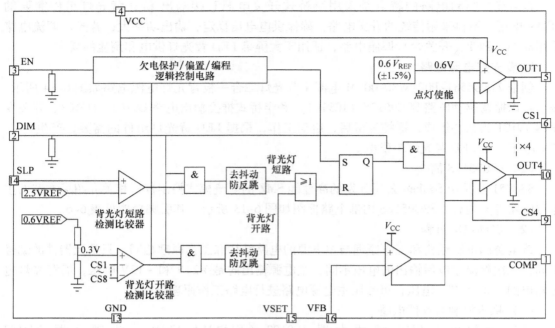

图 6-16   PF7004 内部电路框图

表 6-7   PF7004 引脚功能

引脚	符号	功 能	引脚	符号	功 能
1	COMP	补偿电压输出,接背光灯电源稳压电路	10	OUT4	第 4 路调流驱动电压输出,接调流开关管 G4 极
2	DIM	调光控制电压输入	11	CS2	第 2 路 LED 电流反馈输入,接调流开关管 S2 极
3	EN	点灯控制电压输入,高电平启动			
4	VCC	工作电压输入	12	OUT2	第 2 路调流驱动电压输出,接调流开关管 G2 极
5	OUT1	第 1 路调流驱动电压输出,接调流开关管 G1 极	13	GND	接地
6	CS1	第 1 路 LED 电流反馈输入,接调流开关管 S1 极	14	SLP	LED 背光灯短路保护检测输入,LED 背光灯串开路时将该电压提升
7	OUT3	第 3 路调流驱动电压输出,接调流开关管 G3 极	15	VSEF	基准电压输入,设置反馈电压的高低
8	CS3	第 3 路 LED 电流反馈输入,接调流开关管 S3 极	16	VFB	LED 背光灯短路保护检测输入,LED 背光灯串开路时将该电压拉低
9	CS4	第 4 路 LED 电流反馈输入,接调流开关管 S4 极			

（3）启动工作过程

开关电源输出的 +12V 电压为调光均流电路 IC8101 和 IC8102 的 4 脚供电,遥控开机后主板送来的 EN 点灯电压送到 IC8101 和 IC8102 的 3 脚,DIM 调光控制电压送到 IC8101 和 IC8102 的 2 脚,IC8101 和 IC8102 启动工作,内部驱动电路产生的驱动电压,经放大处理后,IC8102 从 5、7、12、10 脚输出 1、2、3、4 路驱动电压,IC8101 从 10、12 脚输出 5、6 路驱动电压,驱动 6 个双 MOSFET（开关管）导通,并控制其导通程度,进而控制 6 条 LED 背光灯串的电流,达到调整亮度的目的。

（4）电流反馈电路

6 个双 MOSFET（开关管）厚膜电路 Q8101 ~ Q8106 的 S 极电阻 R8101 ~ R8106 两端电压 S1 ~ S6，反馈到驱动电路 IC8102 的 6、8、11、9 脚和 IC8101 的 9、11 脚，S1 ~ S6 取样电压反映了开关管和 LED 背光灯串负极电流大小，IC8102 和 IC8101 据此对各路 LED 背光灯串输出电流进行检测，经内部电路比较放大后，对相应的输出驱动电压进行调整，稳定和均衡 6 路 LED 背光灯串的电流。

（5）LED 背光灯串短路、开路检测电路

如图 6-15 中部所示，双二极管 D8101 ~ D8103 组成 LED 背光灯串短路检测电路，当 LED 背光灯串发生短路故障时，LED 背光灯串负极电压相应提高，提高后的电压经相对应的检测二极管输出高电平 SLP 电压，送到 IC8102 和 IC8101 的 14 脚，当该脚电压大于 2.5V 时，保护电路启动。

双二极管 D8106 ~ D8108 组成 LED 背光灯串开路检测电路，当 LED 背光灯串发生开路故障时，LED 背光灯串负极电压相应降低，降低后的电压使相对应的检测二极管导通，将 IC8102 和 IC8101 的 16 脚电压拉低，经内部电路比较放大后，输出 COMP 补偿电压，对背光灯电源输出电压进行相应的调整。当背光灯串发生开路故障，造成电流反馈电压 S1 ~ S6 降低到 0.3V 以下时，保护电路启动。

6.2.5　背光灯电路维修精讲

创维 715G4581-P02-W30-003M 电源 + 背光灯二合一板背光灯电路发生故障时，会产生背光灯开/关机无亮度，伴音、遥控、面板按键控制均正常，黑屏幕故障。

1. 显示屏始终不亮

显示屏始终不亮，伴音、遥控、面板按键控制均正常，黑屏幕。此故障主要是 LED 背光灯电路未工作引起，需检测以下几个工作条件：一是检测背光灯电路的 57 ~ 77V 和 12V 供电是否正常；二是检测 CPU 控制电路输出的 EN 点灯控制高电平是否正常；三是测量 DIM 亮度调整电压是否正常。

如果 57 ~ 77V 和 12V 供电不正常，首先排除开关电源电路故障，也可采用其他 57 ~ 77V 或 12V 外置电源模拟供电和控制电压的方法进行维修，将 EN 点灯控制电压和 DIM 亮度调整电压通过分压电阻接到 52V 供电端，分取一个 3 ~ 5V 点灯高电平，模拟点灯控制电压；分取一个 1 ~ 4V 模拟调光电压，对背光灯板进行维修。

有关背光灯电源的维修，参见主电源的维修方法和步骤。对于调流电路，首先检查 12V 供电和基准电压是否正常，然后测量驱动电压输出和反馈电压输入，由于 6 路调流电路结构相同，可采用相同测试点电压、对地电阻对比的方法，找到发生故障的调流电路和背光灯串。

2. 开机背光灯一闪即灭

此故障多为背光灯电路接触不良或保护电路启动引起。对于此类故障，一是测量输出电压是否过高；二是检查保护电路元器件。

背光灯电源输出电压过高时，检查 IC9103、IC9102 组成的稳压环路和 Q9101 组成的补偿控制电路；过电流保护电路启动时，检测 Q8101 ~ Q8106 的 S1 ~ S6 电流反馈电压是否正常，取样电阻是否变大，相应的 MOSFET（开关管）是否击穿等。

还要注意检测 LED 背光灯串开路、短路检测电路输出检测电压 SLP、VFB 是否正常，如果不正常，检测相应的检测电路元器件和相对应的 LED 背光灯串及其连接器引脚是否正常。

3. 显示屏亮度不均匀

该故障多为 LED 背光灯串或均流控制电路 Q8101 ~ Q8106 有故障，一是一个 LED 背光灯串中的个别 LED 背光灯老化；二是整条 LED 背光灯串不亮；三是 Q8101 ~ Q8106 之一损坏或性能不良。由于整个显示屏的 LED 背光灯串统一由升压输出电路供电，发生灯串不亮故障，多为灯串 LED 灯泡发生故障，或灯串电流反馈、均流控制电路发生故障。可通过测量背光灯串的输出连接器 CN8101 的 3 ~ 5、8 ~ 10 脚对地电阻、开机电压进行判断，由于各个灯串的 LED 背光灯个数相同，供电电压相同，正常时连接器 CN8501 的 3 ~ 5、8 ~ 10 脚对地电阻、开机电压应相同，如果测量后经过比对，哪个引脚对地电阻和电压不同，则是该引脚对应的 LED 背光灯串发生故障或对应的 Q8101 ~ Q8106 内部均流控制电路发生故障。

6.2.6　背光灯电路维修实例

【例 1】　开机有伴音，显示屏无光。

分析与检修：遇到此种情况，首先检查 LED 背光灯驱动电路正常工作的必要条件，注意检查 57 ~ 77V 和 12V 供电、EN 点灯高电平、DIM 亮度调整电压是否正常；然后检测 MOSFET 是否有损坏，电感是否有短路。

本例检查 57 ~ 77V 和 12V 供电正常，测量均流控制电路开关管 Q8102 击穿，更换 Q8102 后，光栅一亮然后熄灭。再查背光灯板，发现 Q8102 的 S 极过电流取样电阻 R8102 阻值变大，引起开关管电流减小，输出电压降低，过电流保护电路启动。更换 R8102 后，故障排除。

【例 2】　液晶屏某一区出现暗带。

分析与检修：发生此类故障是显示屏对应的 LED 背光灯串发生故障。测量连接器 CN8101 的 3 ~ 5、8 ~ 10 脚的电压并进行比对，发现 10 脚电压偏低，其他引脚电压正常，10 脚电压仅为 0.04V，判断该脚对应的 LED 背光灯串开路。拆开显示屏组件，检查 10 脚对应的 LED 背光灯串开路，更换该 LED 背光灯串后，故障排除。

【例 3】　开机无光，伴音正常。

分析与检修：检查背光灯电路的 57 ~ 77V 和 12V 供电、EN 点灯高电平、DIM 亮度调整电压均正常，测量驱动电路 IC8102 的 4 脚 VCC 供电为 0V，检查供电电路发现 R8133 烧断开路，说明 IC8102 有短路故障，检查 4 脚外部电路元器件，发现 C8105 漏电。更换 C8105 后，故障排除。

6.3　创维 715G5593-P02-000-002M 电源 + 背光灯二合一板维修精讲

创维 LED 液晶彩电采用的 715G5593-P02-000-002M 电源板，为开关电源与背光灯二合一板，其中开关电源电路采用 STR-A6069H + LD7591GS + LCS700LG-TL 组合方案，输出 +5.2V、+24V、+12V 电压；LED 背光灯电路采用 PF7001S，对 +24V 供电升压后为 6 条 LED 背光灯串供电。同类二合一板还有 715G5593-P01-000-002S 和 715G5593-P03-000-002M 等，应用于创维 32E7CRN 等 LED 液晶彩电中。

创维 715G5593-P02-000-002M 电源 + 背光灯二合一板实物图解如图 6-17 所示，电路组成框图如图 6-18 所示。

PFC电路：以驱动电路LD7591GS(IC9801)、大功率MOS开关管Q9801、储能电感L9801为核心组成。二次开机后，开/关机控制电路为IC9801提供VCC-1供电，该电路启动工作，IC9801从7脚输出激励脉冲，推动Q9801工作于开关状态，与L9801和PFC整流滤波电路D9802、C9811、C9812配合，将供电电压和电流校正为同相位，提高功率因数，减少污染，并将主、副电源供电电压HV提升到+380V

LED背光灯电路：由驱动电路PF7001S(IC8101)和L8101、Q8101、D8101、C8102、C8113组成的升压电路和Q8102～Q8115组成的均流控制电路两部分组成。遥控开机后，主板向电源板送去ON/OFF开启电压和DIM亮度控制电压，电源为背光灯电路提供+24V和+12V供电，背光灯电路启动。IC8101从10脚输出升压脉冲，驱动Q8101工作于开关状态，与储能电感和升压电容配合将+24V直流电压提升后，输出VLED+电压，为6路LED背光灯串供电；IC8101从12脚输出调流VBJT驱动电压，驱动Q8102～Q8115对LED背光灯串电流LED1～LED6进行调整和控制，达到调整和均衡亮度的目的

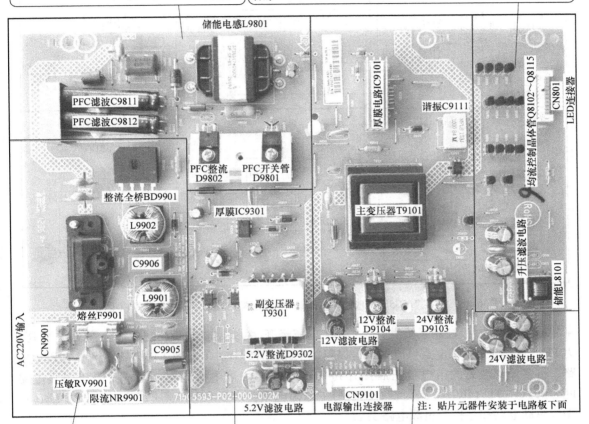

图 6-17　创维 715G5593 – P02-000-002M 电源 + 背光灯二合一板实物图解

抗干扰和市电整流滤波电路：利用电感线圈L9901、L9902和电容C9901～C9907组成的共模、差模滤波电路，一是滤除市电电网干扰信号；二是防止开关电源产生的干扰信号窜入电网。滤除干扰脉冲后的市电通过全桥BD9901整流、经电容C9801滤波后，因滤波电容容量小，产生100Hz脉动300V电压，送到PFC电路。NR9901为限流电阻，防止开机冲击电流；RV9901为压敏电阻，市电压过高时击穿，烧断熔丝F9901断电保护

副电源电路：以厚膜电路STR A6069H(IC9301)、变压器T9301、稳压控制电路IC9303、光耦合器IC9302为核心组成。通电后PFC电路待机状态输出的+300V电压经T9301为IC9301供电，副电源启动工作，IC9301内部开关管电流在T9301中产生感应电流，二次感应电压经整流滤波后输出+5.2V，为整机控制系统电路供电，一次辅助绕组感应电压经整流滤波后输出16V的VCC电压，经待机电路控制后，开机时为PFC和主电源驱动电路供电。PFC电路工作后，将副电源供电提升到+380V

主电源电路：以内含振荡驱动和半桥式输出电路MOS开关管的厚膜电路LCS700LG-TL(IC9101)、变压器T9101、稳压电路误差放大器IC9103、光耦合器IC9102为核心组成。遥控开机后，PFC电路输出的+380V电压为IC9101的16脚内部半桥式输出电路MOS开关供电，同时开/关机控制电路输出的VCC-1电压，为IC9101的1脚内部振荡驱动电路提供工作电压，主电源启动工作，IC9101内部驱动电路产生的激励脉冲，推动内部半桥式输出电路MOS开关管轮流导通和截止，产生的脉冲电流在T9101中产生感应电压，二次感应电压经整流滤波后输出+24V和+12V电压，为主电路板和背光灯板供电

6.3.1　电源电路原理精讲

创维 715G5593-P02-000-002M 电源 + 背光灯二合一板的开关电源由三部分组成：一是以集成电路 STR-A6069H（IC9301）为核心组成的副电源电路，产生 +5.2V 和 +16V 电压，

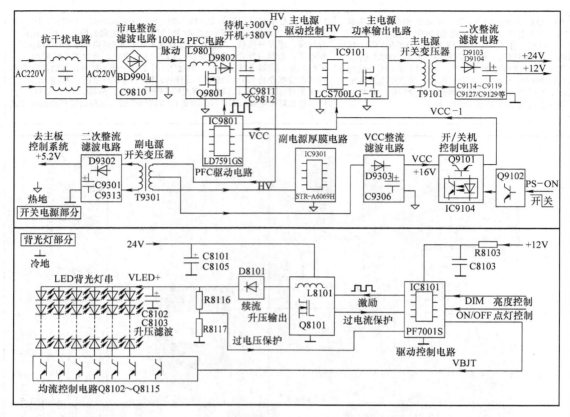

图 6-18　创维 715G5593-P02-000-002M 电源 + 背光灯二合一板电路组成框图

+5.2V 电压为主板控制系统供电，+16V 电压经开/关机控制电路控制后产生 VCC-1 电压，为 PFC 和主电源驱动电路供电；二是以集成电路 LD7591GS（IC9801）为核心组成的 PFC 电路，将整流滤波后的市电校正后提升到 +380V 为主、副电源电路供电；三是以厚膜电路 LCS7001LG-TL（IC9101）为核心组成的主电源电路，产生 +24V、+12V 电压，为 LED 背光灯驱动电路和主板等负载电路供电。

1. 抗干扰和市电整流滤波电路

抗干扰和市电整流滤波电路如图 6-19 所示。AC220V 市电电压经熔丝 F9901 输入到由 C9901 ~ C9907、L9901、L9902 组成的两级滤波电路，利用它滤除市电中的高频干扰脉冲，并防止电视机内部产生的脉冲污染市电电网。

AC 220V 市电经抗干扰电路低通滤波网络，滤除市电中的高频干扰信号后，经 BD9901 全桥整流、C9801 滤波后，输出约 300V 的脉动电压，该电压送往 PFC 电路。

RV9901 为压敏电阻，市电正常时，RV9901 相当于开路，不影响电源电路正常工作；一旦市电升高使它的峰值电压超过 RV9901 的耐压后，RV9901 击穿短路，使 F9901 过电流熔断，避免了市电滤波和 PFC 电路的元器件过电压损坏。NR9901 为限流电阻，限制开机瞬间的冲击电流。

2. PFC 电路

创维 715G5593-P02-000-002M 电源 + 背光灯二合一板 PFC 电路如图 6-20 所示。其中 PFC 控制器 IC9801 采用 LD7591GS，与大功率场效应晶体管 Q9801 和变压器储能电感 L9801、

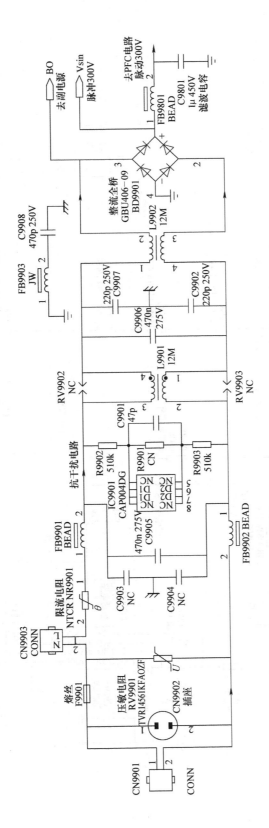

图 6-19 创维 715G5593-P02-000-002M 电源 + 背光灯二合一板抗干扰和市电整流滤波电路

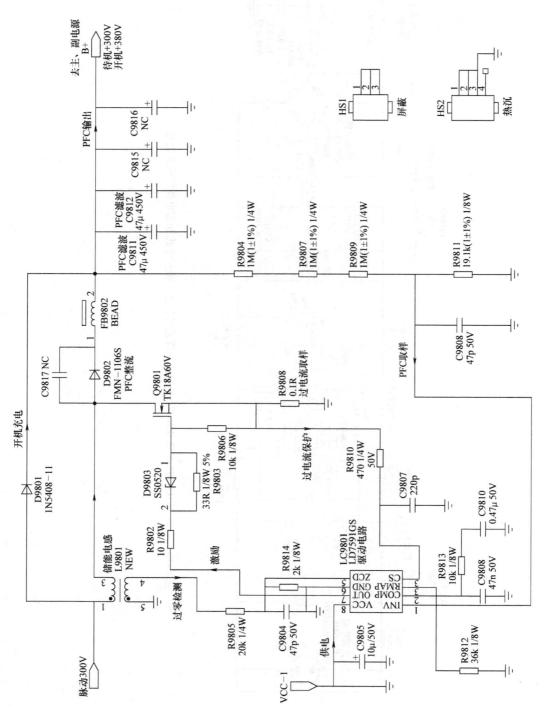

图 6-20 创维 715G5593-P02-000-002M 电源 + 背光灯二合一板 PFC 电路

整流滤波电路 D9802、C9811、C9812 等外部元器件，组成并联型 PFC 电路。遥控开机后 PFC 电路输出电压 B + 为 380V，待机时 PFC 电路未启动，输出电压 B + 为 +300V。

（1）LD7591GS 简介

LD7591GS 与 LD7591 功能相同，有关简介见 2.4.1 节中 PFC 电路部分相关内容。

（2）启动工作过程

AC220V 市电经抗干扰电路低通滤波网络，滤除市电中的高频干扰信号后，经 BD9901 全桥整流、C9801 滤波后，输出约 300V 的脉动电压。该电压送往 PFC 电路，一路经 D9801 向 PFC 滤波电容 C9811、C9812 充电，形成 +300V 电压，待机状态为副电源供电；一路经 储能电感 L9801 加到开关管 Q9801 的 D 极。

用遥控器开机后，开/关机控制电路输出 VCC-1 电压，加到 IC9801 的 8 脚时，其内部 电路启动工作，并由 7 脚输出 PWM 脉冲，通过 R9802、R9803、D9803 加到 Q9801 的 G 极，使 Q9801 导通。由 BD9901 全桥整流输出的 300V 脉动电压通过 L9801 的一次 1-3 绕组、开 关管 Q9801 的 D-S 极、R9808 到地构成回路。在 Q9801 导通期间，L9801 储能，并在一次 1- 3 绕组中产生感应电动势，其极性为左正右负，同时 D9802 截止，C9811、C9812 两端储存 的电压为负载电路供电。

当 Q9801 截止时，L9801 的一次 1-3 绕组中产生的电动势极性反转，并与全桥整流输出 的 300V 脉动电压叠加，经 D9802 整流、C9811、C9812 滤波，形成 +380V 的提升电压 B +，为主、副电源电路供电。待 Q9801 再次导通时，D9802 又截止，此时由 C9811、C9812 为负 载电路继续供电。

（3）稳压控制电路

当 PFC 电路输出的 B + 电压通过 R9804、R9807、R9809 与 R9811 分压取样送到 IC9801 的 1 脚 INV 输入端时，储能电感 L9801 的二次绕组产生的感应电压经 R9805 送到 IC9801 的 5 脚，IC9801 据此对 7 脚输出的 PWM 脉冲宽度和相位进行调整，保证输出 B + 电压的稳定，并减少 Q9801 的损耗。

（4）过电流保护电路

IC9801 的 4 脚为过电流保护输入端。当 Q9801 会严重过电流时，在其 S 极电阻 R9808 两端形成的电压降升高，通过 R9810 使 IC9801 的 4 脚 CS 电压也升高，从而使 IC 内部的过 电流保护电路动作，切断 7 脚输出信号，形成过电流保护。当 R9808 阻值增大时会引起过 电流保护电路误动作，使 B + 电压表现为 300V。

3. 副电源电路

创维 715G5593-P02-000-002M 电源 + 背光灯二合一板副电源电路如图 6-21 所示。该电 路主要由集成块 IC9301（STR-A6069H）、变压器 T9301、稳压控制电路 IC9303（AS431AN- E1）、光耦合器 IC9302（PC123X8YFZOP）等组成，一是从冷地端输出 5.2V 电压，为整机 控制系统电路供电；二是从热地端输出 +16V 电压，经开/关机控制电路控制后，为 PFC 和 主电源驱动电路供电。

（1）STR-A6069H 简介

STR-A6069H（简称 A6069H）是小型开关电源厚膜电路，有关简介见本章 6.2.1 节相 关介绍。

（2）启动供电过程

通电后，市电整流滤波后输出的 100Hz 脉动电压，经 D9801 向 PFC 电路输出滤波电容

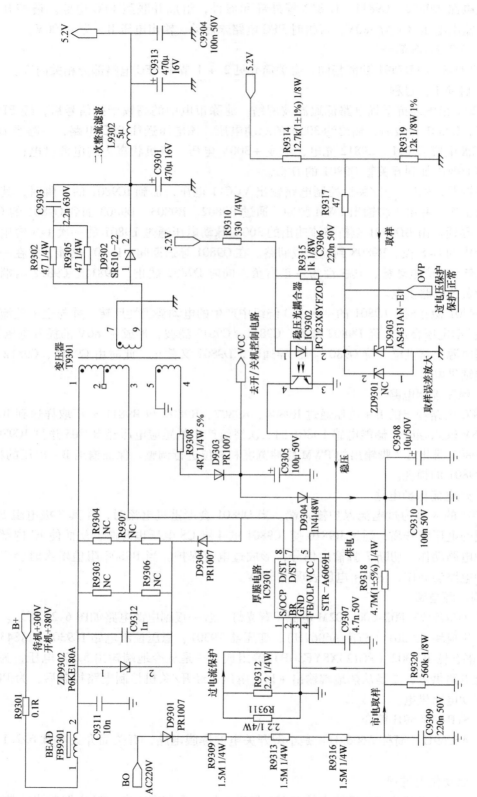

图 6-21 创维 715G5593-P02-000-002M 电源 + 背光灯二合一板副电源电路

C9811、C9812 充电，形成待机状态 +300V 左右的 B + 电压为副电源供电，通过 T9301 的一次 1-2-3 绕组加到 IC9301 的 7、8 脚（即 IC 内部 MOSFET 的 D 极），并经内部高压启动电路向 5 脚外部的 C9308 充电，为前置振荡驱动电路供电；同时 AC220V 市电经 D9301 整流、R9309、R9313、R9318 与 R9320 分压后加到 IC9301 的 2 脚送到检测输入端，市电电压正常时 IC9301 内部振荡电路启动工作，产生的激励脉冲推动内部 MOSFET 工作于开关状态，其脉冲电流在 T9301 中产生感应电压。T9301 的 4-5 绕组感应电压经 D9303 整流、C9305 滤波产生约 16V 电压，该电压分为两路：一路经 D9304 送到 IC9301 的 5 脚，提供启动后的工作电压，使 IC9301 进入工作状态；另一路送到开/关机 VCC 控制电路 Q9101 的 c 极。

（3）整流滤波输出电路

T9301 的二次 7-9 绕组中的感应电动势，经 D9302 整流，C9301、L9302、C9313 滤波后，产生 +5.2V 直流电压，为主板控制系统和电源板开/关机控制电路供电。

（4）稳压控制电路

IC9302 为副电源稳压光耦合器，IC9303 是取样误差放大器，当副电源整流输出电压因某种原因上升时，IC9303、IC9302 的导通电流会增大，将 IC9301 的 4 脚电压下拉，IC9301 内部的电源开关管导通时间缩短，+5.2V 输出电压下降，从而起到自动稳压的作用。当副电源整流输出电压下降时，上述过程相反，起到自动稳压的作用。

（5）开关管过脉冲保护电路

该电路由 C9312、D9304、ZD9302 组成，主要用于吸收厚膜电路 IC9301 内部开关管截止时在 D 极激起的过高反峰脉冲，以避免 IC9301 内部开关管被过高尖峰脉冲击穿。

（6）市电过低保护电路

IC9301 的 2 脚 BR 是市电检测输入端。AC220V 市电经 D9301 整流、R9309、R9313、R9318 与 R9320 分压后加到 IC9301 的 2 脚送到检测输入端，市电电压正常时，IC9301 内部振荡电路启动工作，产生的激励脉冲推动内部 MOSFET（开关管）工作于开关状态；市电电压过低，达到保护设计值时，IC9301 保护电路启动而停止工作。

（7）开/关机控制电路

开关机控制电路如图 6-22 左下侧所示，以 Q9102、光耦合器 IC9104、Q9101 为核心构成，采用控制 PFC 电路 IC9801 和主电源驱动电路 IC9101 的 VCC-1 供电的方式。

开机时，PS-ON 控制信号为高电平时，Q9102、IC9104 导通，向 Q9101 的 b 极注入高电平，Q9101 导通，副电源产生的约 16V 电压经 Q9101 输出 14.3V 的 VCC-1 电压，为 PFC 和主电源驱动电路供电，从而使整机进入工作状态。

遥控关机时，PS-ON 控制信号为低电平时，Q9102、IC9104、Q9101 截止，切断 VCC-1 供电，PFC 电路和主电源停止工作，整机进入等待状态。

4. 主电源电路

创维 715G5593-P02-000-002M 电源＋背光灯二合一板主电源电路如图 6-22 所示。该电路以振荡、稳压和内含 MOSFET（开关管）的厚膜电路 LCS700LG-TL（IC9101）、光耦合器 IC9102、误差放大器 IC9103、开关变压器 T9101 组成，产生 +24V 和 +12V 电压，向主电路板和背光灯电路供电。

（1）LCS700LG-TL 简介

LCS700LG-TL 是集成了 MOSFET 和 LLC 半桥谐振控制功能的厚膜电路，相同型号还有 LCS700HG-TL，通过对频率的控制起到稳定输出电压的作用，可以方便地调节软启动。它的

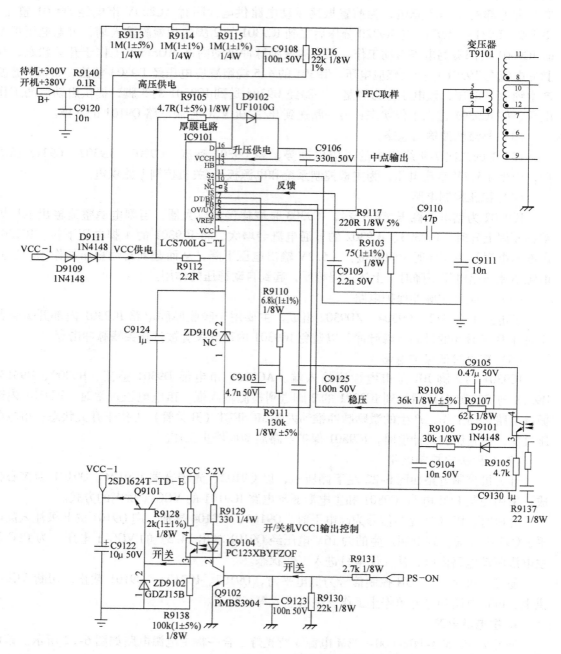

图6-22   创维 715G5593-P02-000-002M 电源＋

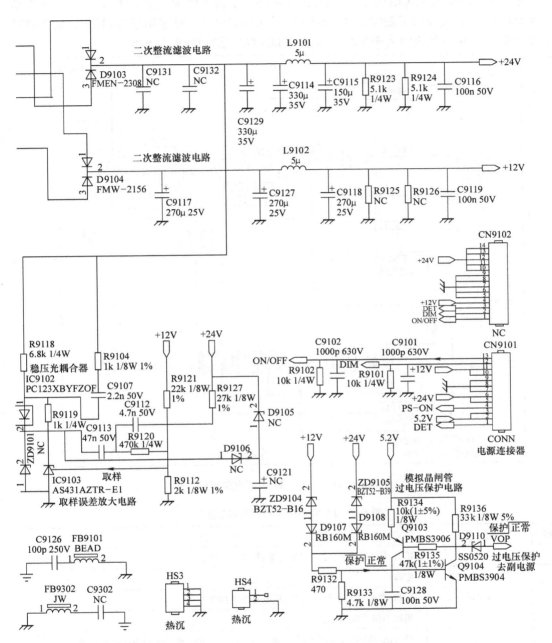

背光灯二合一板主电源电路

内部电路框图如图 6-23 所示，内含调压器、软启动电路、LLC 时钟电路、输出逻辑控制电路、电平位移电路、高低端驱动和高低端 MOSFET（开关管）；设有过电压保护、过电流保护、过热保护、PFC 供电欠电压/过电压保护等功能；最高工作频率达 1MHz，正常稳定工作频率为 500kHz，大大降低了磁性元件、SMD 电容元件的尺寸，输出功率为 110W，满负载时效率大于 94%、50% 负载时大于 93%。LCS700LG-TL 引脚功能见表 6-8。

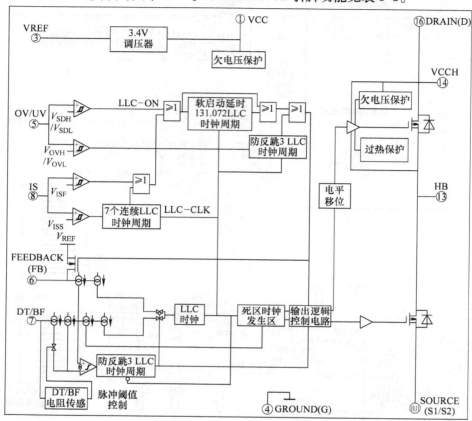

图 6-23　LCS700LG-TL 内部电路框图

表 6-8　LCS700LG-TL 引脚功能

引脚	符　号	功　　能
1	VCC	IC 工作电压输入，通过 5W 电阻接 VCC-1 供电
2	NC	空脚
3	VREF	3.4V 参考电压输出，通过分压电阻给 7 脚供电
4	G	模拟小信号电路接地
5	OV/UV	过电压/取样保护检测输入，通过分压电路对 PFC 电路输出电压进行检测
6	FB	稳压反馈电压输入，馈入此脚电流决定 LLC 开关频率
7	DT/BF	死区时间、脉冲串频率
8	IS	电流检测输入，检测变压器一次电流
9	NC	空脚

（续）

引脚	符　号	功　能
10	S1	内部低端 MSOFET 的 S 极
11	S2	内部低端 MSOFET 的 S 极
12	NC	空脚
13	HB	LLC 半桥输出电路中点电压输出，连接上管的 S 极和下管的 D 极
14	VCCH	LLC 上管驱动供电
15	NC	空脚
16	D	LLC 输出电路上管的 D 极

（2）启动供电过程

遥控开机后，PFC 电路启动工作后输出 + 380V 的 B + 电压，一是加到主电源厚膜电路 IC9101 的 16 脚，即内部半桥式推挽输出电路上 MOSFET（开关管）的 D 极；二是经 R9113 ~ R9115 与 R9116 分压送到 IC9101 的 5 脚 PFC 电路供电检测输入端。同时开/关机控制电路输出的 VCC-1 电压为 IC9101 的 1 脚提供工作电压，IC9101 内部振荡电路启动，振荡电路产生的振荡脉冲信号经集成块内部相关电路处理后，形成相位完全相反的两组激励脉冲信号，推动内部半桥式推挽输出电路上臂和下臂 MOSFET 进入开关工作状态，变化的电流在开关变压器 T9101 的 1/2-4/5 绕组中产生感应电压。

T9101 的 1/2-4/5 绕组与 C9111 形成串联谐振电路，其谐振频率与 IC9101 内部振荡频率相呼应，决定开关电源的工作频率和输出电压的高低。

T9101 二次侧 9、10 脚产生的感应脉冲电压经 D9104 全波整流、C9117、C9127、L9102、C9118 组成的 π 式滤波器滤波后，产生 + 12V 电压；T9101 二次侧 11、12 脚产生的感应脉冲电压经 D9103 全波整流、C9129、C9114、L9101、C9115 组成的 π 式滤波器滤波后，产生 + 24V 电压，为负载电路供电。

（3）稳压控制电路

主电源的稳压控制电路由光耦合器 IC9102、取样误差放大电路 IC9103 组成，对 T9101 二次侧输出的 + 24V 和 + 12V 电压进行取样，加到误差放大器 IC9103 的输入端，经 IC9103 内部比较放大后，产生误差电压，通过 IC9102 调整 IC9101 的 6 脚内部振荡器的振荡频率，进行稳压控制。

（4）反馈与保护电路

输出变压器 T9101 的一次绕组 1/2 脚外部 C9111 上端的脉冲电压，经 C9110、R9103、R9117、C9109 分压取样后，反馈到 IC9101 的 8 脚 IS 输入端，对开关电源输出电压进行检测，据此对 LLC 驱动脉冲进行调整，达到调整输出电压的目的。发生过电压故障时，内部过电压保护电路启动。

（5）B + 电压欠电压保护电路

PFC 电路开机后输出 380V 的 B + 电压，经 R9113 ~ R9115 与 R9116 分压送到 IC9101 的 5 脚 PFC 电路供电检测输入端，经内部电路比较后，输出控制电压，对振荡电路进行控制。PFC 电压正常时，IC9101 正常工作；PFC 电压过低时，IC9101 停止工作。

5. 模拟晶闸管保护电路

创维 715G5593 - P02 - 000 - 002M 电源 + 背光灯二合一板在主电源的二次侧，设计了如图

6-22 右下部所示的由 Q9103、Q9104 组成的模拟晶闸管保护电路，通过控制副电源稳压电路光耦合器的 2 脚电压，实现保护功能。

（1）过电压检测电路

Q9104 的 b 极外接由 ZD9104、D9107 组成的 + 12V 过电压检测电路和由 ZD9105、D9108 组成的 +24V 过电压保护检测电路。输出电压正常时，+ 12V 电压低于 ZD9104 的稳压值 16V，+24V 电压低于 ZD9105 的稳压值 39V，ZD9104 和 ZD9105 截止，对模拟晶闸管电路不产生影响。当 +24V 输出电压超过 39V 时，将稳压管 ZD9105 击穿导通，通过 D9108 向模拟晶闸管电路 Q9104 的 b 极送入高电平触发电压；当 + 12V 输出电压超过 16V 时，将稳压管 ZD9104 击穿导通，通过 D9107 向模拟晶闸管电路 Q952 的 b 极送入高电平触发电压，模拟晶闸管电路被触发导通，经 D9110 输出低电平 VOP 过电压保护触发电压。

（2）保护执行电路

VOP 保护电压将图 6-21 所示的副电源稳压电路光耦合器 IC9302 的 2 脚电压拉低，IC9302 导通增强，将厚膜电路 IC9301 的 4 脚电压拉低，IC9301 据此进入保护状态，副电源停止工作，变为遥控开机后自动关机，指示灯同时熄灭。

由于模拟晶闸管电路一旦触发导通，具有自锁功能，要想解除保护再次开机，必须切断电视机电源，待副电源的 5VSB 电压泄放后，方能再次开机。

6.3.2　电源电路维修精讲

创维 715G5593-P02-000-002M 电源 + 背光灯二合一板开关电源电路发生故障时，主要引起开机三无故障，可通过观察待机指示灯是否点亮，测量关键点电压，解除保护的方法进行维修。

1. 三无，指示灯不亮

指示灯的供电由副电源经微处理器控制后提供，指示灯不亮，对于电源板来说，故障在副电源电路。针对此故障，一是检查电源板的供电；二是检查副电源电路。

（1）熔丝熔断

发生开机三无，待机指示灯不亮故障时，先查熔丝 F9901 是否熔断，如果熔丝熔断，说明电源电路存在严重短路故障，先查市电输入抗干扰电路电容、压敏电阻 RV9901 和整流滤波 BD9901、C9801 电路是否发生短路漏电故障，再查 PFC 电路、主电源和副电源开关管 Q9801、IC9101、IC9301 是否击穿。

由于主、副电源的 B + 供电均串联了限流电阻，如果限流电阻 R9140 烧断，则是主电源发生短路击穿故障；如果限流电阻 R9301 烧断，则是副电源发生短路击穿故障；如果限流电阻 R9140、R9301 完好，多为市电抗干扰电路、整流滤波电路和 PFC 电路发生短路击穿故障。

如果副电源 IC9301 内部开关管击穿，应注意检查 IC9301 的 7、8 脚 D 极外接尖峰脉冲吸收电路元器件是否开路，稳压控制电路光耦合器 IC9302、误差放大器 IC9303 是否开路失效，造成主电源输出电压过高，击穿 IC9301 内部开关管。

（2）熔丝未断

如果测量熔丝 F9901 未断，先检查电源供电电路。测量 PFC 电路大滤波电容 C9811、C9812 待机时输出的 +300V 电压是否正常，如果无 +300V 电压输出，查市电输入电路和整流滤波电路；如果有 +300V 电压输出，故障在副电源电路。测量副电源 IC9301 的 2 脚有无启动电压，无启动电压，查 2 脚外部的市电取样电路 D9301、R9309、R9313、R9316 是否开路；查 IC9301 的 5 脚有无 VCC 电压，无 VCC 电压，查 5 脚外部的 D9303、C9306、D9304、C9308、C9310 是否发生开路、短路故障。若上述检查正常，检查副电源二次整流滤波电路是否发生开路、短路故障。

2. 三无，指示灯亮

指示灯亮，说明副电源正常，故障在电源板的主电源电路和 PFC 电路。由于主电源驱动电路 IC9101 的 5 脚设有 PFC 电压检测功能，当 PFC 电路发生故障输出电压降低时，IC9101 的 5 脚检测电压降低，主电源 IC9101 会停止工作。因此，检修时应先排除 PFC 电路故障，再检修主电源电路。

（1）查 PFC 和开/关机控制电路

发生开机三无，待机指示灯亮故障，多为主电源故障。二次开机后，测量 PS-ON 是否为高电平，如果为高电平，首先测量 PFC 电路提供的 380V 供电和 IC9801 的 8 脚 VCC-1 供电，如果 380V 供电仅为 300V，则是 PFC 电路未工作，首先检修 PFC 电路。如果无 VCC-1 供电，一是查副电源 C9305 两端有无 16V 的 VCC 电压输出，无 16V 电压输出，检查 R9308、D9303、C9305 组成的 VCC 整流滤波电路；二是查开/关机控制电路 Q9101、IC9104、Q9102 组成的 VCC-1 控制电路。

若上述供电正常，再查主电源 IC9801 及其外部电路元器件组成的 PFC 电路。如果开关管 Q9801 击穿，应注意检查 Q9801 的 S 极电阻 R9808 是否连带损坏。另外，PFC 滤波电容 C9811、C9812 失效，也会造成 PFC 电路输出电压降低。

（2）查主电源电路

若上述 VCC-1 和 380V 供电正常，一是测量 1 脚的 VCC-1 供电和 14 脚的 VCCH 升压供电是否正常；二是测量 5 脚的 OV/UV 检测电压是否正常；三是测量 16 脚的 B＋供电是否正常；四是测量 3 脚输出的 3.4V 参考电压、7 脚频率设置电压、8 脚 IS 过电压检测电压和 6 脚稳压控制 FB 电压是否正常。若上述电压不正常，一是检测供电电压是否正常；二是测量 IC9101 的相关引脚电压及其外部电路元器件。

最后检查变压器 T9101 及其二次整流、滤波电路是否发生短路击穿故障，造成主电源过电流保护停止工作。如果仅是主电源某个输出电压不正常，则检测相应的整流滤波电路。

3. 自动关机

发生自动关机故障的原因有：一是开关电源接触不良；二是保护电路启动。维修时，可采取测量关键点电压，判断是否保护和解除保护，观察故障现象的方法进行维修。

（1）确定保护是否启动

在开机的瞬间，测量保护电路模拟晶闸管 Q9104 的 b 极电压，该电压正常时为低电平 0V。如果开机或发生故障时，Q9104 的 b 极电压变为高电平 0.7V 以上，则是以模拟晶闸管为核心的过电压保护电路启动。

对于过电压保护：一是检查引起过电压的主电源稳压控制电路 IC9102、IC9103；二是检查过电压保护取样电路 ZD9104、ZD9105 是否漏电。

（2）解除保护方法

确定保护之后，可采取解除保护的方法，通电测量开关电源输出电压，确定故障部位。为了防止开关电源输出电压过高，引起负载电路损坏，建议先接假负载测量开关电源输出电压，在输出电压正常时，再连接负载电路。全部解除保护的方法是将模拟晶闸管 Q9104 的 b

极对地短路。

6.3.3　电源电路维修实例

　　【例1】　电源指示灯不亮，不能开机。

　　分析与检修：电源指示灯不亮，不能开机，一般是 + 5.2V 电源电路有故障或电源熔丝熔断所致。但在开壳检修前先检测一下电源插头两极间的阻值，结果其正、反向阻值均为 ∞，因而说明机内供电系统中有短路击穿元器件，造成熔丝熔断。拆壳后检查，测量开关管和厚膜电路对地电阻，发现副电源厚膜电路 IC9301 已击穿损坏，但检查其他元器件未见异常。根据检修经验，将 IC9302 与 IC9301 一起换新后，故障彻底排除。

　　【例2】　二次开机后指示灯闪烁，无光无声。

　　分析与检修：指示灯亮，说明电源输出的待机 + 5.2V 电压正常。二次开机指示灯闪烁，说明 CPU 已经接收到开机信号，故障可能是开/关机控制信号 PS-ON 不良或电源组件有故障。测试 PS-ON 电压能从低到高变化，说明开机控制信号正常；测试 + 24V 和 + 12V 电压一直没有，也没有对地短路，说明负载没问题，故障在电源板上。

　　开机瞬间测试 B + 电压在 300V 左右，不随二次开机动作而升高，说明 PFC 电路未工作或工作不正常。测试 IC9801 的 8 脚 VCC 电压为 0V，故障在开/关机控制电路。检测 Q9101 的 c 极电压为 16.5V，b 极电压为 15.6V，再检测它的 e 极对地电阻，未对地短路，故怀疑 Q9101 损坏。在拆焊时发现 Q9101 破裂，更换后故障排除。

　　【例3】　二次开机后，背光亮一下即灭，指示灯熄灭。

　　分析与检修：开机时电视机屏幕能亮，说明电视机控制电路等基本正常，故障可能是电源自身保护、主板控制信号异常或屏 LED 背光灯串不良。为了判断故障范围，测试 ON/OFF 电压为 0V；DIM 信号为 0V，不正常。测试 + 12V 和 + 24V 电压、待机的 + 5.2V 电压，都无，说明电源保护。单独对电源通电（即在 + 5.2V 和 PS-ON 之间用 1kΩ 电阻连接），瞬间有 + 5.2V、+ 12V 和 + 24V 电压。但是马上消失，说明故障不是由 LED 电源驱动电路引起，应是电源自身保护造成。因不连接 + 5.2V 和 PS-ON 时，+ 5.2V 电压正常，说明待机电源正常，故障应是主电源或 PFC 电路不良引起。

　　瞬间加电测试 + 12V 和 + 24V 电压，不偏高，怀疑过电压保护电路启动。采取脱板维修，将保护电路 Q9104 的 b 极对地短路，解除保护，通电试机，电源输出 + 12V 和 + 24V 电压都正常，说明过电压保护电路误保护。测试 ZD9104、ZD9105 的正极，发现 ZD9104 的正极有电压。更换 ZD9104，恢复好所有元器件后开机，故障排除。

6.3.4　背光灯电路原理精讲

　　创维 715G5593-P02-000-002M 电源 + 背光灯二合一板 LED 背光灯电路如图 6-24 所示，由驱动控制电路 PF7001S（IC8101）和 L8101、Q8101、D8101、C8106、C8102、C8113 组成的升压输出电路和 Q8102 ~ Q8115 组成的均流控制电路两部分组成。遥控开机后，主电路控制系统向电源板背光灯电路送去 ON/OFF 开启电压和 DIM 亮度调整电压，背光灯电路启动工作，将 24V 直流电压提升后，为 6 路 LED 背光灯串供电。

1. 升压输出电路

（1）PF7001S 简介

PF7001S 有关简介见 2.1.4 节中升压输出电路部分相关内容。

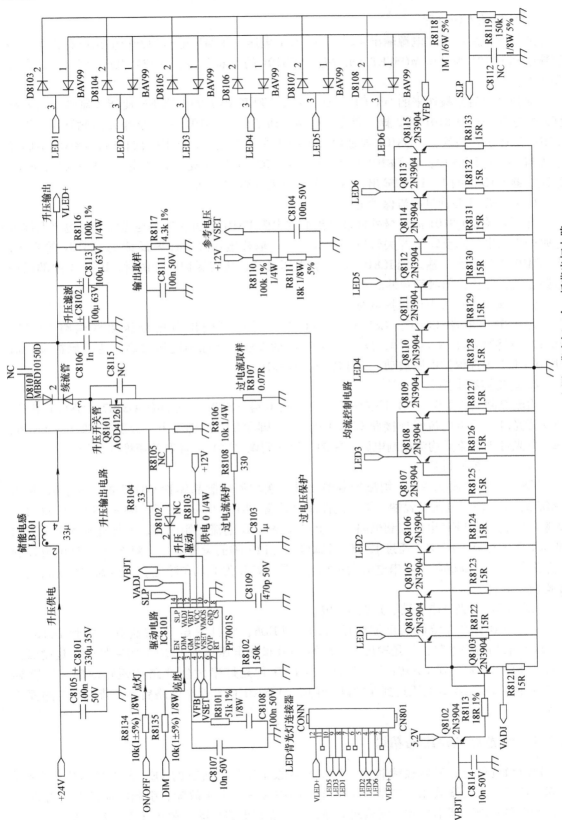

图 6-24　创维 715G5593-P02-000-002M 电源 + 背光灯二合一板背光灯电路

（2）启动工作过程

遥控开机后，开关电源输出 +24V 和 +12V 电压， +24V 电压为升压输出电路供电，经储能电感 L8101 为升压 MOSFET（开关管）Q8101 的 D 极供电； +12V 电压为 IC8101 的 11 脚供电。

遥控开机后主板送来的 ON/OFF 点灯电压送到 IC8101 的 1 脚 EN 使能控制端，DIM 亮度调整电压送到 IC8101 的 2 脚，背光灯电路启动工作，IC8101 从 10 脚输出激励脉冲，推动 Q8101 工作于开关状态，Q8101 导通时在 L8101 中储存能量，Q8101 截止时，L8101 中储存电压与 24V 电压叠加，经 D8101 向 C8106、C8102、C8113 充电，产生 VLED + 输出电压，经连接器 CN801 的 1、12 脚输出，将 6 路 LED 背光灯串点亮。

（3）升压开关管过电流保护电路

升压开关管 Q8101 的 S 极外接过电流取样电阻 R8107，开关管的电流流经过电流取样电阻时产生的电压降反映了开关管电流的大小，该取样电压经 R8108 反馈到 IC8101 的 8 脚，当 Q8101 电流过大，输入到 IC8101 的 8 脚电压过高，达到保护设计值时，IC8101 内部保护电路启动，停止输出激励脉冲。

（4）输出电压过电压保护电路

升压输出电路 C8102、C8113、C8106 两端并联了输出电压分压取样电路 R8116、R8117，对输出电压进行取样，反馈到 IC8101 的 6 脚。当输出电压过高，达到保护设计值时，IC8101 内部保护电路启动，停止输出激励脉冲。

2. 均流控制电路

均流控制电路如图 6-24 下部所示，由驱动电路 IC8101 和外部的 Q8102 ~ Q8115 组成，LED 背光灯串负极电流经连接器 CN801 的 3 ~ 5 脚和 8 ~ 10 脚流出，分别为 LED1 ~ LED6。LED 背光灯串电流受均流控制电路的控制，以达到调整屏幕亮度和均衡度的目的。

（1）均流控制过程

IC8101 的 12 脚为 VBJT 均流控制输出端，接均流控制晶体管 Q8102 的 b 极；13 脚为 VADJ 的 LED 输出电流设置端，接均流控制晶体管 Q8103 的 e 极；Q8104 ~ Q8115 的每两个晶体管组成一路 LED 电流控制电路，共组成 6 路 LED 电流控制电路，其导通程度受 Q8102 和 Q8103 的控制，IC8101 通过 12 脚的驱动电压和 13 脚的设置电压，对 6 路 LED 电流控制电路进行控制，确保各个灯串电流大小相等，背光灯串发光均匀稳定，以达到调整屏幕亮度和均衡度的目的。

（2）LED 背光灯串开路、短路保护电路

6 条 LED 背光灯负极的反馈电压 LED1 ~ LED6，经过图 6-24 右侧双二极管 D8103 ~ D8108 组成的检测电路，一是输出负极性的 VFB 检测电压送到 IC8101 的 4 脚；二是输出正极性的 SLP 电压送到 IC8101 的 14 脚。当 LED 背光灯串发生开路或短路故障，反馈到 IC8101 的 4 脚或 14 脚电压达到保护设计值时，IC8101 内部保护电路启动，背光灯电路停止工作。

6.3.5　背光灯电路维修精讲

LED 背光灯电路发生故障时，一是背光灯板不工作，所有的 LED 背光灯串均不点亮，引起有伴音、无光栅故障；二是 6 个背光灯串中有一个发生故障，引起相应的背光灯串不亮，产生显示屏局部不亮或亮度偏暗故障；三是保护电路启动，背光灯亮一下即灭。

1. 显示屏全部不亮

显示屏 LED 背光灯串全部不亮，主要检查供电、控制电路等共享电路，也不排除一个背光灯驱动电路发生短路击穿故障，造成共享的供电电路发生开路、熔丝熔断等故障。

显示屏始终不亮，伴音、遥控、面板按键控制均正常，黑屏幕。此故障主要是 LED 背光灯电路未工作，需检测以下几个工作条件：一是检测背光灯电路的 +24V 和 +12V 供电是否正常，若 +24V 和 12V 供电电压不正常，检查为其供电的开/关机控制电路和 +12V 电压形成电路。二是测量 IC8101 的 1 脚 ON/OFF 点灯控制电压和 2 脚 DIM 亮度调整电压是否正常，若点灯控制和亮度调整电压不正常，检修主板控制系统相关电路。点灯控制和亮度调整电压不正常时，可在 CN9101 的 13、12 脚与 5.2V 供电之间接分压电阻进行分压，获取相应的点灯控制和亮度调整电压。

如果工作条件正常，背光灯电路仍不工作，则是背光灯驱动控制电路和升压输出电路发生故障。测量 IC8101 的 10 脚是否有激励脉冲输出，无激励脉冲输出，则是 IC8101 内部电路故障。

如果 IC8101 的 10 脚有激励脉冲输出，升压输出电路仍不工作，则是升压输出电路发生故障，常见为储能电感 L8101 内部绕组短路、升压开关管 Q8101 失效、续流管 D8101 击穿短路等。通过电阻测量法可快速判断故障所在。

2. 开机背光灯一闪即灭

此种情况可能是触发了过电压、过电流保护电路，请检查过电压、过电流保护电路参数是否正常。发生过电压保护故障时，一是测量输出电压是否过高；二是检查过电压取样电路组件。

3. 显示屏亮度不均匀

显示屏的亮度不均匀，多为 6 个 LED 背光灯电路之一发生故障所致。如果只是局部不亮，则是 LED 背光灯串中的个别 LED 背光灯老化；如果是整条 LED 背光灯串不亮，多为 LED 灯泡发生故障，或灯串电流反馈、均流控制电路发生故障。可通过测量背光灯串的输出连接器的 LED 背光灯串反馈引脚对地电阻、开机电压进行判断，由于各个灯串的 LED 背光灯个数相同，供电电压相同，正常时连接器的 LED 背光灯串反馈引脚对地电阻、开机电压应相同，如果测量后经过比对，哪个引脚对地电阻和电压不同，则是该引脚对应的 LED 背光灯串或连接器引脚发生故障、对应的 IC8101 的 12 脚外部 6 路背光灯串均流控制电路发生故障。

6.3.6　背光灯电路维修实例

【例 1】 开机有伴音，显示屏亮度不均匀。

分析与检修： 遇到显示屏亮度不均匀，多为 6 个背光灯串驱动电路有一个发生故障。测量背光灯驱动电路 IC8101 的 12、13 脚电压正常，测量 LED 背光灯串连接器 CN801 的 3 ~ 5、8 ~ 10 脚 LED 反馈电压，发现 3 脚 LED6 电压低于其他 LED 反馈电压，仔细检查发现连接器 CN801 的 3 脚接触不良。对 3 脚进行处理并确认连接正常后，故障排除。

【例 2】 开机有伴音，无光栅。

分析与检修： 仔细观察显示屏打开后始终不亮，测量 +24V、+12V 供电正常，测量升压输出电路 C8102、C8113 两端电压仅为 +24V，说明升压驱动电路未工作。测量点灯控制和亮度控制电压正常，检查升压输出电路，发现升压开关管 Q8101 开路。更换 Q8101 后，故障排除。

第 7 章

海尔 LED 液晶彩电电源＋背光灯
二合一板维修精讲

7.1 海尔 715G5792-P01-003-002M 电源＋背光灯二合一板维修精讲

　　海尔 LED 液晶彩电采用的 715G5792-P01-003-002M 电源板，为开关电源与背光灯二合一板，其中开关电源电路采用 LD7591T＋SSC1S311 组合方案，输出＋12V、＋24V 和＋5.2V 电压，为主板和背光灯电路等供电；LED 背光灯电路采用 PF7900S＋PF7700A 组合方案，根据背光灯组件需要，将＋24V 电压提升到 35.2～744V，为 6 路 LED 背光灯串供电。

　　同系列二合一板还有 715G5792-P01-002-002S 和 715G5792-P01-002-002M，其电路基本相同，区别在于 LED 输出电流和电压及均流控制电路采用的集成电路不同。该系列二合一板应用于海尔 LED42Z500、LED42B7000、LE46G3000、LE42DU3200H、LE42A910、LEA46A390P、创维 42E309R、先锋 LED42K200D、LED46E600D、冠捷 LE42A6530、LE42A6580 等 LED 液晶彩电中。

　　海尔 715G5792-P01-003-002M 电源＋背光灯二合一板实物图解如图 7-1 所示，电路组成框图如图 7-2 所示。该二合一板由开关电源和 LED 背光灯电路两大部分组成。

　　其中开关电源由两部分组成：一是以集成电路 LD7591T（IC9801）为核心组成的 PFC 电路，将整流滤波后的市电校正后提升到＋380V 为主电源电路供电；二是以集成电路 SSC1S311（IC9101）为核心组成的主电源电路，产生＋24V、＋12V 和＋5.2V 电压，为主板和背光灯电路供电。

　　LED 背光灯电路由两部分组成：一是由驱动控制电路 PF7900S（IC8103）和 L8101、Q8101、D8120//D8121、C8117//C8118 组成的升压输出电路，将＋24V 直流电压提升后，为 6 路 LED 背光灯串供电；二是由 PF7700A（IC8501～IC8506）组成的背光灯电流控制电路，对 LED 背光灯串电流 LED-1～LED-6 进行调整和控制，达到调整和均衡亮度的目的。

　　开/关机采用控制 PFC 电路 VCC-ON 电压和＋24V 输出的方式，开机时输出 VCC-ON 电压和＋24V 电压。

7.1.1 电源电路原理精讲

1. 抗干扰和市电整流滤波电路

（1）抗干扰电路

　　海尔 715G5792-P01-003-002M 电源＋背光灯二合一板抗干扰和市电整流滤波电路如图

主电源电路：以振荡驱动电路SSC1S311(IC9101)、MOSFET(开关管)Q9101、开关变压器T9101和稳压电路光耦合器IC9102、误差放大器IC9103为核心组成。通电后PFC电路启动待机状态输出的300V电压(遥控开机后上升到380V)经T9101为Q9101供电，并为IC9101的4脚提供启动电压，主电源启动工作，IC9101的5脚输出激励脉冲，推动Q9101工作于开关状态，脉冲电流在T9101中产生感应电压，二次感应电压整流滤波后产生+12V和+24V电压，为主板和背光灯电路供电。12V电压经DC-DC变换后输出+5.2V电压，为主板控制系统供电

抗干扰和市电整流滤波电路：利用电感线圈L9901、L9902和电容C9903～C9906组成的共模、差模滤波电路，一是滤除市电电网干扰信号，二是防止开关电源产生的干扰信号窜入电网。滤除干扰脉冲后的市电通过全桥BD9901整流、电容C9801滤波后，因滤波电容容量小，产生100Hz脉动300V电压，送到PFC电路。NR9901为限流电阻，防止开机冲击电流；RV9901为压敏电阻，市电电压过高时击穿，烧断熔丝F9901断电保护

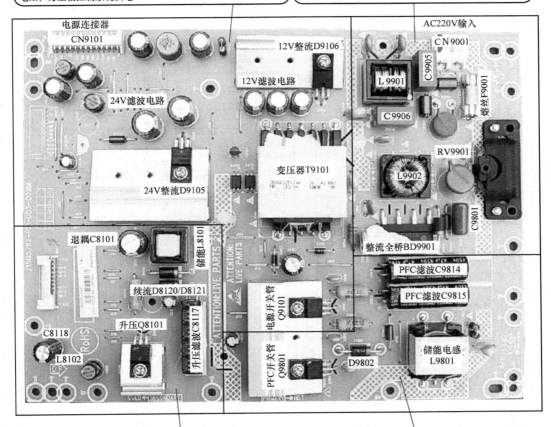

LED背光灯电路：由两部分电路组成，一是以驱动控制电路PF7900S(IC8103)和储能电感L8101、开关管Q8101、续流管D8120、D8121、滤波电容C8117、C8118为核心组成的升压输出电路，将+24VS电压提升为LED供电所需直流电压，为LED背光灯串正极供电；二是由6个集成电路PF7700A(IC8501～IC8506)组成的LED背光灯串电流控制电路，对LED背光灯串的负极电流进行控制，达到调整背光灯亮度和稳定背光灯串电流的目的。开关电源输出的+24VS电压为升压输出电路供电，+12V电压为IC8103和IC8501～IC8506供电，遥控开机后主板送来的ON/OFF点灯电压送到IC8501～IC8506的2脚，亮度调整DIM电压送到IC8501～IC8506的1脚和IC8103的5脚，背光灯电路启动工作，IC8103从7脚输出激励脉冲，推动Q8101工作于开关状态，与储能电感L8101和整流滤波电路D8120、D8121、C8117、C8118配合，根据不同的LED背光灯组件需要，将+24VS电压提升到35.2～74.4V，为6路LED背光灯串供电；LED背光灯串电流经IC8501～IC8506进行控制，确保LED背光源均匀稳定

PFC电路：以驱动电路LD7591T(IC9801)和大功率MOS开关管Q9801、储能电感L9801为核心组成。二次开机后，开/关机控制电路为IC9801提供VCC-ON供电，该电路启动工作，IC9801从7脚输出激励脉冲，推动Q9801工作于开关状态，与L9801和PFC整流滤波电路D9802、C9814、C9815配合，将供电电压和电流校正为同相位，提高功率因数，减少污染，并将主、副电源供电电压HV提升到+380V

图 7-1　海尔 715G5792-P01-003-002M 电源 + 背光灯二合一板实物图解

7-3 所示。AC220V 市电电压经熔丝 F9901 输入到由 C9903～C9906、L9901、L9902 组成的两级滤波电路，利用它滤除市电中的高频干扰脉冲，并防止电视机内部产生的脉冲污染市电电网。

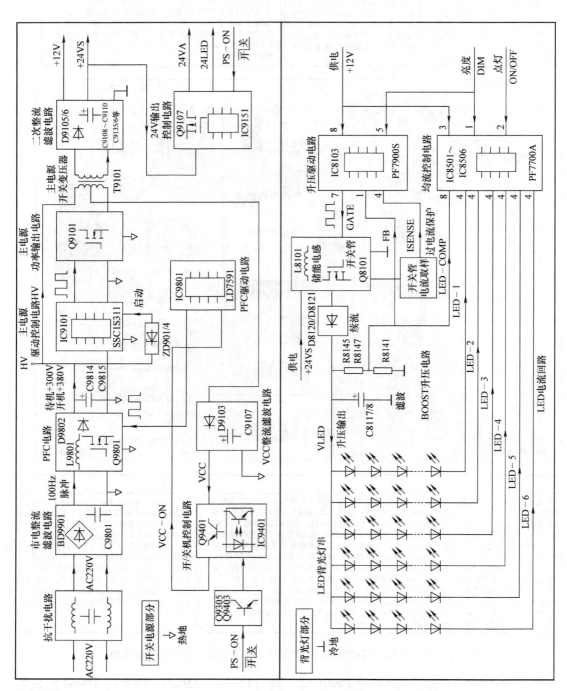

图 7-2　海尔 715G5792- P01-003-002M 电源 + 背光灯二合一板电路组成框图

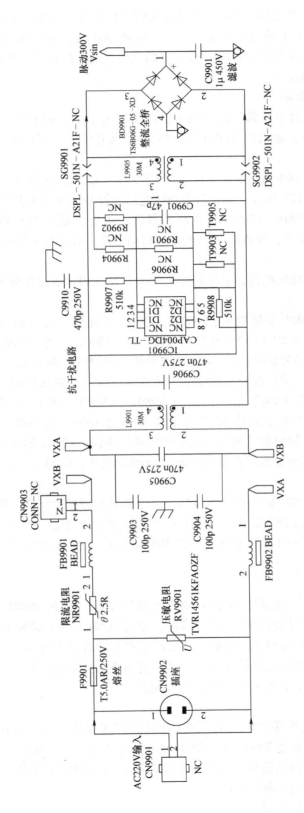

图 7-3　海尔 715G5792-P01-003-002M 电源 + 背光灯二合一板抗干扰和市电整流滤波电路

电路中 RV9901 为压敏电阻，市电正常时，RV9901 相当于开路，不影响电源电路正常工作；一旦市电升高使它的峰值电压超过 RV9901 的耐压后，RV9901 击穿短路，使熔丝 F9901 过电流熔断，避免了市电滤波和 PFC 电路的元器件过电压损坏。NR9901 为限流电阻，限制开机瞬间的冲击电流。

（2）市电整流滤波电路

AC220V 市电经抗干扰电路低通滤波网络，滤除市电中的高频干扰信号后，经 BD9901 全桥整流、C9801 滤波后，输出约 300V 的脉动电压，该电压送往 PFC 电路。

2. PFC 电路

海尔 715G5792-P01-003-002M 电源 + 背光灯二合一板 PFC 电路如图 7-4 所示。其中 PFC 控制器 IC9801 采用 LD7591T，与大功率场效应晶体管 Q9801 和变压器储能电感 L9801、整流滤波电路 D9802、C9814、C9815 等外部元器件，组成并联型 PFC 电路。遥控开机后 PFC 电路输出电压为 +380V，待机时 PFC 电路未启动，输出电压为 +300V，为主电源供电。

（1）LD7591T 简介

LD7591T 与 LD7591 功能相同，有关简介见 2.4.1 节中 PFC 电路部分相关内容。

（2）启动工作过程

AC220V 市电经 BD9901 全桥整流、C9814、C9815 滤波后，输出约 300V 的脉动电压，送往 PFC 电路，一路经 D9801 向 PFC 滤波电容 C9814、C9815 充电，形成 +300V 电压，待机状态为主电源供电；一路经储能电感 L9801 加到开关管 Q9801 的 D 极。

用遥控器开机后，开/关机控制电路输出 VCC-ON 电压，加到 IC9801 的 8 脚，其内部电路启动工作，并由 7 脚输出 PWM 脉冲，通过 R9802、R9803、D9803 加到 Q9801 的 G 极，使 Q9801 导通。由全桥整流输出的 300V 脉动电压通过 L9801 的一次 4-5 绕组、开关管 Q9801 的 D-S 极、R9808 到地构成回路。在 Q9801 导通期间，L9801 储能，并在一次 4-5 绕组中产生感应电动势，其极性为左正右负，同时 D9802 截止，C9814、C9815 两端储存的电压为负载电路供电。

当 Q9801 截止时，L9801 的一次 4-5 绕组中产生的电动势极性反转，并与全桥整流输出的 300V 脉动电压叠加，经 D9802 整流、C9814、C9815 滤波，形成 +380V 的提升电压 HV，为主电源电路供电。待 Q9801 再次导通时，D9802 又截止，此时由 C9814、C9815 为负载继续供电。

（3）稳压控制电路

当 PFC 电路输出电压升高时，通过 Q9802 导通控制后，再由 R9804、R9807、R9809、R9815 与 R9818//R9823 分压的取样电压也升高，通过 IC9801 的 1 脚使内部误差放大器动作，并对 7 脚输出的 PWM 脉冲进行调整，使加到 Q9801 的 G 极的脉冲占空比下降，从而使 Q9801 的导通时间缩短，PFC 电路输出电压下降，起到稳压控制的作用。当 PFC 电路输出电压下降时，上述过程相反，也起到稳压控制的作用。

（4）过电流保护电路

IC9801 的 4 脚为过电流保护输入端。当 Q9801 会严重过电流时，在其 S 极电阻 R9808 两端形成的电压降升高，通过 R9810 使 IC9801 的 4 脚电压也升高，从而使 IC 内部的过电流保护电路动作，切断 7 脚输出信号，形成过电流保护。当 R9808 阻值增大时，会引起过电流保护电路误动作，使电压表现为 300V。

（5）PFC 取样电压控制电路

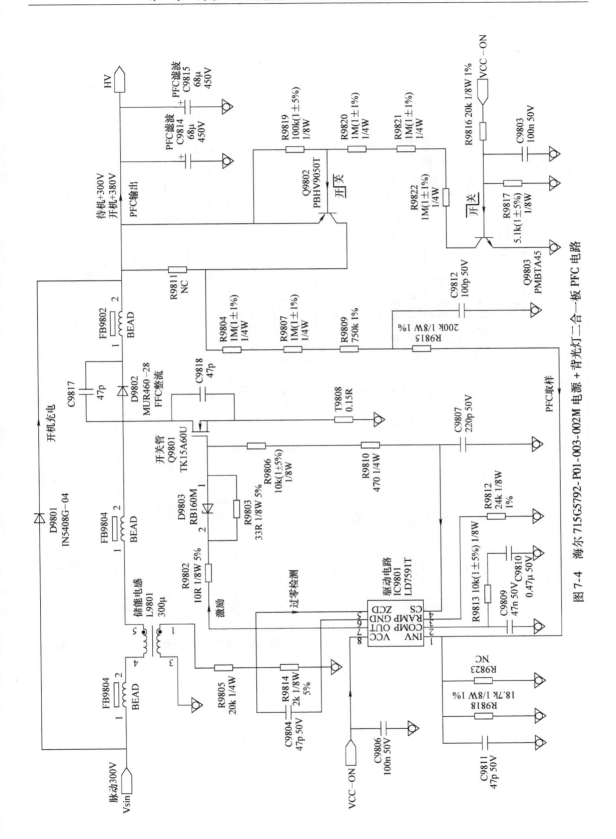

图 7-4　海尔 715G5792-P01-003-002M 电源 + 背光灯二合一板 PFC 电路

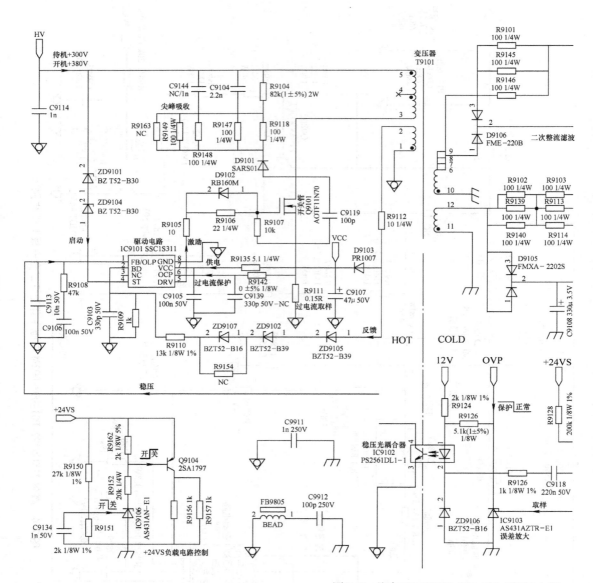

图 7-5   海尔 715G5792-P01-003-002M 电源 +

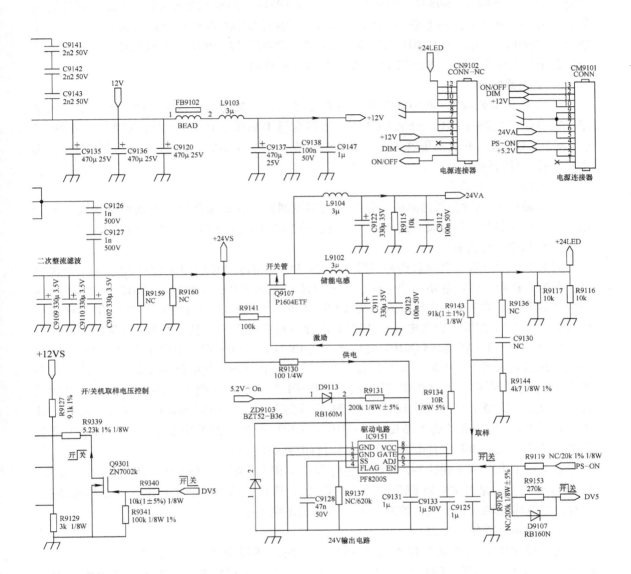

背光灯二合一板主电源电路

该电路由 Q9803、Q9802 组成，受开/关机控制电路输出的 VCC-ON 电压控制。待机时 VCC-ON 电压为 0V，不但 PFC 驱动电路因无 VCC 供电而停止工作，而且使 Q9803、Q9802 截止，切断了 R9804、R9807、R9809、R9815 与 R9818//R9823 组成的分压电路；遥控开机后，VCC-ON 电压变为高电平 15.3V，使 PFC 驱动电路获取 VCC 供电而启动工作，同时使 Q9803、Q9802 导通，将 R9804、R9807、R9809、R9815 与 R9818//R9823 组成的分压电路与输出 HV 电压接通，为 IC9801 的 1 脚送去 PFC 取样电压。

3. 主电源电路

海尔 715G5792-P01-003-002M 电源 + 背光灯二合一板主电源电路如图 7-5 所示。该电路以振荡驱动电路 IC9101（SSC1S311）、光耦合器 IC9102、误差放大器 IC9103、MOSFET（开关管）Q9101、开关变压器 T9101 为核心组成，产生 +24V、+12V 和 +5.2V 电压，为主板和背光灯板供电。

（1）SSC1S311 简介

SSC1S311 是三肯公司出品的一款开关电源控制器，内置振荡器、驱动控制电路、启动电路、稳压控制电路等，设有过电压、过电流保护功能。SSC1S311 引脚功能见表 7-1。

（2）启动工作过程

通电开机后，PFC 电路启动和待机状态 C9814、C9815 两端输出 +300V 电压为主电源供电，遥控开机后，PFC 电路启动工作，供电电压提升到 380V。C9814、C9815 两端电压 HV 经变压器 T9101 的一次 5-3 绕组为开关管 Q9101 的 D 极供电，同时经 ZD9101、ZD9104 降压后为 IC9101 的 4 脚提供启动电压，IC9101 内部电路启动工作，从 5 脚输出 PWM 信号，经 R9105、R9106、D9102 加到 Q9101 的 G 极。当 PWM 信号的平顶期前沿出现时，Q9101 开始导通，并在变压器 T9101 的一次 5-3 绕组中产生感应电动势，其极性为 5 脚正、3 脚负。当 PWM 信号的平顶期过后，Q9101 转为截止，T9101 的一次 5-3 绕组中的感应电动势极性反转，并通过二次绕组向负载泄放。当 PWM 信号的下一个平顶期到来时，Q9101 又开始导通，此后随着 PWM 信号的不断变化，Q9101、T9101 便进入开关振荡状态，不断地为负载供电。其开关振荡频率主要由 IC9101 内部时钟电路决定。

变压器 T9101 热地端的 1-2 绕组感应电压，经 R9112 限流、D9103 整流、C9107 滤波产生 VCC 电压，一是经 R9135 降压后为 IC9101 的 6 脚提供启动后的工作电压；二是送到开/关机控制电路 Q9401 的 c 极，控制后为 PFC 驱动电路供电。

（3）整流滤波输出电路

变压器 T9101 二次侧冷地端的 10-6/7/8/9 绕组感应电压，经双二极管 D9106 整流、C9135、C9136、C9120、L9103、C9137 等滤波后，产生 +12V 电压，为主板和电源板上的背光灯电路供电；变压器 T9101 二次侧冷地端的 11-12 绕组感应电压，经双二极管 D9105 整流、C9108、C9109、C9110、C9102 滤波后，产生 +24VS 电压，为电源板上的 LED 背光灯升压电路供电，并经 IC9151、Q9107 组成的电路，产生 +24VA 和 +24LED 电压。

（4）稳压控制电路

光耦合器 IC9102 和误差放大器 IC9103、取样电路组成稳压控制电路，对主电源输出的 +24VS、+12V 电压进行分压取样。其中 IC9102 的 4 脚接至 IC9101 的 1 脚，用于反馈控制。

当 +24VS、+12V 电压因某种原因上升时，IC9103 和 IC9102 导通增强，将 IC9101 的 2 脚电位下拉，从而使 IC 内部电路控制电源开关管 Q9101 的导通时间缩短，+24VS、+12V

表 7-1 SSC1S311 引脚功能

引脚	符号	功 能	引脚	符号	功 能
1	PF/OLP	稳压控制输入，接稳压电路光耦合器	5	DRV	驱动激励脉冲输出
2	BO	反馈电压输入	6	OCP	过电流保护检测电压输入
3	NC	空脚	7	VCC	IC 工作电压输入
4	ST	启动电压输入	8	GND	接地

输出电压下降，起到自动稳压的作用。反之，当 +24VS、+12V 电压下降时，上述过程相反，也起到自动稳压的作用。

（5）开关管过电流保护电路

该电路由 Q9101 的 S 极电阻 R9111 和 IC9101 的 6 脚 OCP 内部电路等组成。在正常状态下，通过 R9111 的电流不大于 2A，IC9101 的 6 脚电压小于 0.7V，IC 内部保护电路不动作。当 Q9101 的导通电流大于 2A 时，R9111 的两端电压降会超过 0.7V，从而使 IC9101 的 4 脚电压上升，导致 IC 内部的过电流保护电路动作，IC9801 的 5 脚无输出，Q9101 处于截止状态，因而起到保护作用。

（6）尖峰吸收保护电路

该电路由 C9104、C9144、D9101、R9116、R9147 ~ R9149 等组成，主要用于吸收 Q9101 截止时在 D 极激起的过高反峰脉冲，以避免 Q9101 被过高尖峰脉冲击穿。

（7）反馈电路

变压器 T9101 的辅助 1-2 绕组感应电压经 ZD9105、ZD9102、ZD9107、R9110 反馈到 IC9101 的 2 脚 BO 输入端，IC9101 据此对输出电压进行检测，对内部振荡驱动电路进行控制，稳定输出电压。

（8）24VS 负载电阻控制电路

该电路以图 7-5 左下侧所示误差放大器 IC9106、Q9104 为核心组成。+24VS 电压正常时，经 R9150Y 与 R9151 分压后送到 IC9106 的输入端电压较高，IC9106 导通，Q9104 导通，将负载电阻 R9156//R9157 接入 +24VS 输出端，稳定输出电压。待机时开关电源输出电压降低，IC9106 和 Q9104 截止，负载电路与 +24VS 断开。

4. +5.2V 形成电路

该电路如图 7-6 的下部所示，以 DC-DC 厚膜电路 IC9104（NR111D）、储能电感 L9101、续流管 D9104、滤波电容 C9116、C9115、C9146 为核心组成。

（1）NR111D 简介

NR111D 是轻载效率高、电流模式降压 DC-DC 变换驱动电路，内部电路框图如图 7-7 所示。NR111D 内含振荡器、软启动电路、稳压电路、补偿电路、驱动电路和高端功率场效应晶体管，设有过电流保护（OCP）、欠电压锁定（UVLO）和热关机（TSD）电路，工作频率为 350kHz，工作电压范围为 6.5 ~ 31V，输出电压范围为 0.8 ~ 24V。NR111D 引脚功能见表 7-2。

（2）启动工作过程

开关电源输出的 12V 电压为 IC9104 的 2 脚供电，同时经 R9132 为 7 脚提供启动电压，IC9104 启动工作，内部振荡电路产生的激励脉冲，推动内部开关管工作于开关状态，从 3 脚输出脉冲电压，经储能电感、续流管、滤波电容后变换为 +5.2V 电压，为主板控制系统供电。

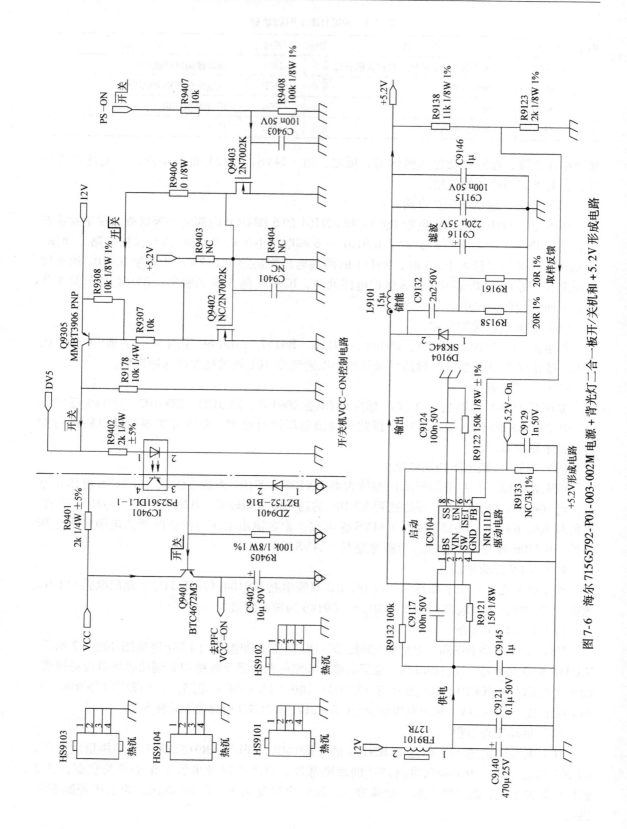

图 7-6 海尔 715G5792-P01-003-002M 电源 + 背光灯二合一板开/关机和 +5.2V 形成电路

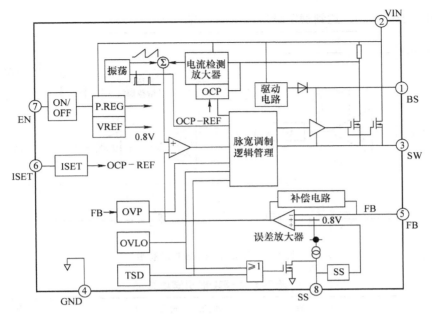

图 7-7　NR111D 内部电路框图

表 7-2　NR111D 引脚功能

引脚	符号	功　能	引脚	符号	功　能
1	BS	高端输出供电输入	5	FB	取样反馈电压输入
2	VIN	工作电压输入	6	ISET	过电流保护设置
3	SW	开关管脉冲电压输出	7	EN	启动使能电压输入
4	GND	接地	8	SS	外接软启动电路

（3）稳压控制过程

输出电压经 R9138 与 R9123 分压取样后，反馈到 IC9104 的 5 脚 FB 输入端，IC9104 据此对驱动脉冲的脉宽进行控制，达到稳定输出电压的目的。

5.　+24VA 和 +24LED 形成和输出控制电路

该电路如图 7-5 右下部所示，以驱动电路 IC9151（PF8200S）、MOSFET（开关管）Q9107 为核心组成，受开/关机 PS-ON 控制，遥控开机时启动工作，输出 + 24VA 和 +24LED 电压，待机时关闭，停止输出 +24VA 和 +24LED 电压。

（1）PF8200S 简介

PF8200S 是液晶电源管理电路，内部电路框图如图 7-8 所示，内含基准电压源、驱动输出电路、误差放大器等，具有欠电压保护功能。PF8200S 引脚功能见表 7-3。

（2）启动工作过程

开机后，主板送来的 PS-ON 电压为高电平，经 R9119 为开/关机 +24VA 和 +24LED 形成和输出控制电路 IC9151 的 5 脚提供启动电压，IC9151 启动工作，从 7 脚输出驱动电压，推动开关管 Q9107 导通，24V 电压经 Q9107 输出，经电感 L9102、C9111 滤波后，输出 +24LED 电压，经 L9104、C9122 滤波后，输出 +24VA 电压，为负载电路供电。

（3）稳压控制过程

输出电压经 R9143 与 R9144 分压取样后，反馈到 IC9151 的 6 脚 ADJ 输入端，IC9151 据此对驱动电压进行控制，达到稳定输出电压的目的。

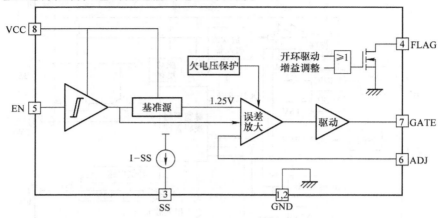

图 7-8　PF8200S 内部电路框图

表 7-3　PF8200S 引脚功能

引脚	符号	功　　　能	引脚	符号	功　　　能
1	GND	接地	5	EN	启动控制电压输入
2	GND	接地	6	ADJ	稳压反馈电压输入
3	SS	外接软启动电容	7	GATE	驱动电压输出
4	FLAG	开环增益控制	8	VCC	工作电压输入

6. 开/关机控制电路

海尔 715G5792-P01-003-002M 电源 + 背光灯二合一板开/关机控制电路对以下三部分电路进行控制：一是控制图 7-5 右下部由 Q9301、R9339 组成的取样电压控制电路；二是控制开/关机 +24VA 和 +24LED 形成和输出控制电路；三是控制图 7-6 上部以 Q9402、Q9305、光耦合器 IC9401 和 Q9401 为核心组成的开/关机 VCC-ON 控制电路。

（1）开机状态

开机时，PS-ON 控制信号为高电平时，一是使开/关机取样电压控制电路 Q9301 导通，将 R9339 并联到取样电路下部，取样电压降低，根据稳压控制原理，开关电源输出电压提高到正常值，为负载电路供电；

二是为开/关机 +24VA 和 +24LED 形成和输出控制电路 IC9151 的 5 脚提供启动电压，IC9151 启动工作，输出 +24LED 和 +24VA 电压，为负载电路供电；

三是使开/关机 VCC-ON 控制电路 Q9403、Q9305 导通，光耦合器 IC9401 导通，为 Q9401 的 b 极提供正向偏置电压，Q9401 导通，输出 VCC-ON 电压，为 PFC 驱动电路提供工作电压，PFC 电路启动工作，将主电源开关管供电提升到 380V。

（2）待机状态

待机时，PS-ON 控制信号为低电平时，一是使开/关机取样电压控制电路 Q9301 截止，将 R9339 与取样电路下部断开，取样电压提升，根据稳压控制原理，开关电源输出电压降低，降低功耗；

二是使开/关机 +24VA 和 +24LED 形成和输出控制电路 IC9151 的 5 脚电压变为低电平，IC9151 停止工作，切断 +24LED 和 +24VA 电压输出；

三是使开/关机 VCC-ON 控制电路 Q9403、Q9305 截止，IC9401 截止，Q9401 截止，切断 VCC-ON 输出电压，PFC 驱动电路停止工作，将主电源开关管供电降低到 300V。

7.1.2　电源电路维修精讲

海尔 715G5792-P01-003-002M 电源 + 背光灯二合一板开关电源电路发生故障时，主要引起开机三无故障，可通过观察待机指示灯是否点亮，测量关键点电压，解除保护的方法进行维修。

电源在电路上设计有热地和冷地部分，检修热地时一定要注意，以防被电击，有条件的话最好使用 1∶1 隔离变压器检修电源板。检修中要注意热地和冷地的区分，以免损坏电路和被电击。

1. 三无，指示灯不亮

指示灯的供电由开关电源输出的 52V 经微处理器控制后提供，指示灯不亮，对于电源板来说，故障在开关电源电路。

（1）熔丝熔断

发生开机三无，待机指示灯不亮故障，先查熔丝 F9901 是否熔断，如果熔丝熔断，说明电源电路存在严重短路故障，先查市电输入抗干扰电路电容、压敏电阻 RV9901 和整流滤波BD9901、C9801 电路是否发生短路漏电故障，再查 PFC 电路开关管 Q9801、主电源开关管Q9101 是否击穿。

如果主电源开关管 Q9101 击穿，应注意检查开关管 Q9101 的 D 极外接尖峰吸收电路组件是否开路，稳压控制电路光耦合器 IC9102、误差放大器 IC9103 是否开路失效，造成主电源输出电压过高，击穿开关管 Q9101。

（2）熔丝未断

如果测量熔丝 F9901 未断，先检查电源供电电路。测量 PFC 电路大滤波电容 C9814、C9815 待机时输出的 +300V 是否正常，无 +300V 电压输出，查市电输入电路和整流滤波电路；有 +300V 电压输出，故障在开关电源电路。测量 IC9101 的 4 脚有无启动电压，无启动电压，查 4 脚外部的启动电路 ZD9101、ZD9104 是否开路；查 IC9101 的 7 脚有无 VCC 电压，无 VCC 电压，检查 7 脚外部的 R9112、D9103、C9107、R9135 是否发生开路、短路故障。

有条件的测量 IC9101 的 5 脚有无激励脉冲输出，有激励脉冲输出，测量灌流电路开关管 Q9101。若上述检查正常，检查主电源二次整流滤波电路是否发生开路、短路故障。

（3）检修 5.2V 形成电路

如果开关电源输出的 12V 电压正常，但无 5.2V 电压输出，是 5.2V 形成电路 IC9104 发生故障，检查 IC9104 的 2 脚供电电压和 7 脚启动电压。若这两个电压正常，仍无 5.2V 电压输出，多为 IC9104 内部损坏。

2. 三无，指示灯亮

指示灯亮，说明开关电源输出的 5.2V 基本正常，故障在 PFC 电路和开/关机控制电路。

（1）检查开/关机控制电路

二次开机后，测量 PS-ON 是否为高电平，如果为高电平，首先测量 PFC 电路提供的380V 供电和 IC9801 的 8 脚 VCC-ON 供电，如果无 VCC-ON 供电，一是查开关电源 C9107两端有无 VCC 电压输出，无 VCC 电压输出，检查 R9112、D9103、C9107 组成的 VCC 整流滤波电路；二是查开/关机控制电路 Q9403、Q9305、IC9401、Q9401 组成的 VCC-ON 控制电路。

遥控开机后测量开/关机 + 24VA 和 + 24LED 输出是否正常，无电压输出，检查 IC9151、Q9107 组成的输出控制电路。

（2）检查 PFC 电路

如果 380V 供电仅为 300V，则是 PFC 电路未工作，检修 IC9801 及其外部电路元器件组成的 PFC 电路。如果开关管 Q9801 击穿，应注意检查 Q9801 的 S 极电阻 R9808 是否连带损坏。另外，PFC 滤波电容 C9814、C9815 失效，也会造成 PFC 电路输出电压降低。

7.1.3　电源电路维修实例

【例1】　开机三无，指示灯不亮。

分析与检修：通电测量主电源无电压输出，测量熔丝 F9901 正常，测量 PFC 电路开关管 Q9801、主电源开关管 Q9101 的对地电阻正常，通电测量 PFC 电路输出的 380V 为 395V，在正常范围内。测量主电源 IC9101 的 4 脚启动电压为 2V，低于正常值，检查 4 脚外部启动电路稳压管，发现 ZD9101 内部开路。更换 ZD9101 后，故障排除。

【例2】　开机三无，指示灯亮。

分析与检修：指示灯亮，说明电源输出的待机 + 52V 电压正常。通电测量 PFC 电路输出电压为 300V，二次开机后，测量开/关机控制电路无 VCC-ON 电压输出，检查开/关机控制电路，发现 PS-ON 为高电平，但 Q9403 的 D 极却为高电平，将 Q9403 的 D 极对地短接，VCC-ON 电压恢复正常，PFC 电路输出电压上升到 380V，怀疑 Q9403 损坏。更换 Q9403 后，故障排除。

7.1.4　背光灯电路原理精讲

海尔 715G5792-P01-003-002M 电源 + 背光灯二合一板 LED 背光灯电路如图 7-9 和图 7-11 所示，由两部分电路组成：一是以驱动控制电路 PF7900S（IC8103）和储能电感 L8101、开关管 Q8101、续流管 D8120、D8121、滤波电容 C8117、C8118 为核心组成的升压输出电路，将 + 24V 电压提升为 LED 供电所需直流电压，为 LED 背光灯串正极供电；二是由 6 个集成电路 PF7700A（IC8501 ~ IC8506）组成的均流控制电路，对 LED 背光灯串的负极电流进行控制，达到调整背光灯亮度和稳定背光灯串电流的目的。

1. BOOST 升压电路

（1）PF7900S 简介

PF7900S 是 LED 背光灯 BOOST 驱动控制专用控制芯片，内部电路框图如图 7-10 所示，内含内部偏置与参考电压发生器，振荡器，欠电压、过电压、过电流保护电路，稳压反馈控制和驱动输出电路等。PF7900S 引脚功能见表 7-4。

（2）启动工作过程

开关电源输出的 + 24V 为升压输出电路供电，+ 12V 为驱动控制电路 IC8103 供电，遥控开机后主板送来的 ON/OFF 点灯控制电压和 DIM 亮度调整电压送到背光灯电路，其中 DIM 电压送到 IC8103 的 5 脚，背光灯电路启动工作，IC8103 从 7 脚输出激励脉冲，推动 Q8101 工作于开关状态，Q8101 导通时在 L8101 中储存能量，Q8101 截止时 L8101 中储存电压与 24V 电压叠加，经 D8120、D8121 向 C8117、C8118 充电，产生 VLED 输出电压，经连接器 CN8501 的 1、12 脚输出，将 6 路 LED 背光灯串点亮。

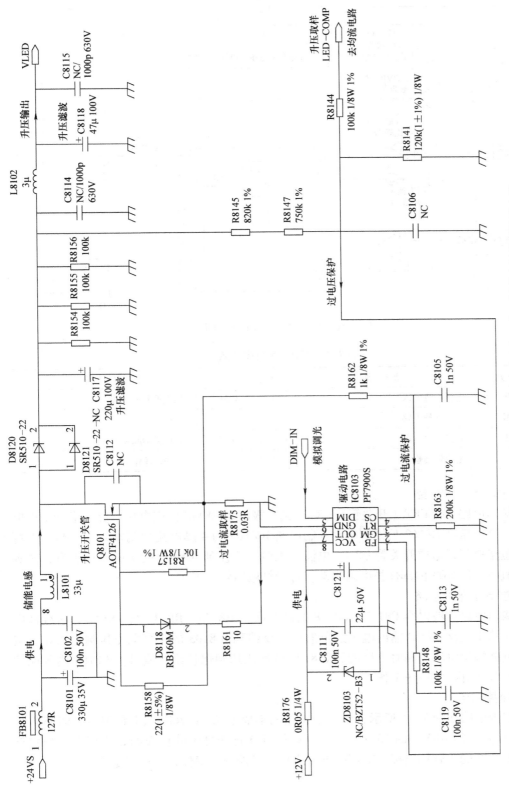

图 7-9　海尔 715G5792-P01-003-002M 电源＋背光灯二合一板背光灯升压输出电路

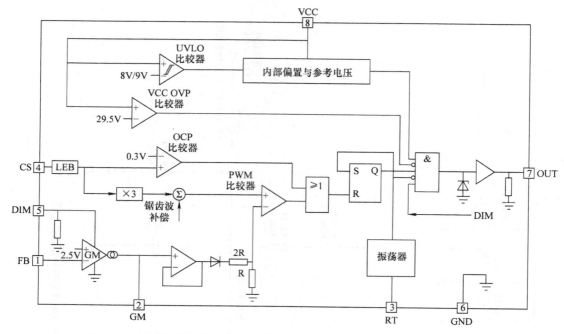

图 7-10　PF7900S 内部电路框图

表 7-4　PF7900S 引脚功能

引脚	符号	功　能	引脚	符号	功　能
1	FB	电压检测输入	5	DIM	调光控制电压输入
2	GM	外接补偿电路	6	GND	接地
3	RT	外接定时电阻	7	OUT	升压激励脉冲输出
4	CS	电流检测输入	8	VCC	工作电压输入

（3）过电流保护电路

升压输出电路 MOSFET（开关管）Q8101 的 S 极电阻 R8175 两端电压，反映了 Q8101 电流的大小。该电压经 R8162 反馈到驱动控制电路 IC8103 的 4 脚电流检测输入端，当背光灯电路发生短路故障，造成开关管 Q8101 电流过大时，反馈到 IC8103 的 4 脚电压上升，达到保护设计值时，IC8103 内部保护电路启动，背光灯电路停止工作。

（4）过电压保护电路

升压输出电路滤波电容 C8117、C8118 两端并联了 R8145、R8147 与 R8141 分压取样电路，对升压输出电路 VLED 输出电压进行取样，反馈到 IC8103 的 1 脚电压检测输入端。当升压输出电路输出电压过高时，反馈到 IC8103 的电压达到保护设计值时，IC8103 内部保护电路启动，背光灯电路停止工作。

2. 均流控制电路

均流控制电路如图 7-11 所示，由 6 个相同的集成电路 PF7700A（IC8501 ~ IC8506）组成，背光灯连接器 CN8501 的 10 ~ 8、5 ~ 3 脚为 LED 背光灯串的负极回路连接端，分别与 IC8501 ~ IC8506 的 4 脚相连接，对灯串电流进行均流控制，确保背光均匀稳定。

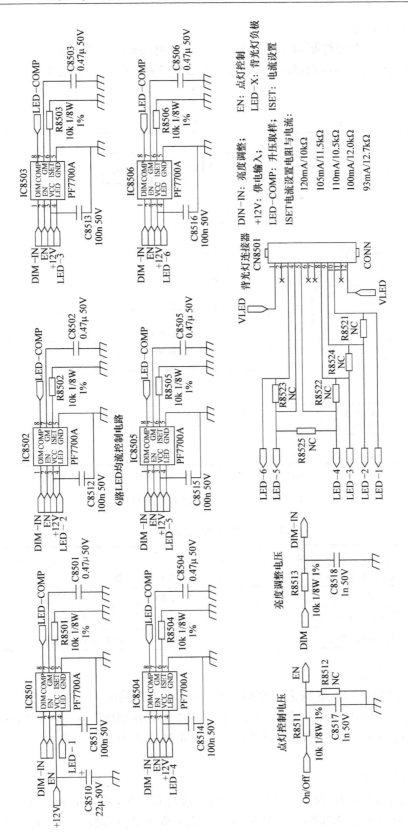

图 7-11　海尔 715G5792-P01-003-002M 电源 + 背光灯二合一板背光灯均流控制电路

（1）PF7700A 简介

PF7700A 是 LED 背光灯驱动控制专用芯片，内部电路框图如图 7-12 所示，内含点灯控制电路、亮度调整电路、逻辑控制电路、升压驱动电路和欠电压锁定电路。PF7700A 引脚功能见表 7-5。

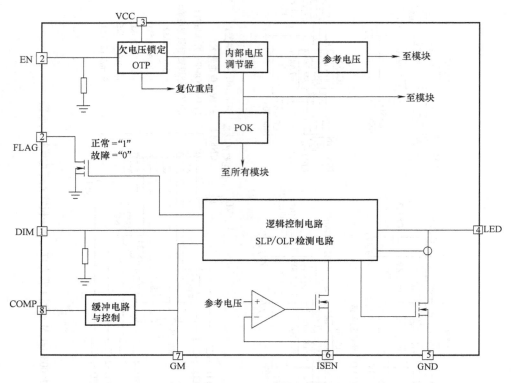

图 7-12　PF7700A 内部电路框图

表 7-5　PF7700A 引脚功能

引脚	符号	功　　能	引脚	符号	功　　能
1	DIM	调光控制电压输入	5	GND	接地
2	EN/FLAG	点灯控制输入	6	ISET	开关管电流检测输入
3	VCC	工作电压输入	7	GM	外接电阻、电容电路
4	LED	LED 背光灯供电	8	COMP	内部误差放大器输入

（2）启动工作过程

开关电源输出的 + 12V 电压为 IC8501 ~ IC8506 的 3 脚供电，遥控开机后主板送来的 ON/OFF 点灯电压送到 IC8501 ~ IC8506 的 2 脚，DIM 调光控制电压送到 IC8501 ~ IC8506 的 1 脚，均流控制电路 IC8501 ~ IC8506 启动工作，对 4 脚外接的 LED 背光灯串电流进行调整和控制。

（3）电压反馈电路

升压输出电路滤波电容 C8117、C8118 两端并联的 R8553、R8554 分压取样电路，获取的取样电压经 R8144 送到 IC8501 ~ IC8506 的 8 脚内部误差放大器输入端，经内部电路比较后，产生 LED-COMP 控制电压，对 LED 背光灯串的电流进行控制，以应对 LED 供电电压对 LED 背光灯电流的影响。LED-COMP 反馈电压过高时，内部保护电路启动停止工作。

7.1.5　背光灯电路维修精讲

背光灯电路发生故障时，会出现背光灯开/关机无亮度，伴音、遥控、面板按键控制均正常，黑屏幕故障。

1. 显示屏始终不亮

显示屏始终不亮，伴音、遥控、面板按键控制均正常，黑屏幕。此故障主要是 LED 背光灯电路未工作引起，需检测以下几个工作条件：一是检测背光灯电路的 24V 和 12V 供电是否正常；二是检测 CPU 控制电路输出的 ON/OFF 点灯控制高电平是否正常；三是测量 DIM 亮度调整电压是否正常。

如果 24V 和 12V 供电不正常，首先排除开关电源电路故障，也可采用其他 24V 或 12V 外置电源模拟供电和控制电压的方法进行维修，将 ON/OFF 点灯控制电压和 DIM 亮度调整电压通过分压电阻接到 12V 供电端，分取一个 3 ~ 5V 点灯高电平，模拟点灯控制电压；分取一个 1 ~ 4V 模拟调光电压，对背光灯板进行维修。

如果工作条件正常，背光灯电路仍不工作，则是背光灯驱动控制电路和升压输出电路发生故障。通过测量 IC8103 的 7 脚是否有激励脉冲输出判断故障范围。IC8103 的 7 脚无激励脉冲输出，则是以 IC8103 为核心的驱动控制电路发生故障，否则是升压输出电路发生故障。

升压输出电路主要元器件易发生故障如下：

输入滤波电容 C8101、C8102、C8111：不会对电路造成实质性影响，短路会使 24V 或 12V 过电流，引起主电源过电流保护。

储能电感 L8101：开路会使输出电路失去供电，背光灯不亮；短路会使升压输出电路无法工作，且可能使 MOSFET Q8101 烧毁。故障时可以检测 L8101 是否有短路，电感量是否还存在。L8101 损坏的情况多表现为电感量为 0。

续流二极管 D8120、D8121：在电路中着重检测 D8120、D8121 是否短路，是否反向击穿。

开关控制 MOSFET Q8101：一是处于失效状态，升压输出电路不工作，LED 供电降低；二是击穿短路，造成 24V 过电流保护，主电源停止工作。

输出储能电容 C8117、C8118：开路失效时，升压输出电压降低；短路时，造成 24V 和升压输出电路过电流保护或升压输出电路开关管、续流管损坏。在电路中着重检测电容正、负极是否短路，电容是否失效。

2. 开机背光灯一闪即灭

该故障多为过电压保护电路启动引起。发生过电压保护故障时，一是测量输出电压是否过高；二是检查过电压取样电路元器件。输出电压过高时，检查 IC8103 稳压环路；输出电压正常时，检查过电压取样电路元器件是否正常。解除保护的方法是在 R8141 两端并联与 R8141 同阻值电阻，降低过电压保护取样电压。

3. 显示屏亮度不均匀

该故障多为 LED 背光灯串或均流控制电路 IC8501 ~ IC8506 有故障引起，一是一个 LED 背光灯串中的个别 LED 背光灯老化；二是整条 LED 背光灯串不亮；三是 IC8501 ~ IC850 之一损坏或性能不良。由于整个显示屏的 LED 背光灯串统一由升压输出电路供电，发生灯串不亮故障,多为灯串 LED 灯泡发生故障,或灯串电流反馈、均流控制电路发生故障。可通过测量背光灯串的输出连接器 CN8501 的 10 ~ 8、5 ~ 3 脚对地电阻、开机电压进行判断,由于各个灯串的 LED 背光灯个数相同,供电电压相同,正常时连接器 CN8501 的 10 ~ 8、5 ~ 3 脚对地电阻、开机电压应相同,如果测量后经过比对,哪个引脚对地电阻和电压不同,则是该引脚对应的 LED 背光灯串发生故障或对应的 IC8501 ~ IC850 内部均流控制电路发生故障。

7.1.6　背光灯电路维修实例

【例 1】　开机有伴音,显示屏无光。

分析与检修: 遇到此种情况,首先检查 LED 背光灯驱动电路正常工作的必要条件,注意检查 24V 和 12V 供电、ON/OFF 点灯高电平、DIM 亮度调整电压是否正常;然后检测 MOSFET 是否有损坏,电感是否有短路。

本例检查开关管 Q8101 击穿,更换 Q8101 后,光栅暗淡不稳定,然后熄灭。再查背光灯板,发现 Q8101 的 S 极过电流取样电阻 R8175 阻值变大,引起开关管电流减小,输出电压降低,过电流保护电路启动。更换过电流取样电阻后,故障排除。

【例 2】　液晶屏某一区出现暗带。

分析与检修: 发生此类故障是显示屏对应的 LED 背光灯串发生故障。测量连接器 CN8501 的 10 ~ 8、5 ~ 3 脚的电压并进行比对,发现 CN8501 的 8 脚电压偏低,其他引脚电压正常,CN8501 的 8 脚电压仅为 0.04V,判断该脚对应的 LED 背光灯串开路。拆开显示屏组件,检查 CN8501 的 8 脚对应的 LED 背光灯串开路。更换该 LED 背光灯串后,故障排除。

【例 3】　开机一闪即灭。

分析与检修: 估计是过电压保护电路启动所致。采取解除保护的方法进行维修,在 R8141 两端并联一只 100kΩ 电阻,人为降低过电压保护取样电压,通电测量背光灯板 C8117、C8118 两端电压在正常范围内,估计是过电压保护取样电路电阻变质所致。测量过电压保护取样电阻 R8141 阻值变大。更换 R8141 后,故障排除。

7.2　海尔 715G5827-P03-000-002H 电源 + 背光灯二合一板维修精讲

海尔 LED 液晶彩电采用型号为 715G5827-P03-000-002H 电源板,为开关电源与背光灯二合一板,把开关电源和 LED 背光灯电路集中放置到一块印制电路板上,降低了整机成本和体积,具有设计新颖、绿色节能的特点。该二合一板中开关电源电路采用 SSC2S110,LED 背光灯电路采用 PF7903BS。同类型二合一板有 715G5827-P01-000-002H、715G5827-P02-000-002S 等,应用于海尔 LE32B7000、LED32A30、LE32A301、LE32G3100、LE32G3000、创维 32E330F、长虹 LED37B1000C 等 LED 液晶彩电中。

海尔 715G5827-P03-000-002H 电源 + 背光灯二合一板实物图解如图 7-13 所示,电路组成框图如图 7-14 所示。该二合一板由两部分组成:一是以驱动电路 SSC2S110 为核心组成的开关电源电路,输出 12VO 和 + 5.2V 电压,为主板和背光灯等负载电路供电;二是以 PF7903BS 为核心组成的背光灯电路,将 12VO 电压提升到 40V 以上,为 LED 背光灯串供电,同时对灯串电路进行调整。

LED背光灯电路：由驱动控制电路PF7903BS(IC8501)、L8102、Q8104、D8101、C8105、C8113组成的升压电路和Q8101组成的背光灯电流控制电路两部分分组成。遥控开机后，+12VO电压为背光灯升压电路供电，主电路控制系统向电源板背光灯电路送去ON/OFF点灯开启电压使Q8107、Q8106导通，为IC8501提供VCC1工作电压，背光灯电路启动工作。IC8501从7脚输出升压驱动脉冲，驱动升压输出电路Q8104工作于开关状态，与储能电感和升压电容配合将+12VO直流电压提升后，输出40V以上的VLED+电压，为LED背光灯串供电；IC8501从1脚输出调流驱动电压，驱动Q8101对LED背光灯串电流LED1进行调整和控制；主板送来的DIM调整电压，通过Q8105、Q8107对VLED+取样电阻R8117进行控制，调整IC8501的4脚和I3脚FB反馈电压，达到调整亮度的目的

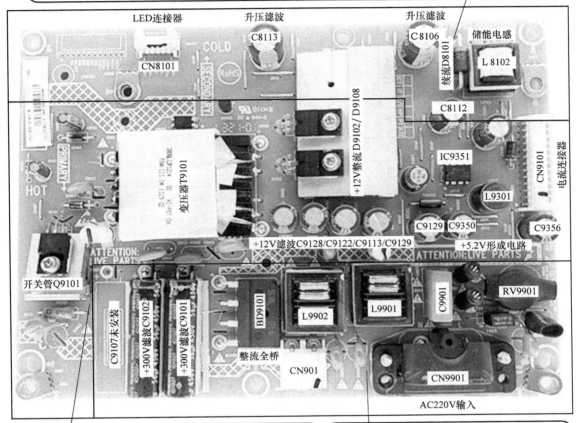

图 7-13　海尔 715G5827-P03-000-002H 电源 + 背光灯二合一板实物图解

开关电源：以振荡驱动电路SSC2S110(IC9101)、MOSFET(开关管)Q9101、开关变压器T9101和稳压电路光耦合器IC9103、误差放大器IC9102为核心组成。通电后市电整流滤波后产生的+300V电压一是经T9101一次绕组为Q9101供电，二是经ZD9105、ZD9104降压后为IC9101的4脚提供启动电压，开关电源启动工作，IC9101的6脚输出激励脉冲，推动Q9101工作于开关状态，脉冲电流在T9101中产生感应电压，二次感应电压整流滤波后产生+12V电压，经开/关机控制电路控制后，为主板和背光灯电路供电，+12V电压经DC DC降压后输出+5.2V电压，为主板系统供电

抗干扰和市电整流滤波电路：利用L9901、L9902和C9901、C9903、C9904组成的共模、差模滤波电路，一是滤除市电电网干扰信号；二是防止开关电源产生的干扰信号窜入电网。滤除干扰脉冲后的市电通过全桥BD9901整流、电容C9101、C9102滤波后，产生+300V的直流电压，送到开关电源电路。NR9902为限流电阻，限制开机冲击电流；RV9901为压敏电阻，市电电压过高时击穿，烧断熔丝F9902断电保护

7.2.1　电源电路原理精讲

海尔 715G5827-P03-000-002H 电源 + 背光灯二合一板开关电源电路如图 7-15 所示。

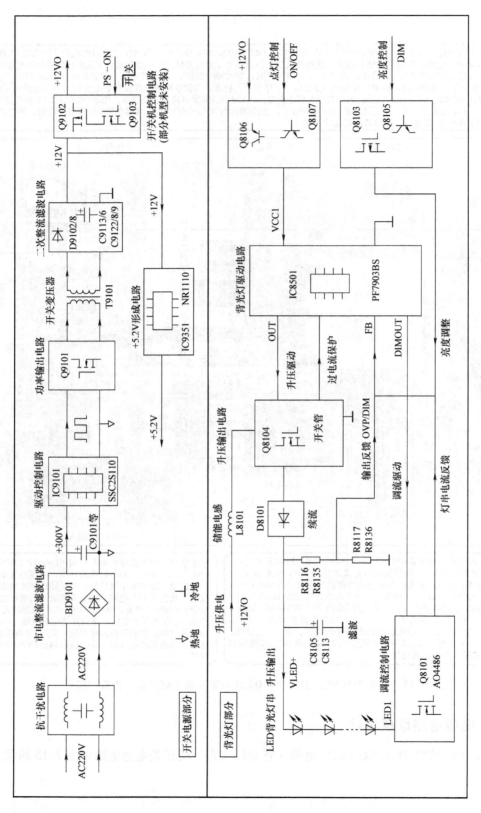

图 7-14 海尔 715G5827-P03-000-002H 电源 + 背光灯二合一板电路组成框图

1. 抗干扰和市电整流滤波电路

AC220V 市电经电源开关控制后，首先进入抗干扰和市电整流滤波电路。该电路由电压过高限制电路、防浪涌冲击电路、进线抗干扰电路、市电整流滤波电路组成。

（1）抗干扰电路

利用电感线圈 L9901、L9902 和电容 C9901、C9903、C9904 组成的共模、差模滤波电路，一是滤除市电电网干扰信号；二是防止开关电源产生的干扰信号窜入电网。NR9902 为限流电阻，限制开机冲击电流；RV9901 为压敏电阻，市电电压过高时击穿，烧断熔丝 F9902 断电保护。

（2）市电整流滤波电路

滤除干扰脉冲后的市电通过全桥 BD9901 整流、电容 C9101、C9102 滤波后，产生 +300V 的直流电压，送到开关电源电路。

2. 开关电源电路

开关电源电路以振荡驱动电路 SSC2S110（IC9101）、MOSFET（开关管）Q9101、开关变压器 T9101 和稳压电路光耦合器 IC9103、误差放大器 IC9102 为核心组成，输出 12VO 和 +5.2V 电压，为主板和背光灯等负载电路供电。

（1）SSC2S110 简介

SSC2S110 是小型开关电源专用控制电路，内含振荡器、高压软启动电路、稳压控制电路、驱动电路等，具有结构简单、外围元器件少的特点。SSC2S110 引脚功能见表 7-6。

表 7-6 SSC2S110 引脚功能

引脚	符号	功 能	引脚	符号	功 能
1	GND	接地	5	NC	空脚
2	FB/OLP	稳压反馈输入	6	DRIVE	激励脉冲输出
3	NC	空脚	7	OCP	过电流保护输入
4	ST	启动电压输入	8	VCC	电源供电输入

（2）启动工作过程

市电整流滤波后，产生 +300V 的直流电压，送到开关电源电路，通过 T9101 的一次 3-4-5 绕组为 Q9101 供电，同时经 ZD9105、ZD9104 降压后为 IC9101 的 4 脚提供启动电压，通过内部电流源给 8 脚外部的电容 C9127 充电，开关电源启动工作，IC9101 从 6 脚输出激励脉冲，推动 Q9101 工作于开关状态，其脉冲电流在输出变压器 T9101 中产生感应电压，二次绕组感应电压经 D9102、D9108 整流、C9128、C9122、C9113、C9118、C9129 、L9102 滤波，产生 +12V 和 +12VA 电压，再经开/关机控制电路控制后，输出 +12VO 电压，为主板和背光灯电路供电。

T9101 热地端 1-2 绕组感应电压，经 R9108 限流、D9105 整流、C9105 滤波后产生 VCC 电压，经 D9106 为 IC9101 的 8 脚提供启动后的工作电压。

（3）稳压控制电路

误差放大器 IC9103、光耦合器 IC9102 组成 +12VA 稳压控制电路，误差信号反馈回 IC9101 的 2 脚。当电源输出电压升高时，分压后的电压加到 IC9103 的 R 端，经内部放大后使 K 端电压降低，IC9102 导通增强，IC9101 的 2 脚反馈控制端电压降低，经内部电路处理后，6 脚输出的激励脉冲变窄，开关管 Q9101 导通时间变短，使输出电压降到正常值。当输出电压降低时，其工作过程与电压升高时相反。

（4）过电流保护电路

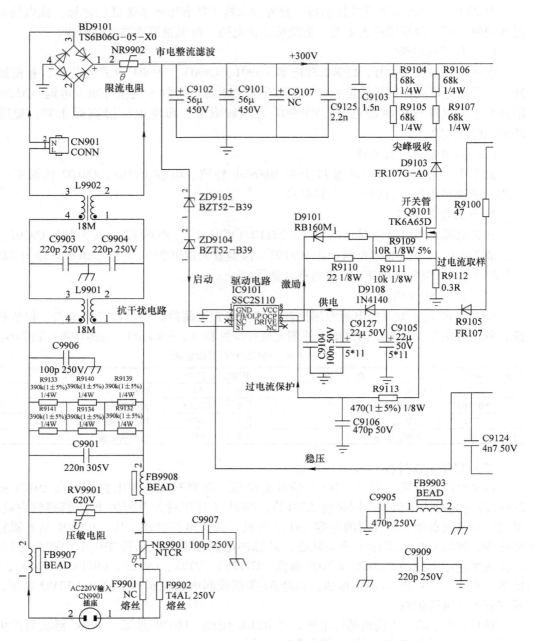

图 7-15　海尔 715G5827-P03-000-002H 电源＋

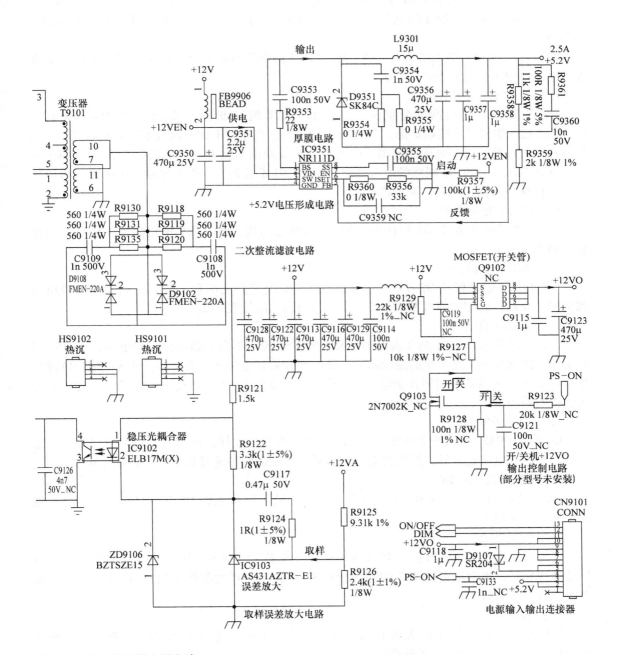

背光灯二合一板开关电源电路

过电流保护电路由 IC9101 的 7 脚内外电路组成，R9112 是开关管 Q9101 的 S 极电阻，R9112 两端的电压降反映了主电源电流大小，IC9101 的 3 脚通过 R9113 对 R9112 两端的电压降进行检测。

当 R9112 两端的电压降增大，使 IC9101 的 7 脚电压升高到保护设定值时，IC9101 会立即关闭脉冲输出，达到保护的目的。

（5）Q9101 保护电路

Q9101 保护电路由两部分组成：一是在 Q9101 的 D 极设有 D9103、R9104 ~ R9107、C9103 组成的尖峰脉冲吸收电路，当 Q9101 截止时会在 T9101 的一次绕组产生反峰电压，尖峰脉冲吸收电路将反峰电压泄放掉，防止较高的反峰电压将 Q9101 击穿；二是在 Q9101 的 G 极设有 D9104、R9109 组成的泄放电路，当 Q9101 截止时，D9104 导通，快速将 G 极电压泄放，快速进入截止状态，减少损耗。

3. +5.2V 形成电路

+5.2V 形成电路以 NR111D（IC9351）为核心组成，将 +12V 电压降为 +5.2V，为主板控制系统供电。

（1）NR111D 简介

NR111D 是电流模式 DC-DC 降压集成电路，有关简介见本章 7.1.1 节 +5.2V 形成电路部分相关介绍，内部电路框图如图 7-7 所示，引脚功能见表 7-2。

（2）启动工作过程

+12V 电压为 IC9351 的 2 脚提供电源，同时经 R9357 为 7 脚提供启动电压，IC9351 启动工作，内部振荡电路产生的激励脉冲推动内部开关管工作于开关状态，从 3 脚输出脉冲电压，在 L9301 两端储存和释放能量，经 C9356、C9357 等滤波后产生 +5.2V/2.5A 电压，为主板控制系统供电。

（3）稳压控制过程

C9356、C9357 两端输出电压经 R9358 与 R9359 分压取样，反馈到 IC9351 的 5 脚 FB 输入端，经内部电路比较后，产生误差电压，对内部激励脉冲进行调整，稳定输出电压。

4. 开/关机控制电路

开/关机控制电路由 Q9103 和 MOSFET（开关管）厚膜电路 Q9102 组成，对 +12VO 输出电压进行控制。

（1）开机状态

开机时，主板送来的开关机 PS-ON 电压为高电平，使 Q9103 导通，将 Q9102 的 G 极电压拉低而导通，电源输出的 +12VA 电压经 Q9102 输出，产生受控 +12VO 电压，为主板和背光灯板电路供电。

（2）待机状态

待机时，主板送来的开/关机 PS-ON 电压变为低电平，使 Q9103、Q9102 截止，切断 +12VO 电压，主板和背光灯板电路停止工作。

7.2.2　电源电路维修精讲

海尔 715G5827-P03-000-002H 电源 + 背光灯二合一板的开关电源电路引起的故障主要有两种：一是熔丝熔断，多为开关电源一次电路元器件发生严重短路故障；二是熔丝未断，多为主电源电路故障。

1. 熔丝熔断

如果熔丝 F9902 熔断，说明电源板存在严重短路故障。

1）检查市电输入、抗干扰电路、整流滤波电路是否发生击穿故障。

2）检查主电源开关管 Q9101 是否击穿短路，如果 Q9101 击穿短路，应排除引起开关管击穿的原因：一是检查尖峰脉冲吸收电路是否发生开路、失效故障；二是检查主稳压控制电路，避免更换后再次损坏；三是检查 Q9101 的 S 极电阻 R9112 是否连带损坏。

2. 熔丝未断

如果测量熔丝未断，且指示灯不亮，电源无电压输出，主要是开关电源电路未工作，可对以下电路进行检测：

1）首先测量电源大滤波电容 C9101、C9102 两端是否有 + 300V 电压输出，无 + 300V 电压输出，检查抗干扰电路电感 L9901、L9902、整流滤波电路全桥 BD9101 是否发生开路故障。

2）若 C9101、C9102 两端 + 300V 电压正常，测量 IC9101 的 4 脚有无启动电压，无启动电压，检查 4 脚外部的启动电路 ZD9105、ZD9104 是否发生开路故障。

3）检测 IC9101 的 6 脚有无激励脉冲输出，有激励脉冲输出，检查开关管 Q9101、变压器 T9101 及其二次整流滤波电路；无激励脉冲输出，检查 IC9101 及其外部电路元器件。

4）有不受控的 + 12V 电压输出，无受控的 + 12VO 电压输出，测量开/关机控制 PS-ON 是否为高电平，如果为低电平，故障在主板控制系统或未进入开机状态；如果为高电平，检查 Q9103、Q9102 组成的开/关机控制电路。

3. 电源输出电压不稳定

开关电源有电压输出，但输出电压不稳定，输出电压过高或过低。

1）首先检测取样误差放大电路 IC9103、光耦合器 IC9102 和 IC9101 的 2 脚外部电路元器件；

2）检查二次整流滤波后的电容是否容量变小或失效。检查负载电路是否有短路漏电故障，造成过电流，进入保护状态。

3）如果检测 IC9101 的 8 脚供电在左右抖动，除了检测 4 脚外部启动电路外，还应检测 IC9101 的 8 脚外部 VCC 供电电路。

7.2.3　电源电路维修实例

【例 1】　开机三无，指示灯不亮。

分析与检修：指示灯不亮，说明开关电源故障。检查整流滤波后的 + 300V 无电压，测量市电输入熔丝 F9902 熔断，说明电源板有故障。用 R × 1 档逐个测量电源板的整流全桥、开关管 Q9101 对地电阻，发现主电源开关管 Q9101 的 D 极对地电阻最小，接近 0Ω。拆下 Q9101 测量，已经击穿。更换 Q9101 后，光栅暗淡不稳定，数分钟再查发生三无故障，再查开关电源电路，发现开关管 Q9101 的 S 极电阻 R9112 烧焦，阻值变大。更换 R9112 后，故障彻底排除。

【例 2】　开机三无，指示灯不亮。

分析与检修：检查整流滤波 C9101、C9102 两端有 + 300V 电压，测量开关管 Q9101 的 D 极也有 + 300V 电压，测量驱动电路 IC9101 的 4 脚无启动电压，测量 4 脚外部的启动电路二极管 ZD9105 开路。更换 ZD9105 后，主电源启动工作，故障排除。

7.2.4　背光灯电路原理精讲

海尔 715G5827-P03-000-002H 电源 + 背光灯二合一板 LED 背光灯电路如图 7-16 所示。该电路由驱动控制电路 PF7903BS（IC8501）和 L8102、Q8104、D8101、C8105、C8113 组成

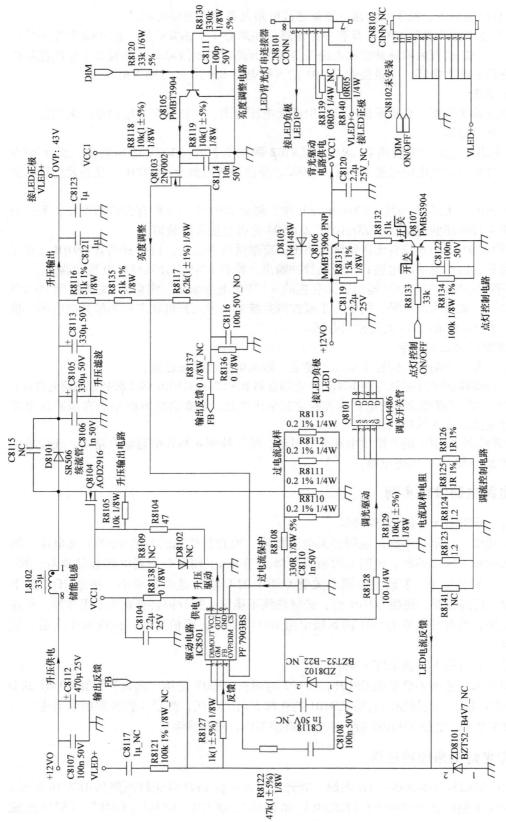

图 7-16 海尔 715G5827-P03-000-002H 电源 + 背光灯二合一板背光灯电路

的升压输出电路和 Q8101 组成的背光灯电流控制电路两部分组成，遥控开机后启动工作，为 LED 背光灯串供电，并对 LED 背光灯串电流进行控制和调整。

1. 背光灯驱动基本电路

（1）PF7903BS 简介

PF7903BS 是 LED 背光灯驱动控制电路，内部电路框图如图 7-17 所示，内含偏置电路、参考电压产生电路、软启动电路、振荡器、升压驱动输出电路、调流驱动电路、电流检测电路等。PF3903BS 设有过电压保护、过电流保护、欠电压保护、过热保护电路，采用 SOP-8 封装形式，引脚功能见表 7-7。

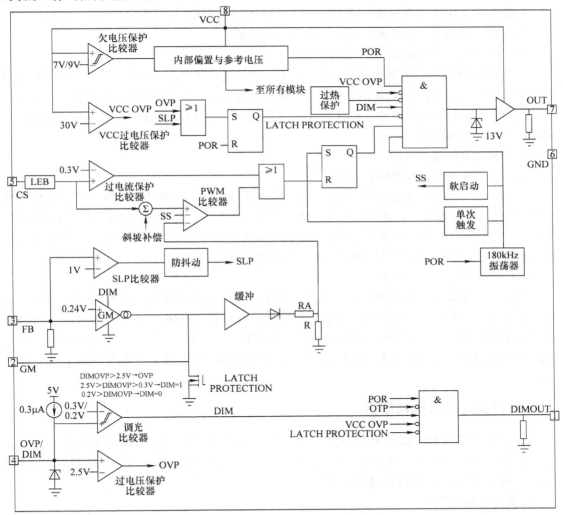

图 7-17　PF7903BS 内部电路框图

表 7-7　PF7903BS 引脚功能

引脚	符号	功　　能	引脚	符号	功　　能
1	DIMOUT	亮度和调流驱动输出	5	CS	升压开关管电流检测输入
2	GM	外接定时电阻、电容	6	GND	接地
3	FB	反馈电压输入	7	OUT	升压激励脉冲输出
4	OVP/DIM	过电压检测输入	8	VCC	工作电压输入

（2）启动工作过程

遥控开机后，+12VO 电压为背光灯升压电路供电，主电路控制系统向电源板背光灯电路送去 ON/OFF 点灯开启电压使 Q8107、Q8106 导通，为 IC8501 提供 VCC1 工作电压，背光灯电路启动工作。IC8501 从 7 脚输出升压驱动脉冲，驱动升压输出电路 Q8104 工作于开关状态，与储能电感和升压电容配合将 +12VO 直流电压提升后，输出 40V 以上的 VLED + 电压，为 LED 背光灯串供电；IC8501 从 1 脚输出调流驱动电压，驱动 Q8101 对 LED 背光灯串电流 LED1 进行调整和控制。

（3）亮度调整电路

主板送来的 DIM 调整电压，通过 Q8105、Q8107 对 VLED + 取样电阻 R8117 进行控制，调整 IC8501 的 4 脚和 3 脚电压，达到调整亮度的目的。

（4）LED 恒流控制电路

调流控制 Q81015 的 S 极电阻 R8123 ~ R8126 是恒流检测电阻，电阻 R8123 ~ R8126 上的电压降经 R8127 反馈到 IC8501 的 3 脚 FB 反馈电压输入端，IC8501 根据 LED 电流反馈电压的高低，调整驱动输出脉冲的占空比，在一定范围内调整 LED 背光灯串供电电压的高低，达到 LED 背光灯串恒流的目的。

2. 背光灯驱动保护电路

（1）升压开关管过电流保护电路

IC8501 的 5 脚内设过电流保护电路，通过 R8106 接 R8110 ~ R8113 升压回路中电流检测电阻。当电路电流过大时，检测电阻上的电压降也相应增大，这个电压送到 IC8501 的 5 脚，当这个电压上升时，芯片内保护电路动作，减小输出 PWM 脉冲波的占空比，让输出电压变低，电流减小。上升到保护设计值时，停止输出激励脉冲。

（2）升压输出过电压保护

当 LED 背光灯串开路或插座接触不良，以及 Q8104 变质损坏造成回路出现异常时，输出电压会出现异常升高，当达到设定的最高值时，经电阻 R8116、R8135、R8117 与 R8136 分压后的取样电压也随之升高，该电压反馈到 IC8501 的 3 脚，对输出电压进行调整；同时反馈到 4 脚过电压检测输入端，当 4 脚电压达到保护设计值时，过电压保护电路启动，停止工作。

7.2.5　背光灯电路维修精讲

海尔 715G5827-P03-000-002H 电源 + 背光灯二合一板 LED 背光灯电路发生故障时，引起 LED 背光不亮或者 LED 背光闪一下就黑屏的故障。对于 LED 背光闪一下就黑屏的故障，多为保护电路启动，背光灯电路停止工作。

1. 背光灯始终不亮

（1）检查背光灯电路工作条件

首先检查 LED 驱动电路工作条件。测量 LED 驱动电路点灯控制 ON/OFF 电压和亮度调整 DIM 电压是否正常；测量开/关机控制 Q9102 的 c 极是否有 +12VO 电压输出，如果无 +12VO 电压输出，检查 Q9103、Q9102 组成的开/关机 +12VO 控制电路。

如果背光灯板 +12VO 电压、点灯控制 ON/OFF 电压和亮度调整 DIM 电压正常，背光灯电路仍不工作，测量 IC8501 的 8 脚 VCC1 电压是否正常，如果异常，检查 Q8107、Q8106 组成的点灯控制电路。

（2）检查驱动控制电路

IC8501 的 8 脚 VCC1 供电电压正常，测量 7 脚有无激励脉冲输出，无激励脉冲输出，故障在 IC8501 及其外部电路；有激励脉冲输出，故障在 Q8104、L8102、D8101、C8105、C8113 组成的升压输出电路和 Q8101 组成的调流控制电路。

2. 背光灯亮后熄灭

（1）引起故障原因

如果开机的瞬间，有伴音，显示屏亮一下就灭，则是 LED 驱动保护电路启动所致。故障原因有：一是 LED 背光灯串发生开路、短路故障；二是升压输出电路发生过电压、过电流故障；三是保护电路取样电阻变质，引起的误保护。

（2）保护故障维修方法

维修方法有：一是检查可能引起保护电路启动的 LED 背光灯串、连接器是否正常，测量升压输出电压是否正常；二是检查保护电路取样电路电阻是否发生变质、开路，引起误保护。对于过电压保护，检测分压取样电路 R8116、R8135、R8117、R8136；对于过电流保护，检测过电流取样电阻 R8110 ~ R8113。

7.2.6 背光灯电路维修实例

【例1】 开机声音正常，背光灯不亮。

分析与检修： 开机观察背光灯有时闪光。检测背光灯点灯控制 ON/OFF 电压为 4V 和亮度调整 DIM 电压为 3V 左右正常，测量 IC8501 的 8 脚 VCC1 供电仅为 4.5V 左右，且不稳定。测量开关电源输出的 12V 电压正常，测量 Q9102 输出的 +12VO 电压正常，判断故障在 Q8107、Q8106 组成的 VCC1 控制电路。对该电路进行检查，发现 Q8107 的 b 极电压低于正常值 0.7V，且不稳定，检查 Q8107 的 b 极元器件，发现 C8112 有问题。更换 C8112 后，故障排除。

【例2】 开机屏幕微闪一下，声音正常。

分析与检修： 开机检测 IC8501 的 8 脚 VCC1 供电和为升压电路供电 +12VO 电压均正常，测试二次升压电压，在开机瞬间有上升，随即降为 12V，判断为过电压保护电路动作。

采用脱板接假负载的方法进行维修。首先判断是否因为灯串不良引起的过电压保护，参考图样，估算并调整假负载电阻阻值，接入电路，开机灯串亮度正常，测试电压为稳定的 40V，断定问题出在屏内 LED 背光灯串。小心拆屏后，发现底部灯串挨近插座的第一颗灯珠变黑。因手头无合适的灯串和灯珠更换，考虑只有一颗灯珠损坏并且其所处位置对屏亮度影响不明显，于是应急修理将第一颗灯珠用导线短接后，接上电源板试机，灯串点亮。

7.3 海尔 DPS-77AP 电源 + 背光灯二合一板维修精讲

海尔 LED 液晶彩电采用的 DPS-77AP 电源板，编号为 0094002621A，是将开关电源和背光灯电路合二为一的组合板，开关电源电路采用 ICE2QS03G，输出 5V 和 12V 两种电压；背光灯电路采用 DDA009DWR，为 6 路 LED 背光灯串提供工作电压。该二合一板应用于海尔 LE32Z300、LE32T6、LE32T30、LE32A30、LE32E2300、LE32A500G 等 LED 液晶彩电中。

海尔 DPS-77AP 电源 + 背光灯二合一板实物图解如图 7-18 所示，电路组成框图如图 7-19 所示。

LED背光灯电路：以振荡驱动控制电路DDA009DWR(IC703)、推挽输出电路MOSFET(开关管)Q701A、Q701B、输出变压器T701//T702、二次整流滤波输出电路双二极管D701A-D701F等为核心组成。遥控开机后，主电源电路输出的12V电压为LED背光灯电路供电，一是送到IC703的1脚，二是为推挽输出电路供电；同时主板送来的点灯BL-ON电压送到IC703的12脚，亮度调整BL-DIM电压送到IC703的10脚，背光灯电路启动工作，从5脚输出基准电压为内外电路供电，从2、3脚输出相位相反、幅度相等的激励脉冲，推动推挽输出电路Q701A/B轮流导通和截止，其脉冲电流在T701/T702各个绕组产生感应电压，二次6-10绕组感应电压，经双二极管D701A～D701F整流滤波后，输出VLED+电压为LED背光灯串正极供电，输出LED1～LED6电压为LED背光灯串负极供电，将背光灯串点亮

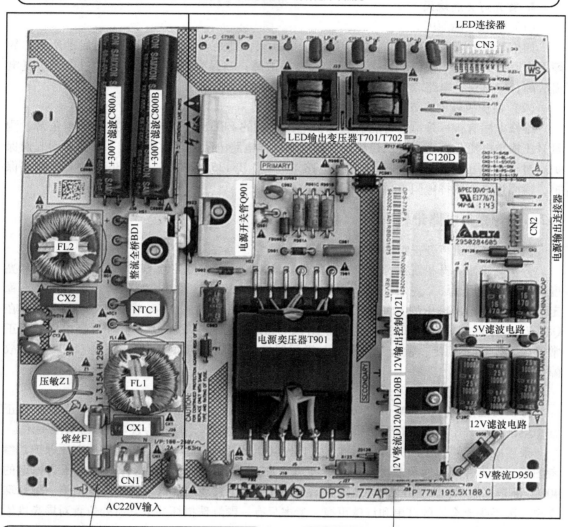

抗干扰和市电整流滤波电路：利用电感线圈FL1、FL2和电容CX1、CX2、CY1～CY4组成的共模、差模滤波电路，一是滤除市电电网干扰信号；二是防止开关电源产生的干扰信号窜入电网。滤除干扰脉冲后的市电通过全桥BD1整流、电容C800A//C800B滤波后，产生+300V的直流电压，送到开关电源电路。NTC1为限流电阻，限制开机冲击电流；Z1为压敏电阻，市电电压过高击穿，烧断熔丝F1断电保护；R1A/B和R2A/B为泄放电路和分压电路，一是关机时泄放抗干扰电路电容两端电压，二是产生AC取样电压送到开关电源市电电压检测电路

主电源电路：以振荡驱动电路ICE2QS03G(IC901)、MOSFET(开关管)Q901、变压器T901、稳压控制电路IC501、PC901为核心组成。电源板通电后，市电整流滤波后输出的+300V电压一是通过T901的一次侧为Q901的D极供电；二是经R906降压后为振荡驱动电路IC901的5脚提供启动电压。IC901启动工作，从4脚输出激励脉冲，推动Q901工作在开关状态，其脉冲电流在T901中产生感应电压，二次感应电压经整流滤波后，一是输出5VSB电压，为主板控制系统供电；二是输出+12V电压，为主板和背光灯电路供电

图 7-18　海尔 DPS-77AP 电源＋背光灯二合一板实物图解

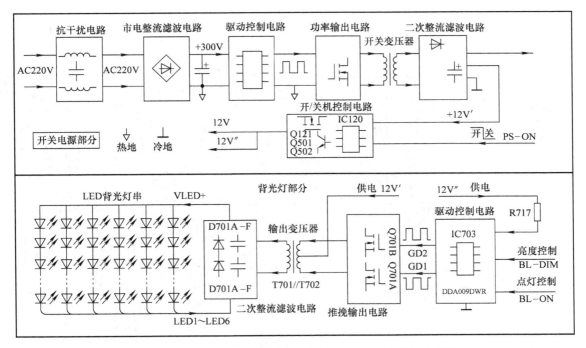

图 7-19　海尔 DPS-77AP 电源 + 背光灯二合一板电路组成框图

7.3.1　电源电路工作原理

海尔 DPS-77AP 电源 + 背光灯二合一板电源电路如图 7-20 所示，由抗干扰和市电整流滤波电路、开关电源电路两个单元电路组成。

1. 抗干扰和市电整流滤波电路

抗干扰和市电整流滤波电路如图 7-20 的上部所示。利用电感线圈 FL1、FL2 和电容 CX1、CX2、CY1 ～ CY4 组成的共模、差模滤波电路，一是滤除市电电网干扰信号；二是防止开关电源产生的干扰信号窜入电网。滤除干扰脉冲后的市电通过全桥 BD1 整流、电容 C800A//C800B 滤波后，产生 + 300V 的直流电压，送到开关电源电路。NTC1 为限流电阻，限制开机冲击电流。Z1 为压敏电阻，市电电压过高时击穿，烧断熔丝 F1 断电保护。R1A/B 和 R2A/B 为泄放电路和分压电路，一是关机时泄放抗干扰电路电容两端电压；二是产生 AC 取样电压送到开关电源市电电压检测电路。

2. 开关电源电路

开关电源电路如图 7-20 所示。该电路由振荡、稳压、驱动电路 ICE2QS03G（IC901）、MOSFET（开关管）Q901、开关变压器 T901 等组成，通电后启动工作，首先输出 5VSB 电压，为主板控制系统供电；遥控开机后输出 12V 电压，为主板等负载电路供电。

（1）ICE2QS03G 简介

ICE2QS03G 是开关电源 PWM 控制电路，内部电路框图如图 7-21 所示，内含启动与保护单元、电源管理电路、高压电流源、脉宽产生与调制电路、误差放大器、电流检测比较器、驱动级过电流保护和锁定保护电路等，最高启动电压为 500V，最高工作电压为 27V，推荐工作电压为 22 ～ 26V，工作频率范围为 39 ～ 65kHz，推荐工作频率为 52kHz。ICE2QS03G 引脚功能见表 7-8。

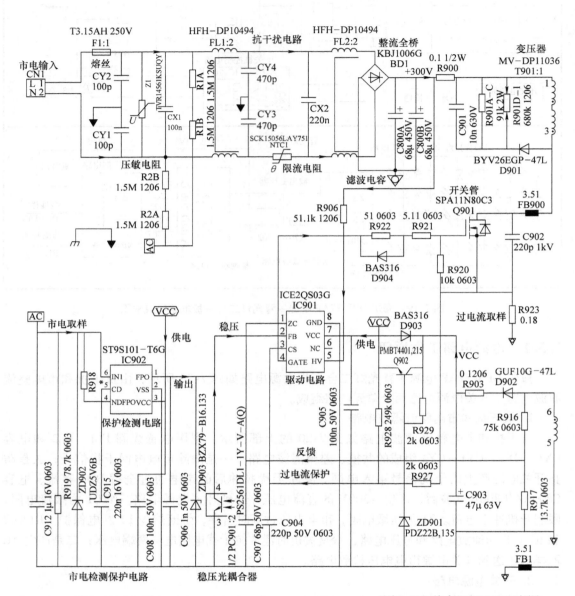

图7-20　海尔 DPS-77AP 电源＋

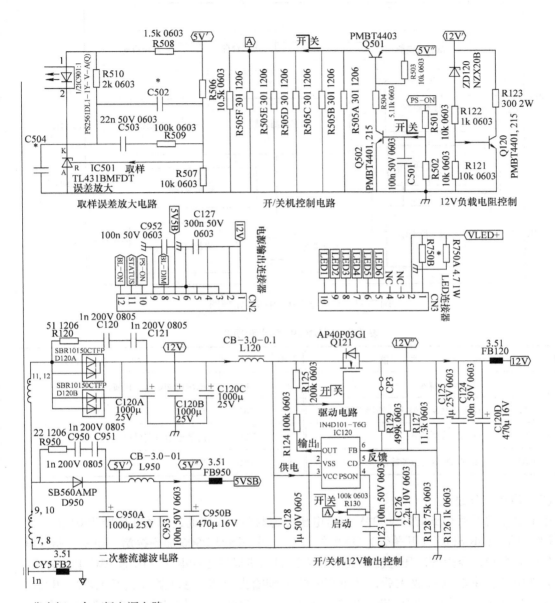

背光灯二合一板电源电路

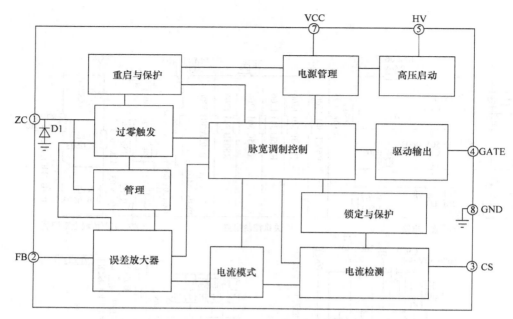

图 7-21　ICE2QS03G 内部电路框图

表 7-8　ICE2QS03G 引脚功能

引脚	符号	功　　能	引脚	符号	功　　能
1	ZC	过零检测输入	5	HV	电源启动输入，内置高压电流源
2	FB	稳压控制反馈输入，外接光耦合器	6	NC	空脚
3	CS	过电流检测输入	7	VCC	内部控制电路供电
4	GATE	MOSFET 驱动脉冲输出	8	GND	接地

（2）启动工作过程

市电整流滤波后得到的约 +300V 直流电压分为两路：一路通过开关变压器 T901 的一次 1-3 主绕组加到 MOSFET（开关管）Q901 的 D 极；另一路经 R906 加到振荡、稳压、驱动电路 IC901 的 5 脚，经内部高压电流源变换后为控制电路提供启动电压，内部 OSC 电路起振，产生方波脉冲，由驱动级放大后，从 IC901 的 4 脚输出 PWM 驱动脉冲，经 R922、R921、D904 加到 Q901 的 G 极，Q901 进入开关工作状态，在 T901 二次侧各绕组产生感应电压。

其中 T901 的 6-5 绕组感应电压经 D902、C903 整流滤波后，产生 VCC 直流电压，再经 Q902、ZD901 稳压后加到 Q901 的 7 脚，替代 5 脚的高压电流源，为控制电路供电；T901 的 7/8-9/10 绕组感应电压经 D950 整流，C950A、L950、C950B、C95 3 组成的 π 型电路滤波后，产生 5VSB 电压，为主板控制系统供电；T901 的 7/8-11/12 绕组感应电压经 D120A// D120B 整流，C120A、C120B、C120C、L120、C128 组成的 π 型电路滤波后，产生 12′V 电压，经 IC120、Q121、Q501、Q502 组成的开/关机电路控制后，输出 12V 电压，为背光灯电路和主板等负载电路供电。

（3）稳压控制电路

稳压控制电路由精密基准电压源 IC501 作为误差放大器，通过光耦合器 PC901，对电源一次驱动电路 IC901 的 2 脚内的 PWM 电路进行控制。

电源二次侧输出的 5V′ 直流电压由 R506 与 R507 分压取样后，加到 IC501 的 R 脚控制端，与内部 2.5V 基准电压进行比较得到误差电压，控制 PC901 的 1-2 脚发光二极管流过的电流，进而改变 PC901 的 4、3 脚内部光敏晶体管的内阻，即改变加到 IC901 的 2 脚的反馈电压，通过 IC901 内部 PWM 作用调整 IC901 的 4 脚输出的方波脉冲占空比，从而实现输出电压的稳定。

（4）浪涌尖峰吸收电路

浪涌尖峰吸收电路由 D901、R901A//D、C901 组成。MOSFET（开关管）Q901 由饱和翻转至截止瞬间，急骤突变的 D 极电流在 T901 的 1-3 绕组产生峰值很高的反向电动势，极性为上负下正，并加到 Q901 的 D-S 极间，这时 D901 正向导通给 C901 充电，随后 C901 又通过 R901A//D 放电，将浪涌尖峰电压泄放，以保护 Q901 不被击穿损坏。

（5）过电流保护电路

IC901 的 3 脚通过 R927 接 MOSFET（开关管）Q901 的 S 极电流检测电阻 R923。当 Q901 导通时，D 极电流在 R923 上产生的电压降加到 IC901 的 3 脚过电流检测输入端，对开关管 Q901 的电流进行检测。

如果流过 Q901 的 D 极电流过大，超出安全设定值，则 D 极电流在 R923 上的电压降会升高，加到 IC901 的 3 脚电压升高，经内部电路比较控制后，关断 IC901 的 4 脚方波激励脉冲输出，Q901 截止，以防过电流热击穿 MOSFET。

（6）反馈与过零触发电路

IC901 的 1 脚 ZC 为过零检测输入端。输出变压器 T901 的 5-6 绕组感应电压，经 R916 与 R917 分压后，反馈到 IC901 的 1 脚，1 脚据此对内部激励脉冲的相位和脉宽进行调整，达到稳定输出电压的目的。

（7）市电电压检测电路

市电电压检测电路以 IC902（ST9S101-T6G）为核心组成。开关电源启动后，产生的 VCC 电压为 IC901 的 3 脚供电，IC901 启动工作。抗干扰电路泄放电阻取得的 AC 电压送到 IC902 的 1 脚输入端，并经 R918 送到 IC902 的 4 脚，经内部比较放大后，从 1 脚输出保护控制电压，对开关电源驱动电路 IC901 的 2 脚电压进行控制。当市电电压异常时，IC902 的 1 脚输出低电平，将 IC901 的 2 脚电压拉低，IC901 据此进入保护状态，停止工作，避免供电电压过低造成开关电源损耗过大而损坏。

（8）开/关机控制电路

开/关机控制电路如图 7-20 的右侧所示，以上部的 Q502、Q501 和下部的 IC120、Q121 为核心组成。

遥控开机时，主板送来的 PS-ON 开/关机控制电压为高电平，Q502、Q501 导通，输出高电平 A 电压，加到 IC120 的 4 脚使能控制端，同时 12V′ 电压为 3 脚提供 VCC 电压，IC120 启动工作，从 1 脚输出低电平，将 Q121 的 G 极电压拉低而导通，输出 12V 和 12V″ 电压，为主板和背光灯电路供电。

遥控关机时，主板送来的 PS-ON 开/关机控制电压变为低电平，Q502、Q501 截止，输出低电平 A 电压，IC120 从 1 脚输出高电平，Q121 截止，切断 12V 和 12V″ 电压。

7.3.2　电源电路维修精讲

海尔 DPS-77AP 电源 + 背光灯二合一板电源电路发生故障时，主要引起开机三无故障，可通过观察待机指示灯是否点亮，测量关键点电压，解除保护的方法进行维修。

1. 熔丝熔断

测量熔丝 F1 是否熔断，如果已经熔断，说明开关电源存在严重短路故障，主要对以下电路进行检测：

1) 检查 AC220V 输入电路中的共模滤波电路 CX1、CX2、CY1 ~ CY4 是否击穿短路。

2) 检测整流滤波 BD1、C800A、C800B 是否击穿漏电。

3) 检查主电源 MOSFET（开关管）Q901 是否击穿，如果击穿，进一步检查浪涌尖峰抑制电路 C901、R901A/D、D901 是否发生开路故障，造成 Q901 击穿。

4) 检查振荡、稳压、驱动电路 IC901 的 2 脚外部的市电欠电压保护电路是否启动。方法是测量 2 脚电压，如果过低，则是该保护电路启动。解除保护的方法是断开 IC902 的 1 脚。

2. 熔丝未断

如果测量熔丝 F1 未断，说明开关电源不存在严重短路故障，主要是开关电源电路未工作，可对以下电路进行检测：

1) 测量 MOSFET（开关管）Q901 的 D 极和驱动控制电路 IC901 的 5 脚是否有约 300V 电压，如果无 300V 电压，检查市电输入电路和整流桥 BD1 是否发生开路故障；如果有 300V 电压，检查电源变压器 T901 的一次 1-3 绕组和 IC901 的 5 脚外部 R906 启动电路是否发生开路故障。

2) 测量 IC901 的 7 脚是否有 VCC 供电电压，如果无 VCC 供电电压，则检查 7 脚外部的整流滤波电路 D902、R903、C903、Q902、ZD901 是否开路。

3) 如果 IC901 的 7 脚外部元器件正常，可外接维修电源，为 IC901 的 7 脚提供 22V 电压，测量开关电源是否振荡工作，开关电源输出端是否有 5VSB 和 12V 电压输出。如果开关电源仍不工作，则测量 IC901 的各脚电压和电阻，判断 IC901 是否损坏，必要时更换 IC901 试试。

7.3.3　电源电路维修实例

【例 1】　开机无图、无声、无光，指示灯不亮。

分析与检修：测量开关电源输出端 5VSB 和 12V 电压为 0V，测量开关管 Q901 的 D 极无 300V 电压。检查交流输入熔丝 F1 熔断，测开关管 Q901 的 D 极与 S 极击穿。

检查开关变压器 T901 的 1-3 绕组未击穿短路，检查过电流保护取样电阻 R923 过电流烧焦，检查可能引起开关管损坏的尖峰抑制电路，发现 D901 内部断路。更换 D901、F1、Q901、R923 后，故障排除。

【例 2】　开机无图、无声、无光，指示灯不亮。

分析与检修：测量开关电源输出端 5VSB 和 12V 电压为 0V，检查熔丝 F1 完好。测量 300V 供电正常，测量 IC901 的 5 脚无启动电压，检查启动电阻 R906 开路。更换 R906 后，故障排除。

【例 3】　开机无图、无声、无光，指示灯不亮。

　　分析与检修：打开后盖，发现 F1 烧黑，说明电源板有严重过电流或短路故障。测量 Q901 已击穿，更换 Q901 和 F1 后，再测量过电流取样电阻 R923 已开路，更换后故障排除。另外，电源板 12V 输出端的滤波电容容易出现漏液现象，当发现它们的外观有烤黄痕迹时，应及时更换。

7.3.4　背光灯电路原理精讲

　　海尔 DPS-77AP 电源 + 背光灯二合一板 LED 背光灯电路如图 7-22 所示。与传统的背光灯电路不同，本背光灯电路不是采用常用的 DC-DC 升压方式，而是采用变压器推挽输出电路，将驱动脉冲放大升压后，进行整流滤波，产生直流电压为 LED 背光灯串供电。

　　该背光灯电路以驱动电路 DDA009DWR（IC703）、推挽输出电路 Q701A/B、整流滤波输出电路 D701A-F 为核心组成，遥控开机后启动工作，将 12V 供电变换为 LED 背光灯所需电压，为 LED 背光灯串供电。

1. 背光灯基本电路

　　（1）DDA009DWR 简介

　　DDA009DWR 是背光灯和照明 LED 驱动控制电路，输出两路对称激励脉冲，驱动输出电路 MOSFET（开关管）工作于开关状态，并具有点灯控制、亮度控制、基准电压输出、输出电压检测、过电压保护等功能。DDA009DWR 采用 24 脚封装，其引脚功能见表 7-9。

　　（2）启动工作过程

　　遥控开机后，开关电源输出的 12V′ 电压为推挽输出电路供电，12V″ 电压为驱动电路 IC703 供电，主板送来的点灯 BL-ON 高电平信号，加到 IC703 的 12 脚。亮度调整 BL-DIM 电压送到 IC703 的 10 脚，IC703 启动工作，从 5 脚输出 VREF 基准电压，为内外电路供电，内部振荡电路产生的脉冲电压，经内部电路处理放大后从 2、3 脚输出相位相反、幅度相等的驱动脉冲，推动推挽电路 Q701A、Q701B 轮流导通和截止，其脉冲电流在输出变压器 T701/2 中产生感应电压，二次感应电压经电容 C701A～C701F 送到双二极管 D701A～D701F 的中点，经 D701A～D701F 整流、C752A～C752F 滤波后，从 D701A～D701F 负端输出 VLED + 电压，为 LED 背光灯串正极供电；从 D701A～D701F 正端输出 LED1～LED4 电压，为 LED 背光灯串负极供电。

2. 反馈检测电路

　　（1）反馈与保护电路

　　为保证背光灯亮度稳定，在输出变压器 T701/2 的二次侧设有 7-9 反馈绕组，该绕组感应电压经双二极管 D708A/B 整流，产生 UC1′ 反馈电压和 OV1 过电压检测电压，UC1′ 反馈电压经 D704、R797 与 R798 分压，送到 IC703 的 13、14 脚 UC1、UC2 输入端；OV1 过电压检测电压送到 IC703 的 17 脚 OV 输入端；同时整流滤波后输出的 VLED + 电压经 R715 与 R739 分压取样，送到 IC703 的 20 脚 OC 输入端。IC703 根据上述反馈电压，对输出电压进行检测，经内部电路比较放大后，输出误差电压和控制电压，对输出驱动脉冲进行调整和控制，达到调整输出电压的目的；当输出电压过高时，内部保护电路启动，IC703 停止工作。

　　（2）状态检测输出电路

　　IC703 启动工作后，从 9 脚输出 LCT 电压，经 Q704、Q703 放大后输出 STATUS 电压，经连接器输出，送到主板控制系统，由控制系统据此对背光灯电路工作状态进行检测，对相关电路进行控制。

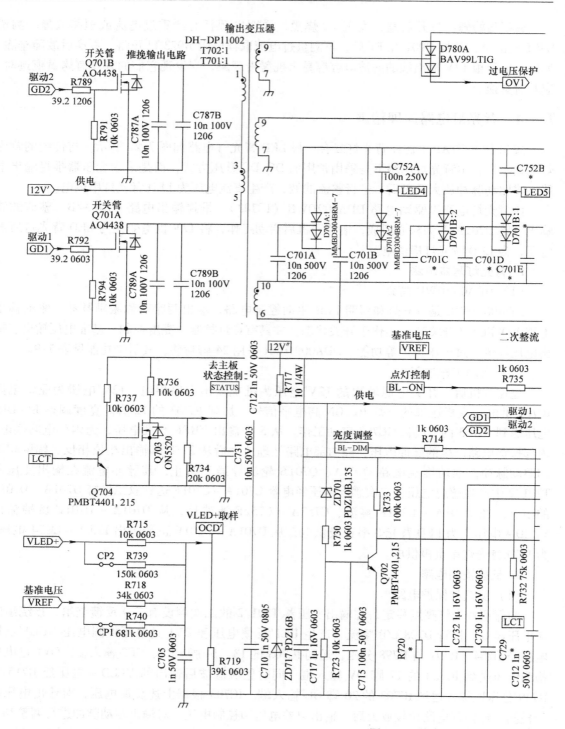

图 7-22　海尔 DPS-77AP 电源 +

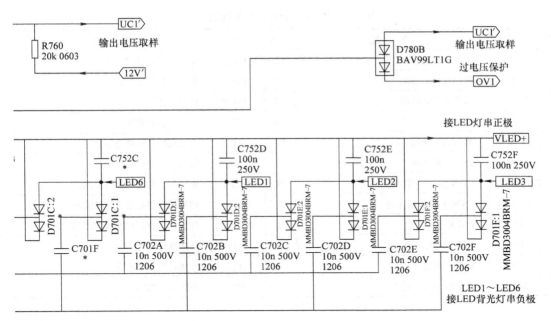

滤波输出电路

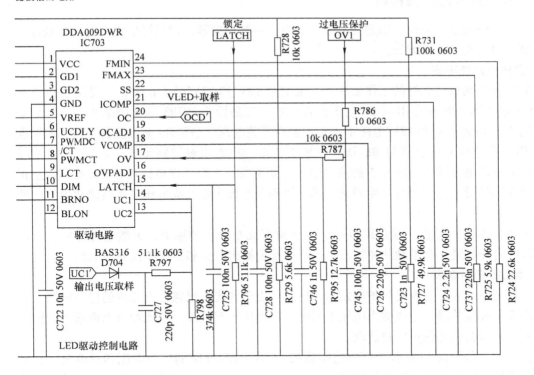

背光灯二合一板 LED 背光灯电路

表 7-9　DDA009DWR 引脚功能

引脚	符号	功　　能	引脚	符号	功　　能
1	VCC	工作电压输入	13	UC2	输出电压取样输入 2
2	GD1	激励脉冲 1 输出	14	UC1	输出电压欠电压输入 1
3	GD2	激励脉冲 2 输出	15	LATCH	锁定电压
4	GND	接地	16	OVPADJ	过电压保护调整
5	VREF	基准电压输出	17	OV	过电压保护取样电压输入
6	UCDLY	外接阻容元件	18	VCOMP	软启动电容连接
7	PWMDC/CT	PWM 供电外接电容	19	OCADJ	输出取样和过电流保护调整
8	PWMCT	PWM 电路外接电容	20	OC	输出取样和过电流保护输入
9	LCT	LCT 电压输出	21	ICOMP	灯管电流调节误差放大器输出
10	DIM	亮度调整电压输入	22	SS	外接软启动电容
11	BRNO	供电检测输入	23	FMAX	外接频率钳位电阻
12	BLON	点灯控制电压输入	24	FMIN	外接定时电阻

7.3.5　背光灯电路维修精讲

背光灯电路发生故障时，引起的故障现象有：一是黑屏幕，背光灯始终不亮；二是开机的瞬间背光灯点亮，然后熄灭。

1. 背光灯始终不亮

维修时首先测试背光灯的工作条件：一是测量 12V′和 12V″是否正常；二是测量点灯控制 BL-ON 电压和亮度调整 BL-DIM 电压是否正常；三是检测 IC703 的 5 脚是否有 VREF 基准电压输出。如果 12V′和 12V″电压不正常，检查开关电源电路和开/关机控制电路。如果点灯控制 BL-ON 电压和亮度调整 BL-DIM 电压不正常，检查主板控制系统。如果 IC703 的 5 脚无 VREF 基准电压输出，断开 5 脚测量电压，如果断开 5 脚外部电路后，5 脚电压恢复正常，则是 5 脚外部电路元器件发生短路故障；否则是 5 脚内部基准电压发生电路故障，应更换 IC703。

若上述工作条件正常，测量 IC703 的 2、3 脚有无激励脉冲输出，无激励脉冲输出，故障在 IC703 内外电路；有激励脉冲输出，故障在推挽输出电路和二次整流滤波电路。

2. 背光灯亮后熄灭

背光灯亮后熄灭，主要是保护电路启动所致。由于背光灯电路设有完善的保护电路，当背光灯串发生开路故障，造成输出电压上升时；或发生短路故障，造成输出电流增大，输出电压降低时，均会引起保护电路启动。

维修时，一是测量 LED 背光灯串连接器的 LED1～LED6 脚的反馈电压和对地电阻，发现发生故障的引脚和对应的背光灯串时，对相应的背光灯串和连接器、整流双二极管进行检测和维修；二是检查保护检测电路的分压电阻、取样电路元器件是否发生短路、变质、击穿故障。

7.3.6　背光灯电路维修实例

【例 1】　开机后有伴音，黑屏幕。

分析与检修： 仔细观察液晶屏的背光灯不亮，说明背光灯电路没有工作。检查背光灯的工作条件，测量 12V′和 12V″工作电压正常，测量 IC703 的 12 脚点灯控制 BL-ON 电压为高电平，10 脚亮度调整 BL-DIM 电压正常，但测量 IC703 的 5 脚 VREF 基准电压仅为 2V，测量 5 脚外部电路元器件，发现滤波电容 C717 漏电。更换 C717 后，故障排除。

【例 2】 开机后有伴音，黑屏幕。

分析与检修： 观察背光灯，根本不亮，拆开电视机，对背光灯电路进行检查。测量 12V′和 12V″工作电压正常，测量 IC703 的 12 脚点灯控制 BL-ON 电压和 10 脚亮度调整 BL-DIM 电压正常，测量 IC703 的 5 脚 VREF 基准电压也正常，检查推挽输出电路，发现输出电压器 T701 的 12V′供电引脚开焊。补焊后，故障排除。

附　录

附录 A　液晶彩电电源 + 背光灯二合一板代换参考表

液晶彩电电源 + 背光灯二合一板发生故障无法维修时，进行代换处理是最可行的维修方法。代换维修时，代换与被代换二合一板的参数应相近：一是开关电源部分输出电压应相同，代换板开关电源输出功率应等于或大于被代换板的输出功率，开/关机控制电路控制的电压应相符；二是背光灯驱动电路输出电压应与被代换板的输出电压接近，背光灯接口插座形式和数量最好相同，可驱动的背光灯参数应相同或大于被代换板的参数。为了读者维修代换二合一板的需要，笔者将国内外常见的二合一板相关数据参数归纳到一起，供维修代换二合一板时参考。表中项目和数据说明如下：

1）电源板型号一栏：多为电源板型号，有的电源板无型号或不知道型号，该栏标注的是电源板应用电视机型号。

2）应用机型一栏：受表格宽度限制，最多只能提供 2 个应用机型。

3）开/关机控制指的是电源板上的开/关机控制电路的控制电压，不含主板上的开/关机控制。"交流"控制是指继电器控制主电源的 AC220V 供电。开/关机控制中的"主振荡"是指控制主电源驱动电路是否起振，开机时对该振荡电路不产生影响，待机时迫使该振荡电路停止振荡，主电源停止工作。"降压待机"是指控制稳压电路，将主电源输出电压降低，使负载电路因供电不足而停止工作，为了不使主板控制系统供电的副电源电压降低，往往设有副电源供电切换电路，弥补其供电不足。

4）表中的"空格"为无相关信息。"无"指的是电源板上无相关电路。无副电源是指无独立的副电源，控制系统 5V 供电电压多由主电源提供。

5）背光灯采用的"驱动电路"是指振荡驱动控制电路和推动放大电路，不含升压输出复合 MOSFET（开关管）和保护检测电路。背光灯"变压器"是指背光灯升压变压器的数量；"灯插座"是指接背光灯管的插座数量，4×2、2×2 表示 4 脚插座 2 只、2 脚插座 2 只，以此类推，×前面的数字是插座引脚数，×后面的数字是插座数量。LED 背光灯驱动板在变压器栏目中标注的是背光板的输出电压。

6）表中输出电压因液晶显示屏的尺寸、型号不同，输出电压会有所不同。

1. 海信液晶彩电电源 + 背光灯二合一板

电源板型号	应用机型	开关电源部分应用电路和参数					背光灯部分应用电路和参数		
		副电源	PFC 电路	主电源	开/关机控制	输出电压	驱动电路	变压器	灯插座
1567	TLM40V68P	无	MC33262	NCP1207APG	VCC 和12V、5V	+5V-S、+12V、+5VM	OZ9925GN	1	3×2③
1569	TLM22V68	无	无	SG6859ADZ	背光 12V	12V/1.6A	KA7500C	1	4
1585	TLM19V68	无	无	SG6859ADZ	背光 12V	12V/1.6A	KA7500C	1	2
1646	TLM26V68	无	FAN7530	FAN7602B	VCC 和12V、5V	5VS、+12V、+5V	FAN7313	4	4
1731	TLM37V68	无	NCP33262	OB2269CA	VCC 和12V、5VM	5VS、12V、5V	OZ9938	1	3×2③
1768	TLM37P69GP	N901	NCP33262	SG6859A	交流、VCC 和12V、5VM	5VS、12V、5VM	OZ9938	3	4×6⑥
1768	TLM37V66K	无	无	SG6859A	背光 12V	12V	KA7500C	2	2
2031		STR-A6059H	MC33262	NCP1396A	VCC	+5VS、+84V、+12V	OZ9957	输出 132/168V	4 个 LED
2123	TLM42V86PKV	无副电源	NCP33262	OB2269CAP	VCC 和12V、5VM	5VS、12V、5VM	OZ9938	6	6
2169	TLM42V89PKV	无	MC33262	OB2269CAP	VCC 和12V、5VM	5VS、12V、5VM	OZ9938	2	3×2③
2184	TLM46V66PK	无	NCP33262	OB2269CAP	VCC 和12V、5VM	5VS、12V、5VM	OZ9938	1	14×2
2264	LED42K11P 等	STR-A6059H	NCP33262	NCP1396	VCC	+5VS、+12V、+100V	OZ9902 (2 只)	输出 195V	4 路 LED
2309	TLM47V88PK	无	NCP33262	OB2269CAP	VCC 和12V、5VM	5VS、12V、5VM	OZ9938	2	CCFL
4584	LED42K16X3D、LED42K320DX3D 等	TNY175	33626	NCP1396	VCC	+5VS、+56V、+18V、+12V	OZ9908	输出 73.4V 和 38.2V	LED
1585	MST7 机心	无	无	SG6859ADZ	逆变器 12V	12V/1.6A	KA7500C	1	2×2

（续）

电源板型号	应用机型	开关电源部分应用电路和参数					背光灯部分应用电路和参数		
		副电源	PFC 电路	主电源	开关机控制	输出电压	驱动电路	变压器	灯插座
LIPS	MST9 机心	无	FAN7530	FAN7602B	VCC 和 12V、5V	+5VS、+12V、+5V	FAN7313、FAN7382	4	4
RSAG7.820.1235	TLM2633D TLM26E29	无	FAN7530	FAN7602B	VCC 和 12V、5V	5VS、+12V、+5V	FAN7313、FAN7382	4	4
RSAG7.820.1374	TLM40V69P	无	NCPI653APG	NCP1207APG	VCC 和 12V、5VM	5VS、12V、5VM	OZ9925GN +FAN7382	1	3×2③
TLM26E58	TLM26E58	无	FAN7530	FAN7602B	VCC 和 12V、5V	+5VS、+12V/0.6A、+5V/0.5A	FAN7313、FAN7382	4	4
TLM32E29	TLM32E29	无	FAN7530	FAN7602B	VCC 和 12V、5V	+5VS、+12V/0.6A、+5V/0.5A	FAN7313、FAN7382	3	6
TLM32P69GP	TLM32P69GP	无	NCPI653AGP	NCP1207APG	VCC 和 12V	+5V、+12V、+14V、+V	OZ9925GN、FAN7382	1	3×2③
TLM4233D	TLM4233D	无	NCPI653APG	NCP1207APG	VCC 和 12V、5VM	5VS、12V、5VM	OZ9925GN、FAN7382	1	3×2③
LED32K01	LED32K01	无	无	NCP1271	12V	12V	N901	—	LED 串

2. 创维液晶彩电电源＋背光灯二合一板

电源板型号	应用机型	开关电源部分应用电路和参数					背光灯部分应用电路和参数		
		副电源	PFC 电路	主电源	开关机控制	输出电压	驱动电路	变压器	灯插座
8R07 机心	24S16IW 等	无	无	NCP1271P	12V	+5.1V、+12V	OZ9910	T1	2×4
P26TQM		无	无	STR-W6556	输出降压 5V 切换	+24V、+16V、+5V	OZ9939、OZ9982	4	2×4
8H01	19in 彩电	无	无	IC7	无	+12V	MP1408	2	2×4
19in 彩电电源		无		IC7	无	+12V	MP1408	2	2×4

（续）

电源板型号	应用机型	开关电源部分应用电路和参数					背光灯部分应用电路和参数		
		副电源	PFC电路	主电源	开/关机控制	输出电压	驱动电路	变压器	灯插座
20in彩电电源	20in彩电	无	无	IC7	无	+12V	IC1	6	4×2, 2×2
26in彩电电源	26in彩电	FSQ100	FAN7530	NCP1207A	VCC	+12V	FAN7313/G、FAN7383	1	2×2
32L05HR	32L05HR	STR-A6259H	NCP1653A	PSQ0565R	VCC	+5V、+24V、+12V	HTR-H3435、STR-H7224	1	2×2
168P-P26A1M-DD		FSQ100	7530	IC03	VCC	+5V、+12V	OZ9976、FAN7382	1	2×2
P32TQF-0000		FSQ110	FAN7530	FSQ0565R	VCC	+5V、+24V、+12V	FAN7313G、FAN7382	3	6
19S19IW	19S19IW	无	无	LD7576A	无	+5V、+12V	OZ9938GN	1	2×4

3. 长虹液晶彩电电源+背光灯二合一板

电源板型号	应用机型	开关电源部分应用电路和参数					背光灯部分应用电路和参数		
		副电源	PFC电路	主电源	开/关机控制	输出电压	驱动电路	变压器	灯插座
FSP038-2L01		无	无	U201	无	+5V、+12V	U1	1	2×2
FSP050-2L04		无	无	U201	无	+5V、+12V	U1	1	2×4
FSP080L-2HF01		无	无	U101	无	+5.2V、+12V、+24V	U301	2	2×3
FSP090-3PS01		U601	IC120	IC150	VCC和5V/1.8A	+5VSB/0.6A、+5V/1.8A、+24V/0.8A	IC800	3	4×3①
FSP090L-3HF01		U601	无	IC150	VCC和5V/1.8A	+5VSB/0.6A、+5V/1.8A、+24V/0.8A	IC302	2	2×3
FSP107-2PS01	LT26616、LT26620A等	无	FAN6961	STE-W6252	VCC和12V	STB5.3V/1A、+12V/2A	LX1692IDW	1	5×1②

（续）

电源板型号	应用机型	开关电源部分应用电路和参数					背光灯部分应用电路和参数		
		副电源	PFC 电路	主电源	开关机控制	输出电压	驱动电路	变压器	灯插座
FSP107-2PS03		无	IC120	IC600	VCC 和 13V	STB5.3V/0.4A、+13V/1.6A	IC302	2	4×4①
FSP107P-3HF04		U601	IC120	IC150	VCC 和 +5V/2.5A	+5VS/1A、+5V/2.5A、+24V/1.5A	IC302	2	
FSP140-3PS01		U601	IC120	IC150	VCC 和 +5V/4A	+5VSB/1A、+5V/4A、+24V/1.5A	U301	2	5×1②
FSP140-3PS02		STR-W6252	FAN6961	UC3845B	VCC 和 +5V/4A	+5VSB/1A、+5V/4A、+24V/1.5A	LX1692IDW	2	5×1②
FSP-3PS01		U601	IC120	IC150	VCC 和 +5V/2.5A	+5VSB/1A、+5V/2.5A、+24V/1.5A	IC302	2	
FSP160-3PI01	LT32620、LT32710 等	STR-W6252	FAN6961	UC3845B	VCC 和 +5V/4A	+5VSB/1A、+5V/4A、+24V/1.5A	LX1692IDW	2	5×1②
FSP196P-3HF01		U601	IC120	IC150	VCC 和 +5V/2.5A	+5VSB/1A、+5V/2.5A、+24V/1.5A	IC302	3	
FSP236-3PS01		U601	IC120	IC150	VCC 和 +5V/2.5A	+5VSB/1A、+5V/2.5A、+24V/2A	U301	2	2×2
FSP250-3PI03		U601	IC120	IC150	VCC 和 +5V/4A	+5VSB/1A、+5V/4A、+24V/2A	U301	2	5×1②
FSP270-3PI05		U601	IC120	IC150	VCC 和 +5V/3.5A	+5VSB/0.5A、+5V/3.5A、+24V/4A	U301	2	5×2②
FSP304-3PI01		U601	IC120	IC150	VCC 和 +5V/2A	+5VSB/1.5A、+5V/2A、+24V/3.6A	U301	2	5×2②
HS080L-2HF01		无	无	NCP1271	无	+5V、+12V、+12Va	FAN7319	3	2×3
HS140P-3HF01		STR-A6052H	NCP1606P	SSC620S	VCC 和 5V	5VSTB、+5V、+24V	U/LX6512CD	4	
R-HS180P-3HF01		STR-A6052H	NCP1606P	SSC620S	VCC 和 5V	5VSTB、+5V、+24V	U/LX6512CD	3	

（续）

电源板型号	应用机型	开关电源部分应用电路和参数					背光灯部分应用电路和参数		
		副电源	PFC电路	主电源	开/关机控制	输出电压	驱动电路	变压器	灯插座
FSP150P-3HF02		U601	IC120	IC150	VCC和 5V/2.5A	+5VS/1A、+5V/2.5A、+24V/1.5A	IC302	4	
FSP055-2PI03	LT19600 等	无	无	CM0565R	无	+12V/1.2A、+5V/2.5A	U1	1	2×4
冠捷15in 二合一板		无	无	LD7552	无	+12V、+5V	TLJ1451ACD	1	2×2
IPOS250 二合一板		无	IC1	IC2	VCC和5V	+5VSB、+24V、+12V、+5V	IC7、IC8	2	
LT1957 二合一板		无	无	LD7575PS	无	+12V、+5V	OZ9938GN	2	2×4
LT2059 二合一板		无	无	LD7552、FP5001	无	+12V、+5V	OZ1060	2	2×6
LT19510		无	无	LD7575A	无	+12V、+5V	OZ9938GN	2	2×4
力铭 VLC82002.50	LT32710、LT42710FHD 等	无	2PCS02	TEA1532A	无	+5VS/1A、+24V/2.5A、+5V/3A	OZ964GN	5	2×5
HS055L-3HF01	LT24720FX 等	无	无	NCP1271D 65R2G	无	+5V-STB/2A、+12V/1.5A	OZ9938	2	2×2
LT1559	LT1559 等	无	无	LD7575	无	+12V	TLJ1451ACD	1	2×2
LT22510/LT22519	LT22510、LT22519 等	无	无	LD7575A	无	+5V、+12V	OZ9938GN	2	2×4
AOC L26BH83		无	无	LD7575PS	无	+5V、+12V	TL4941RD	1	2×2
HSI26-3S01	LED 彩电	无	NCP1606B	SSC620S	VCC和24V、5V	+5VSB、+24V、+5V	STR-H3315	2	3×4④
ITV46920DE		ICE3B0365J	FAN7530	CM33067P	VCC	+V、+V、+V、+V	HV9911 (6只)		6路 LED
VLC82001.50		无	TDA4863G	TEA1532	VCC和24V、5V	+5VS/1A、+24VD、+5VDC/3.5A	OZ964	6	2×6

4. TCL 液晶彩电电源 + 背光灯二合一板

电源板型号	应用机型	开关电源部分应用电路和参数					背光灯部分应用电路和参数		
		副电源	PFC 电路	主电源	开/关机控制	输出电压	驱动电路	变压器	灯插座
MIP260/T	L32E19BEL、32S11BDE 等	无	L6562	LD7535	VCC 和 +5V	+5VSBV、+5V、+12V、+V	SG3525A	2	2×4
SUPLUS		无	无	SG6841	无	+5V、+12V	LM339M	2	2×6
IPL32L	L32E19L142X9F 等	FSQ510	L6563	FA5571N	VCC	+3V3/0.2A、+24V2A	OZ9976	1	2×2
IPL42A/L		FSQ510	L6562A	FA5571N	VCC	+3V3/0.2A、+24V2A	OZ9926A	2	2×2
LPL32S	L32M9B、L32M16 等	FSQ510	L6562D	SG3525 的 1/2	VCC	+5VSB、+VB、+12V	SG3525 的 1/2	2	2×4
IPL46/47	L46P1OBD、L46E9FBD 等	FSQ510	UCC28060	FA5571N	VCC	+3.3VSB、+24V/2A	LX6501	1	2×2
IPL22C	L26F19、L32S10BDE 等	无	无	FA5571N	无	+5V、+12V	MP1008ES	1	2×4
0A112C1 二合一板		MP1582	NCP1607	AN6754	VCC	+3.3V、+12V-DC	OZ9976	1	5×1⑮
IP42CS		FSQ510	L6562A	FAN5571N	交流和 VCC	+3.3VSB/0.2A、+24V/2A	OZ9926A	2	2×2
IPL1922		无	无	FAN5571N	无	+5V、+12V	MP1007	1	2×2
IPL24A 二合一板		无	无	FA5571N	无	+5V、+12V	MP1007	3	2×3
IPL321		FSQ510	L6563	FA5571N	VCC	+3.3V/0.2A、+24V/4A、+12V	OZ9976	1	2×2
IPL32C		STR-A6159M	STR-E1565 的 1/2	STR-E1565 的 1/2	VCC	+5VSB/1A、+12V/3.5A	STR-H2014	6	2×6
IPL37A		VIPER12A	L6562D	F9222 UC3843BN	VCC	+3.3V/0.2A、+VB、+18V	74HC4538	2	
IPL40A		FSQ510	L6562A	FA5571N	交流和 VCC	+3.3VSB/0.2A、+24V/2A	OZ9926A	2	2×2③

（续）

电源板型号	应用机型	开关电源部分应用电路和参数					背光灯部分应用电路和参数		
		副电源	PFC 电路	主电源	开/关机控制	输出电压	驱动电路	变压器	灯插座
IPL47L		FSQ510	UCC28050	FA5571N	交流和 VCC	+3.3VSB/0.2A、+24V/2A	LX6501	2	2×2
LP24A1		无	无	FA5571N	无	+5V、+12V	MP1007	3	2×3

5. 康佳液晶彩电电源 + 背光灯二合一板

电源板型号	电源板编号	开关电源部分应用电路和参数					背光灯部分应用电路和参数		
		副电源	PFC 电路	主电源	开/关机控制	输出电压	驱动电路	变压器	灯插座
KIP036I02-01	34006206	无	无	FAN7602	无	+12V	KA7500C	2	2×4
KIP048I04-01	34005913	无	无	FAN7602	无	+12V	KA7500C	2	2×4
KIP060I04-01	34005503	无	无	FSCW0765	无	+12V/2.5A	OZ9939	2	2×4
KIP072I12-01	34006588	无	无	FSQ0765	降压待机	+12V	OZ9926A	1	3×2③
KIP072U04-01	34005565	无	无	FSQ0765	无	+14.5V	OZ9938 OZ9982	4	2×4
KIP150I12-01	34006601	无	FAN7530	FSQ0765	PVCC 和降压待机	+12V	NXP2071 或 UBA2071	1	3×2③
KIP150U04-01	34006703 34006723	无	FAN7530	FSQ0465R	PVCC 和降压待机	+12V	OZ9976	7	2×7
KIP+L100U04C1-01	34006956	无	FAN7530	FSQ0465	PVCC 和降压待机	+12V	OZ9976	4	2×4
KIP+L150I12C1-01	34007050 34007006	无	FAN7530	FSQ0765	PVCC 和降压待机	+12.2V	OZ9976	1	3×2③
KIP+L150I14C1-01	34006620	无	FAN7530	FSQ0465	PVCC 和降压待机	+V12	OZ9976	1	3×2③

（续）

电源板型号	电源板编号	开关电源部分应用电路和参数					背光灯部分应用电路和参数		
		副电源	PFC 电路	主电源	开/关机控制	输出电压	驱动电路	变压器	灯插座
KIP＋I200I12C1-01	34007089	无	FAN7930	FSQ0465	VCC 和降压待机	＋12V	OZ9976	6	
KIPL048U02C1-01	34006621	无	无	FAN7602	无	＋12V	OZ9919	2	2×2
力信 KIP074TD02168-1	34004684	无	FAN7529	TEA1532C	VCC 和12V	＋5VDC、＋12VD、＋20VCC	OZ964SN	4	2×4
KIP072U04-01	34005565	无	无	FSQ0765	无	＋14.5V	OZ9938 OZ9982	3	2×3
达方二合一板	34004676	无	IU7	L6599	主振荡	＋5V、＋12V、＋24V	U3	2	2×4
KIP060I02-01	34005775	无	无	FSCW0765	无	＋12V/2.5A	OZ9939	2	2×4
KIP200118-01	34005764	FSQ0265	NCP1653A	FSQ0765	VCC	＋5VSB、＋12V	OZ9926A	1	3×2②
KIP072U04-02	34006383	无	无	FSQ0765	无	＋12V	OZ9926A	4	2×4
22in中华屏电源		无	无	OB2269CP	无	＋12V	TI494C	2	2×4
KPS＋L036C1-01 26in以下LED电源	34006834	无	无	FSQ0465R	无	＋12V/3A	OZ9998		8/14/16 路LED
KPS＋L060C2-01 26in以下LED电源	34006812	无	无	FSQ0765	无	＋12V/2.5A、＋24V/1.3A	OZ9998		8/14/16 路LED
LC-TM2018		无	无	ICE3DS01G	无	＋V、＋V、＋V、＋V	BIT3106A	6	2×4
创意19in、22in 二合一板	编号34005124	无	无	LD7575	无	＋12V	OZ9932	2	2×4

6. 其他液晶彩电电源 + 背光灯二合一板

电源板型号	应用机型	开关电源部分应用电路和参数					背光灯部分应用电路和参数		
		副电源	PFC 电路	主电源	开关机控制	输出电压	驱动电路	变压器	灯插座
海尔 I32N01		A6069H	FAN7529MX	LD7523PS	VCC	+5V、+12V、+24V	OZ9976GN	6	2×6
厦华 LC19HC56		无	无	MR4000	无	+3.3V、+12V、+32V	BIT3713	4	2×4
达方二合一板		无	IU7	IU2	24V 和 12V	+24V、+12V、+5V	U3	2	2×4
飞利浦 37PFL3403	42PFL3403 等	TNY277PN-TL	SG6961	TEA1530AT	VCC	+5VSB、+23V、+12V、+12VA	OZ9938GN	2	2×2
飞利浦 TPSI.0 ELA 机心	19PFL4322 等	无	无	LD7575PS	5V	+16V、+5V	OZ9938GN	2	2×4（未用）
三星 LED 电源	LC55TS88EN	ICB801	ICP801	ICM801	VCC	+STB5.3V、+140V、+12V	IC9101～IC9601（6 只）	无	OCP1～OCP6 6 路 LED
松下 TH-I32X10C	KM02 机心	IC7401	IC7201	IC7301	交流	STBY5V、+17V、+12V	IC7801	2	2×2
索尼 KLV-V26A10	KLV-V32A10、KLV-V40A10 等	STR-A6169	FA5501N-TE1	CXID9841M	交流	STBY5V、AU13V、ERG10.5V、UNREG33V、UNREG6V	BD9886FV、IR21064SPBF（2 只）	2	2×2

注：1. 4 脚插座的 2、3 脚未用，实为 2 脚插座。

2. 5 脚插座的 2、3、4 脚未用，实为 2 脚插座。

3. 3 脚插座中的 1、2 脚相连，3 脚未用，实为 1 脚插座。2 个插座分别连接背光灯的两端。

4. 3 脚插座的 2 脚未用，实为 2 脚插座。

5. 5 脚插座的 3 脚未用，1、2 脚相连接，4、5 脚相连接，实为 2 脚插座。

6. 4 脚插座的 3、4 脚未用，实为 2 脚插座。

附录 B　本书集成电路配置

　　LED 液晶彩电电源电路和背光灯电路的核心是集成电路或厚膜电路，尽管液晶彩电的型号、电源 + 背光灯二合一板型号不同，如果采用的驱动控制集成电路或含 MOSFET（开关管）的厚膜电路型号相同，其工作原理基本相同，其引脚电压也相差无几，只是外部电路元器件编号不同，完全可以参照维修。下表统计了本书各章节介绍的 LED 液晶彩电电源 + 背光灯二合一板采用的集成电路型号，供读者维修类似电源 + 背光灯二合一板时参考。

第 1 章　液晶彩电电源 + 背光灯二合一板特点与维修技巧

章节	电源或背光灯板型号	电源电路配置	背光灯电路配置
1.1	海信 1585 电源 + 背光灯二合一板	SG6859ADZ	KA7500C
1.2	TCL IPL42A/L 电源 + 背光灯二合一板	FSQ510 + L6562A + FA5571N	OZ9926A
1.3	海信 2031 电源 + 背光灯二合一板	STR-A6059H + MC33262 + NCP1396A	OZ9957

第 2 章　长虹 LED 液晶彩电电源 + 背光灯二合一板维修精讲

章节	电源或背光灯板型号	电源电路配置	背光灯电路配置	应用机型
2.1	715G5508-P01-001-002M 电源 + 背光灯二合一板	LD7750RGR	PF7001S	长虹 LT32920EV、LED32919、LED32580、创维 LED32K20、32E600、32E330E、29E300E、32E300R、先锋 LED-32E600、海尔 LE32B70、冠捷 LE26A3320、LE26A3380、飞利浦 29PFL3330/T3、26PFL3130/T3 等
2.2	HSS25D-1MF180 电源 + 背光灯二合一板	NCP1251A	OB3350	长虹 LED29B3100C、LED24B100C、LED29B3060、LED32B3100C、LED24B3100C 等
2.3	HPLD469A 电源 + 背光灯二合一板	ICE3B0365J + FAN7530 + CM33067P	HV9911	长虹 ITV46920DE、TV55920DE、ITV55830DE、海信 LED55T18GP、LED40T28GP、海尔 LE40T3、康佳 LC46TS88EN 等
2.4	JCM40D-4MD120 电源 + 背光灯二合一板	LD7591 + LD7535	PF7001S	长虹 3D55B5000I、3D55B4000I、3D55B4500I、3D47B4000I、3D47B4500ID、3D47B5000I、3D50B4000I、3D50B4500I 等

第 3 章　康佳 LED 液晶彩电电源 + 背光灯二合一板维修精讲

章节	电源或背光灯板型号	电源电路配置	背光灯电路配置	应用机型
3.1	KPS + L140E06C2-02 电源 + 背光灯二合一板	FAN7530 + FSGM300 + FSFR1700 + LM324	BALANCE6P（OZ9906）	康佳 LED42MS92D、LED42MS11DC、LED4211DCMZ3、LED42IS97N、LED42MS05DC、LED42C3200N 等
3.2	KIP + L110E02C2-02 电源 + 背光灯二合一板	FAN7530 + FSGM300 + FSQ0765	OZ9902	康佳 LED32HS11、LED32HS05C、LED32HS1、LED37MS92C、LED32IS95N 等
3.3	35016852 主板 + 电源 + 背光灯三合一板	FAN6755W	OZ9902C	康佳 LED32F2200C、LED32F2200CE 等

第4章　TCL LED 液晶彩电电源 + 背光灯二合一板维修精讲

章节	电源或背光灯板型号	电源电路配置	背光灯电路配置	应用机型
4.1	40-ES2310-PWA1XG 电源 + 背光灯二合一板	FAN6754	MAP3204S	TCL L32F3270B、L32F3200B、L23F3200B、L23F3220B、L23F3270B 等
4.2	81-PBE024-PW4 电源 + 背光灯二合一板	LD7536	MP3394	TCL LED24E5000B、LED24C320、L24E5000B、L24E5070B、L24E09、L24E5080B、乐华 LED24C320、三洋 23CE630 等
4.3	81-PBE039-PW1 电源 + 背光灯二合一板	TEA1713T + VIPER17	MP3394	TCL 39E29EDS、39D39EDS 等

第5章　海信 LED 液晶彩电电源 + 背光灯二合一板维修精讲

章节	电源或背光灯板型号	电源电路配置	背光灯电路配置	应用机型
5.1	RSAG7.820.2264 电源 + 背光灯二合一板	STR-A6059H + NCP33262 + NCP1396	OZ9902	海信 LED42K11P、LED42K01P、LED46K11P 等
5.2	RSAG7.820.4555 电源 + 背光灯二合一板	NCP1271	AP3843	海信 LED32K10、LED32K200、LED32K300、LED32K100N、LED32H310、LED39H130 等
5.3	RSAG7.820.5482 电源 + 背光灯二合一板	NCP1608 + FSL116 + NCP1396	MAP3201	海信 LED48K20JD、LED50K20JD、LED55K20JD、LED48EC280JD、LED50EC280JD 等

第6章　创维 LED 液晶彩电电源 + 背光灯二合一板维修精讲

章节	电源或背光灯板型号	电源电路配置	背光灯电路配置	应用机型
6.1	168P-P32EWM-04 电源 + 背光灯二合一板	TEA1733P	OZ9967GN	创维 LED32E61HR、LED32E600Y、LED32E600F、LED32E55HM、LED32E82RD、LED32E82RE、LED32E15HM 等
6.2	715G4581-P02-W30-003M 电源 + 背光灯二合一板	STR-A6069H + LD7591GS + SSC9512S	SSC9512S + PF7004	创维 40E19HM、飞利浦 32PFL3390/T3、32PFL3500/T3、32PFL3380/T3、32PFL3360/T3、先锋 LED32V600、LED40V600、LED42V600 等
6.3	715G5593-P02-000-002M 电源 + 背光灯二合一板	STR-A6069H + LD7591GS + LCS700LG-TL	PF7001S	创维 32E7CRN 等

第 7 章　海尔 LED 液晶彩电电源 + 背光灯二合一板维修精讲

章节	电源或背光灯板型号	电源电路配置	背光灯电路配置	应用机型
7.1	715G5792-P01-003-002M 电源 + 背光灯二合一板	LD7591T + SSC1S311	PF7900S + PF7700A	海尔 LED42Z500、LED42B7000、LE46G3000、LE42DU3200H、LE42A910、LEA46A390P、创维 42E309R、先锋 LED42K200D、LED46E600D、冠捷 LE42A6530、LE42A6580 等
7.2	715G5827-P03-000-002H 电源 + 背光灯二合一板	SSC2S110	PF7903BS	海尔 LE32B7000、LED32A30、LE32A301、LE32G3100、LE32G3000、创维 32E330F、长虹 LED37B1000C 等
7.3	DPS-77AP 电源 + 背光灯二合一板	ICE2QS03G	DDA009DWR	海尔 LE32Z300、LE32T6、LE32T30、LE32A30、LE32E2300、LE32A500G 等